石油高职教育"工学结合"规划教材

石油钻井地质

崔树清　孙新铭　刘春芳　主编

石油工业出版社

内容提要

本书包括钻前地质工作、钻进地质工作、完井地质工作、油气井试油地质工作 4 个学习情境，通过 13 个项目 42 个任务来讲授油气钻井作业过程中所涉及的地质知识。本书内容贴近实际，强调石油地质知识与钻井施工作业的有机结合，针对性、实用性强。

本书适合用于高职高专石油钻井技术专业教学及培训，也可供现场相关专业技术人员参考。

图书在版编目（CIP）数据

石油钻井地质/崔树清，孙新铭，刘春芳主编．
北京：石油工业出版社，2011.8
（石油高职教育“工学结合”规划教材）

ISBN 978-7-5021-8497-1

Ⅰ．石…
Ⅱ．①崔…　②孙…　③刘…
Ⅲ．油气钻井-石油天然气地质
Ⅳ．TE 142

中国版本图书馆 CIP 数据核字（2011）第 119573 号

出版发行：石油工业出版社
(北京安定门外安华里 2 区 1 号　100011)
网　址：www.petropub.com
编辑部：(010)64251362　图书营销中心：(010)64523633
经　销：全国新华书店
印　刷：北京中石油彩色印刷有限责任公司

2011 年 8 月第 1 版　2018 年 1 月第 4 次印刷
787 毫米×1092 毫米　开本：1/16　印张：19.5
字数：495 千字

定价：40.00 元
(如出现印装质量问题，我社图书营销中心负责调换)

前　言

油气资源一般都在地下几百米至几千米深处，石油工作者的任务就是经济、高效、快速地寻找、发现和探明它们，并将其开采出地面，以满足国民经济发展的需要。

钻井是勘探开发油气田最基本的手段。一般的油井都是由石油地质部门确定好井位，由钻井队完成钻井任务。那么，钻井工作者为什么要学习石油钻井地质知识呢？

（1）钻井是目前油气勘探最直接、最有效的手段。

在油气勘探中，通过地面地质测量和地球物理勘探等工作可以获得对地下地质情况的认识，但这种认识属于间接推论。地下究竟有油气与否，还需要有直接资料来验证。只有通过钻井，才能证实油气是否存在。同时，钻井为油气流出地面打开了通道，除能进一步取得地下动态和静态资料，加深对油气田的认识，以便更好地开发油气田外，对新区的勘探也有现实指导意义。由此可见，钻井是目前油气勘探最直接、最有效的手段。

（2）地层岩石是钻井工作者的主要工作对象，了解地层岩性特征是顺利钻进的基础。

在钻井作业中，地层岩石是钻井工作者的主要工作对象。根据不同的岩石，选择不同的钻头、钻压和钻速，并使用不同性能的钻井液钻开油层，是非常重要的。要做到这一点，钻井工作者就必须具备一定的石油地质知识。只有了解和掌握了组成地壳的各种岩石的不同性质和各种地质现象，才能在钻井过程中了解可能钻遇的地层层序、接触关系、岩性组合等特征，判断可能出现油气显示的层位，了解地层岩石的可钻性以及地层岩石对钻井液性能的影响，找出含砾石、含石膏、盐层、易斜、局塌、易喷、放空、易漏、易造浆、易泥包、易卡钻的井段，才能做到有的放矢，提高钻井的速度和质量；否则，就会盲目钻井，不但实现不了优质、快速钻井的目的，相反会事故不断，出现严重的后果。

（3）掌握井下地质资料是石油工程作业顺利完成的保障。

在油气勘探开发生产活动过程中，对油井所处的区域构造特征，地层岩石的矿物特征、地层层序、地层岩性特征，井下地层接触关系，井下地质构造的类型、特点以及地层压力的变化规律等地质资料的全面了解与掌握，是保证钻井、固井、完井、试油、修井、酸化、压裂等施工作业正常进行、顺利完成的基础。在钻井作业中，进行合理的井身结构设计、保证安全钻进、提高油井钻井速度、解决井下卡钻、保证井眼稳定、优化钻井液、保护油气层、保证固井质量等都需要井下地质资料，在掌握井下地质资料的基础上才能选择先进的施工设备（固井设备、井控设备、录井设备等）、优化钻具组合设计，才能合理地组织油气井的测试、试油（气）以及油气井的井下施工工作。

（4）“一体化”的工作方法要求钻井工作者必须具备相应的石油钻井地质知识。

在油气田的勘探开发工作中，提高油气田的建设速度，降低勘探开发成本是石油工作者的首选目标。为此，石油工作者在生产实践中通过不断的探索和总结，提出了地质、钻井（工程）、开发“一体化”的工作方法：①在勘探阶段进行井位论证时，钻井人员提前介入，了解钻井地质设计、目的层的位置，优化地质、工程设计，优化井身结构，确定工程实施过程中存在的难点；了解、熟悉工区的地质情况，提出合理的建议和意见，为后续开发提供资料。②地质给钻井交底，尤其是勘探过程中发现的问题要交代清楚，使钻井工作者熟悉并掌握工区岩层的地质特征，进行科学合理的优化设计。③钻井设计人员在钻井过程中要跟踪及时、到位，不断研究、调整钻井设计；同时，钻井使用的钻井液密度要合理，确保钻井快速发现油层，并做好固井工作和压裂改造，以确保后续产量。④在油气田的开发过程中，钻井与开发提前介入，可以尽早熟悉并掌握油气藏区块、单井的地质情况，及时提出适合的钻井、固井技术，快速设计出开发方案。

从上述可以看出，钻井工作者学习并掌握一定的石油钻井地质知识是必要的。只有掌握了必要的地质知识，才能更好地为油气田的勘探开发工作服务，实现油气勘探开发效益的最大化。

本教材以油气勘探开发工程中油气井的建井过程（从确定井位到最后试油、投产的工作流程，即钻前准备→钻进作业→完井作业→试油作业）作为全书内容组织与编排的参照系，构建了钻前地质工作、钻进地质工作、完井地质工作、试油地质工作 4 个“理实一体化”的学习情境，通过 13 个项目来讲授油气钻井作业过程中所涉及的地质知识、工作要求和实施方法；每个项目以任务为中心组织内容，目的是让学生通过完成具体任务来构建相关地质理论知识，提高油气钻井过程中地质与钻井工程紧密结合的意识，发展职业能力。同时，教材又充分考虑了职业教育对理论知识学习的需要，融合了相关职业资格证书对知识、技能和态度的要求，内容贴近实际。全书以“任务驱动，项目导向”模式编排，体现教改元素，引入丰富的实例和考证内容，不过分强调传统的学科体系，而将知识点与项目、任务有机地结合，在项目、任务教学过程中，完成技能训练，帮助学生树立“用什么就学什么”的学习思维方式，引导他们在完成工作任务的过程中学到知识和技能。

教材内容的选择以适应职业岗位需要为准绳，强调石油地质知识与钻井施工作业的有机结合，增强针对性、实用性，目的是培养理论知识面广、专业技能过硬、综合素质好的技能应用型人才，以培养学生的“三种能力（即基本能力、专业能力和实践能力）和三种素质（基本素质、专业素质和综合素质）”。

本书由崔树清（渤海石油职业学院）、孙新铭（克拉玛依职业技术学院）、刘春芳（大庆职业学院）担任主编。王志鸿（西部钻探克拉玛依录井工程公司高级工程师）、王福生（新疆油田公司试油公司高级工程师）对本书的编写提出了宝贵的意见。

教材编写分工如下：孙新铭（克拉玛依职业技术学院）编写前言、项目一（任务七）、项目三（任务五）、项目四、项目十（任务一）；黄卫（克拉玛依职业技术学院）编写项目三

（任务一），王满（克拉玛依职业技术学院）编写项目三（任务二、三），井春丽（克拉玛依职业技术学院）编写项目三（任务四）；崔树清（渤海石油职业学院）编写项目五、项目九（任务一）、项目十（任务二）、项目十一；刘春芳编写项目一（任务一、二、三、四、五六）；俞加声（山东胜利职业学院）编写项目六；付秀清（天津工程职业技术学院）与丁玲玲（大港油田勘探开发研究院）编写项目七；王少庆（辽河石油职业技术学院）编写项目二；王少庆与刘俊（中油测井华北事业部）编写项目十三（任务一）；孙新铭与王志鸿编写项目八；孙新铭、臧强（克拉玛依职业技术学院）、马玉民（西部钻探克拉玛依录井工程公司高级工程师）编写项目九（任务二）；孙新铭与王福生编写项目十二、项目十三（任务二）。全书由孙新铭统稿。

本书在编写过程中得到了参编教师所在院校以及克拉玛依职业技术学院科研处、教务处、石油工程系的大力支持，克拉玛依职业技术学院石油工程系钻井教研室老师对本书的编写提出了宝贵意见，在此一并表示感谢。

由于水平有限，书中定有不当之处，敬请读者批评指正。

编　者

2011 年 1 月

目　　录

学习情境一　钻前地质工作

油气勘探就是一个寻找油气田的过程，即根据石油天然气地质学的油气田分布规律，采用各种合适的先进的勘探技术与方法，从而达到快速、高效、经济地探明油气储量的目标。哪些地区、哪些层位有油气田，其储量有多少，油藏性质如何，这些问题就是油气勘探的工作目标。油气田分布的隐蔽性和复杂性，决定了油气勘探是高投入、高风险、技术复杂的系统工程。这项工程可以概括为两类手段，一是钻前的间接手段，二是钻探的直接手段。通过钻前勘探工作，可以推测一个较大区域或者一个圈闭的油气地质信息，例如有什么时代的地层，每套地层的岩性、厚度、构造、含油气情况等，据此设计探井井位和层位。

项目一　地层岩性的识别

石油和天然气是储集在地下几百米至几千米深处岩石的孔隙、裂缝和溶洞中的流体矿产资源，要将其开采出地面，就需要用钻机从地面向地下钻一个圆柱形孔眼，构成油气流向地面的通道，这就是油气钻井。它是按预定的井深和井身结构钻穿地层来形成油气通道。

在钻井过程中，岩石是主要的工作对象，钻头要钻遇和钻穿多种岩石。而岩石是由各种矿物组成的，为此，要了解岩石的性质，就必须要从认识矿物开始，进而认识由不同性质的岩石组成的地层特征。

知识目标

（1）掌握矿物的概念、形态特征、分类及鉴定特征。

（2）掌握常见矿物的主要物理性质，并会运用矿物的物理性质、形态等特征区别、鉴定矿物。

（3）掌握岩浆岩的概念、产状及其特征、物质成分、结构构造、分类以及常见岩浆岩的主要特征。

（4）掌握变质岩的概念、类型及其结构、构造；了解变质岩与原岩的区别、常见变质岩的主要特征。

（5）掌握沉积岩的概念、颜色、物质成分、结构构造、成因类型、分类，以及碎屑岩、粘土岩和碳酸盐岩的鉴别特征，并能对碎屑岩进行分类和命名。

（6）理解各类岩石与油气资源生成、聚集的关系。

能力目标

（1）能够识别鉴定常见的造岩矿物，并能够对岩屑及岩心中的矿物成分进行分析。

（2）能够识别、鉴定常见岩浆岩、变质岩。

（3）能够识别、鉴定常见沉积岩，包括碎屑岩、粘土岩和碳酸盐岩。

任务一　常见造岩矿物的识别

任务描述

在油气田勘探开发的钻井过程中，经常会钻遇各种岩性的地层。而不同岩性的地层，因其物理化学性质不同，会直接影响对钻具的选择。矿物是构成岩石的基本组成单位，要想掌握各种岩性的识别和鉴定，就要从矿物的识别与鉴定着手。认识矿物，首先要识别矿物的形态特征。由于矿物具有多样性，加之在地质作用的影响下完好的晶形会受到破坏，或在钻井过程中受到钻具的破碎而不易辨认；只有根据矿物的其他物理性质进行综合判断，才能准确识别和鉴定矿物。

任务分析

掌握常见造岩矿物的单体形态、结晶习性、晶面特征以及集合体形态；根据造岩矿物的物理性质、形态特征等识别和鉴定常见造岩矿物；分析和鉴定钻井岩屑或岩心标本的矿物成分，并进行描述。

相关知识

一、矿物的概念

矿物就是地壳的各种化学元素在各种地质作用下形成的自然元素或自然化合物。它具有一定的化学成分、结晶构造、外部形态和物理化学性质、比较均一的内部构造，是岩石的基本组成单位。若组成岩石的矿物在岩石中占主要成分，则称其为主要造岩矿物。

地壳是由岩石组成的，而岩石是由一种或几种矿物组成的集合体。矿物在地壳中分布极广，目前全世界已发现的矿物约有4000种，常见的约200多种；主要造岩矿物只不过40来种，但数量极大，是组成岩石的主要矿物成分，如方解石、石英、云母、长石、黄铁矿等等。

自然界中的矿物大部分呈固态，如石英；少数呈液态和气态，如石油、天然气等。矿物的存在状态随所处的物理、化学条件而改变。在实验室由人工合成的元素或化合物，其成分和性质与自然界的矿物相似，但因它不是在各种地质作用下的自然产物，故只能称为人造矿物，如人造金刚石等。

二、矿物的形态特征

矿物的形态是指矿物的外部特征，分为单体形态和集合体形态。单体形态指矿物单晶体的形态。自然界中的矿物一部分呈单体出现，而多数以集合体的形式出现。集合体是由许多较小的单体聚集在一起的整体。集合体形态指矿物集合体的外貌。对于晶质矿物来说，常常以矿物的单体形态观察为基础。

在对矿物进行观察的过程中，首先看到的是矿物都表现出一定的外部形态，如石盐呈六面体，萤石呈八面体、黄铁矿呈五角十二面体等（图1-1），这些都是具有规则的多面体外形。但是，有些矿物，如花岗岩中的石英、长石等，它们有时不仅不具备多面体的外形，有的甚至呈很细小的不规则粒状，然而它们也都是晶体矿物。所以，外形不是矿物的本质特征。

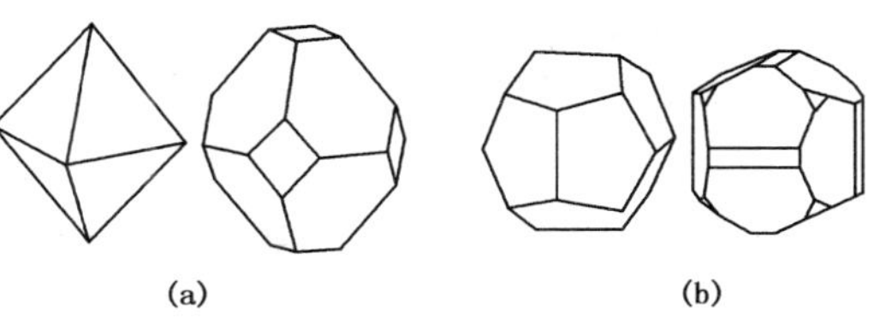

图 1－1　晶体形态
（a）萤石的八面体；（b）黄铁矿的五角十二面体

1. 结晶质和非结晶质

根据矿物内部的构造特点，可将矿物分为结晶质和非结晶质两类。

矿物内部质点（分子、原子、离子）有规律地排列，形成一定格子构造的固体，称为结晶质（晶体）。质点有规律的排列的结果，表现为有规律的集合形体。自然界大部分矿物都是晶体。

凡是矿物内部质点（分子、原子、离子）无规律地排列，不具格子构造的固体，称为非结晶质（或非晶体）。这类矿物分布不广，种类很少，如火山玻璃等。

2. 矿物晶体的结晶习性

矿物的单体形态一般用晶体习性来描述。所谓晶体习性，又称结晶习性，是指晶体通常习惯表现的外观形态。由于结晶构造特点，决定了矿物在形成过程中有趋向于某一形态的习惯，如石英晶体呈柱状，云母呈片状、板状，黄铁矿呈等轴状晶体等。根据晶体在空间上的3个方向发育程度不同，可将结晶习性分为3类（图1－2）：

（1）一向延长型（柱状）：晶体沿一个方向特别发育，其他两个方向发育较差，类似柱子一样，一般呈柱状、棒状、针状、纤维状，如电气石、角闪石、石英、石棉等。

（2）二向延长型（板状）：晶体沿两个方向特别发育，其他一个方向发育较差，呈片状、板状、鳞片状等，如板状石膏、片状云母及石墨等。

（3）三向延长型（等轴状）：晶体在3个方向发育基本相等，包括等轴状、粒状，如石盐、黄铁矿、石榴子石等。

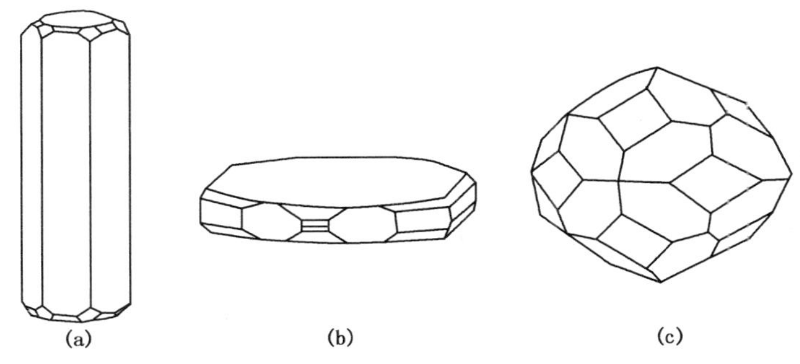

图 1－2　矿物单体形态
（a）一向延长型；（b）二向延长型；（c）三向延长型

3. 矿物集合体的形态

集合体的形态取决于矿物单体的形态及它们的集合方式。

1）显晶集合体

用放大镜可以分辨出各个矿物颗粒界限的叫做显晶集合体，主要包括：

（1）粒状、块状集合体：由大致等轴的矿物小晶粒组成的集合体，如自然硫的粒状集合体。

（2）片状、鳞片状集合体：由片状矿物组成的集合体，如云母；当片状矿物颗粒较细时，称鳞片状集合体，如白云母的鳞片状集合体。

(3) 放射状集合体：单体围绕某些中心呈放射状排列，如针钠钙石的放射状集合体。单体主要是柱状或针状。

(4) 纤维状集合体：组成集合体的单矿物若细小如纤维，如纤维状石膏、纤维状石棉等。

(5) 晶簇：在一个共同基底上生长的单晶体群所组成的集合体，一般发育在岩石的空洞或裂隙中，以洞壁或裂隙壁作为共同基底。它们一端固定在共同的基底上，另一端则自由发育而具有完好的晶形，如常见的石英晶簇。

2) 隐晶及胶态集合体

(1) 鲕状集合体：由形似鱼子的圆球体聚集而成的集合体，如鲕状赤铁矿、鲕状铝土矿等。

(2) 钟乳状集合体：由真溶液蒸发或胶体凝聚，在同一基底上逐层向外堆积形成的矿物集合体，如石灰岩洞穴中形成的石钟乳。

(3) 结核状集合体：中心向外生长而成球粒状，如黄土中的钙质结核。

矿物所呈现的外形是多种多样的。不同的矿物常具有不同的形态和特征，这是依据形态和特征识别矿物的一个基本准则。但有时不同的矿物可以具有相似的外形，如纤维状石膏和石棉、柱状角闪石和红柱石。而同一种矿物在不同的地质条件下又常常具有不同的外形，如板状和纤维状石膏。所以在实际工作中，根据矿物的形态可以鉴别一部分矿物。但是必须注意，结晶完好的矿物可能由于地质作用或由于在钻井过程中被破碎而失去本来面目，不易辨认，因此还必须根据矿物的其他物理性质综合判断，才能准确鉴定。

三、矿物的物理性质

矿物的物理性质是鉴定矿物的主要依据。决定矿物各种物理性质的根本因素是矿物的成分和它的晶体结构，成分和结构不同的矿物其物理性质也不同。

1. *矿物的光学性质*

矿物的光学性质是指矿物对自然光线的吸收、折射、反射等所表现出来的各种性质，包括颜色、条痕、透明度、光泽等。

1) 颜色

颜色是矿物对自然光的吸收程度不同所引起的。阳光（自然光）由7种不同波长的光色所组成，当矿物对它们吸收时，可因吸收的程度不同而使矿物出现白、灰、黑（全部吸收）等各种颜色；如果只吸收某些色光，就呈现另一部分色光的混合色。矿物学中，根据矿物颜色产生的原因可分为自色、他色和假色。

(1) 自色：矿物自身固有的化学成分中的某些色素离子而呈现的颜色。例如，赤铁矿之所以呈砖红色，是因为它含 Fe^{3+}；孔雀石之所以呈翠绿色，是因为它含 Cu^{2+}。自色比较固定，可作为矿物的鉴定特征。

(2) 他色：矿物混入了某些外来的杂质（包括机械混入物和晶格缺陷等）所引起的颜色。如红宝石的红色就是他色，它是由于刚玉中替代 Al^{3+} 的 Cr^{3+} 引起的，而 Cr^{3+} 不是刚玉的固有组分；石英本来是无色的，当含有机质多时呈黑色（墨晶），含锰时呈紫色（紫水晶）。因他色具有不固定的性质，所以对鉴定矿物意义不大。

(3) 假色：由于矿物内部有裂隙或表面有氧化膜等，引起光线发生干涉、衍射、漫射等而呈现的颜色，如方解石、石膏内部有细裂隙时呈现的“晕色”。假色只能对某些矿物有鉴定意义。

对于颜色的描述，一般采用二名法，即把基本色调放在后面，次要色调放在前面。如黄褐色，即以褐色为主略带黄色。另外，还可用比拟法，如天蓝色、缨红色、乳白色等。为了更好地掌握颜色的描述，一般利用标准色谱和实物对比矿物进行描述。观察颜色时，应选择在新鲜面上观察。

2）条痕

矿物的条痕是指矿物粉末的颜色。通常是将矿物在白色无釉瓷板上划一下，看瓷板上留下的粉末痕迹的颜色，进行辨识。条痕可以消除假色的干扰，减轻他色的影响，突出表现出矿物的自色。条痕的颜色是比较固定的，是鉴定矿物的方法之一。条痕的颜色与矿物颜色可以相同，也可以不同。如黄铁矿的外观颜色为淡黄铜色，条痕为绿黑色；赤铁矿的外观颜色有铁黑色、褐红等色，但条痕都是樱红色。在试矿物条痕时，应注意硬度大于瓷板的矿物是划不出条痕的，但可将其碾碎，观察粉末的颜色。

3）透明度

矿物的透明度是指矿物允许可见光透过的程度。观察矿物透明度是以矿物边缘是否透过光线为标准，矿物按透明程度分为 3 类；

（1）透明矿物：通过矿物碎片边缘能清晰地看到对方物体的轮廓，如水晶、冰洲石、金刚石等。

（2）半透明矿物：通过矿物碎片边缘能模糊看到对方物体或有透光现象，如辰砂、锡石、闪锌矿等。

（3）不透明矿物：通过矿物碎片边缘不能见到对方任何物体，如磁铁矿、黄铁矿、自然金、石墨等。

矿物的透明度与矿物的集合体方式有关，如方解石单体透明，但细粒集合体就不透明；另外，还与矿物的厚薄有关，透明的白云母厚度大时也不透明。因此，观察矿物的透明度，一般在矿物的同一厚度下进行比较。

4）光泽

矿物的光泽是指矿物新鲜表面对光线的反射能力。矿物的手标本鉴定中，依据反射能力的强弱，一般将矿物的光泽分为如下 4 种：

（1）金属光泽：反射光的能力极强，表现为金属抛光面上所呈现的光泽，如自然金、黄铁矿、方铅矿等。

（2）半金属光泽：反射光的能力强，表现为未经抛光的金属表面所呈现的光泽。部分不透明或半透明矿物有半金属光泽，如磁铁矿、黑钨矿、黝铜矿等。

（3）金刚光泽：反射光的能力较强，呈现如金刚石表面所呈现的光泽。部分自然非金属元素、硫化物、氧化物和含氧盐矿物具有此种光泽，如金刚石、辰砂、锡石等。

（4）玻璃光泽：反射光的能力较弱，像平板玻璃所呈现的光泽，如长石、石英、萤石、方解石等。

后两者也称非金属光泽。矿物表面的光滑程度对光泽影响很大。平滑表面或解理面上的光泽要强于粗糙断面上的光泽。在矿物集合体或不平坦表面上，会产生一些特殊光泽，主要有珍珠光泽、油脂光泽、丝绢光泽、蜡状光泽、土状光泽等。

由于影响光泽的因素较多，因此在观察时要注意是矿物晶面的光泽还是断口的光泽。如石英晶面上为玻璃光泽，而断口呈现油脂光泽。另外，在同一种矿物中还要注意个体大小，一般个体大的比个体小的矿物光泽强。

矿物的颜色、条痕、透明度及光泽之间存在着一定的内在联系和规律，如表 1-1 所示。手标本鉴定时，应注意利用其间的关系帮助区别这些光学性质的级别。

表 1-1 矿物的颜色、条痕、透明度和光泽之间的关系表

颜色	无色	浅色	彩色	黑色或金属色
条痕	无色或白色	浅色或无色	浅色或彩色	黑、绿黑、灰黑、褐黑或金属色
光泽	玻璃—金刚		半金属	金属
透明度	透明	半透明	不透明	

2. *矿物的力学性质*

矿物的力学性质是矿物在外力作用下，如刻划、打击、压、拉等所表现出的各种性质。其中，具有鉴定意义的有硬度、解理、断口，其次还有脆性、延展性、挠性、弹性等。

1）硬度

矿物的硬度是指矿物抵抗外来刻划、研磨或压入等机械作用的能力（或程度）。矿物的绝对硬度要用精密硬度计测定。矿物手标本鉴定时一般采用如下两种方法：

（1）用两种矿物互相刻划。根据硬度大的矿物可以划动硬度小的矿物的道理，比较矿物相对硬度的大小。通常选用 10 种硬度不同的矿物作为标准，由软到硬分为 10 级，构成摩氏硬度计，见表 1-2。

表 1-2 摩氏硬度计

矿物名称	化学组成	硬度级别	矿物名称	化学组成	硬度级别
滑石	$Mg[Si_4O_{10}](OH)_2$	1	正长石	$K(AlSi_3O_8)$	6
石膏	$CaSO_4 \cdot 2H_2O$	2	石英	SiO_2	7
方解石	$CaCO_3$	3	黄玉	$Al_2[SiO_4](F, OH)_2$	8
萤石	CaF_2	4	刚玉	Al_2O_3	9
磷灰石	$Ca[PO_4]_3(F, Cl, OH)$	5	金刚石	C	10

摩氏硬度只代表硬度的相对顺序。实际上，金刚石的绝对硬度为石英的 1150 倍；石英的绝对硬度为滑石的 3500 倍。

（2）用小刀、指甲来刻划。一般指甲可刻动的硬度在 2.5 以下。指甲刻不动、小刀能刻动的在 2.5～5.5 之间。小刀刻不动的矿物硬度在 5.5 以上。

试硬度时，应注意在矿物的单体新鲜面上刻划。不同的矿物具有不同的硬度，同一种矿物在不同方向上的硬度也不尽相同。如蓝晶石，在平行于晶体延长方向上硬度为 4.5，而在垂直于晶体延长方向上的硬度则为 6.5。一般的矿物这种差异性极小，所以不计。

2）解理和断口

（1）解理。矿物在外力作用下能沿着一定的结晶方向破裂成光滑的平面，这种性质称为解理。矿物所裂开的光滑平面，称为解理面。如方解石被打击后，破裂成菱面体的小块。

根据破裂的难易程度，一般将解理分为 5 级：

①极完全解理：矿物在外力作用下，极易沿解理方向破裂成薄片，解理面平整、光滑，如云母、石墨等。

②完全解理：矿物在外力作用下，容易沿解理面破裂，但不成薄片，解理面平滑，如萤石、方解石等。

③中等解理：矿物在外力作用下，能沿解理分裂，解理面明显，但多延伸不远，常与断口共存呈阶梯状，如角闪石、辉石等。

④不完全解理：矿物受力后，不易沿解理方向分裂，解理面小且不平整，易出现断口，如磷灰石等。

⑤无解理（即断口）：指矿物受力后，很难沿解理方向破裂，多形成断口，如石英、石榴子石等。

（2）断口。矿物受外力作用下，在任意方向破裂成各种凹凸不平的断面，称为断口。具有不完全解理或无解理的矿物以及隐晶质和非结晶质矿物，在外力打击下便出现断口。断口的形态往往有一定的特征，可以作为鉴定矿物的辅助依据，常见的有以下几种：

①贝壳状断口：断口呈圆滑的曲面，具同心圆纹，似贝壳的膜，如石英。

②锯齿状断口：断口形似锯齿，如自然铜等。

③参差状断口：断口面粗糙不平，参差不齐，如磷灰石等。

④平坦状断口：断口面平坦且粗糙，无一定方向，如块状高岭土等。

总的来看，解理的完善程度与断口发育的程度互相消长。解理发育的矿物，断口不发育。同一矿物解理不发育的部位，则常易产生断口。如云母有一个方向可产生极完全解理，而垂直于极完全解理方向往往产生锯齿状断口。

解理是矿物的固有属性。同种矿物，受外力作用后，会产生方向和完好程度相同的解理，因而解理可作为矿物的可靠鉴定特征之一。

3）矿物的其他力学性质

矿物的其他力学性质在鉴定矿物时具有次要意义，但是对于某些矿物却是显著的特征。

（1）脆性：矿物受力后易被破碎的性质，如方解石、黄铁矿、方铅矿等。

（2）延展性：矿物能被锤击呈薄片或拉成细丝的性质，如自然金、自然铜等。

（3）挠性：矿物受力后，可以产生弯曲而不折断，外力释放后不能恢复原状的性质，如绿泥石等。

（4）弹性：矿物受力变形，但外力取消后能恢复原状的性质，如云母等。

四、矿物的相对密度

矿物的相对密度指纯净、均匀的单矿物在空气中的质量与同体积水在4℃时的质量的比值。按手标本鉴定的要求，在野外通常用手掂矿物，粗略估计矿物相对密度的大致范围。矿物按相对密度的大小可分为3级：

（1）轻矿物：相对密度小于2.5，如石膏为2.3，石盐为2.1～2.2。

（2）中等矿物：相对密度介于2.5～4之间，如石英为2.65，金刚石为3.52。

（3）重矿物：相对密度大于4，如方铅矿为7.4～7.6，重晶石为4.50。

相对密度是矿物物理性质中比较固定的一种性质。在非金属矿物中，除刚玉、重晶石外，均在2.6～3之间。金属矿物的相对密度则一般在4以上，所以可以利用相对密度来鉴定金属矿物，并进行轻、重矿物的分离。主要的造岩矿物多为中等矿物，如石英、长石、方解石、白云石和粘土矿物等；一些重金属矿物的相对密度在5～8之间；极少数矿物（如铂族矿物）可达23。

五、矿物的分类

1. 自然元素类

自然元素指某种化学元素以单质的形式在自然界产出的矿物，属单质矿物。该类矿物在地壳中已发现30余种，它们占地壳质量的0.1%，对工业有重要意义的有自然硫、水银、石墨、金刚石、金等。

2. 硫化物类

凡是金属阳离子与硫、硒、锑、砷等化合而成的一系列化合物均属此类。其中，以硫化物最多，约有200余种，约占地壳质量的0.15%。这类矿物虽然分布不广，但经济价值高，可提取金属如铜、铅、锌等。

3. 氧化物和氢氧化物类

这类矿物包括金属和非金属元素与氧和氢氧根组成的简单化合物。这类矿物有200余种，约占地壳总质量的17%，分布较广，如石英、磁铁矿、赤铁矿等。

4. 卤化物类

凡与卤族（氟、氯、溴、碘）化合而成的矿物叫卤化物矿物，常见的如石盐、钾盐、萤石等。

5. 含氧酸盐类

这类矿物是指由含有氧的酸根所形成的盐类，包括硅酸盐矿物、碳酸盐矿物、硫酸盐矿物等。这类矿物种类多，分布最广。其中，硅酸盐矿物约占地壳质量的75%，为主要的造岩矿物。

六、常见矿物的鉴定特征

在钻井过程中常见的一些矿物的鉴定特征见表1-3。

表1-3 常见造岩矿物鉴定特征表

矿物名称	形状	颜色	条痕	光泽	透明度	硬度	解理	断口	相对密度	其他
石　墨	片状、鳞片状	铁黑色	黑色	金属	不透明	1	一组极完全		2.09～2.23	具滑感，易污手，熔点高，抗腐蚀
金刚石	粒状、八面体、菱形十二面体	无色		金刚	透明	10			3.5	具荧光性
自然硫	块状、土状	黄色	浅黄白色	油脂	不透明	2	无		2	有硫臭味，易溶，易燃
黄铁矿	立方体、粒状结核体	浅黄铜色	绿黑色	金属	不透明	6～6.5	无	参差状	5	沉积岩中呈结核状、细粒分散状
黄铜矿	致密块状	黄铜色	绿黑色	金属	不透明	3～4	无	参差状	4.1～4.3	
白铁矿	板状、鸡冠状	浅黄铜色	暗灰绿色	金属	不透明	5～6	一组不完全		4.6～4.9	
萤石	立方体、双晶	黄色、绿色、紫色	白色	玻璃	透明	4	不完全	贝壳参差状	2.2～3.1	具荧光性

续表

矿物名称	形状	颜色	条痕	光泽	透明度	硬度	解理	断口	相对密度	其他
石盐	立方体，晶体呈粒状、块状	无色、白色	白色	玻璃	透明—半透明	2	完全		2.1～2.2	易溶于水，味咸，烧之呈黄色
钾盐	立方体	无色	白色	玻璃	透明	2～2.4	三组完全		1.97～1.99	味苦，烧之呈紫色
磁铁矿	八面体、块状、粒状	铁黑色	黑色	金属	不透明	5.5～6	无		4.9～5.2	具强磁性
赤铁矿	鲕状、肾状、块状	铁黑色、铁红色	樱红色	半金属	不透明	5.5～6		参差状	5～5.3	
褐铁矿	肾状、钟乳状、块状	黄褐色、褐色	褐色	半金属土状	不透明	1～4			3.3～4	沉积岩常见土状、结核状
石英	柱状、粒状	乳白色、无色		玻璃油脂	不透明	7	无	贝壳状	2.65	柱面有横纹
玉髓	隐晶质块状	灰白色、黄色、棕色		油脂	不透明	6～7	无	平坦	2.6	
蛋白石	致密，钟乳状	白色		玻璃	半透明	5～5.6	无	贝壳状	2.1	
铝土矿	鲕状、土豆状	灰白色、灰褐色	浅色		不透明	变化大	无			具吸水性、粘舌滑感
石膏	板状、纤维状	白色	白色	玻璃丝绢	透明、半透明	2	一组极完全		2.3	与盐酸不起反应
硬石膏	厚板状、柱状、粒状	白色、浅红色	白色	玻璃	半透明	3～3.4	一组完全、两组中等		2.9	与盐酸不起反应
芒硝	柱状、针状	无色、白色	白色	玻璃	半透明	1.5～2	一组完全	贝壳状	1.49	微苦，易溶于水
磷灰石	柱状、粒状	灰白色、蓝绿黄色	白色	玻璃		5	不完全	贝壳状、参差状	3.2	火烧发绿光

续表

矿物名称	形状	颜色	条痕	光泽	透明度	硬度	解理	断口	相对密度	其他
橄榄石	粒状、块状	橄榄绿色、黄绿色	无色	玻璃	不透明	6.5～7	不完全	贝壳状	3.3～4	风化后呈棕色
斜长石	柱状、板状	灰白色、白色	无色	玻璃	半透明—不透明	6	两组完全	贝壳状	2.6～2.8	具聚片双晶
正长石	短柱状、板状	白色、肉红色	无色	玻璃	半透明	6	一组完全，一组中等		2.57	具卡氏双晶
绿泥石	片状、细鳞片状	绿色	无色	玻璃、珍珠	不透明	2～2.5	一组极完全		2.8	有滑感，薄片具挠性，无弹性
白云母	片状、鳞片状	白色或无色	无色	玻璃	透明	2.5～3	一组极完全			薄片具弹性
黑云母	片状、鳞片状	黑色或棕黑色	无色	玻璃	透明—半透明	2～3	一组极完全		2.8～3.2	薄片具弹性
海绿石	圆粒状、土状	暗绿色、黄绿色	绿色	土状、玻璃	透明—不透明	2～3	不完全		2.6	浅海相标志矿物
方解石	块状、钟乳状	白色及各种色	白色	玻璃	透明—半透明	3	三组完全		2.6～2.8	与冷盐酸反应产生强烈气泡
文石	柱状、粒状	无色、白色	白色	玻璃、油脂	半透明	3.5～4	不完全		2.94	与冷盐酸反应产生强烈气泡
白云石	粒状、块状	灰白色、浅黄色	白色	玻璃	半透明—不透明	3.5～4	三组完全		2.8～2.9	与冷盐酸反应产生起泡微弱
菱镁矿	粒状、集合状	无色、白色		玻璃	半透明—不透明	4	完全		3	与热盐酸反应产生气泡
菱铁矿	土状、结核状、致密状	黄褐色	近白色	玻璃、无	不透明	3.5～4	三组完全	贝壳状、参差状	3.7～3.9	与冷盐酸反应起泡缓慢，火烧后具磁性
电气石	粒状、柱状、针状	黑色、红色	玻璃色			7～7.5	无		2.9～3.5	柱面有纵纹，具热电性及压电性

任务实施

一、目的要求

（1）学会肉眼鉴定矿物的基本方法。

（2）掌握常见造岩矿物的单体形态、结晶习性以及集合体形态。

（3）初步了解矿物的基本物理性质与晶体结构的关系，掌握一些常见矿物的肉眼鉴定特征。

（4）能够根据岩屑及岩心标本分析其矿物成分，并进行形态特征的描述。

二、资料、工具

（1）常见造岩矿物标本：滑石、石膏、方解石、白云石、萤石、石墨、磷灰石、正长石、石英、石榴子石、云母、高岭石、石棉、叶蜡石、孔雀石、冰洲石、玛瑙、硫黄、黄铁矿、黄铜矿、方铅矿、闪锌矿、磁铁矿、赤铁矿、褐铁矿、红柱石。

（2）岩屑及岩心样品。

（3）工具：小刀、放大镜、条痕板（即无釉瓷板）、磁铁、摩氏硬度计、稀盐酸、放大镜等。

三、常见造岩矿物的识别与鉴定

（1）检索相关专著、论文。

（2）阅读检索内容，整理常见造岩矿物的识别与鉴定特征。

（3）分析常见造岩矿物标本，根据其形态特征进行识别与鉴定。

（4）分析岩屑及岩心标本的矿物成分，并能根据其形态特征进行初步的鉴定。

四、工作步骤及内容

1. 步骤

检验矿物的硬度，观察矿物的光泽，观察矿物的颜色，观察矿物的形态和其他物理性质。

2. 内容

矿物形态（单体、集合体）的描述、矿物光学性质（颜色、条痕、透明度、光泽）的描述、矿物力学性质（硬度、解理、断口等）的描述。

任务考评

一、理论考核

1. 名词解释

矿物　解理　断口　硬度　相对密度

2. 选择题

（1）矿物受力后沿一定方向规则地裂开，形成光滑平面的性质称为（　　）。

（A）断口　（B）节理　（C）片理　（D）解理

（2）下列矿物中无解理的是（　　）。

（A）黄铁矿　（B）辉石　（C）闪锌矿　（D）萤石

（3）黄铁矿属于（　　）。

（A）氧化物矿物　（B）卤化物矿物　（C）含氧酸盐矿物　（D）硫化物矿物

（4）打击试验以下各组矿物时，均出现三组完全解理的是（　　）。

（A）黄铁矿、钾长石、磷灰石　（B）方解石、磁铁矿、黄铁矿

（C）白云石、方解石、方铅矿　（D）萤石、磁铁矿、白云石

（5）黄矿铁条痕的颜色是（　　）。

（A）灰黑色　　　（B）橘黄色　　　（C）金黄色　　　（D）绿黑色

（6）下列矿物中，（　　）呈结核状、细分散状存在，反映了强还原环境；（　　）由于吸水膨胀，在钻井作业中容易造成卡钻；（　　）可作为钻井用的钻井液加重剂；（　　）在钻井过程中可作钻井液原料。

（A）黄铁矿　　　（B）蒙脱石　　　（C）高岭石　　　（D）重晶石

3．填空题

（1）地壳物质组成中含量最多的3种元素是__________、__________和__________；含量最多的两种矿物是__________和__________。

（2）肉眼鉴定矿物时，可将矿物单体形态分成__________、__________和__________3种类型。

（3）写出下列矿物的单体形态特征，石榴子石为__________；角闪石为__________；辉石为__________；橄榄石为__________；长石为__________；石英为__________。

（4）写出下列矿物的相对硬度，石英为__________，刚玉为__________，磷灰石为__________，白云母为__________。

4．简答题

（1）结晶质与非结晶质的主要区别是什么?

（2）简述矿物晶体的结晶习性。

（3）简述长石、云母、石英、方解石、白云石、石膏、高岭石和重晶石的主要物理性质和鉴定特征。

二、技能考核

1．考核项目

（1）根据所给出的矿物标本，对矿物的形态特征进行鉴定和描述。

（2）根据所给出的岩心、岩屑标本，分析其矿物成分，并对形态特征进行鉴定和描述。

2．考核要求

（1）准备要求：整理常见造岩矿物的识别与鉴定特征。

（2）考核时间：30min。

（3）考核形式：口头描述＋笔试。

任务二　岩浆岩的识别与鉴定

任务描述

对油气资源来说，虽然世界上大多数油气田都分布在沉积岩中，但由于岩浆岩在地壳中分布极为广泛，是沉积岩形成的重要物质来源，另外在某些国家和地区的岩浆岩中也发现了油气储集。因此在油气田勘探开发过程中，岩浆岩的研究越来越受到重视。

任务分析

观察岩浆岩的岩石标本，根据岩浆岩的特征识别与鉴定常见岩浆岩，并正确理解岩浆岩与油气勘探的关系。

相关知识

一、岩浆作用和岩浆岩

1. 岩浆作用

通常将处于地下高温、高压状态富含挥发物的成分复杂的硅酸盐熔融体称为岩浆。一般认为，岩浆发源于地幔上部软流圈及地壳局部地段，温度高达1000℃以上，压力可达1000MPa。它的成分相当复杂，主要是硅酸盐及部分金属硫化物、氧化物和其他一些挥发物质（如H_2O，CO_2，H_2S等气体）。岩浆在地下与周围环境是平衡的，温度的升高或压力的降低都要破坏这种平衡，从而引起岩浆活动。当地壳中存在脆弱地带或岩石中出现裂缝时，局部压力降低，打破了岩浆的平衡环境，使地壳深处的岩浆以热力熔化和机械挤入的方式向上部压力相对较小的薄弱地带和断裂带流动，侵入到地壳内，甚至喷出地表。这种从岩浆的形成、活动直至冷凝的全部地质作用过程，称为岩浆作用。

在岩浆向地壳的薄弱地带挤入过程中，如果岩浆内部压力大到足以使其穿过上部的岩层而喷出地表，就形成了火山喷发，这种活动称为岩浆喷出作用或火山作用。如果岩浆没有上升至地表，而是侵入到地下一定深度的岩层中就凝固了，这种活动则称为岩浆的侵入作用。

按侵入的深浅不同，岩浆的侵入作用又可分为深成侵入作用和浅成侵入作用。深成侵入作用多发生在地壳的较深处，一般深度为3～6km，形成的岩体主要呈岩株、岩基（图1-3中10，11）产出，浅成侵入作用多发生在地下0～3km处，所形成的岩体一般距地表较近，规模不大，形状也较规则，包括岩床、岩盘、岩墙（图1-3中7，8，9）。

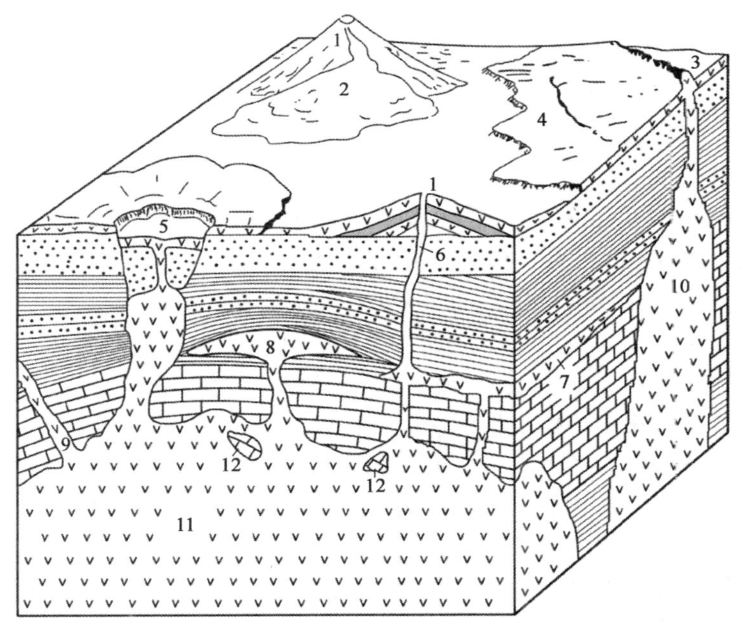

图1-3 岩浆侵入体与喷出体示意图

1—火山锥；2—熔岩流；3—火山颈及岩墙；4—岩被；5—破火山口；
6—火山颈；7—岩床；8—岩盘；9—岩墙；10—岩株；11—岩基；12—捕虏体

2. 岩浆岩的概念

岩浆在一定地质作用下，由地壳深处沿着裂隙侵入地壳附近或喷出地表，经过冷凝、结晶而形成的岩石，称为岩浆岩。岩浆岩是地壳岩石组成中占最大比例的岩石，硬度大，研磨性极强（如凝灰岩、流纹岩）。油气钻井过程中钻遇这类地层，往往使钻头寿命减少，造成钻进平均进尺低，频繁起下钻。

二、岩浆岩的物质成分和分类

1. 岩浆岩的物质成分

岩浆岩的物质成分是指其化学成分和矿物成分。

1）岩浆岩的化学成分

根据统计资料，地壳中已发现的化学元素在岩浆岩中几乎都能找到，主要元素有氧（O）、硅（Si）、铝（Al）、铁（Fe）、钙（Ca）、钠（Na）、钾（K）、镁（Mg）、钛（Ti）等9种。它们主要以 SiO_2，Al_2O_3，CaO，Na_2O，MgO，Fe_2O_3，FeO，K_2O，H_2O，TiO_2 等十种氧化物形式存在，占氧化物总量的99.0%以上。其中又以 SiO_2 含量最多，平均达59%以上，所以 SiO_2 是岩浆岩最主要的化学成分。岩浆岩中 SiO_2 含量多时，浅色矿物多，暗色矿物少；SiO_2 含量少时，浅色矿物少，暗色矿物相对增多。通常以 SiO_2 含量的多少把岩浆岩划分为4个大类（表1-4）。

表1-4　岩浆岩按 SiO_2 含量分类简表

岩类	SiO_2 含量	颜色	岩石举例
酸性岩	>65%	浅 ↓ 深	花岗岩
中性岩	65～52%		闪长岩
基性岩	52～45%		辉长岩
超基性岩	<45%		橄榄岩

2）岩浆岩的矿物成分

岩浆岩的种类很多，组成岩浆岩的矿物种类也各不相同，但最常见的矿物不过二十余种，其中最主要的矿物有石英、正长石、斜长石、角闪石、辉石、橄榄石和黑云母等。前三种矿物中，SiO_2，Al_2O_3 含量高，颜色浅，称为浅色矿物；后几种矿物中，FeO，MgO 含量高，硅铝含量少，颜色较深，称为暗色矿物。以上这些矿物是肉眼鉴定岩浆岩类别的重要依据。

2. 岩浆岩的分类

地壳中岩浆岩种类很多，据统计可达上千种以上。过去曾提出了各种各样的分类方法，由于各自的基础不同，至今还没有一个统一的意见。岩浆岩的分类基础基本包括岩浆岩的化学成分、矿物成分、结构和构造、形成原因以及产出状态等方面。

根据岩浆岩的产状可以分为深成岩、浅成岩和喷出岩三大成因类型，根据 SiO_2 含量多少可以划分为不同的化学类型。在上述分类的基础上，根据矿物成分，结合岩石的结构、构造、产状等综合成一简单分类表（表1-5）。

表1-5　主要岩浆岩分类简表

岩石类型	超基性岩类	基性岩类	中性岩类	酸性岩类
颜色	深（黑、绿、深灰）		浅（浅红、浅灰黄）	
SiO_2 含量	<45%	45%～52%	52%～65%	>65%

续表

<table>
<tr><td colspan="5">岩石类型</td><td>超基性岩类</td><td>基性岩类</td><td>中性岩类</td><td>酸性岩类</td></tr>
<tr><td colspan="5">主要矿物</td><td>橄榄石
辉石
角闪石</td><td>基性斜长石
辉石</td><td>中性斜长石
辉石</td><td>正长石
酸性斜长石
石英</td></tr>
<tr><td colspan="5">次要矿物</td><td>基性斜长石
黑云母</td><td>橄榄石
角闪石
黑云母</td><td>黑云母
正长石
石英辉石</td><td>黑云母
角闪石</td></tr>
<tr><td colspan="3">产状</td><td>结构</td><td>构造</td><td colspan="4">岩石名称</td></tr>
<tr><td rowspan="2">喷出岩</td><td colspan="2" rowspan="2">火山锥
熔岩流
熔岩被</td><td rowspan="2">玻璃质
隐晶质
斑状</td><td rowspan="2">气孔、杏仁、流纹、块状</td><td rowspan="2">科马提岩
苦橄岩
（少 见）</td><td rowspan="2">玄武岩
（大量出现）</td><td colspan="2">浮岩、黑曜岩</td></tr>
<tr><td>安山岩
（大 量）</td><td>流纹岩</td></tr>
<tr><td rowspan="2">侵入岩</td><td>浅成岩</td><td>岩床岩盘、岩盆岩墙</td><td>半晶质
等粒、
斑状</td><td>块状</td><td>少见</td><td>辉绿岩</td><td>闪长玢岩</td><td>花岗斑岩</td></tr>
<tr><td>深成岩</td><td>岩株
岩基</td><td>全晶质
等粒、
似斑状</td><td>块状</td><td>橄榄岩</td><td>辉长岩</td><td>闪长岩</td><td>花岗岩</td></tr>
</table>

三、岩浆岩的结构与构造

1. 岩浆岩的结构

岩浆岩的结构是指组成岩浆岩的矿物的结晶程度、颗粒大小、形状以及矿物之间的结合方式。

1）按岩石中矿物的结晶程度划分的结构

（1）全晶质结构：岩石全部由结晶矿物组成，矿物颗粒比较粗大，肉眼可直接辨别，常见于侵入岩中［图 1－4（a)］，如花岗岩等。

（2）玻璃质结构：岩石不含结晶矿物颗粒，几乎全部由天然玻璃质组成。玻璃质结构是由于岩浆温度快速下降，各种组分来不及结晶即冷凝而形成的。岩石断面光滑，为喷出岩所特有的结构［图 1－4（b)］，如黑曜岩。

（3）半晶质结构：岩石中既有结晶矿物也有玻璃质矿物。岩石断面粗糙，多见于浅成岩和部分喷出岩中［图 1－4（c)］，如流纹岩。

图 1－4　按结晶程度划分的结构
(a）全晶质结构；(b）玻璃质结构；(c）半晶质结构

2）按岩石中矿物颗粒的相对大小划分的结构

（1）等粒结构：岩石中矿物全部为结晶质，粒状，同种矿物颗粒大小近于相等，颗粒大小均匀等粒结构。主要为侵入岩所具有的结构［图 1－5（a)］，如橄榄岩等。

（2）不等粒结构：岩石中同种矿物颗粒大小不等，但粒度大小是连续的，多见于深成岩的边缘或浅成岩中［图 1－5（b)］。

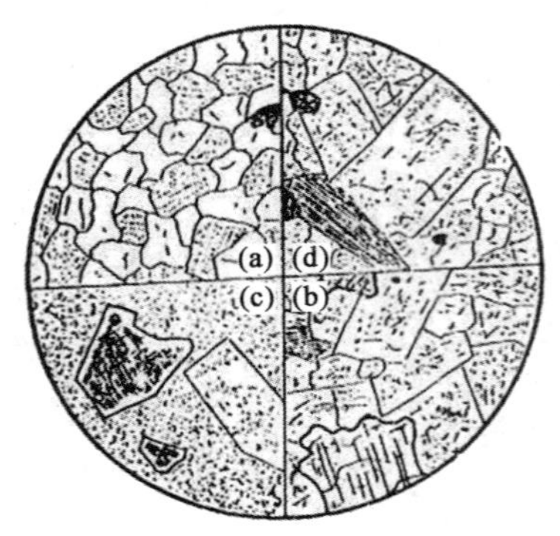

图 1-5　按颗粒相对大小划分的结构
(a) 等粒结构；(b) 不等粒结构；
(c) 斑状结构；(d) 似斑状结构

（3）斑状结构：岩石中比较粗大的晶体散布在较细小的物质之中的结构，为浅成岩或喷出岩所具有［图 1-5（c）］。比较粗大的晶体称为斑晶，细小的物质称为基质。斑状结构是由于矿物结晶时有先后顺序形成的。在地下深处，由于温度和压力都很高，而且降低缓慢，部分岩浆先冷凝结晶，形成了个体较大的斑晶；后期，它们随着岩浆上升到浅处或喷出地表，那些尚未结晶的岩浆则在温度下降较快的条件下迅速冷凝成细小的隐晶质或未结晶而成玻璃质，成为基质。

（4）似斑状结构：特征与斑状结构相似，但基质部分由显晶质构成。它主要出现于侵入体的顶部，是由已形成的矿物在挥发性组分作用下经交代重新结晶而成的，其斑晶和基质大致同时形成，这种结构多见于中酸性侵入岩中［图 1-5（d）］。

3）按岩石中矿物颗粒的绝对大小划分的结构

（1）粗粒结构：矿物颗粒平均直径大于 5mm。

（2）中粒结构：矿物颗粒平均直径为 5～2mm。

（3）细粒结构：矿物颗粒平均直径为 2～0.2mm。

（4）微粒结构：矿物颗粒平均直径小于 0.2mm，肉眼无法分辨，多见于浅成岩或喷出岩。

4）按岩石中矿物的自形程度及其结合方式划分的结构

（1）自形结构：主要矿物全呈自形晶，晶面完整，晶体规则。它是在岩浆冷却速度缓慢，结晶时间充分或晶体生长能力强的状况下形成的［图 1-6（a）］，常见于深成岩中。

（2）半自形结构：主要矿物有的自形较好，有的较差，有的呈他形晶。这是在结晶过程中有很多矿物都在析出（生长），但条件不允许所有矿物按自身结晶规律充分结晶而形成的［图 1-6（b）］。这种结构常见于深成岩或浅成岩中。

（3）他形结构：主要矿物完全不具晶形而呈他形，晶面不完整，晶体不规则［图 1-6（c）］，常见于浅成岩中。

图 1-6　根据矿物自形程度划分的结构类型（据南京大学地球科学数字博物馆）
(a) 自形结构；(b) 半自形结构；(c) 他形结构

2. *岩浆岩的构造*

岩浆岩的构造是指岩石中不同矿物和其他组成部分的空间排列与充填方式所显示出来的岩石外貌特征。构造特征是岩石分类定名的重要依据之一。常见的岩浆岩构造类型有如下几种：

（1）块状构造：组成岩石的矿物颗粒空间排列无一定方向，紧密相嵌，分布比较均匀，如花岗岩等。侵入岩中常见这种结构，特别是在深成侵入岩中。

（2）流纹构造：岩石中不同颜色的条纹、拉长了的气孔以及长条状矿物沿一定方向排列所形成的外貌特征（图 1－7）。它反映熔岩的流动状态，是由于岩浆喷出地表，在流动过程中岩浆迅速冷却，物质成分发生定向排列所造成的。它是流纹岩的典型构造。

（3）气孔构造及杏仁状构造。岩石中分布着大小不等的圆形或椭圆形的空洞，称为气孔构造（图 1－8）。它是岩浆喷出地表时，温度和压力减小，使岩浆中原来含有的气体逸出，岩石冷凝便形成气孔。如果气孔被后来的次生矿物（如方解石、蛋白石等）充填，则形成杏仁状构造。这两种构造都是喷出岩所特有的构造。

（4）带状构造：一种不均匀的构造，表现为颜色或粒度不同的矿物相间排列，成带出现（图 1－9），多见于基性岩中，是由于结晶条件周期性变化或由于同化混染而成（图 1－9）。

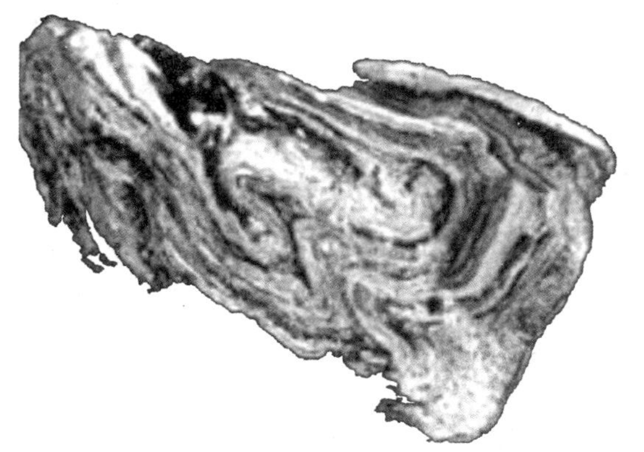

图 1－7　流纹构造

（据南京大学地球科学数字博物馆）

图 1－8　气孔构造

（据南京大学地球科学数字博物馆）

（5）绳状构造：一种粘度较小易流动的熔岩流在流动中扭曲成绳索状的熔岩构造（图 1－10），表面往往比较光滑。这种构造也称为绳状熔岩构造。

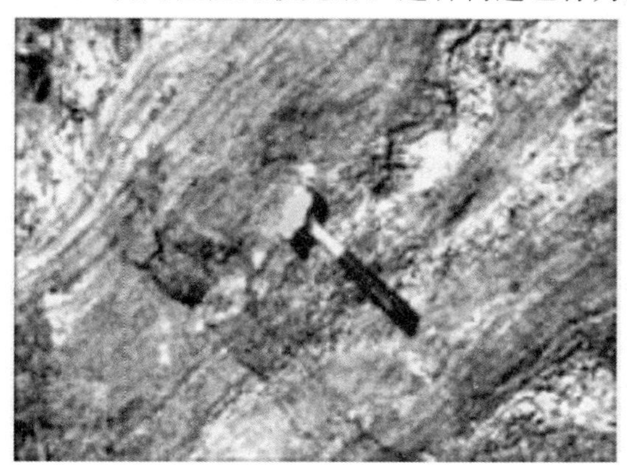

图 1－9　带状构造

（据南京大学地球科学数字博物馆）

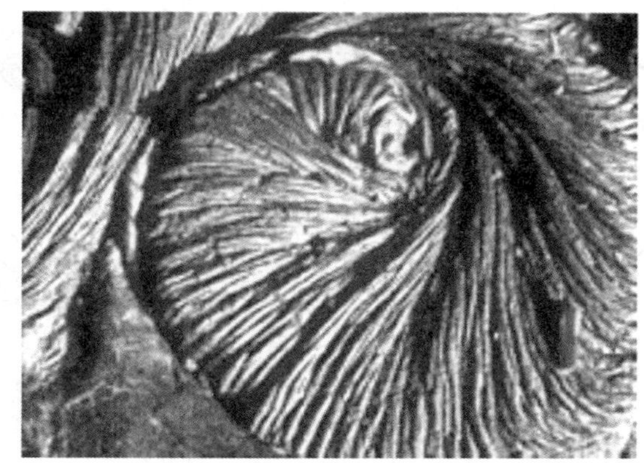

图 1－10　绳状构造

（据南京大学地球科学数字博物馆）

四、常见的岩浆岩

岩浆岩种类繁多，无法逐一介绍，现选择最主要的类型简介如下。

（1）花岗岩：为酸性岩类的深成侵入岩。常见的花岗岩为肉红色或灰白色，主要矿物是石英、正长石、酸性斜长石，含量在 85％以上；次要矿物为角闪石、辉石、黑云母等。花岗岩具有全晶质等粒结构或似斑状结构，块状构造。花岗岩有时出现很大的长石斑晶，则称斑状花岗岩；若暗色矿物以角闪石为主，则称角闪石花岗岩。

（2）花岗伟晶岩：成分与花岗岩相似，主要由石英、碱性长石组成。花岗伟晶岩晶体颗粒粗大，粒径由几厘米至几十厘米，一般多呈脉状体产出。花岗伟晶岩中有时也有少量斜长石、白云母、电气石、绿柱石、各种含有稀有元素和放射性元素的矿物等，这些矿物常呈较好的晶形穿插在主要矿物中，有时可富集成矿。

（3）流纹岩：成分与花岗岩相当的酸性喷出岩，一般为浅灰、灰红等色。流纹岩一般为半晶质斑状结构，斑晶为石英、透长石（透明斜长石），具流纹构造，有时可见气孔或块状构造。此外，尚有一些几乎全部由玻璃质组成的玻璃质流纹岩，如松脂岩、珍珠岩等。

（4）闪长岩：中性岩类的深成侵入岩，浅灰或灰绿色。闪长岩的主要矿物为角闪石和斜长石，次要矿物为正长石、黑云母等，很少或没有石英。闪长岩具有全晶质—粗粒等粒结构，块状构造。

（5）安山岩：成分与闪长岩相当的中性喷出岩，呈深灰、紫或绿等色。安山岩的主要矿物成分为斜长石、角闪石、辉石等，无石英或极少石英。安山岩一般为斑状结构，具有杏仁状或气孔状构造。安山岩分布面积仅次于玄武岩，占岩浆岩分布面积的22%。

（6）玄武岩：基性岩类的喷出岩，常呈黑、灰黑、灰绿等色。玄武岩的主要矿物为斜长石和辉石，此外有少量的普通角闪石和橄榄石等。玄武岩具隐晶、细粒至斑状结构，常见气孔状或杏仁状构造。玄武岩在地壳上分布很广，约占岩浆岩总分布面积的35.1%，大洋底几乎全部由玄武岩组成。它也是月球表面的主要岩石。

（7）辉长岩：成分与玄武岩相当的基性侵入岩。辉长岩呈灰黑、暗绿等色，主要矿物成分为辉石和斜长石，有少量的普通角闪石和橄榄石。辉长岩具有全晶质中—粗粒等粒结构，块状构造。

（8）橄榄岩：暗绿色或灰黑色，主要矿物成分为橄榄石和辉石，橄榄石含量占40%～70%，有时含有少量角闪石、黑云母，具有全晶质中—粗粒等粒结构，块状构造。

（9）正长岩：肉红色或灰白色，几乎全由肉红色或灰白色的正长石组成，含少量角闪石、黑云母、辉石等，一般无石英或含量极少，具全晶质中粒结构，块状构造，风化后常形成铝土矿。

五、常见岩浆岩的肉眼鉴定特征

常见岩浆岩的肉眼鉴定特征见表1-6。

表1-6　常见岩浆岩的肉眼鉴定特征简表

特征 岩石名称	颜色	结构	构造	矿物成分	产状
橄榄岩	暗绿色或黑色	全晶质中粗粒结构	块状	橄榄石、辉石、角闪石	深成侵入岩
辉长岩	灰黑色、暗绿色	全晶质中粗粒结构	块状	斜长石、辉石，有少量的普通角闪石和橄榄石	深成侵入岩
闪长岩	浅灰色、灰绿色	全晶质中细粒结构	块状	角闪石、斜长石、正长石、黑云母，很少或没有石英	深成侵入岩
花岗岩	肉红色、浅灰色、灰白色	全晶质中粗粒结构	块状	石英、正长石、斜长石，次要矿物有黑云母、角闪石	深成侵入岩

续表

岩石名称 \ 特征	颜色	结构	构造	矿物成分	产状
正长岩	肉红色或灰白色	全晶质中粒等粒结构	致密块状	钾长石，含少量斜长石；次要矿物有角闪石、黑云母、辉石	深成侵入岩
花岗伟晶岩	灰白色、肉红色、浅灰绿色	文象结构	块状	钾长石、石英，有时可见斜长石和白云母	脉状
玄武岩	黑色、黑绿色	致密、细粒至隐晶质	气孔状、杏仁状	辉石、斜长石、橄榄石	喷出岩
安山岩	灰红色、灰紫色、砖红色	斑状或隐晶质结构	有时有气孔状及杏仁状	斜长石最为常见，有时有辉石、角闪石、黑云母	喷出岩
流纹岩	浅灰色、灰绿色、灰紫色	半晶质斑状结构	流纹状	石英（常呈熔蚀现象）、钾长石	喷出岩
粗面岩	浅灰色、淡红色、灰紫色	斑状结构	块状和气孔状	钾长石、黑云母、角闪石	喷出岩

六、岩浆岩与油气勘探的关系

就石油有机成因观点，岩浆和岩浆岩中既不具备生油的原始有机物质，也不具备有机质转化成油气的地质条件。因此，岩浆岩不是生油的母岩。另外，地壳中高温、高压的岩浆侵入活动不仅会使围岩发生变质，而且在岩石变质的同时，储存在岩石孔隙中的油气以及夹于岩层中的煤层将发生碳化，最后形成石墨，从而使油气藏受到破坏。所以，岩浆的侵入活动对于在岩浆侵入前形成的油气藏无疑是一个破坏因素。

国内外油气勘探实践表明，岩浆岩虽不具备生油条件，并不等于其中不能储集油气。尽管岩浆岩岩性一般较致密，但有的喷出岩具原生孔隙（如气孔）；有的由于构造作用、风化剥蚀在岩浆岩中可形成次生的孔隙与裂隙，这就使岩浆岩具备了储集油气的条件。因而在一定的地质条件下，生成于沉积岩中油气也可经运移而储集于岩浆岩的孔隙与裂隙中形成油气藏。目前，国内外都发现了以岩浆岩为油气储集层的油气田。例如，日本的新潟盆地中一些油气田的油气就储集在石英安山岩、石英粗面岩中；我国的胜利油田也在花岗岩、玄武岩、辉绿玢岩中发现了良好的油气显示，辽河油田在凝灰岩、粗面岩、花岗岩中获得工业油流，克拉玛依油田也在石炭系的玄武岩、安山岩中发现油藏；我国松辽盆地的深层断陷发现了世界上最大的深层火山岩大气田——徐深气田，探明天然气地质储量 $1018\times10^{8}m^{3}$，开辟了我国陆上“第五大气区”。事实已说明，在特定的地质条件下，岩浆岩是可以成为油气储集层的。

任务实施

一、目的要求

（1）认识常见的岩浆岩，熟悉岩浆岩的一般特征。

（2）学会肉眼鉴定岩浆岩的基本方法，掌握一些常见岩浆岩的肉眼鉴定特征。

（3）掌握岩浆岩的分类以及常见岩浆岩的结构构造特征，能对岩浆岩进行鉴定和描述。

二、资料、工具

（1）岩浆岩标本：花岗岩、伟晶花岗岩、正长岩、闪长岩、辉长岩、橄榄岩、花岗斑岩、流纹岩、金伯利岩、玄武岩、安山岩。

(2) 工具：小刀、放大镜、稀盐酸等。

(3) 专著、论文等专业资料。

三、常见造岩浆岩的识别与鉴定

(1) 检索相关专著、论文。

(2) 阅读检索内容，整理常见岩浆岩的识别与鉴定特征。

(3) 针对常见的岩浆岩标本，能够根据其成分和结构构造特征进行鉴定和描述。

四、工作步骤及内容

1. 步骤

观察岩石整体颜色的深浅，分析岩石的结构和构造，分析岩石的主要矿物成分，确定岩石的名称。

2. 内容

岩浆岩结构的观察，岩浆岩典型构造的观察，岩浆岩中常见矿物成分的识别，岩浆岩特征的综合观察。

任务考评

一、理论考核

(1) 什么是岩浆岩？常见的岩浆岩化学成分有哪些？

(2) 下列岩石类型中哪些是侵入岩，哪些是喷出岩？

花岗岩　橄榄岩　辉长岩　闪长岩　安山岩　流纹岩　玄武岩　板岩　花岗片麻岩

(3) 简述岩浆岩按其中矿物颗粒的结晶程度、矿物颗粒绝对及相对大小、矿物颗粒的自形程度可分别分为哪些结构。

(4) 试写出岩浆岩中 7 种常见的构造类型。

(5) 某岩石中石英含量 27%，正长石含量约 40%，斜长石含量约 15%，角闪石含量约 10%，黑云母含量约 5%，试给该岩石定名。

(6) 喷出岩中的气孔构造是如何形成的？

二、技能考核

1. 考核项目

根据所给出的岩浆岩标本，对各种岩浆岩的成分、结构、构造等进行鉴定和描述。

2. 考核要求

(1) 准备要求：整理常见岩浆岩的识别与鉴定特征的资料。

(2) 考核时间：30min。

(3) 考核形式：口头描述＋笔试。

任务三　变质岩的识别与鉴定

任务描述

变质岩是组成地壳的三大类岩石之一，它是由已生成的岩石经变质作用形成的。变质作用，常导致某些有用元素迁移和富集而形成各种变质的矿产。油气勘探实践证明，在特定的地质条件下，变质岩也可以成为油气的储集层，形成油气藏，所以对变质作用和变质岩的研究具有重要的理论意义和实际意义。

任务分析

观察变质岩的岩石标本，根据变质岩的特征识别与鉴定常见的变质岩，并正确理解变质岩与油气勘探的关系。

相关知识

一、变质作用和变质岩

1. 变质作用

变质作用是指地壳中已经形成的岩石由于高温高压和化学活动性流体的作用，在固体状态下改变了原来的成分、结构和构造，形成新岩石的一种地质作用。

地壳中已经形成的岩石可以是沉积岩、岩浆岩或早期形成的变质岩。岩石是否发生变质，要看有无重结晶现象或有无变质矿物出现。变质作用在地壳内部的物质活动中是普遍存在的，不仅形成了各种变质岩石，而且形成了大量变质矿产。据统计，现在世界上开采的矿石中，有53％的铁矿、55％的铬铁矿、47％的铜矿、81％的金矿、85％的铀矿等均产于变质岩系中。根据引起变质作用的外在因素，可将变质作用分为以下几种类型：

（1）接触变质作用。接触变质作用是在岩浆体边缘和围岩的接触带上，由于岩浆的高温和从岩浆中析出的大量挥发组分和热水溶液的影响而使岩石发生变质的作用。

（2）动力变质作用。动力变质作用是在构造运动产生的定向压力的作用下，使岩石发生破碎、变形、重结晶的一种变质作用。

（3）区域变质作用。区域变质作用是在大面积范围内，在温度、压力和化学活动性流体等因素的综合作用下而产生的变质作用，是地壳活动伴随强烈造山运动的一种变质作用。

（4）混合岩化作用。混合岩化作用是在区域变质作用的基础上，由地壳深部热流上升及局部重熔熔浆渗透、交代、贯入变质岩中而产生的一种变质作用。

2. 变质岩

因变质作用而生成的岩石称为变质岩。变质岩分布较为广泛，约占地壳总体积的27.4％，各个地质时代均有分布，特别是前寒武纪的地层绝大部分由变质岩系组成。

根据变质前原岩的不同，变质岩可分两大类。其中，由岩浆岩变质而成的称为正变质岩，由沉积岩变质而成的称为副变质岩。由于变质作用基本上是在固态下进行的，变质岩的矿物成分、结构、构造及产状都与原岩有着密切的联系：一方面具有一定的继承性，另一方面经过变质作用后也产生了一系列新的变化。

二、变质岩的物质成分

1. 变质岩的化学成分

变质岩的化学成分，一方面取决于原岩的化学成分，另一方面也与变质作用所加入和带出的成分有关。由于原岩化学成分多种多样，化学活动性流体的成分各不相同，以及变质条件的变化等，使得变质岩的化学成分变得相当复杂。表1－7对正、副变质岩化学成分的组成特征进行了对比。

表 1-7 正、副变质岩化学成分特征对比表

化学成分	SiO_2	Al_2O_3	$FeO+Fe_2O_3$	MgO	CaO	K_2O/Na_2O
正变质岩	35%～78%	0.86%～28%	3%～15%	<30%	<17%	<1%
副变质岩	0～80%	17%～40%	不 定	可达 47%	可达 56%	>1%

2. 变质岩的矿物成分

变质岩的矿物成分主要取决于原岩的化学成分和变质作用的类型及程度。原岩成分的多样性和变质作用的复杂性，决定了变质岩矿物成分较岩浆岩和沉积岩要复杂得多。根据矿物适应温度、压力等变质因素变化的情况，可将变质岩的矿物成分分为两类：一类是能适应较大温度、压力变化范围的矿物，在变质岩中可以保存下来，如石英、长石、云母、角闪石和辉石等。另一类是变质作用形成的新的变质矿物，如硅灰石、红柱石、蓝晶石、石榴子石、十字石、绿泥石、绿帘石、滑石、蛇纹石、石墨等，这些矿物是变质岩中特有的矿物，它们的大量出现就是岩石发生变质作用的有力证据，同时也是区别岩浆岩和沉积岩的主要标志。

三、变质岩的结构

变质岩的结构是指岩石中矿物的结晶程度、颗粒大小、形状以及它们之间的相互关系。根据岩石特点和结构的成因，可把变质岩的结构分为变晶结构、变余结构以及压碎结构等。

1. 变晶结构

变晶结构是原岩在固态条件下经重结晶作用而形成的结晶质结构的总称。变晶结构是变质岩的重要特征。

(1) 根据变晶矿物颗粒的相对大小可将变晶结构分为以下 3 类：

①等粒变晶结构：岩石中大部分主要变晶矿物颗粒大小大致相等［图 1-11 (a)］。

②不等粒变晶结构：主要变晶矿物颗粒大小不等但呈连续变化［图 1-11 (b)］。

③斑状变晶结构：矿物颗粒直径大小相差悬殊，在较细粒的变质基质中，有较大的变晶矿物［图 1-11 (c)］。

(a)

(b)

(c)

图 1-11 变质岩的结构（据南京大学地球科学数字博物馆）

(a) 等粒变晶结构；(b) 不等粒变晶结构；(c) 斑状变晶结构

(2) 根据变晶矿物粒度的绝对大小可将变晶结构分为如下 3 类：

①粗粒变晶结构：矿物颗粒平均直径大于 3mm。

②中粒变晶结构：矿物颗粒平均直径 3～1mm。

③细粒变晶结构：矿物颗粒平均直径小于 1mm。

另外，根据岩石中矿物的形态又可将变晶结构分为粒状变晶结构、鳞片状变晶结构以及纤维状变晶结构等。

2. 变余结构

变余结构也称为残留结构。由于变质重结晶作用进行得不完全，原来岩石的矿物成分和结构特征被部分地保留下来所形成的结构，称为变余结构。

变余结构在浅变质带形成的变质岩中最常见。变余结构形成的原因是：温度较低，溶液活动性不强，使得原岩的部分结构特征得以保留。变余结构的命名原则就是在原岩结构之前加“变余”二字即可。

变质岩中常见的变余结构有变余花岗结构、变余斑状结构、变余砂状结构、变余泥质结构等。

3. 压碎结构

压碎结构是岩石受到机械破坏而产生的，是变质作用较为典型的结构。根据矿物的机械破碎程度可将压碎结构分为碎裂结构和糜棱结构。

（1）碎裂结构：岩石受定向压力作用后，其本身及组成矿物发生破裂、移动、研磨等现象。部分矿物被压碎为细粒，部分保留原形，但也出现裂纹［图 1－12（a）］。

（2）糜棱结构：岩石中所有矿物均被压碎成细小的颗粒，并呈锯齿状接触，其内部物质在滑动时可形成一种类似流动的构造的排列［图 1－12（b）］。

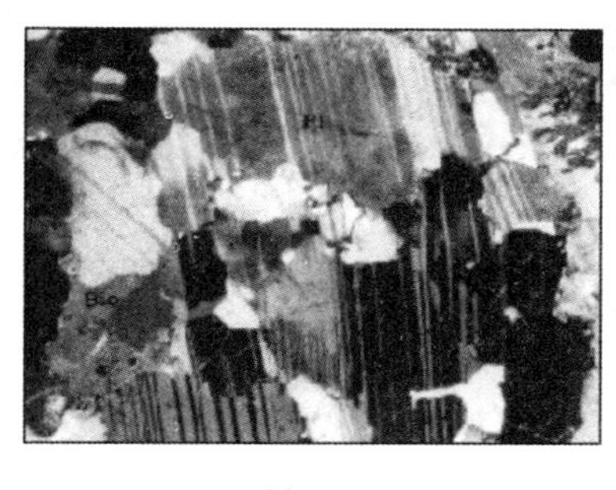

(a)

(b)

图 1－12 变质岩的结构（据南京大学地球科学数字博物馆）

（a）碎裂结构；（b）糜棱结构

4. 交代结构

在变质作用过程中，由于化学性质活泼的流体的作用，物质成分被带入、带出，使原有矿物被溶解的同时被新生矿物所代替，这样形成的结构称为交代结构。

四、变质岩的构造

变质岩的构造是指组成岩石的各种矿物在空间的分布和排列方式。变质岩的构造能反映变质作用的基本特征，可分为定向构造和无定向构造两大类。

1. 定向构造

定向构造是指岩石中的矿物彼此相连，呈平行排列的关系。它是在定向压力参与下形成的。常见的变质岩定向构造有：

（1）板状构造：岩石中矿物颗粒细小，肉眼难以分辨，岩性似薄板状，常出现一组平行的破裂面且光滑平整，破裂面具有微弱的丝绢光泽，具变余泥质结构［图 1－13（a）］。

（2）千枚状构造：岩石中的鳞片状矿物呈定向排列，沿定向排列方向可劈成薄片，具较强的丝绢光泽，断面参差不齐。此种构造为千枚岩所特有［图1－13（b）］。

（3）片状构造，又称片理构造：由云母、绿泥石、滑石、角闪石等片状、板状、或针状矿物呈连续平行排列而成；沿片理面极易劈成薄片，而且还常呈波状弯曲，显示强烈的丝绢光泽；矿物颗粒较粗，肉眼可识别，以此区别于千枚状构造［图1－13（c）］。

（4）片麻状构造：与片状构造类似，但其变质程度较深。它的特征是暗色的片状、柱状矿物（如云母、角闪石等）呈平行排列，且被浅色粒状矿物（如石英等）所隔开。大部分片麻岩都具此构造。

（5）条带状构造：暗色矿物和浅色矿物平行排列，呈现出黑白相间的条带。

2. 无定向构造

（1）块状构造：整个岩石的矿物分布均一，无定向排列。如大理岩。这种构造反映岩石在变质过程中不具显著的定向压力。

（2）斑点构造：岩石在发生变质过程中，有些物质发生迁移、聚集成斑点，为浅变质岩的构造特征。

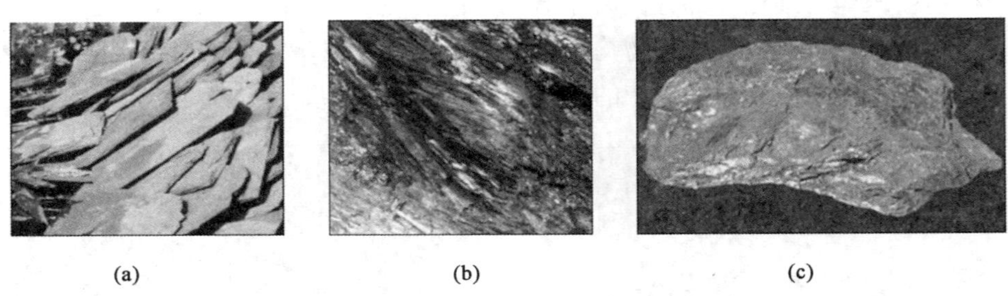

(a)　　(b)　　(c)

图1－13　变质岩的构造（据南京大学地球科学数字博物馆）

（a）板状构造；（b）千枚状构造；（c）片状构造

五、常见变质岩

（1）片麻岩：是具有明显片麻状构造的变质岩；颜色多为灰和浅灰；主要矿物成分为长石、石英；片状或柱状矿物为黑云母、角闪石和辉石；有时出现矽线石、石榴子石等变质岩特有矿物；具粒状变晶结构或斑状变晶结构。片麻岩是变质程度较深的区域变质岩。

（2）片岩：具明显片状构造；颜色有黑、灰黑、绿、浅褐等色；由片状或柱状矿物如云母、绿泥石、滑石、角闪石等平行排列而成；矿物结晶程度较高，多为鳞片变晶结构和纤维变晶结构。

（3）千枚岩：是具有典型的千枚状构造的浅变质岩；颜色为黄、绿、浅红、蓝灰等色；主要由很细小的绢云母、绿泥石、石英等呈定向排列而成，容易裂成薄片，裂开面具丝绢光泽；一般为鳞片变晶结构。

（4）板岩：由肉眼不能分辨的矿物颗粒如粘土矿物及云母等组成，可沿一定方向裂开成薄板。具板状构造；颜色多为灰至黑色；主要具变余结构，有时具变晶结构；板理面上可有少量绢云母、绿泥石等新生矿物，微显丝绢光泽，敲击时可发出清脆声。

（5）大理岩：主要由方解石或白云石颗粒组成，由石灰岩或白云岩变质而成；一般为白色，因含杂质不同，也有灰、绿、黄等色；具花岗变晶结构、块状构造；以我国云南大理盛产而得名；质地致密的白色细粒大理岩又称为“汉白玉”。

（6）石英岩：主要由石英组成，其含量大于85%，其次为长石、绢云母、绿泥石、白云母、角闪石等；由沉积岩中的石英砂岩变质而成；一般呈白色或灰白色，具花岗变晶结构，块状构造。

（7）蛇纹岩：主要由橄榄岩、辉岩经热液交代作用而形成；矿物成分以蛇纹石为主，有时残存少量橄榄石与辉石；颜色为黄绿至黑色，质软且具滑感，蜡状光泽，隐晶质变晶结构，块状构造。

（8）矽卡岩：由岩浆析出的高温气水溶液与围岩发生交代作用形成的一种变质岩；主要产于中酸性侵入体与碳酸盐岩的接触带中；常呈暗绿色、暗红色，少数呈浅灰色；具有变晶结构，矿物晶形一般完好，颗粒粗大；多为块状、角砾状等构造。

常见变质岩的肉眼鉴定特征见表1-8。

表1-8　常见变质岩的肉眼鉴定特征简表

特征 岩石名称	颜　色	结　构	构 造	主要矿物成分	原　岩	其他
板　岩	灰色至黑色	变余泥质	板状	绢云母、绿泥石、粘土	粘土岩、粘土质粉砂岩、中酸性凝灰岩	丝绢光泽微弱
千枚岩	黄色、绿色、浅红色、蓝灰色	隐晶质变晶	千枚状	云母、绿泥石、角闪石	粘土岩	具有较强的丝绢光泽
片　岩	黑色、灰黑色、绿色、浅褐色	鳞片变晶、纤维变晶	片理	云母、绿泥石、滑石、角闪石、长石	粘土岩	
片麻岩	灰色、浅灰色	粒状变晶或斑状变晶	片麻状、眼球状	长石、石英、云母、角闪石	长石砂岩、花岗岩	
石英岩	白色、灰色、灰红色	粒状变晶	致密块状	石英、长石、白云母、绿泥石	石英砂岩	
大理岩	白色、灰绿色、黄色、浅红色	等粒变晶	致密块状	方解石、白云石	碳酸盐岩	
蛇纹岩	暗灰绿色至黄绿色	隐晶质变晶	块状	蛇纹石	橄榄岩、辉岩	具滑感，油脂光泽

六、变质岩与油气勘探的关系

变质过程中较高的温度和压力引起岩石中有机质分解和破坏、矿物的重结晶或矿物成分的重新组合、岩石被压紧等，势必使岩石的孔隙度大大降低，因而不利于油气储存。因此，一般说来变质岩与岩浆岩一样也不能有油气的生成，同时变质作用对油气的保存也是不利的。但是，在油气勘探过程中发现，在变质岩基底顶面风化带或变质岩断裂破碎带，往往会产生次生风化裂隙或构造裂隙，可形成油气的储集条件。这样，在与变质岩邻近的沉积岩中生成的油气可运移至变质岩的次生裂隙或片理间隙中聚集形成油气藏。例如，1958年我国甘肃玉门油田鸭儿峡的鸭 114 井在志留系基底变质岩基底的风化带中发现了高产油气，至 1998 年单井累计产油 40×10^4t 以上，2002 年在青西断陷的志留系变质岩裂缝—溶孔型储集层中发现了 9000×10^4t 的油气储量，酸化后日产量为 126～170m^3；胜利油田在浅海区的埕北 30B-1 井在钻至太古界片麻岩段时，发现良好的油气显示，在 3393.61m～3395.39m 井段，用 8mm 油嘴放喷求产，日产原油 169.2m^3，天然气 14686m^3。这些事实都说明了变质岩不仅可以储集油气，而且还能持续高产。

任务实施

一、目的要求

（1）通过对变质岩标本的观察，学习变质岩的结构、构造和矿物的组成特征。

（2）学习常见变质岩的肉眼鉴定方法；掌握常见变质岩的鉴定特征，并能对常见变质岩进行鉴定和描述。

二、资料、工具

（1）变质岩标本：片岩、千枚岩、板岩、片麻岩、石英岩、大理岩、蛇纹岩、矽卡岩、角岩、混合岩。

（2）工具：放大镜、小刀、稀盐酸等。

（3）专著、论文等专业资料。

三、常见变质岩的识别与鉴定

（1）检索相关专著、论文。

（2）阅读检索内容，整理常见变质岩的识别与鉴定特征。

（3）针对常见的变质岩标本，能够根据其矿物成分和结构构造特征进行鉴定和描述。

任务考评

一、理论考核

1. 名词解释

岩浆　岩浆作用　火山作用　变质作用　岩浆岩　变质岩　大理岩　花岗岩　喷出岩

2. 选择题

（1）大理岩的主要组成矿物是__________。

（A）石英　　（B）长石　　（C）方解石　　（D）云母

（2）下列岩石中属于变质岩的是__________。

（A）石灰岩　　（B）长石　　（C）大理岩　　（D）砾岩

（3）在一定温度和压力作用下，原有成分和性质发生改变，由此而形成的岩石有__________。

（A）石灰岩、玄武岩　（B）页岩、石灰岩　（C）大理岩、板岩　（D）花岗岩、砂岩

3. 简答题

（1）何为正、副变质岩？

（2）根据变质作用的主要因素和地质条件可将变质作用分为哪几种类型？各有哪些主要的岩石类型？何为接触变质作用、动力变质作用及区域变质作用？

（3）根据变质作用的类型和程度，可以把变质岩的结构分为哪四大类？

（4）简述花岗片麻岩、板岩、角闪石片岩、大理岩、石英岩、绢云母石英千枚岩的鉴定

特征。

二、技能考核

1. 考核项目

根据所给出的变质岩标本，对各种变质岩的成分、结构、构造等进行鉴定和描述。

2. 考核要求

（1）准备要求：整理常见变质岩的识别与鉴定特征的资料。

（2）考核时间：30min。

（3）考核形式：口头描述＋笔试。

任务四　沉积岩形成的认识

任务描述

沉积岩是在近地表的常温、常压条件及水、大气、生物、重力等作用下，由母岩的风化产物及其他物质（包括火山物质、宇宙物质、有机质和生物遗体等）经搬运、沉积及成岩作用而形成的岩石。在组成地壳的三大类岩石中，与油气田关系最密切的就是沉积岩。在油气田勘探钻井过程中，钻遇最多的也是沉积岩层。所以对于石油工作者来说，各种沉积岩的识别与鉴定就显得尤为重要。因此，本书首先从认识沉积岩的形成开始，掌握各种沉积岩的鉴定特征，从而为后续内容的学习奠定必要的基础，以便更好地为油气钻井作业服务。

沉积岩的形成一般要具备三个条件：首先，要有形成沉积岩的原始物质；第二，这些物质要经过搬运和沉积作用；最后，这些沉积物还要发生成岩作用。

任务分析

因为石油和天然气的生成是伴随着沉积岩的形成而进行的，所以需要熟悉并掌握沉积岩的形成过程。

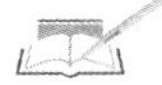

相关知识

一、沉积岩原始物质的形成——母岩的风化作用

沉积岩的原始物质有母岩的风化产物、火山物质、有机物质以及宇宙物质等。其中，母岩的风化产物是最主要的，所以这里着重介绍母岩的风化作用及其产物的形成。

母岩，是指供给沉积岩原始物质成分的岩石，包括先生成的岩浆岩、变质岩和沉积岩。

风化作用是指地壳表层岩石在大气、水、生物等营力的影响下，发生机械和化学变化的一种作用。它包括物理风化、化学风化和生物风化三种基本类型。

1. 物理风化作用

岩石主要发生机械破碎，而化学成分不改变的风化作用，称为物理风化作用。引起物理风化作用的主要因素有：温度的变化、晶体生长、生物的生活活动，以及水、冰、风的破坏作用。物理风化作用的总趋势是使母岩崩解，产生碎屑物质，其中包括岩石碎屑和矿物碎屑等。

2. 化学风化作用

在氧、水和溶于水的各种酸的作用下，母岩遭受氧化、水解和溶解等化学变化，使其分解而产生新矿物的过程，称为化学风化作用。化学风化作用不仅使母岩破碎，而且使其矿物成分和化学成分发生本质的改变，在适当的条件下形成粘土物质和化学沉淀物质（真溶液及胶体溶液物质）。

3. 生物风化作用

在岩石圈的上部、大气圈的下部和水圈的全部，几乎到处都有生物的存在，故生物，特别是微生物，在风化作用中能起到巨大的作用。生物对岩石的破坏作用既有机械作用，又有化学作用和生物化学作用；既有直接的作用，又有间接的作用。

生物可以促进和加速化学风化作用的进行。实际上，几乎所有的化学风化作用都有生物的参与。在许多情况下，岩石的风化作用是由生物的活动开始的。菌类、藻类及其他微生物对岩石的破坏作用十分巨大。它们不仅直接对母岩进行机械破坏、化学分解（吸收某些元素，生成新矿物），而且本身分泌出的有机酸有利于分解岩石或吸取某些元素转变成有机化合物。当前，生物的作用越来越受到重视，生物风化作用也随着地质历史发展而越来越显著。

地壳表层岩石的风化作用是一个十分复杂的地质作用。各种造岩矿物抵抗风化作用的能力，即它们在风化作用条件下的稳定性，是很不相同的。石英是岩石中的主要造岩矿物。石英在风化作用中稳定性极高，它几乎不发生化学溶解作用，一般只发生机械破碎作用。长石的风化稳定性次于石英，在长石类矿物中，钾长石的稳定性最高。

地壳表层岩石风化的结果，主要形成以下三种性质不同的风化产物：

（1）碎屑物质——这类物质是母岩机械破碎的产物，主要是指母岩的岩石碎屑或矿物碎屑。碎屑残留物质是碎屑沉积岩的主要原始物质成分。

（2）粘土物质——主要是指在化学风化过程中新生成的一些矿物，如水云母、高岭石、蒙脱石、蛋白石、铝土矿、褐铁矿等。这些物质在初始阶段大都存在于母岩的风化带中，所以也常称为“化学残余物质”。后来，它们也将被各种营力搬运走。它们是粘土岩的主要原始物质成分。

（3）溶解物质——主要是指母岩在化学风化作用过程中被溶解的那些成分，如 Cl，S，Ca，Na，Mg，K，Si，Fe，Al，P 等。这些物质大都呈真溶液或胶体溶液状态被流水搬运走，转移到远离母岩区的湖泊或海洋中去。它们是化学岩和生物化学岩的主要原始物质成分。

地壳表层岩石风化的结果是，除一部分溶解物质流失以外，其碎屑残余物质和新生成的化学残余物质大都残留在原来岩石的表层。这个由风化残余物质组成的地表岩石的表层部分，或者说已风化了的地表岩石的表层部分，就称为风化壳或风化带。研究风化壳有很大意义，在古风化壳中常蕴藏着油、气和其他一些重要的矿床（如高岭石矿、铝土矿、铁矿、镍矿等）。

二、搬运与沉积作用

沉积岩的原始物质通过母岩风化、生物作用以及火山作用形成后，除少部分在原地堆积外，大部分在流水、风、冰川、重力等作用下都要被搬运走，并在新的地方沉积下来。一般碎屑物质及大部分粘土物质是以悬浮和底部推移方式进行搬运的。这种搬运与沉积作用受流体力学的定律所支配，称为机械搬运与沉积作用。而化学物质以溶液（包括真溶液和胶体溶液）方式进行搬运，这种搬运受化学或物理化学的定律所支配，称为化学搬运与沉积作用。

1. 机械搬运与沉积作用

搬运碎屑物质和大部分的粘土物质的最重要流体是水，除此之外还有风、冰川等。

1）流水的机械搬运和沉积作用

碎屑物质在流水的搬运及沉积作用的过程中，一般不发生明显的化学变化，只是使碎屑的物理状态有所改变。首先是成分上的变化。随着碎屑物质被流水搬运的时间和距离的增长，其中不稳定成分逐渐减少，稳定成分则相应地增多，同时其成分也就变得更加简单了。与此同时，由于碎屑发生破碎和受到磨蚀，碎屑的粒度也逐渐地变小，碎屑的圆度也逐渐地变好，碎屑的球度也有所增加。

总之，碎屑物质在流水搬运过程中，其不稳定成分逐渐变少，粒度逐渐变小，圆度逐渐变好，这是变化的总趋势。搬运的时间及距离越长，这些变化就越明显。

在一定条件下，当流水的动力不足以克服碎屑的重力时，碎屑物质就会沉积下来。随着水流速度由大到小有规律的变化，碎屑物质根据其粒度、密度、形状和矿物成分的不同，在重力的影响下，按一定顺序沉积的现象，称为机械沉积分异作用。碎屑物质的粒度分异最明显，大颗粒多沉积在河流的上游地段，小颗粒则依次沉积在中、下游地段。搬运的时间和距离越长，机械沉积分异作用越彻底。机械沉积分异作用的结果主要是形成了砾岩、砂岩、粉砂岩和粘土岩。

2）风的机械搬运和沉积作用

风是搬运和沉积作用中一种很重要的地质营力，尤其在干旱的沙漠和滨海沙岸地区。

风和流水的搬运与沉积作用有重要的区别。首先，风只能机械搬运碎屑物质，而不能进行化学搬运。其次，风的搬运能力远比水的搬运能力小，只能搬运细粒物质。第三，风对搬运物质的选择性比较强，风成沉积物的粒度分选性较好。第四，风成砂一般磨圆都好，常具霜状表面。风成的砾石由于常常遭到地面流沙磨蚀而具有一种特殊的棱面，通常称为风棱石。第五，风搬运砂粒的方式为悬浮搬运和推移搬运两种。细粉砂和粘土类的细微沉积物呈悬浮状搬运，我国北方巨大的黄土沉积就是风悬浮搬运的赫赫功绩；砂质沉积物常呈推移搬运，呈沙丘或沙垅的形态沉积下来。

3）冰川的机械搬运和沉积作用

冰川和浮冰的搬运和沉积作用发生在两极地区和高寒的山区。首先，冰川是固体搬运，搬运能力极强。其次，冻结在冰川中的岩石碎块彼此间极少摩擦与撞击，岩屑的棱角很少磨损。第三，冰积物可以毫无分选，石块、砂粒和粘土混合在一起。第四，在冰川的搬运过程中，部分岩块间的摩擦，以及岩块与底壁间的摩擦，常常形成特殊的冰川擦痕——丁字痕。

2. 化学搬运和沉积作用

母岩风化产物中的溶解物质有的可以成为胶体溶液，有的可以成为真溶液。Al，Fe，Mn，Si 的氧化物难溶于水，在搬运过程中常以胶体的形式出现；Ca，Na，Mg 等离子，由于溶解度大，而呈真溶液搬运。

1）胶体物质的搬运和沉积

低溶解度的金属氧化物和氢氧化物常常呈胶体溶液搬运。影响胶体物质凝聚与沉积的因素除了介质的 pH，Eh 值外，异名胶体或异名离子的中和作用具有特殊意义。胶体凝聚沉积而成的沉积物呈胶状或糊状，当它们固结后呈钟乳状、肾状、豆状。

2）真溶液物质的搬运和沉积

在母岩风化产物中，Cl，S，Ca，Na，Mg，K 等多呈离子状态溶解于水中被搬运，即呈真溶液状态被搬运。真溶液物质的搬运和沉积作用的根本控制因素是它们的溶解度。溶解度越大，越易搬运，越难沉积；反之，溶解度越小，则越易沉积，越难搬运。真溶液物质在沉积过程中，根据其化学元素的活泼性或溶解度的不同，按一定的顺序沉积下来，这个过程称为化学沉积分异作用。

三、成岩作用

搬运和沉积作用在大陆的河流、湖泊、沼泽等低洼地带和海洋里堆积了许多松散的沉积物。在温度、压力、地层水等作用下，使疏松的沉积物变成坚硬的沉积岩的作用，称为成岩作用。成岩作用的方式在不同阶段是不一样的，主要有以下几种成岩方式。

1. 压实作用

压实作用是指沉积物沉积后在其上覆水层或沉积层的重荷下，或在构造形变应力的作用下，发生水分排出、孔隙度降低、体积缩小的作用。压力是压实作用的外在因素，而沉积物的成分和颗粒大小是内在因素。一般来说，软泥、粘土等沉积物最易被压实，而砂、砾等粗沉积物在压实作用下孔隙度变化则很小。所以在成岩作用阶段，压实作用是使碎屑物质特别是粘土沉积物成岩的主要因素。

2. 胶结作用

胶结作用是指从孔隙溶液中沉淀出的矿物质（胶结物）将松散的沉积物固结起来的作用。通过孔隙溶液沉淀出的胶结物的种类很多，如硅质（蛋白石、玉髓、石英）、泥质（粘土矿物）、铁质（赤铁矿、褐铁矿等）、钙质（方解石、白云石等），都可将颗粒胶结在一起，使碎屑物质固结成岩。胶结作用是碎屑物质成岩的主要途径。

3. 重结晶作用

重结晶作用是指沉积物中的某些细小的矿物质在温度、压力的影响下所进行的结晶作用。它包括由原来矿物成分转变为新矿物，以及原来的晶体长大等作用。例如：

$$\underset{\text{蛋白石（非晶质）}}{SiO_2 \cdot nH_2O} \longrightarrow \underset{\text{玉髓（非晶质）}}{SiO_2} \longrightarrow \underset{\text{石英（晶质）}}{SiO_2}$$

重结晶作用在化学成因或生物成因的沉积物中很普遍，其结果是使沉积物内部更趋紧密，小晶体变为大晶体，矿物变得更稳定。

4. 交代作用

交代作用是指一种矿物代替另一种矿物的现象。交代作用可以发生于成岩作用的各个阶段乃至表生期。交代矿物可以交代颗粒的边缘，将颗粒溶蚀成锯齿状或鸡冠状的不规则边缘，也可以完全交代碎屑颗粒，从而成为它的“假象”。交代作用的实质是体系的化学平衡及平衡转移问题。当体系内的物理、化学条件发生改变时，原来稳定的矿物或矿物组合将变得不稳定，发生溶解、迁移或原地转化，形成在新的物理、化学条件下稳定存在的新矿物或矿物组合。

四、沉积岩的分类

通常根据岩石的主要物质成分和结构特征，将沉积岩分为碎屑岩、粘土岩、化学岩和生物化学岩三大类型。

1. 碎屑岩

碎屑岩是主要由碎屑物质（含量大于50%甚至达到90%以上）、杂基和胶结物组成的一类岩石，包括由母岩风化产物中的碎屑物质组成的正常碎屑岩和由火山碎屑物质组成的火山碎屑岩。按碎屑颗粒大小，正常碎屑岩又可细分为砾岩、砂岩和粉砂岩，火山碎屑岩又可细分为火山集块岩、火山角砾岩和凝灰岩。

2. 粘土岩

粘土岩是介于碎屑岩和化学岩之间的过渡型岩石，主要由粒径小于0.01mm的颗粒组成，粘土矿物含量超过，其中常含少量细碎屑物质。它是沉积岩中分布最广的一类。

3. 化学岩和生物化学岩

化学岩主要由母岩风化产物中的溶解物质（呈真溶液和胶体溶液）通过化学作用方式沉积而成。按主要化学成分，化学岩可分为碳酸盐岩、卤化物岩、铝质岩、锰质岩、铁质岩等，但对于石油地质工作者来说，最主要的是碳酸盐岩。生物化学岩主要由生物遗体聚集或经过生物化学作用而成。在自然界常见的生物化学岩有可燃有机岩（如煤、油页岩、地蜡、地沥青）和硅藻土、介壳灰岩、礁灰岩、磷块岩等。

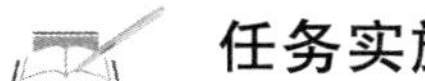

任务实施

一、目的要求

（1）掌握沉积岩形成的过程。

（2）掌握风化作用、搬运和沉积作用、成岩作用的方式和各自的特点。

二、资料、工具

（1）专著、论文等专业资料。

（2）网络资源。

三、掌握沉积岩的形成过程及各阶段的特点

（1）检索相关专著、论文。

（2）阅读检索内容，选择借阅书籍、期刊。

（3）阅读并整理沉积岩形成的相关资料。

（4）分析风化作用、搬运和沉积作用、成岩作用的方式和各自的特点，写出分析总结报告。

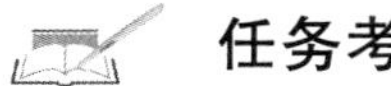

任务考评

一、理论考核

（1）沉积岩的原始物质有哪些来源？哪种来源的沉积物构成了沉积岩的主要成分？

（2）按沉积物的物质来源，沉积岩分为哪几种类型？

（3）什么是风化作用？风化作用有几种类型？母岩风化作用形成几种风化产物？

（4）沉积岩的形成过程大致可分成哪几个阶段？

（5）能够搬运碎屑颗粒的介质有几种类型？特点如何？

（6）风化作用形成的溶解物质在自然界中以什么方式存在？简述其搬运和沉积特征。

（7）简述生物在风化作用、搬运和沉积作用中的作用？

（8）简述机械沉积分异作用和化学沉积分异作用。

二、技能考核

1. 考核项目

根据所搜集的资料，写出沉积岩形成的分析报告。

2. 考核要求

（1）准备要求：相关专著、论文等资料。

（2）考核时间：40min。

（3）考核形式：笔试。

任务五　沉积岩特征的分析

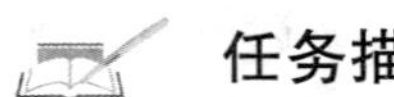

任务描述

在认识沉积岩形成的基础上，掌握沉积岩的一般特征，了解成岩后的次生变化，学会根据沉积岩的特征分析沉积环境，并能分析古地理古气候，进而了解含油气盆地的沉积特点，以便更好地为油气钻井作业服务。

任务分析

掌握沉积岩的一般特征，根据沉积岩的颜色分析沉积环境，根据沉积岩的构造特征分析沉积盆地的形成和演化 。

相关知识

一、沉积岩的物质成分

沉积岩的物质成分随母岩提供的原始物质类型而异，主要有两种类型：一类是由母岩和火山物质提供的碎屑物质；另一类是母岩供给的溶解产物在表生条件下新生成的非碎屑矿物。

碎屑物质包括矿物碎屑和岩石碎屑。矿物碎屑主要成分为石英、长石、白云母等。

非碎屑成分包括自生矿物和有机质，但以前者为主。自生矿物主要有方解石和白云石、粘土矿物、海绿石、菱铁矿、自生长石、自生硅质矿物。

二、沉积岩的颜色

颜色是沉积岩重要的直观特征。它不仅反映岩石本身的物质成分、沉积环境及成岩后的次生变化，对鉴定岩石具有重要意义，而且还可作为地层划分与对比、推断沉积环境的重要标志之一。

沉积岩的颜色按成因可分为原生色和次生色，原生色又进一步分为继承色和自生色。继承色主要取决于岩石中所含矿物碎屑的颜色，常为碎屑岩所具有，如长石砂岩呈红色是继承了母岩中红色长石颗粒的颜色；自生色是在沉积成岩阶段由自生矿物造成的，为大部分粘土岩、化学岩所具有，如海绿石砂岩呈绿色是自生海绿石造成的。次生色是在沉积岩形成后由于次生变化而产生的，如在露头上海绿石砂岩常被风化成黄褐色、褐红色等。研究沉积岩要注意区分原生色和次生色。

原生色分布均匀、稳定，且与岩层的界线一致；次生色常沿裂隙、孔洞和破碎带分布，呈斑点状。原生色常能指示沉积环境，如岩石含有机质或分散状硫化铁含量越高则颜色越深，而硫化铁形成于还原环境。在氧化或强氧化环境下形成的大陆沉积物常因岩石中含高价铁而呈红、黄色。当岩石中高价铁和低价铁并存时，高价铁含量多的岩石呈红色，低价铁含量高的岩石呈绿色，反映的是弱氧化和弱还原环境。在红色岩层中，有时可见绿色斑点或红、黄、绿、灰诸色掺杂，这主要是氧化铁局部还原的结果。

影响岩石颜色的因素是多方面的，除岩石的成分及沉积环境外，还有颗粒大小、干湿程度、风化程度等。一般来说，粒度越细越潮湿，观察面越阴暗，颜色越深；反之，则越浅。因此，描述颜色必须观察岩石的新鲜面，并说明是在怎样的状态下观测的。

三、沉积岩的构造

沉积岩的构造是指沉积岩各组分之间的空间分布和排列方式。岩石在固结成岩之前的原生构造，是相分析的重要依据。

1. 层理构造

层理是属流动成因的构造。它是岩石性质沿垂向变化而形成的一种层状构造，可通过岩石的成分、结构及颜色的变化显示出来。它能反映岩石的非均质性。层理是沉积岩最常见的构造特征。研究层理，有助于地层划分与对比及沉积环境分析。由于岩石的渗透性在平行层理方向较好，因此研究层理有助于认识油、气、水在地下的流动规律，借以指导油气田开发。

组成层理构造的单位包括细层（纹层）、单层（层系）、层组（图 1－14）。

根据层理的形态和成因类型，包括成分、内部构造、纹层与单层的形态等，可将层理构造划分为若干类型。

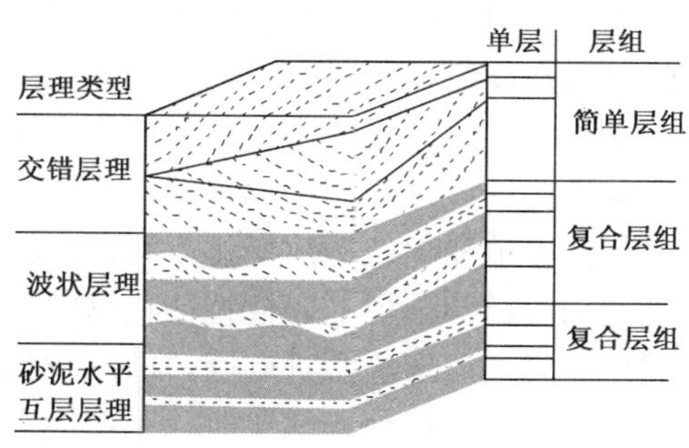

图 1－14　纹层、单层、层组

（1）水平层理。水平层理是细粒沉积物（粉砂、泥）中主要的层理类型，由彼此平行的呈水平状的纹层组成，纹层厚度 1～2mm。纹层可因粒度变化和有机质含量不同或颜色差别而显示出来，是低能或静水环境的标志之一。平行层理主要见于湖泊、河滩、潮坪、潟湖、浅海、半深海、浊流等环境。

（2）平行层理。平行层理是由强水动力条件下形成的纹层相互平行的并由中粗砂、砾组成的层理，是在水流的搬运能力比形成大型交错层理更强的高流态条件下的平坦底床上形成的，其特点是颗粒粗，伴生有剥离线理（由连续滚动的砂粒粗细分离或含不同重矿物的纹层叠覆而成，沿层面容易剥开），与大型交错层理共生。平行层理主要形成于河流、海滩、浊流环境。

（3）波状层理。波状层理是由许多波状起伏的纹层重叠在一起组成的，是由于波浪引起沙纹的移动造成的。其特点是纹层呈波状，但总的方向平行于层面，当沉积速率较高时，可保存连续的波状。波状层理常形成于海、湖、浅水区及河漫滩。

（4）交错层理。交错层理是由一系列与层理面斜交的内部纹层所组成的沉积单位。它主要分布于碎屑岩和颗粒碳酸盐岩中，它是在介质能量较强的情况下形成的。按层系厚度可分为小型（小于 3cm）、中型（3～10cm）、大型（10～200cm）、特大型（大于 200cm）4 种；

按层系形态可分为板状、楔状、槽状三种基本类型。板状交错层理单层间界面呈平面状且相互平行，各单位的纹层倾向相同，大致反映了单向水流的方向。大型板状交错层理常见于河流沉积中。楔状交错层理单层间界面也呈平面状，但界面之间互不平行，使单层呈楔形，常见于海、湖的浅水区和三角洲沉积中。槽状交错层理单层的界面为曲面，上下界面之间相互平行或斜交，单层面为槽状；纹层为平行于单层底面的对称曲面，有时由于交错层理彼此切割而呈不对称状，其底界面常有槽型冲刷面。大型槽状交错层理多见于河流沉积中，其层系底界冲刷面明显，底部常有泥砾。

（5）递变层理。递变层理也称粒序层理，是以粒度递变为特征的沉积单位。递变层内除了粒度递变之外一般无任何层理，底部与下伏岩层总是突变接触，单个递变层的变化大，一般为几厘米至几十厘米。据递变特征可将递变层理分为正向递变层理和反向递变层理，以正向递变层理最为常见，它由下向上粒度由粗变细。递变层理常见于浊流环境中，在潮坪、河滩、三角洲、陆棚等处也可见零星分布。正向递变层理又可分为粒序递变层理（下部不含细粒基质，是水流速度或强度逐渐减低而沉积的结果）和粗尾递变层理（普遍含细粒基质，浊流成因，大多数递变层理属于此类）（图 1-15）。

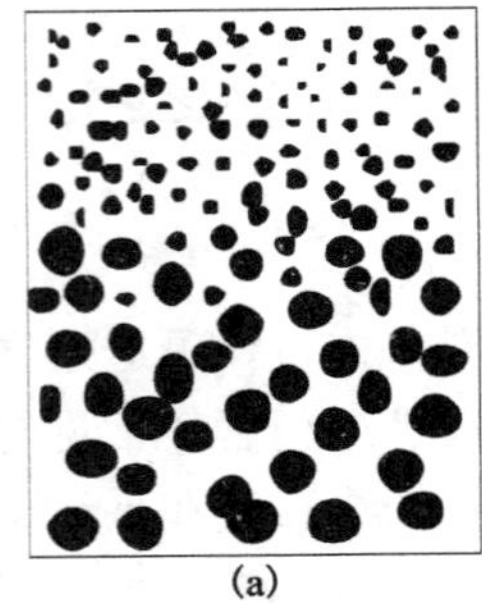
(a)

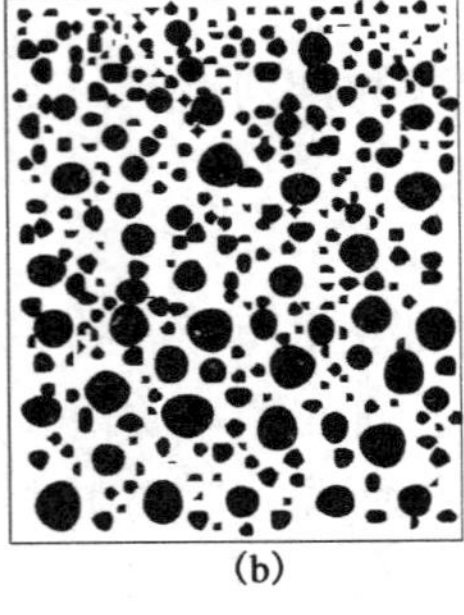
(b)

图 1-15　递变层理的两种基本类型
(a) 粒序递变层理；(b) 粗尾递变层理

（6）韵律层理和沉积旋回。在砂泥互层的水平层理中，由不同颜色、不同成分、不同粒度的单层在厚度较薄时（小于 4～5mm）所形成的纹层状互层，称为韵律层理，由潮汐变化、季节变化、气候变化、冰川作用等形成。

大规模的沉积韵律常称为沉积旋回。一般来说，沉积韵律的形成多与局部的地区性因素有关，如季节变化、潮汐变化、河道迁移摆动等，所以沉积韵律的规模较小。沉积旋回是指地壳运动引起的地层的岩性特征在纵向上连续的、有规律的变化。当沉积区地壳下降、水体面积扩大时，可形成水进旋回，即沉积物由浅水相变为深水相，沉积物自下向上由粗变细；当地壳上升、水体面积缩小时，则形成水退旋回，即沉积物由深水相变为浅水相，沉积物自下至上由细变粗。

在地层剖面中，一个完整的旋回可表现为一个完整的水退旋回叠置在一个水进旋回之上。但是，地壳上升阶段形成的水退旋回易被剥蚀，难以保存，故自然界中常见水进旋回。由于地壳运动的影响范围宽广，而在同一构造区域内同一时期沉积旋回的性质是相同或相似的，因此沉积旋回是地层划分对比和推断地壳运动情况的重要依据之一（图 1-16）。

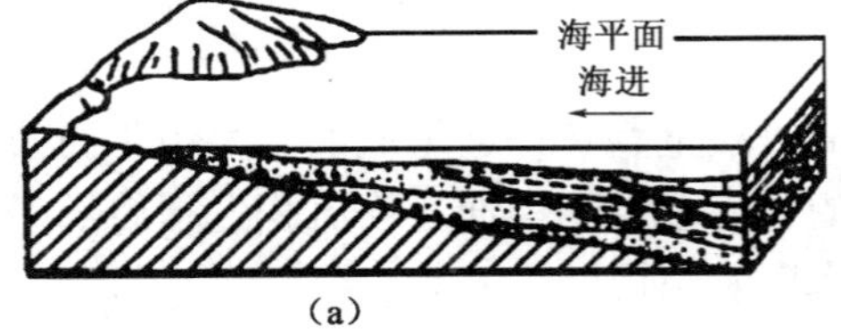

(a)

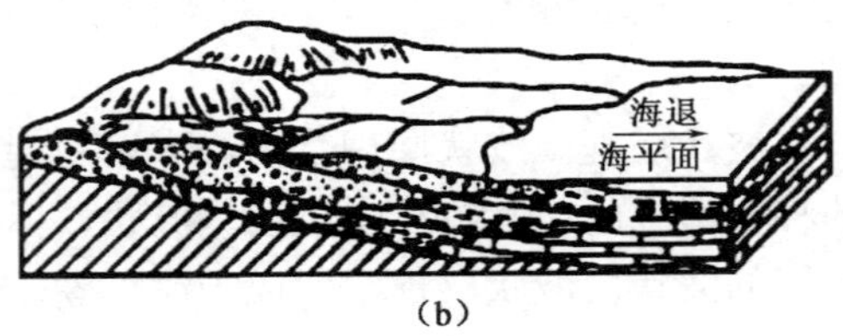

(b)

图 1-16　海进、海退沉积情况示意图
(a) 水进旋回；(b) 水退旋回

2. *层面构造*

层面构造是指岩层表面呈现出的各种构造痕迹，常见的层面构造如下：

(1) 波痕。波痕是由于波浪、流水、风等介质的运动在沉积物表面形成的一种波状起伏的构造，按成因分为浪成波痕、流水波痕、风成波痕三种类型（图 1-17)。

(2) 冲刷痕迹。由于流速加大或河流改道，先沉积的较细沉积物被冲蚀形成凹坑；当流速减缓时，凹坑又被沉积物充填，在充填物底部常有来自下伏岩层的岩块。在河床沉积中常见有冲刷痕迹（图 1-18)。

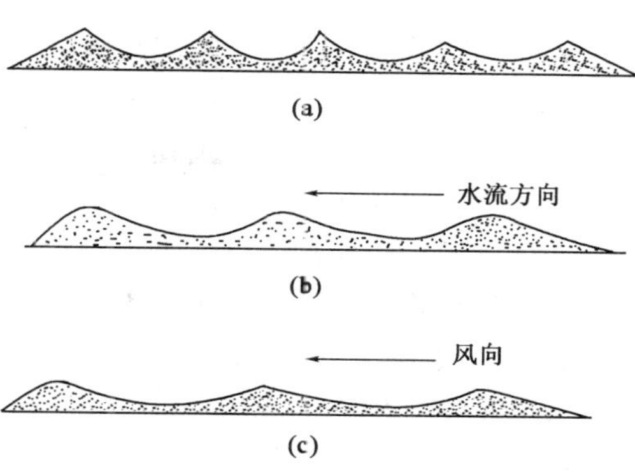

图 1-17　波浪成因示意图

(a) 浪成波痕；(b) 流水波痕；(c) 风成波痕

(3) 泥裂。泥裂亦称干裂，由未固结的沉积物被阳光晒干或脱水收缩形成，常位于粘土岩和石灰岩的顶面，在上覆岩层的底板上可留下印模。泥裂主要出现在间歇性曝晒的潮汐带、滨岸带和河流的天然堤等地区，因此可以作为鉴定沉积相的标志。借助泥裂的产状（下尖的 V 形)，还可判别岩层的顶面和底面（图 1-19)。

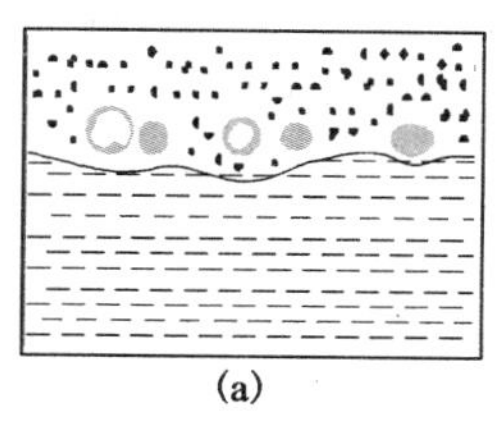

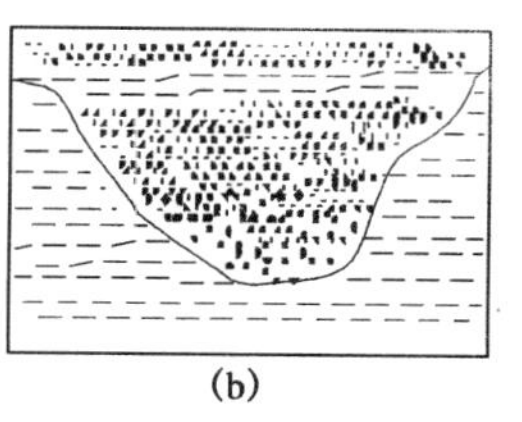

图 1-18　冲刷痕迹示意图

(a) 泥岩碎块包含在上覆砂岩中；

(b) 河流下切形成凹陷，被砾、砂充填

图 1-19　泥裂示意图

3. *层内构造*

(1) 结核。结核是一种与围岩成分明显不同的自生矿物团块，属化学成因的构造，其形状有球状、卵状及各种不规则状；内部构造样式很多，有同心圆状、放射状等；大小不一，自数米至数十厘米不等，最大者达几米。结核按形成时期可分为同生结核、后生结核、成岩结核三种类型（图 1-20)

(2) 缝合线。缝合线在地层剖面中呈锯齿状曲线，在平面上是一个起伏不平的面，沿此面较易劈开，常见于碳酸盐岩地层中。缝合线裂隙中常充填有粘土、沥青或其他物质。

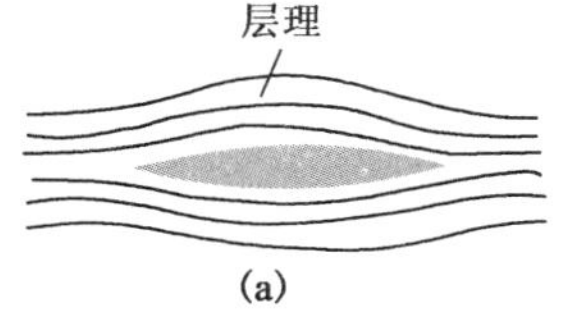

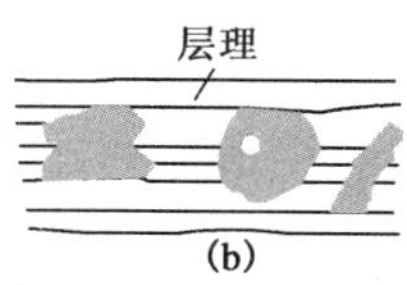

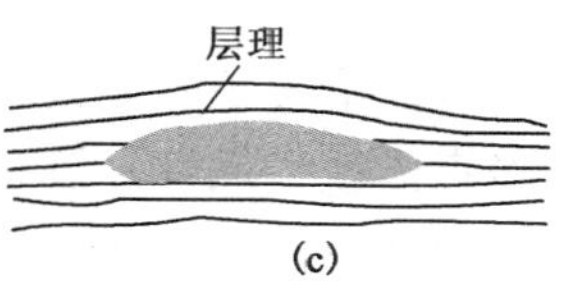

图 1-20　结核的类型示意图

(a) 同生结核；(b) 后生结核；(c) 成岩结核

4. 生物成因的构造

底栖生物的活动使沉积物遭到破坏，通常形成下列 4 种生物构造。

（1）生物痕迹。是指动物在未固结的沉积物表面活动所保留在岩层中的痕迹。常见的生物痕迹有动物足痕、爬痕、虫孔等。

（2）生物扰动构造。自然界中存在着大量的不具确定形态的生物搅动构造，人们可借助良好的层理被生物搅动所破坏来识别它们。斑点构造就是一种常见的生物搅动构造，其特点是在泥质沉积物中有呈不规则斑点状分布的砂质潜穴。

（3）叠层构造。在碳酸盐岩中常见叠层构造（简称叠层石）。它主要是由蓝绿藻等生物的粘液、粘结沉积物形成的一种生物—沉积构造，由暗色的富藻纹层和浅色的贫藻纹层交替重置而成。

（4）植物根痕迹。陆相地层中常见碳化植物根痕迹或枝杈状矿化植物根。它们在煤系地层中尤为常见，并且常常是陆相沉积的重要标志。

四、沉积岩的结构

沉积岩的结构是指岩石组分的大小和结晶程度、形态及其排列方式等微观特征。沉积岩的结构按成因可分为三类。

1. 机械作用形成的结构

由机械作用形成的结构既可见于陆源碎屑岩（包括粘土岩）中，也可见于碳酸盐岩中，其主要特点是岩石由碎屑颗粒与基质或胶结物组成，如陆源碎屑结构、粒屑结构、粘土结构等。

2. 化学结构

化学结构是由化学沉淀作用形成的，如隐晶质结构、显晶质结构等。显晶质结构按晶粒的大小可分为粗晶、中晶、细晶、粉晶、泥晶等。较粗的晶粒结构主要是在成岩及后生阶段由交代作用或重结晶作用形成的次生结构。化学结构可见于碳酸盐岩中，也可见于碎屑岩的胶结物中。

3. 生物结构

生物结构主要由生物骨架及生物化学组分构成，如珊瑚礁结构、藻礁结构等。生物骨架结构常见于生物礁灰岩中。

任务实施

一、目的要求

（1）掌握沉积岩的一般特征。

（2）根据沉积岩的颜色分析沉积环境。

（3）根据沉积岩的构造特征分析沉积盆地的形成和演化。

二、资料、工具

（1）专著、论文等专业资料。

（2）多媒体教学软件，沉积岩标本，地质模型。

三、沉积岩特征的分析

（1）检索相关专著、论文。

（2）阅读检索内容，选择借阅书籍、期刊。

（3）阅读并整理沉积岩特征的相关资料。

(4) 分析沉积岩的特征，能够推断沉积环境，写出分析总结报告。

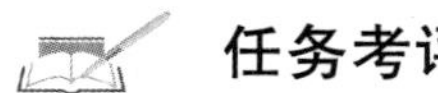

任务考评

一、理论考核

(1) 什么是沉积岩的构造？按成因分为几种类型？

(2) 层理构造可分多少种类型？简述每种构造的具体特征。

(3) 水平层理和平行层理有何异同？

(4) 简述沉积岩的颜色和沉积环境的关系。

(5) 以沉积旋回为例说明沉积盆地的形成与演化。

二、技能考核

1. 考核项目

根据所搜集的资料，写出沉积岩的特征与沉积环境的分析报告。

2. 考核要求

(1) 准备要求：相关专著、论文等资料。

(2) 考核时间：30min。

(3) 考核形式：笔试。

任务六　沉积岩的识别与鉴定

任务描述

在油气田勘探开发过程中，面对的主要工作对象就是沉积岩层及位于沉积岩层内部的石油与天然气。了解沉积岩的分类结构和构造特征，对研究石油和天然气的形成与聚集具有十分重要的意义。本项任务就是在“教、学、做”一体化教室中，通过教师讲解、学生的观察与描述，识别与鉴定常见沉积岩，根据未命名岩样特征进行岩石分类命名，根据岩心岩屑标本进行岩石鉴定与描述，根据地层岩石的特性制定钻井作业中钻具组合方案、优化钻井液组合等。

任务分析

根据沉积岩的分类特征，鉴定和描述常见的碎屑岩、粘土岩、碳酸盐岩。

相关知识

一、碎屑岩

1. 物质成分

碎屑岩由碎屑成分、杂基和胶结物组成，碎屑成分占50%以上。碎屑岩的性质主要是由碎屑组分的性质决定的。

1) 碎屑物质

碎屑物质是碎屑岩中最主要的组分，如砾岩中的砾石、砂岩中的砂粒。碎屑物质主要来源于陆源区母岩机械破碎的产物，也称作陆源碎屑。

陆源碎屑是由母岩（如岩浆岩、变质岩、先形成的沉积岩）继承下来的。陆源碎屑可分为矿物碎屑和岩石碎屑（简称岩屑）。因各种矿物和岩石的稳定性不同，故碎屑在岩石中的含量也不相同，常见的有石英、长石、云母等矿物碎屑，还有少量的重矿物和岩屑。矿物碎屑常分布于中、细粒碎屑岩中，岩屑在粗碎屑岩中较多。在碎屑岩中常见的矿物约 20 种，但在每种碎屑岩中一般只有 3～5 种。除母岩继承组分外，碎屑岩中有时含有少量火山喷发物质等其他碎屑。

2）杂基

杂基是碎屑岩中细小的机械成因组分，其粒级以泥为主，可包括一些细粉砂。杂基的成分最常见的是高岭石、水云母、蒙脱石等粘土矿物，有时可见有灰泥和云泥。各种细粉砂级碎屑，如绢云母、绿泥石、石英、长石等，也属于杂基范围。

不同的碎屑岩杂基含量不同，有的杂基含量很高，而有的却完全不含杂基。碎屑岩中保留大量杂基，表明沉积环境中分选作用不强，沉积物没有经过再改造作用，从而不同粒度的泥和砂混杂堆积。在潟湖及湖泊的低能环境中、洪积及深水重力流成因形成的砂岩都混有大量杂基，这正是不成熟砂岩的特征。识别杂基不能只依据矿物成分，应该说结构是最重要的鉴别标志，杂基对碎屑可起胶结作用，但与胶结物不同，杂基不是化学成因的。

3）胶结物

胶结物是碎屑岩中以化学沉淀方式形成于粒间孔隙中的自生矿物。它们大多数是晚期成岩阶段的沉淀产物。碎屑岩中主要胶结物是硅质（石英、玉髓和蛋白石）、钙质（方解石、白云石）、铁质（赤铁矿、褐铁矿）、泥质（高岭石、水云母、蒙脱石等粘土矿物）4 种类型。

2. 碎屑岩的结构

碎屑岩的结构总称碎屑结构，是指构成碎屑岩的矿物及岩石碎屑的大小、形状以及空间组合方式，包括碎屑颗粒的结构、胶结类型。

1）碎屑颗粒的结构

碎屑颗粒的结构特征包括粒度、圆度、球度和分选性等。

（1）粒度，即碎屑颗粒的大小。碎屑颗粒的外形常极不规则，那么它的大小该如何表示呢？这一般要取决于测量的方法。国际上应用较广的是 2 的几何级数制，我国石油行业常采用十进制。一般把砂与粉砂的界限放在 0.1mm，主要考虑到便于储油层的研究，因为好的储油层粒径多在细砂（颗粒直径 0.1mm）以上。

粉砂与泥的界限一般放在 0.01mm，这也是碎屑岩和粘土岩的界限。碎屑岩的粒度分级见表 1-9。

（2）圆度，即碎屑颗粒的棱角被磨圆的程度，一般分为 4 级：颗粒具尖锐棱角的为棱角状，棱角稍有磨蚀的为次棱角状，棱角明显磨蚀的为次圆状，棱角已消失的为圆状。

（3）球度，即碎屑颗粒近于球体的程度。

（4）分选性，是指碎屑岩中颗粒大小的均匀程度，通常分为 3 级：若岩石中某一粒级含量大于或等于 75%，说明岩石中颗粒大小均匀，分选好；若某一粒级含量为 50%～75%，为分选中等；若任何粒级的含量都小于 50%，为分选差。

2）胶结类型

在碎屑岩中，胶结物或填隙物的分布状况及其与碎屑颗粒的接触关系称为胶结类型。

决定碎屑岩胶结类型的因素，一是碎屑颗粒与胶结物或填隙物的相对数量，二是碎屑颗粒之间的接触关系。以此为依据，可将胶结类型划分为以下几种（图 1-21）：

表 1-9　常用的碎屑颗粒粒度分级表

<table>
<tr><th colspan="2">十进制</th><th colspan="3">2 的几何级数制</th></tr>
<tr><th>颗粒直径，mm</th><th colspan="3">粒级划分</th><th>颗粒直径，mm</th></tr>
<tr><td>>1000</td><td>巨砾</td><td rowspan="4">砾</td><td>巨砾</td><td>256</td></tr>
<tr><td>1000～100</td><td>粗砾</td><td>中砾</td><td>256～64</td></tr>
<tr><td>100～10</td><td>中砾</td><td>砾石</td><td>64～4</td></tr>
<tr><td>10～2</td><td>细砾</td><td>卵石</td><td>4～2</td></tr>
<tr><td>1～2</td><td>巨砂</td><td rowspan="5">砂</td><td>极粗砂</td><td>2～1</td></tr>
<tr><td>1～0.5</td><td>粗砂</td><td>粗砂</td><td>1～0.5</td></tr>
<tr><td>0.5～0.25</td><td>中砂</td><td>中砂</td><td>0.5～0.25</td></tr>
<tr><td rowspan="2">0.25～0.01</td><td rowspan="2">细砂</td><td>细砂</td><td>0.25～0.125</td></tr>
<tr><td>极细砂</td><td>0.125～0.0625</td></tr>
<tr><td rowspan="2">0.1～0.05</td><td rowspan="2">粗粉砂</td><td rowspan="4">粉砂</td><td>粗粉砂</td><td>0.0625～0.0312</td></tr>
<tr><td>中粉砂</td><td>0.012～0.0156</td></tr>
<tr><td rowspan="2">0.05～0.005</td><td rowspan="2">细粉砂</td><td>细粉砂</td><td>0.0156～0.0078</td></tr>
<tr><td>极细粉砂</td><td>0.0078～0.0039</td></tr>
<tr><td><0.005</td><td></td><td>粘土（泥）</td><td></td><td><0.0039</td></tr>
</table>

（1）基底胶结：填隙物含量较多，碎屑颗粒在其中互不接触呈漂浮状，填隙物主要为原杂基（或由之转变成的正杂基）。这种胶结类型一般代表着高密度流快速堆积的特征。基底胶结实际上可称为杂基支撑结构，形成于沉积同生期。

（2）孔隙胶结：最常见的颗粒支撑结构。碎屑颗粒构成支架状，颗粒之间多呈点状接触。胶结物含量少，只充填在碎屑颗粒之间的孔隙中，它们是成岩期或后生期的化学沉淀产物。

（3）接触胶结。接触胶结也称为颗粒支撑结构，颗粒之间呈点接触或线接触，胶结物含量很少，分布于碎屑颗粒相互接触的地方。它可能是干旱气候带的砂层又毛细管作用溶液沿颗粒间细缝流动并沉淀形成的，或者是原来的孔隙胶结物经地下水淋滤改造而成的。

（4）镶嵌胶结。在成岩期的压固作用下，特别是当压溶作用明显时，砂质沉积物中的碎屑颗粒会更紧密地接触。颗粒之间由点接触发展为线接触、凹凸接触，甚至形成缝合状接触。这种颗粒直接接触构成的镶嵌胶结有时不能将碎屑与其硅质胶结物区分开，看起来像是没有胶结物，因此有人称之为无胶结物胶结。

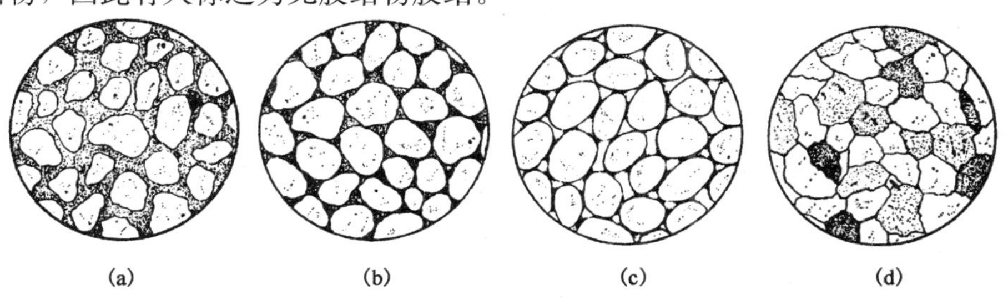

图 1-21　碎屑岩的几种胶结方式

（a）基底胶结；（b）孔隙胶结；（c）接触胶结；（d）镶嵌胶结

3. 碎屑岩的类型

1）砾岩

主要由砾石构成的粗碎屑岩称为砾岩。

（1）根据砾石的圆度，把砾岩划分为以下两个基本大类；

①砾岩：圆状和次圆状砾石含量大于50%，也称圆砾岩。

②角砾岩：棱角状和次棱角状砾石含量大于50%。

（2）根据砾石的成分，可以把砾岩划分为两类，即单成分砾岩与复成分砾岩。

单成分砾岩砾石成分较单一，同种成分的砾石占75%以上，且多半是稳定性较高的岩屑或矿物碎屑，如石英岩和燧石等；复成分砾岩砾石成分复杂，有时在一种砾岩中可含十几种不同成分的砾石，各种类型的砾石都不超过50%，主要取决于母岩成分及其风化、搬运及沉积的条件。这些砾石的抵抗风化能力大都不强，分选通常不好，磨圆度常不高。

（3）根据砾石的大小，可把砾岩分为以下4类：

①细砾岩：砾石直径为1～10mm。

②中砾岩：砾石直径为1～10cm。

③粗砾岩：砾石直径为1～10dm。

④巨砾岩：砾石直径大于1m。

（4）根据砾岩在剖面中的位置，可以把砾岩分成底砾岩、层间砾岩和层内砾岩。

2）砂岩

主要由砂组成的碎屑岩，称为砂岩。在砂岩中，砂的含量应大于50%。根据粒径的大小按十进制可进一步将砂岩分为粗砂岩、中砂岩、细砂岩。砂级碎屑组分以石英为主，其次是长石及各种岩屑，有时含云母和绿泥石等碎屑矿物。

砂岩的分类方法有很多种，较常用的是四组分体系，即根据石英、长石、岩屑和粘土杂基的相对含量分类（表1-10）。首先是按基质含量将砂岩分为纯净砂岩（通称砂岩）和混杂砂岩（简称杂砂岩）两大类。前者基质含量小于15%，分选较好；后者基质含量大于15%，分选较差。当粘土基质大于50%时，则为粘土岩。

在砂岩和杂砂岩中，再按三角图解中石英、长石、岩屑三个端元组分的相对含量进行分类（图1-22）。

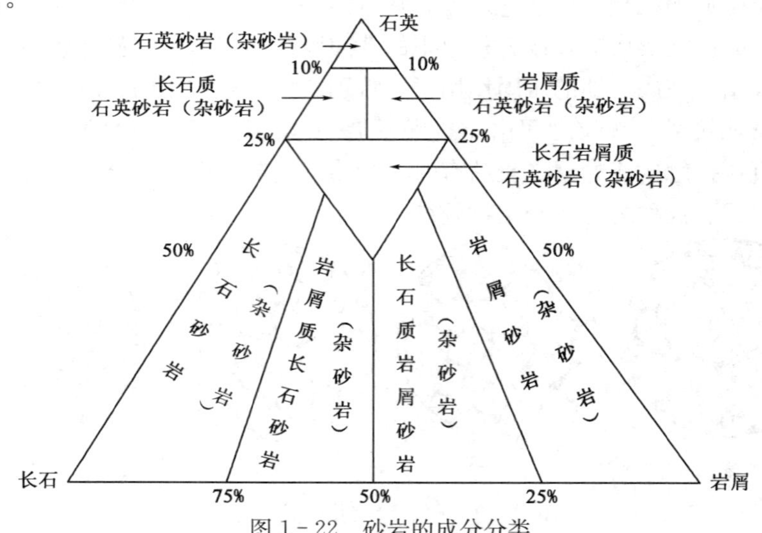

图1-22　砂岩的成分分类

以基质含量15%为界，分别命名为砂岩和杂砂岩长石的含量大于25％，且长石多于岩屑的砂岩为长石砂岩类；岩屑含量大于25％，且岩屑多于长石的为岩屑砂岩类；石英含量大于50％，长石和岩屑都小于25％的为石英砂岩类。每类再按各组分的具体含量划分亚类。

砂岩及杂砂岩的基本类型划分没有考虑次要矿物和特殊矿物。当砂岩中含这类矿物时，可采用附加定名，如海绿石石英砂岩等。胶结物在岩石名称中也应表示出来，如钙质石英砂岩、含钙石英砂岩等。

砂岩与油气的关系极为密切。砂岩是良好的储集油气的岩石。据统计，在世界上已发现的油气田中，以砂岩做储集岩的油田约占半数以上。我国已发现的油气田，储集岩大多数为砂岩类型。我国中—新生代陆相碎屑岩储集层主要是长石砂岩、岩屑长石砂岩和岩屑砂岩类。

砂岩的储集性能通常以孔隙度和渗透率两个参数来衡量。中—浅层以高孔高渗砂岩储集层为主，中—深层则以低孔低渗储集层为主。影响砂岩储集层好坏的因素主要是成分、粒度、分选性。除此之外，储层性质也受沉积微相和成岩作用控制。

表1-10　砂岩成分分类表

岩类名称	岩石名称	主要碎屑颗粒含量，％			备注
		石英	长石	岩屑	
石英砂岩	石英砂岩	＞90	＜10	＜10	
	长石质石英砂岩	75～90	5～25	＜15	长石＞岩屑
	岩屑质石英砂岩	75～90	＜15	5～25	岩屑＞长石
	长石岩屑质石英砂岩	50～70	＜25	＜25	
长石砂岩	长石砂岩	＜75	＞25	＜25	长石＞岩屑
	岩屑质长石砂岩	＜65	25～75	10～50	
岩屑砂岩	岩屑砂岩	＜75	＜25	＞25	岩屑＞长石
	长石质岩屑砂岩	＜65	10～50	25～75	

注：当基质含量＞15％时，岩石名称相应改称为石英杂砂岩、长石杂砂岩和岩屑杂砂岩。

3）粉砂岩

主要由粉砂级碎屑颗粒（含量大于50％）组成的细碎屑岩称为粉砂岩。通常，按颗粒大小又可分为粗粉砂岩和细粉砂岩两种，前者粒级范围是0.1～0.05mm，后者是0.05～0.01mm。从外貌和性质上看，粗粉砂岩很像砂岩，可以作为油气的储集岩；而细粉砂岩，尤其是富含粘土物质的细粉砂岩，都或多或少具有粘土岩特性，可以成为生油层。

粉砂岩是经过较长距离搬运在稳定的水动力条件下缓慢沉积而成的，多形成于湖、海的较深水地带以及河漫滩、三角洲、潟湖和沼泽地带。所以在粉砂岩的碎屑颗粒中，稳定组分较多，成分较单纯，常以石英为主；长石较少，多为钾长石，其次为酸性斜长石；岩屑极少或不存在，常含较多白云母。重矿物含量比砂岩多，可达2％～3％，多为稳定性高的组分，如锆石、电气石、石榴子石、磁铁矿、钛铁矿等。粘土基质含量一般相当多，常向粘土岩过渡形成粉砂质粘土岩。碳酸盐胶结物较常见，铁质和硅质较少。

二、粘土岩

粘土岩是一种主要由粒径小于0.01mm的颗粒组成的沉积岩，其中粘土矿物含量大于

50%。粘土岩具有一些独特的物理性质，如非渗透性、吸附性、吸水膨胀性、可塑性、烧结性、粘结性等，因此它的应用范围极为广泛。

1. 粘土岩的物质成分及颜色

粘土岩的矿物成分以粘土矿物为主，其次为陆源碎屑物质、化学沉淀的非粘土矿物及有机质。粘土岩的化学成分以 SiO_2，Al_2O_3 和 H_2O 为主，其次为 Fe，Mg，Ca，Na，K 的氧化物及一些微量元素。

粘土岩常见的颜色有红、紫、褐黄、灰绿、灰黑、黑等色，颜色的差异与粘土岩所含的有机碳、铁离子的氧化状态等因素有关。

粘土岩的红色、紫红色是因粘土颗粒间或颗粒表面存在有分散状的高价氧化铁（赤铁矿、褐铁矿）薄膜，是强氧化条件下形成的。颜色的不同与含铁总量无关，而与 Fe^{3+} 与 Fe^{2+} 的比值有关。

绿或灰绿色是因粘土岩中的绿泥石存在或因伊利石晶格中含有 Fe^{2+} 所致，或因含海绿石所引起，是弱氧化—弱还原环境下形成的。

粘土岩的灰色、灰黑色、黑色大多是岩石中富含有机质和分散状低价铁的硫化物（如黄铁矿）所致，为还原或强还原环境中形成的。因为这种环境有机质不易被氧化而得以保存，高价铁也易被还原而形成硫化铁。这种环境常出现于海湾、潟湖、滨外陆棚，以及内陆湖泊的深湖、半深湖区。在这种环境中形成的富有机质的暗色粘土岩是良好的生油母岩。因此，灰、灰黑、黑色常是生油粘土岩的标志之一。

2. 粘土岩的结构及构造

粘土岩的结构按其粘土矿物颗粒及粉砂、砂等碎屑物质的相对含量，可分为以下几种结构类型（表 1－11）。

表 1－11　按粘土质点和粉砂（砂）相对含量划分的粘土岩结构类型

结构类型	粘土及粉砂（砂）含量	
	粘土，%	粉砂（砂），%
粘土结构	>90	<10
含粉砂（砂）粘土结构	75～90	25～10
粉砂（砂）质粘土结构	50～75	50～25

（1）粘土结构又称为泥质结构，几乎全由粘土质点组成，砂或粉砂级碎屑小于 10%，用手触摸有滑腻感，用小刀切刮时切面光滑，常呈鱼鳞状或贝壳状断口。

（2）含粉砂粘土结构和粉砂粘土结构也可分别称为含粉砂泥质结构和粉砂泥质结构。这两种结构的岩石用手触摸具有粗糙感，刀切面不平整，断口粗糙。

（3）含砂粘土结构及砂质粘土结构也可分别称为含砂泥质结构和砂质泥质结构。这两种结构的岩石用手触摸具有明显的颗粒感觉，肉眼可见砂粒，断口呈参差状。

粘土岩的大型宏观沉积构造包括各种层理（如水平层理、块状层理）、各种层面特征（如干裂、雨痕、虫迹、结核、晶体印痕）、水底滑动构造、搅混构造等。

具有水平层理构造的粘土岩，水平细层的厚度小于 1cm 者称为页状层理或页理，具有粘土岩沿层理方向易剥裂成页片的性质；水平细层的厚度小于 1mm 者称为纹理，在粘土岩中也较常见。

3. 粘土岩的分类

1）泥岩

泥岩是一种成分较复杂、顺层节理（节理平行于层面或顺着层面发育）不明显的粘土岩，是由弱固结的粘土经压固、脱水、微弱的重结晶等作用形成的。根据泥岩中所含的非粘土矿物的成分，可将其分为钙质泥岩、硅质泥岩、铁质泥岩、碳质泥岩和黑色泥岩等。由于黑色泥岩富含有机质，因此是良好的油源岩。

2）页岩

页岩是一种成分较复杂、具有页状顺层节理的粘土岩，是由弱固结的粘土经较强的压固、脱水和重结晶等作用形成的。页岩经锤击很容易分裂成薄片，颜色有绿、黑、灰、红。它的成分除了粘土矿物之外，常混有石英、长石等矿物碎屑及其他化学物质。根据页岩中所含有的非粘土矿物成分，页岩可分为钙质页岩、铁质页岩、硅质页岩、黑色页岩、碳质页岩。

粘土岩的渗透性差，一般可作为油气储集岩的盖层，当裂缝发育时也可作为油气储集层。此外，蒙脱石粘土岩和海泡石粘土岩是石油钻井液的重要原料。在钻井过程中钻遇泥岩、泥灰岩时，它们从钻井液中吸水后变粘，极易粘附在钻头上造成泥包。

三、碳酸盐岩

碳酸盐岩是主要由方解石和白云石等碳酸盐矿物组成的沉积岩。石灰岩和白云岩是碳酸盐最主要的岩石类型。

1. 碳酸盐岩的成分

碳酸盐岩的矿物成分主要是方解石、白云石等碳酸盐矿物及自生矿物石膏、石英等，另外还常含有机质和陆源碎屑。碳酸盐岩的主要化学成分是CaO，MgO，CO_2，其次还含有一些其他氧化物及混合物。

2. 碳酸盐岩的结构组分

碳酸盐岩主要由颗粒、泥、胶结物、晶粒及生物格架五种结构组分构成，另外还有一些陆源物质、其他沉淀物、有机质等次要组分。

3. 石灰岩与白云岩过渡类型的划分

根据碳酸盐岩中方解石和白云石的相对含量，可首先把碳酸盐岩划分为石灰岩和白云岩两大类，在此两大类中还可划分出一系列的过渡类型（表1-12）。

表1-12 根据方解石和白云石的相对含量划分的岩石类型

岩石类型		方解石含量，%	白云石含量，%	CaO含量与MgO含量之比
石灰岩类	纯石灰岩	100～95	0～5	>50.1
	含白云的石灰岩	95～75	5～25	50.1～9.1
	白云质石灰岩	75～50	25～50	9.1～4.0
白云岩类	灰质白云岩	50～25	50～75	4.0～2.2
	含灰的白云岩	25～5	75～95	2.2～1.5
	纯白云岩	5～0	95～100	1.5～1.4

表1-12中的岩石类型是以95%，75%，50%，25%，5%为界限划分的，也可以用90%，75%，50%，25%，10%为界限划分。表中最后一栏的CaO含量与MgO含量的比

值，是与该类岩石的方解石和白云石的相对含量相对应的，所以也可以直接利用它来判断岩石类型。这种分类方案是以室内的矿物鉴定和化学分析为依据的。在野外工作阶段，不可能具备这些室内分析的数据，所以不可能划分得这么细。在野外工作中，通常把石灰岩—白云岩系列划分为以下 4 个类型，即：

(1) (纯) 石灰岩：方解石大于 75%。

(2) 白云质石灰岩：方解石占 75%～50%，白云石占 25%～50%。

(3) 灰质白云岩：白云石占 75%～50%，方解石占 25%～50%。

(4) (纯) 白云岩：白云石大于 75%。

就是说，在野外工作中，用 75%，50%，25%三个界限就可以进行岩石划分了。

4. *石灰岩与粘土岩过渡类型的划分*

碳酸盐岩常含有一定量的粘土矿物，因此，在碳酸盐岩和粘土岩之间，也存在着一系列的过渡类型岩石。

同样，白云岩—粘土岩系列的岩石类型也可按表 1－12 类推，即纯白云岩、含泥的白云岩、泥质白云岩、白云质粘土岩、含白云的粘土岩、纯粘土岩等。

表 1－13 的岩石类型也是以室内测试资料为依据的。在野外工作阶段，以 75%，50%，25%为界限，划分出 (纯) 白云岩、粘土质白云岩、白云质粘土岩、(较纯) 粘土岩等 4 个类型就可以了。

表 1－13　石灰岩—粘土岩系列的岩石类型

<table>
<tr><th colspan="3">岩石类型</th><th colspan="2">方解石,%</th><th colspan="2">粘土矿物,%</th></tr>
<tr><td rowspan="4">石灰岩</td><td colspan="2">纯石灰岩</td><td colspan="2">100～95</td><td colspan="2">0～5</td></tr>
<tr><td rowspan="2">“含泥”的石灰岩</td><td>“微含泥”的石灰岩</td><td rowspan="2">95～75</td><td>95～90</td><td rowspan="2">5～25</td><td>5～10</td></tr>
<tr><td>“含泥”的石灰岩</td><td>90～75</td><td>20～25</td></tr>
<tr><td colspan="2">“泥质”石灰岩</td><td colspan="2">75～50</td><td colspan="2">25～50</td></tr>
<tr><td rowspan="3">粘土岩</td><td colspan="2">“灰质”粘土岩</td><td colspan="2">50～25</td><td colspan="2">50～75</td></tr>
<tr><td colspan="2">含灰的粘土岩</td><td colspan="2">25～5</td><td colspan="2">75～95</td></tr>
<tr><td colspan="2">纯粘土岩</td><td colspan="2">5～0</td><td colspan="2">95～100</td></tr>
</table>

碳酸盐岩—砂岩系列的岩石按表 1－14 界定的数据进行划分。同样，根据 75%，50%，25%的界限，划分出 (纯) 石灰岩 (或白云岩)、砂质石灰岩 (或白云岩)、灰质 (或白云质) 砂岩、(纯) 砂岩等 4 个类型就可以了。

在自然界，实际情况可能比上述情况要复杂，常常是方解石、白云石、粘土矿物、砂、粉砂以及其他矿物同时存在，这时，就可以考虑用三端元的石灰岩—白云岩—粘土岩系列的岩石图解分类。

表 1－14　碳酸盐岩—砂岩 (或粉砂岩) 系列的岩石类型

岩石类型	方解石 (或白云石),%	砂 (或粉砂),%
纯石灰岩 (或白云岩)	100～95	0～5
含砂 (或粉砂) 的石灰岩 (或白云岩)	95～75	5～25
砂质 (或粉砂质) 石灰岩 (或白云岩)	75～0	25～50
灰质 (或白云质) 砂岩 (或粉砂岩)	50～25	50～75

续表

岩石类型	方解石（或白云石），%	砂（或粉砂），%
含灰（或白云）的砂岩（或粉砂岩）	25～5	75～95
砂岩（或粉砂岩）	5～0	95～100

任务实施

一、目的要求

（1）掌握碎屑岩的鉴定与描述方法，根据碎屑岩的成分、特征进行分类命名。

（2）掌握部分粘土岩的鉴定特征，能够对粘土岩进行分类和命名。

（3）掌握部分碳酸盐岩的鉴定特征，能够对碳酸盐岩进行分类和命名。

二、资料、工具

（1）专著、论文等专业资料。

（2）多媒体教学软件、沉积岩标本。

三、沉积岩的识别与鉴定

（1）检索相关专著、论文。

（2）阅读检索内容，选择借阅书籍、期刊。

（3）阅读并整理三类沉积岩特征的相关资料。

（4）分析各类沉积岩的特征，能够对其进行鉴定、分类和命名。

任务考评

一、理论考核

（1）碎屑岩的基本组成有几部分？

（2）碎屑岩的结构有几种类型？碎屑结构包括哪几方面的内容？

（3）在砂岩的三端元四组分分类过程中，各种碎屑成分是怎样归类的？

（4）胶结物与杂基在成因方面是怎样区别的？

（5）简述碎屑岩的三种基本胶结类型。

（6）简述粘土岩的分类原则，详细论述粘土岩的分类。

（7）简述碳酸盐岩的矿物成分、化学成分特征，指明碳酸盐岩主要的形成环境。

（8）碳酸盐岩的结构组分有哪些？

（9）简述碳酸盐岩的分类原则，详细论述碳酸盐岩的分类。

（10）在野外区别石灰岩与白云岩最简便的方法是什么？

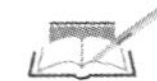

技能考核

1. 考核项目

根据所给出的碎屑岩、粘土岩、碳酸盐岩标本，对各类岩石的成分、结构、构造等进行鉴定和描述。

2. 考核要求

（1）准备要求：常见碎屑岩、粘土岩、碳酸盐岩标本，相关的鉴定特征汇总。

（2）考核时间：20min。

（3）考核形式：笔试。

任务七　钻井地层岩性特征的分析

任务描述

钻井是国内外油气资源勘探与开采的主要手段，在钻井过程中，岩石是主要的工作对象，钻头要钻遇和钻穿多种岩石。正确认识地层岩石性质，掌握不同的地层岩性对钻井的影响，对于加快油气勘探开发速度、提高钻井工艺技术水平具有重要意义。

任务分析

在钻井作业中，合理选择钻头类型对提高钻速、降低成本非常重要。地层的岩性和软硬不同，使用的钻头类型就不一样。在施工过程中，充分了解所钻地层岩石的机械物理性能和钻头的工作原理、结构特点以后，结合邻井的地质和相同地层已用过的钻头资料，对照钻头的失效形式，合理地选择钻头选型和确定钻井参数；根据地层岩性特征，优化钻井液，确保油气井安全、快速、高效地钻进。

相关知识

构成地壳的岩石类型多且性质各异。由于结晶矿物颗粒的定向排列、层理、片理、节理等使得在垂直于和平行于层理面的方向上岩石的力学性质（弹性、强度等）有较大的差异，表现出各向异性的特点；岩石成分、颗粒大小、颗粒间的结合强度、孔隙度（密度）的不均匀性使得岩石成为非均质体。钻井技术领域，就岩石本身而言，与钻井破岩及其他工艺技术研究有关的是岩石的力学、物理、化学、可钻性等特性。岩石的力学特性（机械性质）主要包括岩石的各种强度、史氏压入硬度、塑性与脆性、研磨性、弹性模量、泊松比等（表 1 - 15）；岩石的物理性能主要包括岩石的孔隙性、渗透性、密度等；岩石的化学性质是指岩石的组分、胶结类型及其胶结物等；岩石的可钻性在钻井技术领域中被定义为岩石抵抗破碎的能力。

一、地层岩石的机械性质

由于地层岩石自身性质的差异、所经历的地质年代和质作用不同，不同岩石所具有的机械性质存在明显的差异。岩石的机械性质是指岩石在外力作用下，从变形到破碎过程中所表现出来的物理力学性质。与钻井破岩效率有关的机械性质有强度、硬度、塑性与脆性、研磨性等。常见岩石综合性能见表 1 - 15。

表 1 - 15　常见岩石综合性能表

岩性	抗压强度 MPa	弹性模量 10^4 MPa	泊松比	硬度 MPa	塑性系数	压缩系数
膏岩	24.5 (18～30)	1.11 (0.9～1.3)	0.24 (0.2～0.3)	535.83 (400～600)	2.14 (1.0～3.0)	4.75 (4.0～6.0)

续表

岩性	抗压强度 MPa	弹性模量 10^4MPa	泊松比	硬度 MPa	塑性系数	压缩系数
泥岩	36.93 (20～60)	2.3 (1.4～4.0)	0.11 (0.1～0.6)	441.26 (300～600)	1.44 (1.0～2.0)	5.67 (2.0～8.0)
粉砂质泥岩	30.52 (20～50)	3.09 (2.0～4.0)	0.19 (0.1～0.3)	584.01 (300～900)	1.4 (1.0～1.5)	2.62 (1.0～4.0)
泥质粉砂岩	21.14 (20～50)	2.45 (1.5～4.0)	0.15 (0.1～0.2)	346.0 (300～600)	57 (1.0～2.0)	3.6 (1.0～5.0)
泥质灰岩	44.23 (30～50)	4.15 (3.0～5.0)	0.17 (0.1～0.2)	776.0 (300～1000)	1.66 (1.0～2.0)	1.37 (1.0～2.0)
石灰岩	44.8 (30～50)	2.04 (1.5～3.0)	0.18 (0.1～0.2)	1124.34 (800～1200)	1.52 (1.0～1.6)	3.18 (0.8～4.0)
白云岩	37.15 (30～60)	4.86 (2.0～9.0)	0.21 (0.1～0.3)	1218.68 (800～1300)	1.43 (1.0～1.5)	1.38 (0.7～3.0)

注：表中括号内的数字为该值的范围，括号外的数字为典型值。

1. *岩石的强度*

材料的强度是指材料抵抗外力破坏的能力，其大小取决于材料的性质和外力作用的性质。同其他固体材料一样，岩石的强度是指岩石抵抗外力破坏的能力。根据岩石所受外力作用性质的不同，岩石的强度分为：

（1）抗拉强度：岩石单纯受拉伸应力作用时的强度。

（2）抗压强度：岩石单纯受压缩应力力作用时的强度。

（3）抗剪强度：岩石单纯受剪切应力作用时的强度。

（4）抗弯强度：岩石单纯受弯曲应力作用时的强度。

影响岩石强度的因素可以分为自然因素和工艺因素两类。

（1）自然因素包括构成岩石的矿物成分、矿物颗粒大小、岩石的密度和孔隙度。由不同矿物和胶结物组成的岩石强度相差很大，由硬度较高的矿物组成的岩石强度也较高。同种岩石孔隙度越大，密度就越小，强度也随之降低。一般情况下，岩石的孔隙度随着岩石的埋藏深度的增加而减小，因此，岩石的强度一般随埋藏深度的增加而增大。由于沉积岩存在明显的层理，岩石的强度有明显的异向性。岩石的内部结构和缺陷也对其强度有影响。

（2）工艺因素包括岩石受载方式、岩石的应力状态、外载作用的速度、液体介质性质等。

在简单应力作用下，同一岩石由于加载方式不同，其强度也不同。一般情况下岩石的强度具有以下关系：抗压强度＞抗剪强度＞抗弯强度＞抗拉强度。

岩石对动载的抗力要比静载大得多。随着冲击速度增大，硬度增大，塑性系数减小。但在冲击速度小于10m/s时，岩石硬度和塑性系数变化不大，接近于静载时的数值。

在10000m深度范围内，岩石的强度特征是：岩盐＜泥页岩＜石灰岩＜石膏＜白云岩，砂岩强度取决于胶结物及胶结程度；塑性特征表现为：岩盐＞石灰岩＞泥页岩＞石膏＞白云岩>石英岩。

2. *岩石的硬度*

岩石的硬度是指岩石抵抗钻头切削件压入的能力。岩石的硬度与岩石颗粒的成分、大小及颗粒间的胶结物性质有关。石油工业中的岩石硬度是压入硬度，也称为史氏硬度，是由前苏联史立涅尔提出的。比较级别见摩氏硬度计（表1－2）。级数越高，硬度越大，钻速越慢。

硬度与抗压强度区别是：硬度是岩石表面的局部抵抗另一物体压入或侵入破碎时的能力，抗压强度则是岩石整体抗压碎能力。

在钻井过程中，钻头所接触的岩石处在多向压缩应力状态下，岩石的硬度反映了多向应力下的抗压强度。钻井时各种破岩工具的作用过程是非常复杂的，但最基本、最重要的作用是钻头在轴向力作用下其工作刃吃入岩石，使其形成坑穴并不断扩大、加深以钻成井眼（压入破岩作用）。岩石在不同条件下抵抗钻头工作刃（或压模）压入的能力是钻井工作者最为关心的重要性质。岩石硬度（即抗入强度）可认为是当压模压入岩石时，在岩石发生破碎的瞬间，作用在单位面积上的压力。岩石的硬度与造岩矿物的成分、孔隙度、胶结物的性质有关，如砂岩的硬度随胶结物强度的增大而增大。胶结物的强度一般认为硅质大于铁质，铁质大于钙质，钙质大于泥质。

3. *岩石的塑性与脆性*

岩石的塑性与脆性是两个对立的概念。岩石的塑性是指岩石在外力作用下破碎前呈现永久变形的性质，用塑性系数表征。岩石产生塑性变形是其内部矿物颗粒及矿物与胶结物颗粒间的接触面在外力作用下发生相对滑移所致。岩石的脆性是指岩石在外力作用下破碎前不呈现永久变形的性质。塑性大的物体没有脆性或脆性很小；反之，脆性大的物体没有塑性或塑性很小。对岩石而言，可分为三类：一类是在破坏前不发生塑性变形的脆性岩石，如花岗岩、石英砂岩；二类是在破坏前塑性变形很大的塑性岩石，如泥岩；三类是在破坏前呈现不大的塑性变形后即破碎的塑脆性岩石，如泥质胶结的砂岩。

一般岩石塑性越大，其强度越低。钻头吃入塑性岩石较容易，塑性岩石常采用切削破碎方式。

4. *岩石的研磨性*

岩石的研磨性是指在岩石与钻头接触的表面上，岩石和岩屑对钻头的磨损作用。岩石磨损钻头的能力叫岩石的研磨性，与造岩矿物的成分、硬度、颗粒大小和形状、颗粒间胶结物的强度等有关。岩石的研磨性越大，钻头磨损越严重，钻头总进尺就越少。按单位摩擦路程磨损把各种岩石按研磨性由小到大共分为12级（表1－16）。钻井过程中常遇到的盐岩、泥岩、板岩和一些硫酸盐岩、碳酸盐岩等不含石英颗粒时是研磨性最小的岩石；石灰岩、白云岩等是低研磨性岩石；火成岩中，含长石及石英少、粒度细、矿物间硬度差小的研磨性小。

研究认识岩石的研磨性对于正确设计、选择和使用钻头，延长钻头的寿命，提高钻井速度具有重要意义。

二、影响岩石力学性质的因素分析

岩石的机械性质不仅受到其组成矿物、胶结物、内部结构等内在因素的影响，而且还受其所在地质条件如压力、温度、液体介质等外在因素影响。

1. *岩石的成分、结构和构造*

不同成分的岩石，其抗压、抗张、抗剪相差很悬殊。一般说来，含硬度大的颗粒矿物越多的岩石，强度越大，往往呈脆性变形，如石英砂岩、花岗岩等；含硬度小的片状矿物，尤其含具有滑感的鳞片状矿物越多的岩石，强度越小，往往呈韧性变形，如粘土岩、片岩等。岩石中的化学性质不稳定和易溶于水的盐类（如黄铁矿、岩盐、石膏等）含量很高，也会降低岩石的强度。对砂岩来说，其强度随着石英含量的增加而增大。

表 1-16　各种岩石的研磨性级别

级　别	岩　　石	级　别	岩　　石
1 级	泥岩和碳酸盐岩	7 级	含石英多于 15%的长石岩及含石英颗粒 10%的较低研磨性岩
2 级	石灰岩	8 级	石英晶质岩石
3 级	白云岩	9 级	石英碎屑岩，硬度 PY≥350kg/mm^2
4 级	硅质岩石	10 级	石英碎屑岩，硬度 PY =100～200kg/mm^2 及含石英颗粒 10%～20%的岩石
5 级	含铁—镁岩石及含 5%石英的低研磨性岩石	11 级	石英碎屑岩，硬度 PY =200～250kg/mm^2 及含石英颗粒 30%的岩石
6 级	长石岩	12 级	石英碎屑岩，硬度 PY＜100kg/mm^2

碎屑岩中颗粒细、棱角不明显、呈基底式胶结的岩石，往往强度较高；反之，呈接触式胶结的岩石，强度就比较低。碎屑岩的强度随胶结物的强度增大而增大，硅质胶结物硬度大于铁质胶结物，铁质胶结物硬度大于钙质胶结物，钙质胶结物硬度大于泥质胶结物。具有层理尤其是薄层状层理的沉积岩层，在侧向压力作用下，容易沿层理面滑动，形成褶皱构造；不具有层理或呈巨厚层状的岩石，容易产生断层。同种岩石孔隙度增大，密度降低，强度降低，因此，岩石的强度一般随埋藏深度的增加而增大。

沉积岩内部结构的不均匀性和各向异性，以及长期地质构造运动的反复作用所形成的大量不同方向的裂纹、微裂纹与孔隙等，导致岩石机械性质的复杂变化。沉积岩在沉积与成岩过程中还不可避免地混入各种杂质，使其性质更加复杂。

2. 井底压力对岩石性能的影响

井眼周围地层岩石受力包括：(1) 上覆岩层压力，为覆盖在井眼周围地层岩石以上的压力，来源于上部岩石的重力，它和岩石内孔隙流体压力的差称为有效上覆岩层压力；(2) 岩石内孔隙流体压力；(3) 水平地应力，它垂直于上覆岩层压力和地质构造力；(4) 钻井液液柱压力。

1) 地应力的影响

水平地应力一部分来自于上覆岩层压力，另一部分来自于地质构造力。水平地应力及上覆岩层压力都是由于地下岩石之间的作用而产生的应力，所以统称地应力。理论分析表明，无论是垂直的上覆岩还是水平的地应力都会影响井壁岩石的应力状态，从而影响到井壁的稳定。井壁岩石的最大和最小主应力差值越大，问题表现得越严重。如果井内钻井液密度过小，一些松软岩层就会产生剪切破坏而坍塌或者出现塑性流动使井眼产生缩径。如果井内钻井液密度过大，又会使一些地层造成破裂（压裂）。地层的破裂压力取决于井壁上的应力状态，而这个应力状态又和地应力的大小紧密相关。

2）孔隙流体压力的影响

如果岩石是干的或不渗透的，或孔隙度小且孔隙中不存在液体或气体，增大围压会增大岩石的强度，同时也增大岩石的塑性，这种作用称为“各向压缩效应”。如果岩石孔隙中含有流体且具有一定的孔隙压力，孔隙岩石的强度和塑性取决于“各向压缩效应”。不过，当孔隙液体是惰性的，岩石的渗透率足以保证液体在孔隙中流通，且孔隙空间的形状能使孔隙压力全部传给岩石的固体骨架时，“各向压缩效应”取决于外压与内压之差（即有效应力）。也就是说，孔隙压力降低了岩石的各向压缩效应，岩石的强度取决于有效应力的大小。

岩石的屈服强度随着孔隙压力的减小而增大。当围压一定时，只有当孔隙压力相对较小时，岩石才呈现塑性破坏；增大孔隙压力将使岩石由塑性破坏转变为脆性破坏。因此，在考虑页岩井壁的稳定性时，应对孔隙压力给予重视。相反，钻井时孔隙压力有助于岩石破碎，从而提高钻井速度。

3）液柱压力的影响

如果井底岩石不渗透且无孔隙液体，增大钻井液液柱压力，将增大对岩石的“各向压缩效应”，必然导致岩石的抗压强度（或硬度）和塑性增加，并且在一定的液柱压力下，岩石从脆性破坏转为塑性破坏。因此，随着井深增加或钻井液密度增大，钻速下降，不仅是由于岩石硬度增大，也由于岩石的塑性增加导致钻头齿破碎岩石的体积减小。

3. 钻井液介质的影响

钻井时，钻头破碎岩石是在钻井液中进行的，液体介质对岩石强度的影响取决于介质中活性物质的吸附性。几乎所有的岩石都是亲水的，液体介质中含有的电解质和活性剂物质可以被吸附在岩石表面形成吸附层，而被吸附的物质会顺着岩石孔隙或微裂缝侵入井底岩石的深部，产生一个楔压力，从而降低岩石的强度。

三、地层岩石可钻性与分级

地层岩石的可钻性是指在一定条件下钻进岩石的难易程度，即钻进过程中岩石抵抗钻头破碎的能力。岩石的可钻性是决定钻进效率的基本因素，反映了钻进时岩石破碎的难易程度，是合理选择钻进方法、钻头结构、钻进规程参数以及制定钻井生产定额、检测压力过渡带等重要依据。对钻头钻遇地层岩石可钻性进行分析，能了解钻头选型的合理性和对地层的适应能力。一般以钻头的机械钻速和进尺的乘积作为衡量的指标。

影响岩石可钻性的岩石基本属性有岩石的矿物成分和结构构造、密度、孔隙度、含水性及透水性，力学性质有硬度、强度、弹性、脆性、塑性和研磨性等。一般造岩矿物中石英多、胶结牢固、颗粒细小、结构致密、未经风化和蚀变时，岩石可钻性差；而岩石的硬度和强度高、研磨性强时，岩石可钻性差。

影响岩石可钻性的工艺因素有加在钻头上的压力、转速、钻井液类型和井底排屑情况等。

影响岩石可钻性的技术条件有钻探设备、钻孔直径和深度、钻进方法、破岩工具的结构和质量等。

现场采用平均钻进时效，按指数分布规律，制订了适用于金刚石、硬质合金和钢粒钻进的岩石可钻性分级（表 1－17）。

表 1-17　岩石可钻性分级表

岩石级别	钻进时效统计效率，m/h			代表性岩石举例
	金刚石	硬合金	钢粒	
1~4		>3.90		粉砂质泥岩，碳质页岩，粉砂岩，中粒砂岩，透闪岩，煌斑岩
5	2.9~3.6	2.5		硅化粉砂岩，滑石透闪岩，橄榄大理石，白色大理石，石英闪长玢岩，黑色片岩，透灰石大理岩，大理岩
6	2.3~3.1	2.0	1.50	黑色角闪斜长片麻岩，白云斜长片麻岩，石英白云石大理岩，黑云母大理岩，白云岩，蚀变角闪闪长岩，角闪变粒岩，角闪岩，黑云石英片岩，角岩，透辉石榴子石矽卡岩，黑云白云石大理岩
7	1.9~2.6	1.40	1.35	白云斜长片麻岩，石英白云石大理岩，透辉石化闪长玢岩，混合岩化浅粒岩，黑云角闪斜长岩，透辉石岩，白云石大理岩，蚀变石英闪长玢岩，石英闪长玢岩，黑云母石英片岩
8	1.5~2.1		1.20	花岗岩，矽卡岩化闪长玢岩，石榴子石矽卡岩，石英闪长斑岩，石英角闪岩，黑云母斜长角闪岩，混合伟晶岩，黑云母花岗岩，斜长闪长岩，斜长角闪岩，混合片麻岩，凝灰岩，混合浅粒岩
9	1.1~1.7		1.00	混合岩化浅粒岩，花岗岩，斜长角闪岩，混合闪长岩，钾长伟晶岩，橄榄岩，斜长混合岩，闪长玢岩，石英闪长玢岩，似斑状花岗岩，斑状花岗闪长岩
10	0.8~1.2		0.75	硅化大理岩，矽卡岩，混合斜长片麻岩，钠长斑岩，钾长伟晶岩，斜长角闪岩，长英质混合岩化角闪岩，斜长岩，花岗岩，石英岩，硅质凝灰砂砾岩，英安质角砾熔岩
11	0.5~0.95		0.50	凝灰岩，熔凝灰岩，石英角岩，英安岩
12	<0.60			石英角岩，玉髓，熔凝灰岩，纯石英岩

四、地层岩性对钻头失效的影响

地层岩性对钻头失效的影响表现有：影响钻进速度、钻头进尺；使钻井过程出现井漏、井喷、井塌和卡钻等复杂情况；使钻井液性能发生变化；影响井眼质量，如井斜、井径不规则，进而影响固井质量。通过分析地层岩性及其对钻井工艺的影响，可对钻头选型和使用的合理性进行判断。

（1）粘土、泥岩和页岩层。这种地层极易吸收钻井液中的自由水而膨胀，使井径缩小，造成下钻遇阻甚至卡钻；随着浸泡时间的延长，又会产生掉块剥落，使井径扩大，造成井塌。应尽量使用清水或低密度低粘度的钻井液钻进。炭质页岩连接力弱，容易垮塌。泥质岩层质软，钻速快，也容易泥包。

（2）砂岩层。砂岩地层的性质依颗粒的大小、成分以及胶结物的不同有很大差别：颗粒越细，石英颗粒越多，硅质和铁质胶结物越多，则越硬，对钻头磨损越大，如石英砂岩；泥质胶结物越多，云母和长石的成分越多，则较软易钻；颗粒越粗，胶结物越少，渗透性越好，易产生钻井液的渗透性漏失，并在井壁上形成较厚的泥饼，引起粘附卡钻等复杂情况，造成钻头的非正常使用。

（3）砾岩层。在砾岩层中钻进易产生跳钻、蹩钻和井壁垮塌；当泵排量小或钻井液粘度低时，砾石颗粒不易上返，对钻头牙轮体和牙齿损坏较大。

（4）石灰岩地层。石灰岩地层一般质硬，钻速慢、进尺少，有的有缝缝洞洞发育。钻遇缝洞时，会引起蹩钻、放空、钻井液漏失等，井漏后有时还会发生井喷。

(5) 软硬交替岩层。当地层软硬交错如泥岩与较硬的砂岩相间时，易产生井斜；地层倾角较大时，也易产生井斜。钻头在斜井中钻进易造成损坏。

(6) 可溶性盐类地层。当岩层中含有可溶性盐类，如石膏层、岩盐层等，会破坏钻井液的性能，影响钻头的正常使用。

五、油田地层岩性举例

在油气勘探钻井作业中，常会钻遇各种复杂地层。不同的含油气盆地、不同的油气田，其地层岩性差异很大。以塔里木盆地克拉2号气田为例，该气田位于塔里木盆地南天山造山带南侧库车坳陷北部克拉苏构造上，钻揭地层为新近系（底界井深约为2600～2840m）、古近系（底界井深为3700～3800m左右）和白垩系（底界井深为4050～4120m左右，未钻穿）。塔里木油田地层层序及岩性组合特征见表1-18。气层主要分布在古近系库姆格列木群组的白云岩、砂砾岩和白垩系的巴什基奇克组砂岩段。库姆格列木群组发育一套复合盐层，存在大段膏盐岩层、膏泥岩层，深度为2843～3802m不等，厚度为300～800m，易蠕变缩径、垮塌。盐岩易溶于水，膏泥盐易吸水膨胀。高压气层存在于古近系白云岩段、底部砂岩段以及白垩系砂岩段，总厚度达200～300m。白云岩气层裂缝发育，孔隙压力高（压力系数为2.12～2.2），且与漏失压力十分接近，易喷易漏。古近系底部的砂岩及白垩系砂岩地层兼有孔隙与裂缝双重性质，孔隙压力相对小（压力系数为1.95～2.09），并随井深增加逐步降低，安全密度窗口小，易喷易漏。另外，该高压气层地层温度相对较高，平均温度为105.8℃。

由于地层异常高压，岩性复杂（膏盐岩、膏泥岩、白云岩、砂岩、砂砾岩），储集层微裂缝发育，给钻井施工带来的主要危害是：盐膏层蠕变，井壁不稳定，易喷易漏，易卡钻。克拉2号气田第一口预探井—克拉2井在井段3236～3560m钻遇324m厚的膏盐层，在井深3501m发生卡钻事故，经过2个月的处理后被迫侧钻。侧钻至井深3502m发生压差卡钻，事故解除后下入ϕ244.5mm技术套管。然后用ϕ215.9mm钻头钻至井深3539m遇白云岩高压气层，由于压力高，井下复杂，仅钻37m又下入ϕ177.8mm套管封住该气层。该井共漏失高密度钻井液268.9m^3。由于以上复杂情况的发生，克拉2井钻井周期长达417.27d，事故复杂时效高达25.02%。

塔里木油田钻井技术工作者通过总结克拉苏地区钻探经验，在对克拉苏2号构造带地质情况进一步认识的基础上，合理地选择钻头类型，优选钻进参数，优化钻井液设计，形成了一套针对性强、经济实用的钻井技术。该技术在克拉203井和克拉204井的应用，成功地解决了大段膏盐层、高压气层的缩径、垮塌、易漏易喷问题，较好完成了钻井任务，缩短了钻井周期，降低了钻井成本，高效、快速地探明了克拉2号气田，为我国“西气东输”工程提供了气源保证。

表1-18　塔里木油田主要地层岩性

地层		厚度，m	岩性特征
新近系		1263	细砂岩、粉砂岩、泥岩为主，局部夹膏质泥岩
古近系		1953	杂色砂岩、粉砂岩、泥岩，西南坳陷区发育石灰岩、石膏，巴楚隆起为膏泥岩、石膏
白垩系		2070	红色碎屑岩，下部夹膏泥岩；西南坳陷区顶部为膏泥岩、石膏，下部为泥岩、介壳灰岩

续表

<table>
<tr><th colspan="3">地层</th><th>厚度，m</th><th>岩性特征</th></tr>
<tr><td rowspan="2">侏罗系</td><td colspan="2">上统</td><td rowspan="3">4880</td><td>红色、杂色泥岩及砂岩</td></tr>
<tr><td colspan="2">下统</td><td>砂岩、砾状砂岩、碳质泥岩、煤层、菱铁矿</td></tr>
<tr><td>三叠系</td><td colspan="2"></td><td>上部为泥岩、碳质泥岩夹粉砂岩，中部为砂岩、砾状砂岩、碳质泥岩互层，下部为砾岩、砂岩夹泥岩、碳质泥岩</td></tr>
<tr><td rowspan="4">二叠系</td><td colspan="2">上统</td><td>970</td><td>砂岩、泥岩互层，杜瓦组底部为块状砂砾岩</td></tr>
<tr><td rowspan="3">下统</td><td>开派兹雷克组、库普库滋组（P_1kp，P_1kk）</td><td></td><td>上部为玄武岩、辉绿岩夹砂岩、泥岩、凝灰岩、钙质粉砂岩，下部为细砂岩、粉砂岩、泥岩不等厚互层</td></tr>
<tr><td>康克林组
（P_1kk）</td><td></td><td>微晶生物灰岩、钙质泥岩
韵律互层</td></tr>
<tr><td>丘达依萨依组（P_1q）</td><td></td><td>亮晶颗粒灰岩、藻灰岩、生物泥晶灰岩夹石英砂岩</td></tr>
<tr><td rowspan="4">石炭系</td><td colspan="2">小海子组
（C_2xh）</td><td rowspan="4">300～2000</td><td>泥灰岩、微晶灰岩、生物碎屑灰岩、鲕粒灰岩、白云岩夹泥岩、粉砂岩</td></tr>
<tr><td colspan="2">比京乌他组
（C_2bj）</td><td>泥灰岩、微晶灰岩，底部与石英砂岩不等厚互层</td></tr>
<tr><td colspan="2">卡拉萨依组
（C_1kl）</td><td>上部为泥页岩、粉砂岩及煤线，中部为石灰岩夹泥岩，下部为膏泥岩、砂泥岩夹石膏</td></tr>
<tr><td colspan="2">巴楚组
（C_1b）</td><td>微晶、泥晶生物灰岩，石英砂岩夹膏泥岩，角砾化泥岩、长石石英砂岩互层，白云质角砾岩</td></tr>
<tr><td rowspan="2">泥盆系</td><td colspan="2">上统</td><td rowspan="2">5500</td><td>紫红色含砾砂岩、砾岩、紫红色含钙质结核砂岩夹砾岩</td></tr>
<tr><td colspan="2">中统、下统</td><td>紫红色泥岩、粉砂质泥岩、砂岩互层</td></tr>
<tr><td>志留系</td><td colspan="2"></td><td></td><td>砂岩、泥质粉砂岩、粉砂质泥岩、泥岩互层</td></tr>
<tr><td rowspan="2">奥陶系</td><td colspan="2">上统、中统</td><td>500～4000</td><td>泥晶、瘤状泥晶灰岩与钙质泥岩、页岩互层，局部地区火山岩，泥灰岩、泥质岩互层，钙石砂岩、粉砂岩、泥岩、页岩韵律互层</td></tr>
<tr><td colspan="2">下统</td><td></td><td>微晶生物灰岩、藻灰岩，蓬莱坝组中下部含白云岩硅质层，满加尔地区为暗色硅质岩、页岩、泥灰岩</td></tr>
<tr><td rowspan="2">寒武系</td><td colspan="2">上统</td><td rowspan="2">300</td><td>微晶白云岩、叠层石白云岩含硅质条带，塔东暗色泥灰岩、泥晶灰岩</td></tr>
<tr><td colspan="2">下统</td><td>白云岩、泥岩、石灰岩互层，底部为磷块岩、硅质岩，上部含燧石灰岩</td></tr>
<tr><td rowspan="2">震旦系</td><td colspan="2">上统</td><td rowspan="2"></td><td>微晶藻白云岩、泥岩、砂岩</td></tr>
<tr><td colspan="2">下统</td><td>砂砾岩，局部夹火山岩、冰碛岩</td></tr>
</table>

任务考评

一、理论考核

1. 名词解释

岩石的强度　岩石的硬度　岩石的脆性　岩石的塑性　岩石的研磨性　岩石的可钻性

2. 简答题

（1）地层岩性对钻头失效的影响表现在哪些方面？

（2）什么是地层岩石的可钻性？影响岩石可钻性的因素有哪些？

二、技能考核

1. 考核项目

阅读××井的钻井地质设计，试述该井区的地层岩性特征是什么，在钻井作业中有可能出现哪些井下事故，应注意哪些事项。

2. 考核要求

（1）准备要求：××井的钻井地质设计资料。

（2）考核时间：30min。

（3）考核形式：口头描述＋笔试。

项目二　地层沉积顺序的认识

在漫长的地壳历史发展过程中，不同时期形成了性质各异的岩层，石油、天然气等各类矿物资源就赋存在这些地层之中。地层是地壳发展历史的物质记录，也是研究地壳构造演化、了解矿产形成规律，从而进一步指导油气矿产资源勘探的基础资料。

知识目标

（1）掌握古生物、化石的概念，理解生物演化的主要特点。

（2）了解常用的古生物门类化石种类、命名方法、结构特征、生存环境及分布时代。

（3）掌握岩石地层单位、生物地层单位、年代地层单位的划分及其含义。

能力目标

（1）能够根据岩层中的古生物特征识别地层单元。

（2）能够根据典型盆地地质年代表及岩性剖面图识别地层单元。

（3）能够应用地层划分、对比原理和方法进行地层剖面划分和对比。

任务一　认识常见的古生物

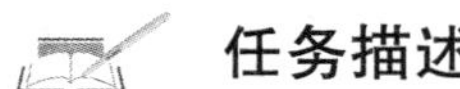

任务描述

地球从形成到现在大约有46亿年了，在这漫长的地质时期中，地球历史的发展经历了许多阶段。在每个阶段中，都有一定的古生物群出现，同时也有一套相应的地层形成。地层就像一页页记录地质历史的史册，岩石特征和其中含有的化石就像书页中记载的文字，描绘了地质历史的沧桑变迁。识别、认识古生物，可以帮助我们划分地层、研究沉积特征。本次任务的相关知识描述了生物演化特点、化石的概念、古生物分类以及常见古生物的识别特征。

任务分析

掌握古生物及化石的概念，了解古生物分类及演化特点，认识古生物特征，能够识别常见古生物，并且理解能够按照沉积岩中所含动、植物化石来确认地层的沉积顺序。

相关知识

一、古生物及化石的基本知识

1. 生物的发展与演化

古生物是指地质历史中生存过的生物，一般以第四纪全新世（距今约一万年）开始作为划分古生物和现代生物的时间界限。

生物的演化具有方向性、阶段性和不可逆性的特点。

1）生物演化的方向性

从生命在地球上出来以来，生物经历了一个由少到多、由简单到复杂、由低级到高级的进化过程，这是一种上升的进步性的发展。以脊椎动物为例，哺乳动物最高级，鱼类最低级。在鱼类和哺乳动物之间，还有两栖类、爬行类等一系列生物。

2）生物演化的阶段性

生物的演化和发展从来没有停止过，而且经历过一系列的飞跃，呈现出阶段性的特点。生物的演化历史，是生物不断适应生活环境的过程。由于地壳演变具有阶段性，当地壳的发展由一阶段向另一阶段演变时，常表现为强烈的地壳运动。这必然引起自然环境的巨大变化，从而造成生物界面貌的大变革，结果是某些古老生物灭亡，某些新生生物出现和发展。

3）生物演化的不可逆性

生物界是前进性发展的，生物进化历史又是新陈代谢的历史，旧类型不断死亡，新类型相继兴起；已演变的生物类型不可能恢复祖型，已灭亡的类型不可能重新出现，这就是进化的不可逆性。例如，脊椎动物由水生的鱼类经过漫长的地质历史和许多演化阶段演化为陆生的哺乳类，哺乳类中的某些生物如鲸类虽回到水中生活，却不可能恢复鱼类的呼吸器官——鳃，也没有鱼类的运动器官——鳍，鲸的前肢仅仅外貌像鳍，而其骨骼构造完全不同。

2. 化石的概念

地质历史时期的生物常以化石的形式保存下来，所以化石是确定地层时代的证据。化石是保存于地层中的古生物的遗体或遗迹。古生物身体的全部或某一部分形成的化石称为遗体化石，由古生物活动留下的痕迹和遗物形成的化石称为遗迹化石。化石必须具备一定的生物特征，如生物的大小、形状、结构、纹饰以及残存下来的组成生命的有机物质等等，能够证明它是过去地质历史时期的生物。

3. 化石的保存条件

1）生物本身的条件

生物本身具有一定的易于保存的硬体，如蚌蛎的贝壳、脊椎动物的骨骼等，这些由矿物质组成的硬体比起软体（皮肤、肌肉以及各种器官）来不易毁灭。

2）生物死后的环境条件

生物死后，必须有某种沉积作用把它迅速埋藏起来，才有可能形成化石。在高能水动力条件下，生物尸体易被破坏。如当水体 pH 值小于 7.8 时，$CaCO_3$ 组成的硬体易遭溶解。在氧化环境中，有机质易腐烂；而在还原条件下，有机质易保存下来。此外，当时生活着的食腐生物和细菌的腐蚀作用也影响到化石的保存。

3）时间条件

生物死亡后被迅速埋藏有利于形成化石。被埋藏起来的生物尸体还必须经过长期的固结、充填、置换等石化作用才能形成化石。在石化作用过程中，原来生物体组分被溶解，同时又被地下水中所含矿物质逐渐补充替代，如硅化、钙化、白云化、黄铁矿化等。如果溶解速度等于充填速度，原生物体的微细结构可以保存下来；如果溶解速度大于充填速度，则原来的微细结构难以再现。

4．化石的保存类型

1）实体化石

实体化石是指古生物遗体本身几乎全部或部分保存下来的化石。原来的生物在特别适宜的情况下，避开了空气的氧化和细菌的腐蚀，其硬体和软体可以比较完整地保存而无显著的变化。

2）模铸化石

模铸化石是生物遗体在地层或围岩中留下的印模或铸型。

（1）印痕，即生物遗体陷落在底层所留下的印迹。遗体往往遭受破坏，但这种印迹却反映该生物体的主要特征。不具硬壳的生物，在特定的地质条件下，也可保存软体印痕，最常见的就是植物叶子的印痕。

（2）印模化石，包括外模和内模两种。外模是遗体坚硬部分（如贝壳）的外表印在围岩上的痕迹，能够反映原来生物外表形态及构造；内模指壳体的内面轮廓构造印在围岩上的痕迹，能够反映生物硬体的内部形态及构造特征。例如，贝壳埋于砂岩中，其内部空腔也被泥沙充填，当泥沙固结成岩而地下水把壳溶解之后，在围岩与壳外表的接触面上留下贝壳的外模，在围岩与壳的内表面的接触面上留下内模。

（3）铸型。当贝壳埋在沉积物中已经形成外模及内核后，壳质全被溶解，而又被另一种矿质填入，像工艺铸成的一样，使填入物保存贝壳的原形及大小，这样就形成了铸型。它的表面与原来贝壳的外饰一样。外核内部还包有一个内核，但壳本身的细微构造没有保存。

3）遗迹化石

遗迹化石是指保留在岩层中的古生物生活活动的痕迹和遗物。

遗迹化石中最重要的是足迹，此外还有节肢动物的爬痕、掘穴、钻孔以及生活在滨海地带的舌形贝所构成的潜穴。

遗物化石往往指动物的排泄物或卵（蛋化石）。各种动物的粪团、粪粒均可形成粪化石。我国白垩纪地层中的恐龙蛋化石世界闻名，过去在山东莱阳地区以及近年来在广东南雄均发现成窝垒叠起来的恐龙蛋化石。

二、古生物的分类

古生物分为动物和植物两大界，生物及化石可以按各种各样的标准和方法进行分类。但是古生物学的分类系统都是以化石形态和结构上的相似程度为基础的。这种分类最大的优越性在于它是以许多形态学上的相似性和差异性的总和为基础的，而且它基本上能反映生物界的自然亲缘关系，因而被称为自然分类系统。按照这种分类方法，把具有共同构造特征的生物（包括化石）归为一类，而把具有另外一些共同特征的生物归为另一类，于是整个生物界（包括现代生物和古生物）可以根据其固有的性状特征之间的异同关系归纳为一个统一多级别的分类系统。在每一个界内，再由大到小依次划分为门、纲、目、科、属、种等不同级别的单位，由此构成古生物分类系统。其中，种是最基本的分类单位。

有时为满足更精细的分类要求，还应用一些辅助单位，如亚门、亚科等，表示比相应的门、科低一级。有时也可将若干纲、目、科分别合并为超纲、超目、超科等。

古生物和现代生物一样，按国际统一规定命名。古生物各级单位学名一律用拉丁文或拉丁化的文字书写。

三、古生物简介

1．古植物

地球上最早出现的生命属于植物界。自元古宙到新生代，古植物在地层划分和对比中一直起着重要作用。古植物是划分和恢复古大陆气候地理分区的主要标志。各种古植物本身也参与了成矿作用，如藻类形成礁灰岩、硅藻土，低等植物与石油、油页岩生成有关，高等植物则是各地史时期聚煤的物质基础。植物界可依据植物体的形态及构造分化程度的不同，分为低等植物和高等植物两大类。

1）低等植物

菌类自寒武纪开始出现，石炭纪以后的化石研究比较清楚。由于构造简单，根据形态特征来鉴定化石非常困难，在地层学上的意义不大。现代菌类化石代表有蘑菇、木耳、灵芝等。

2）高等植物

高等植物可划分为蕨类植物、裸子植物和被子植物 3 个门类。蕨类植物以孢子繁殖；裸子植物以种子繁殖，但种子外面无果实包裹；被子植物成熟的种子被果实包裹。典型的高等植物有轮叶、芦木、羊齿、苏铁等（图 2-1）。

2. 古动物

在地史时期中，最原始的动物由单细胞组成，称为原生动物。原生动物个体微小，单细胞具有一切重要生活机能（如新陈代谢、繁殖等），如有孔虫、鞭毛虫等。地史时期中最常见的有三叶虫、珊瑚、腕足类、腹足类、瓣鳃类、头足类、海绵等（图 2-2）。

3. 微体古生物

在各个地质历史时期内均存在过许多微小的生物，即微体古生物。研究微体古生物在理论上及实际应用上都有重要意义。在油气勘探中，由于钻探所取的岩心、岩屑中大化石往往不易发现或已被研碎，而微体古生物化石易于得到完整的保存，微体古生物化石对油区钻井地层划分、对比显得尤为重要。目前在我国油区的地层对比中经常应用孢粉、介形虫、有孔虫等资料。

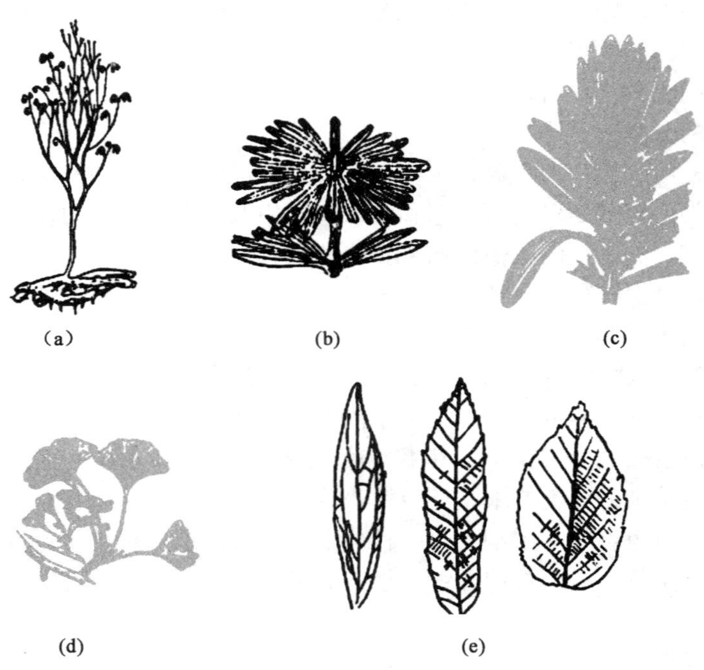

图 2-1　各类古植物

（a）裸蕨；（b）轮木；（c）柯达类；（d）银杏类；（e）双子叶植物的叶部化石

1）孢粉

孢子和花粉均是植物繁殖器官的一部分。孢子产生于孢子植物的孢子囊，花粉产生于种子植物的雄蕊。两者合称为孢粉。孢粉形体相当微小，直径一般在 10～100μm 之间，只能借助于显微镜进行观察鉴定。

分析孢粉各科属（种）在地层剖面上的百分含量及组合特征的变化规律，以此进行地层的划分对比，确定地层的时代，恢复古地理、古气候和古植物的类型。在恢复古气候时，要研究各类孢粉化石的母体植物所生存的气候条件，统计存于不同气候条件植物孢粉的数量比例，再与现代不同气候区的植被面貌进行类比，从而确定当时、当地的古气候。

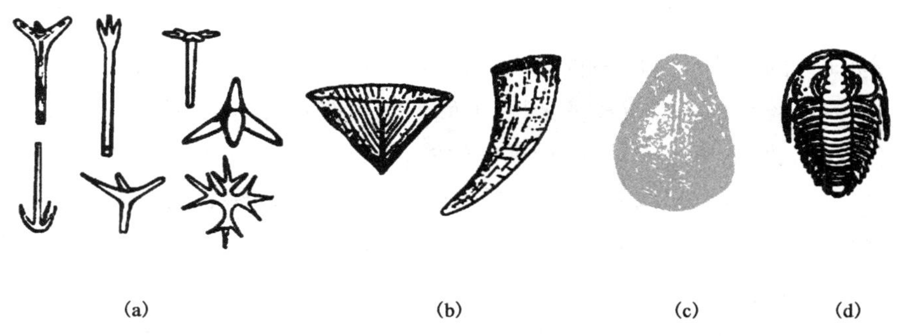

图 2－2　各类古动物

(a) 海绵骨针类型；(b) 珊瑚（单体）；(c) 五房贝；(d) 三叶虫

2）介形虫类

介形虫是中生代、新生代油田中的常见化石，是一种形体微小的节肢动物。介形虫具有左右两瓣外壳，两瓣的壳形相同，但大小可相等或不等。壳长一般在 0.4～2mm 之间，个别可达 5～7cm，通常古生代介形虫要比中生代、新生代的介形虫大些。壳面光滑或具有各种花纹、突起、沟槽、隆脊和刺瘤等装饰。壳的侧视外形多为半圆形、近椭圆形、卵形及菱形等，如图 2－3 所示。在地层（特别是陆相地层）的划分和对比中，介形虫有着十分重要的意义。

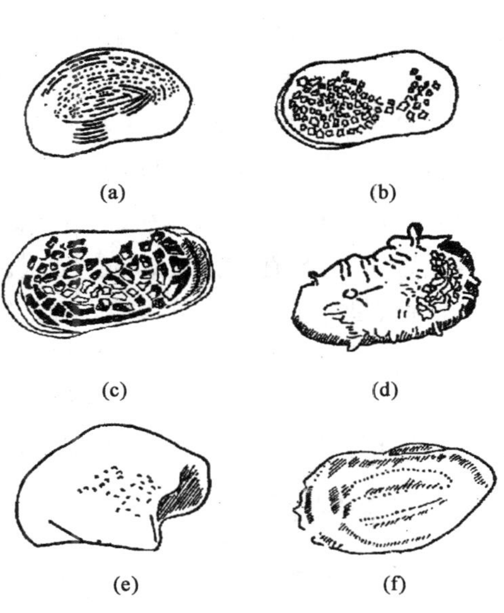

图 2－3　介形虫化石壳体纹饰类型

(a) 条纹状；(b) 蜂窝状；(c) 网状；(d) 刺状；(e) 翼状；(f) 肋状

3）有孔虫类

有孔虫是形体微小的单细胞动物，个体很小，一般约 2～5mm 大小，结构简单，大多具矿质硬壳，壳上多有开口或小孔，故名有孔虫。有孔虫身体由一团原生质构成（包括细胞质和细胞核）。细胞质分化成两层，内层在壳内颜色较深叫内质，外层薄而透明，分泌骨质，构成有孔虫的外壳。保存成为化石的是它的微小外壳，壳的形态多种多样。

最早的有孔虫化石发现于寒武纪，但保存较差。真正的有孔虫化石是在奥陶纪地层中发现的，其后在石炭—二叠纪、侏罗—白垩纪、古近—新近纪几经兴衰，一直延续到现代。我国沿海都生长有孔虫。

有孔虫形体微小、演化快，易于在地层中保存，化石数量众多，可以用来鉴定地层层位和进行大区域地层对比，因此对油气地质勘探工作具重要意义。

四、古生物化石资料在油气勘探中的应用

保存在地层中化石都是古生物本身在地层里保留下来的可靠记录。根据它们就可以阐明生物发展历史，推断生物当时的生活环境。

1. 确定和对比地层时代

根据生物演化的进步性、阶段性和不可逆性，我们可以认识到，先沉积的老地层中化石较为低级，构造比较简单；后沉积的地层中所含化石比较高级，构造也比较复杂。因而在一定地质时期沉积的地层中，含有一定种类的生物化石；在不同时期沉积的地层中，含有不同种类的生物化石。因此，可以根据地层中所含的化石特别是标准化石来确定地层的相对年代，并对不同地区的地层进行划分和对比。

2. 阐明古地理与古气候

一定的环境，生活着一定的生物群；不同的环境，生活着不同的生物群。通过研究现代生物的分布和生活环境，依据"将今论古"的原则来推断古代生物的生活环境。例如，珊瑚、海百合、腕足类与头足类动物等只能生活在海洋中，因此，在地层中发现这类化石，就可以推断该地层沉积环境为海洋环境。再如，富含植物化石的含煤地层，是潮湿温暖的沼泽环境产物。

3. 阐明某些沉积矿产的成因和分布

有些沉积矿产，如沉积铁矿、锰矿、煤、石油等，是在一定的地史时期的特定的古地理、古气候条件下形成的。例如，石油是有机质经过物理、化学变化而生成的，所以富含微体生物化石的地层往往是良好的生油层。

在油气勘探中，由于分析样品都是体积不大的岩心或岩屑，大化石往往被破坏，微体古生物化石易于得到完整的保存，所以在油气勘探中常用的是微体（或超微体）古生物化石资料。利用微体古生物化石资料，能够对探区进行古生态分析、古环境恢复，可以进行含油气地层的划分与对比，确定生油层、储油层的年代，进行生储盖组合的研究。

任务实施

一、目的要求

（1）掌握古生物、化石的概念，理解生物演化的主要特点。

（2）了解重要古生物门类化石种类、命名的方法、结构特征、生存环境及分布时代。

二、资料、工具

（1）古生物图。

（2）资料、标本、绘图工具。

任务考评

一、填空题

（1）古生物是指地质历史中生存过的生物，一般以______________开始作为划分古生物和现代生物的时间界限。

（2）古生物分为______________和______________两大界。

（3）地史时期中最常见的古动物化石有______________________________。

（4）高等植物可划分为________________、________________和________________三个门类。

二、简答题

（1）生物演化的特点有哪些？

（2）什么是化石？它是如何形成的？

（3）试述常见微体古生物化石的特征和生存的地质时期。

任务二　地质年代及地层单位划分的认识

任务描述

地壳的表面大部分地区分布着层状岩石，包括沉积岩、火山岩以及由它们变质形成的变质岩。这些在一定的时间和一定环境下形成的层状岩石都叫地层。石油和天然气赋存于地下特定地层之中，要想正确认识油田的地质情况，进行油气勘探开发，就必须研究地质年代与其相应形成的地层。

任务分析

正确认识地层的沉积顺序，掌握地层学基本理论和地质年代的划分，掌握地层划分与对比的基本方法。

相关知识

一、地层的概念和地层基本理论

1. 地层的概念

地层是地壳历史发展过程中在一定地质时间内所形成的一套岩石总称。地层是具有某种共同特征或属性的岩石体，是在一定地质时期所形成的一套岩层，能以明显界面或经研究后推论的某种解释性界面与相邻的岩层和岩石体相区分。地层在纵向上和横向上岩性是变化的，对于地层的研究要从多方面属性去综合认识，才能得出准确的结果。

2. 地层学基本理论

地球自形成以来经历了几十亿年的漫长岁月，在这漫长的历史岁月中，地球的运动变化一刻也没停止过。在地球每一个历史发展阶段，其表面都有一套相应的地层生成。研究地层沉积顺序时常用地层层序律、生物层序律、切割律或穿插关系法、同位素年龄法等基本原理和方法。

1）地层层序律

地层是在一定地质时期内所形成的层状岩石（含沉积物）。地层形成时是水平的或近于水平的。正常情况下，较老的地层先形成，位于较下部位；较新的地层后形成，覆于较上部位。简而言之，原始产出的地层具有下老上新的规律，这就是地层层序律或称地层叠覆律。它是确定地层相对年代的基本方法。但有时出地壳的剧烈运动，导致地层发生翻转，打乱正常的沉积顺序。此时必须利用沉积岩的沉积构造，如泥裂、波痕、雨痕、交错层等，来判断岩层的顶面和底面，恢复其原始层序，以确定其相对的新老关系（图2-4）。表2-1是济阳坳陷古近—新近系的地层沉积顺序及钻井故障显示。

表2-1　济阳坳陷古近—新近系地层沉积顺序及钻井故障显示

<table>
<tr><th>界</th><th>系</th><th>统</th><th colspan="2">组</th><th>厚度
m</th><th>硬度
MPa</th><th>塑性
系数</th><th>硬度
级别</th><th>钻井故障显示</th></tr>
<tr><td rowspan="10">新生界</td><td rowspan="3">新近系</td><td rowspan="2">上新统</td><td colspan="2">平原组</td><td>200～430</td><td></td><td>2</td><td>1～2级</td><td>地层疏松，极易垮塌</td></tr>
<tr><td colspan="2">明化镇组</td><td>600～1100</td><td>240～550</td><td></td><td></td><td>造浆性强，易憋漏，有些地区有浅气层，注意防喷</td></tr>
<tr><td>中新统</td><td colspan="2">馆陶组</td><td>260～900</td><td>240～550</td><td></td><td></td><td>造浆性强，夹层多，易井斜</td></tr>
<tr><td rowspan="7">古近系</td><td rowspan="3">渐新统</td><td colspan="2">东营组</td><td>100～900</td><td>240～550</td><td>2.67</td><td>2～3级</td><td>造浆性强，有三个沉积旋回，砂泥岩交界处易井斜，有气层</td></tr>
<tr><td rowspan="4">沙河街组</td><td>沙一段</td><td>100～400</td><td>750～1360</td><td>2.30</td><td>4～5级
中硬—硬</td><td>灰绿色泥岩易垮塌，地层硬，易蹩钻</td></tr>
<tr><td>沙二段</td><td>100～400</td><td>380～530</td><td>4.20</td><td>2～3级
软—中硬</td><td></td></tr>
<tr><td rowspan="3">始新统</td><td>沙三段</td><td>300～1000</td><td>620～1490</td><td>2.60</td><td>4～5级
中硬—硬</td><td>地层较硬，防蹩防断，局部地区有高压盐层，油气层压力较高，防喷</td></tr>
<tr><td>沙四段</td><td>350～1400</td><td>903～3340</td><td>1.86</td><td>4～8级
硬—坚硬</td><td>地层硬、坚硬，防蹩防断，部分地区有含盐水层，油气气压力较高，并含 H_2S 气体，注意防喷防中毒</td></tr>
<tr><td colspan="2" rowspan="2">孔店组</td><td rowspan="2">300～1600</td><td rowspan="2"></td><td rowspan="2"></td><td rowspan="2"></td><td rowspan="2">地层较软，易垮塌，易膨胀，防卡钻</td></tr>
<tr><td>古新统</td></tr>
</table>

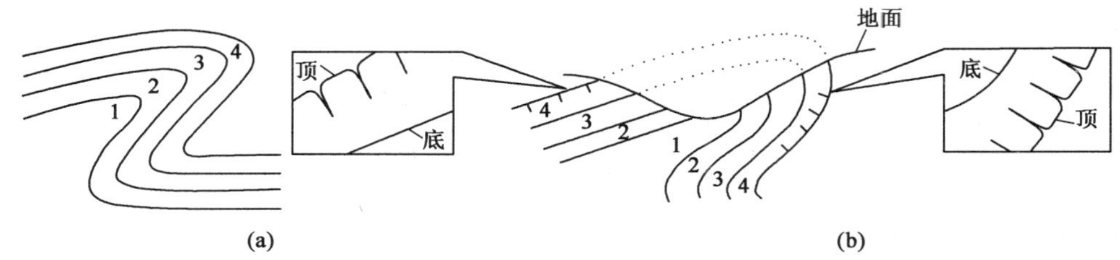

图 2－4　地层相对年代的确定（地层层序倒转时）

（a）原始褶皱时的情况；（b）遭受剥蚀以后的情况；1～4 为地层序号

2）生物层序律

生物的演变是从简单到复杂、从低级到高级不断发展的。因此，一般说来，年代越老的地层中所含生物化石越原始、越简单、越低级；年代越新的地层中所含生物化石越进步、越复杂、越高级。另一方面，不同时期的地层中含有不同类型的化石及其组合，而在相同时期且在相同地理环境下所形成的地层，只要原先的海洋或陆地相通，都含有相同的化石及其组合，这就是生物层序律。所以我们能够根据沉积岩中所含动、植物化石来确定地层顺序。

3）切割律或穿插关系法

确定地层先后形成顺序，就侵入岩与围岩的关系说来，总是侵入者年代新，被侵入者年代老，这就是切割律。这一原理还可以用来确定有交切关系或包裹关系的任何两地质体或地质界面的新老关系，即切割者新，被切割者老（图 2－5）；包裹者新，被包裹者老。如侵入岩中捕虏体的形成年代比侵入体老；砾岩中砾石形成的年代比砾岩的年代老。

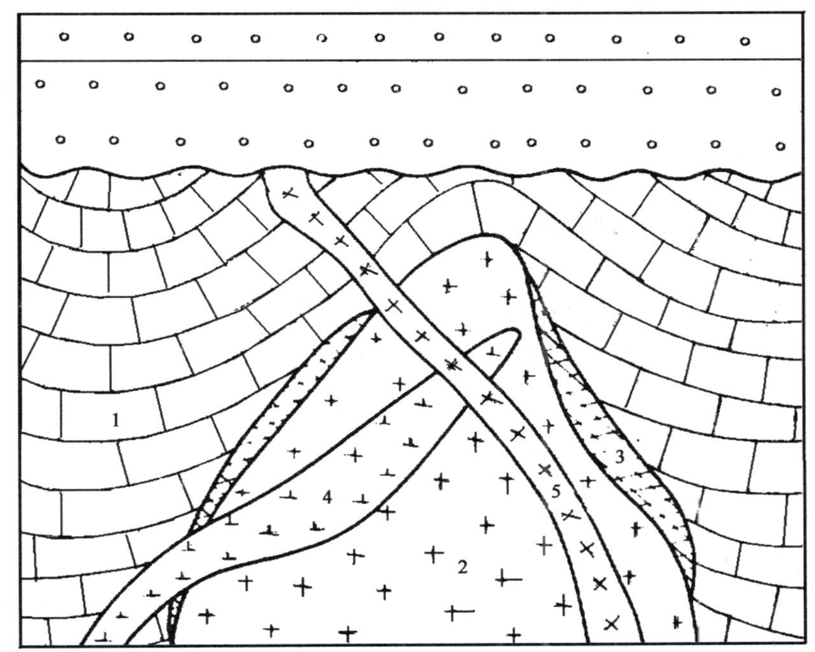

图 2－5　运用切割律确定各种岩石形成顺序

1—石灰岩，形成最早；2—花岗岩，形成晚于石灰岩；3—矽卡岩，形成时代与花岗岩相同；4—闪长岩，形成晚于花岗岩；5—辉绿岩，形成晚于闪长岩；6—砾岩，形成最晚

4）同位素年龄法

放射性元素都具有固定的衰变常数，根据矿物中放射性同位素蜕变后剩下的母体同位素含量与蜕变而成的子体同位素含量可以测出该放射性同位素的年龄，这种方法称为同位素年龄法。它若包含该放射性元素的矿物的形成年龄，称为矿物的同位素年龄。这个年龄相当于包含该矿物并和该矿物同时形成的岩石的绝对年龄。

二、地质年代的单位与系统

1. 地质年代单位的划分

根据生物演化的方向性、阶段性和不可逆性，可把地质时代划分为若干时间单位（表2-2）。

1）宙

宙是地质年代单位中最大的单位。目前整个地球历史划分出三个宙：太古宙、元古宙和显生宙。太古宙末期是由无机物向有机物生成的生物初期阶段；元古宙由有机物向生命转化阶段，地层中化石很少，主要以藻类、细菌为主；显生宙生物门类繁多，化石丰富。

2）代

代的划分主要以生物演化为依据，反映生物大发展的阶段。例如，在显生宙内划分出古生代、中生代和新生代，表示生物界从“古老生物”、“中期生物”发展到“晚近生物”的演化发展阶段。

3）纪

纪的名称大多来源于首先建立地层系统剖面的地点名称，如寒武纪、奥陶纪、志留纪等。

4）世

在国际性地质时代单位中，世是最小的一级单位。划分世的标志，通常是古生物科、属的兴衰及其有关特征。一个纪可分两个或三个世，除新生代各世有特殊的命名外，一般世的名称是在纪的名称前增加早、中、晚字样。

5）期

期往往以生物的某些属和种的出现和大量繁盛作为标志。

2. 地质年代（地层）简表

表2-2是地质年代简表。它表述了地层系统和地质年代系统的单位划分及其名称和顺序关系、生物的发展演化阶段以及地壳运动期等情况。

三、地层的单位

每一个时间单位都有相应的在这一段时间内所形成的地层单位。常用的地层单位有3类：岩石地层单位、生物地层单位和年代地层单位。

1. 岩石地层单位

岩石地层单位是根据在野外可观察到并呈现总体一致的岩性（或岩性组合）、变质程度或结构特征，以及与相邻地层间关系所定义和识别的一个三维空间的岩石体。一个岩石地层单位可以由一种或多种沉积岩、喷出岩或变质岩组成。岩石地层单位包括群、组、段、层四级单位。

1）群

群是最大的岩石地层单位。可由两个以上的组构成，也可是一大套厚度巨大、岩类复杂、因受构造扰动无法重建原始顺序的地层。群的岩层厚度一般为几百米至几千米。群内不

表 2-2 地质年代（地层顺序）简表（据全国地层委员会，2001）

宙（宇）	代（界）	纪（系）	世（统）	同位素年龄 Ma	构造阶段（及构造运动）		植物	动物	
显生宙（宇）PH	新生代（界）Cz	第四纪（系）Q	全新世（统）Q_h	0.01	新阿尔卑斯构造阶段（喜马拉雅构造阶段）		被子植物繁盛	人类出现；哺乳动物与鸟类繁盛	无脊椎动物继续演化
			更新世（统）Q_p	2.60				哺乳动物与鸟类繁盛	
		新近纪（系）N	上新世（统）N_2						
			中新世（统）N_1	23.3					
		古近纪（系）E	渐新世（统）E_3						
			始新世（统）E_2						
			古新世（统）E_1	65					
	中生代（界）Mz	白垩纪（系）K	晚（上）白垩世（统）K_2		老阿尔卑斯构造阶段	燕山构造阶段		爬行动物繁盛	
			早（下）白垩世（统）K_1	137			裸子植物繁盛		
		侏罗纪（系）J	晚（上）侏罗世（统）J_3						
			中侏罗世（统）J_2						
			早（下）侏罗世（统）J_1	205					
		三叠纪（系）T	晚（上）三叠世（统）T_3			印支构造阶段			
			中三叠世（统）T_2						
			早（下）三叠世（统）T_1	250					
	古生代（界）Pz	二叠纪（系）P	晚（上）二叠世（统）P_3		华力西（海西）构造阶段			两栖类动物繁盛	
			中二叠世（统）P_2				蕨类及原始裸子植物繁盛		
			早（下）二叠世（统）P_1	295					
		石炭纪（系）C	晚（上）石炭世（统）C_2						
			早（下）石炭世（统）C_1	354					
		泥盆纪（系）D	晚（上）泥盆世（统）D_3					鱼类繁盛	
			中泥盆世（统）D_2				裸蕨类植物繁盛		
			早（下）泥盆世（统）D_1	410					
		志留纪（系）S	末（顶）志留世（统）S_4		加里东构造阶段			海生无脊椎动物繁盛	
			晚（上）志留世（统）S_3				真核生物进化；藻类及菌类植物繁盛		
			中志留世（统）S_2	438					
			早（下）志留世（统）S_1						
		奥陶纪（系）O	晚（上）奥陶世（统）O_3						
			中奥陶世（统）O_2						
			早（下）奥陶世（统）O_1	490					
		寒武纪（系）∈	晚（上）寒武世（统）∈3						
			中寒武世（统）∈2						
			早（下）寒武世（统）∈1	543					

续表

相对时代				同位素年龄Ma	构造阶段（及构造运动）	生物界	
宙（宇）	代（界）	纪（系）	世（统）			植物	动物
元古宙（宇）PT	新元古代（界）Pt_3	震旦纪（系）Z		680			裸露无脊椎动物出现
		南华纪（系）Nh		800			
		青白口纪（系）Qb		1000	晋宁运动		
	中元古代（界）Pt_2	蓟县纪（系）Jx		1400			
		长城纪（系）Ch		1800	吕梁运动	原核生物	
		滹沱纪（系）Ht		2300			
				2500	阜平运动		
太古宙（宇）AR	新太古代（界）Ar_4			2800			
	中太古代（界）Ar_3			3200			生命现象开始出现
	古太古代（界）Ar_2			3600			
	始太古代（界）Ar_1			4600	地球形成		

允许有重要的间断或不整合存在。

2）组

组的含义在于具有岩性、岩相和变质程度的一致性。组可以由一种岩石构成，也可以一种岩石为主夹有重复出现的夹层，或者由两三种岩石交替出现所构成，还可能以很复杂的岩石组分为一个组的特征而与其他比较单纯的组相区别。组的厚度由几米到几百米，并有稳定的分布范围。在古地理环境稳定均一的地区，组的分布范围较广；而在古地理环境复杂多变的地区，其分布范围就较为局限。

3）段

据岩石特征，一个组常可分若干段，如嫩江组分五段，沙河街组分四段等。

4）层

层是最低级的岩石地层单位，是指组内或段内一个明显的特殊单位层。

岩石地层单位是为了适合各地区不同的古地理、沉积条件而建立的，也称为地方性地层单位。不同岩石地层单位适用的范围有很大不同。

2. 生物地层单位

生物地层单位是根据地层中所含古生物化石的内容和保存特征划分的地层单位。常使用的生物地层单位有以下 3 种类型：

1）组合带

组合带所含的化石或其中某一类化石，从整体来看，构成一个自然的组合，并以此区别于相邻地层的生物组合。

2）延限带

延限带是指任一生物分类单位在其整个延续范围内所代表的地层体。

3）顶峰带

顶峰带是指某些化石种、属最繁盛的一段地层。它既不包括前期这些化石虽已出现但数量不多时的地层，也不包括后期数量稀少时的地层。

3. 年代地层单位

年代地层单位是指在特定的地质时间间隔内形成的地层体，包括宇、界、系、统、阶、亚阶六级。年代地层单位的顶底都以等时面为界。

1）宇

宇是指在宙的时间内形成的地层，对应于地球历史中划分出的宙。

2）界

一个界代表在一个代的时间内形成的全部地层，如显生宇包括古生界、中生界和新生界。

3）系

系代表一个纪的时间内所形成的全部地层，如寒武系、侏罗系等。

4）统

统代表一个世的时间内所形成的全部地层，统名一般是在系名前增加早、中、晚字样。

5）阶

阶是统的进一步划分，一个统可分 2～6 个阶，用地名命名。

6）亚阶

在年代地层单位等级中，亚阶是级别最低的一个正式单位。它代表一个亚期的时间内所形成的地层。亚阶一般以生物属或种来命名。

年代地层单位中，宇、界、系、统是适于世界范围的地层单位，阶仅适用于大区，亚阶则大多只适用于较小范围。年代地层单位与地质年代单位之间具有严格的对应关系。

四、地层的划分对比

1. 地层划分与对比的概念

地层划分就是按地层的自然特征和属性，将地层剖面分为若干大小不同的地层单位。

地层对比则是指根据不同地区或不同剖面地层的各种属性的比较，确定地层单位的地层时代或地层层位的对应关系。

为了建立地层的空间概念，必须搞清它的横向变化（包括岩性、岩相和厚度的变化）、接触关系、断层情况和构造形态等，这就要进行地层对比。将不同区域的地层剖面进行对比，才可以搞清地层在地区之间的空间关系。

2. 地层划分与对比的方法

1）岩石地层学方法

根据上、下地层的岩性或岩性组合不同而将两套地层划分开来，并在横向上按两地岩层的颜色、成分、结构、构造和岩石序列的相似性来建立其对比关系，这就是岩石地层学方法的基本原理。在岩石地层学方法中，常用的方法有岩性法、标志层法和沉积旋回法。

（1）岩性法。同一沉积环境下的同期沉积物，其岩性特征是相同或相近的，或横向虽有变化，但这种变化也是有规律可循的；而不同沉积环境中所形成的沉积物，其岩性特征不同。以图 2-6 为例，G8 井和 G 40井同处于松辽盆地之内，嫩江组第二段沉积时期同处于深湖环境，形成了类似的深灰色泥岩夹油页岩地层。二者虽然在岩性上也有差异，但完全可以对比。

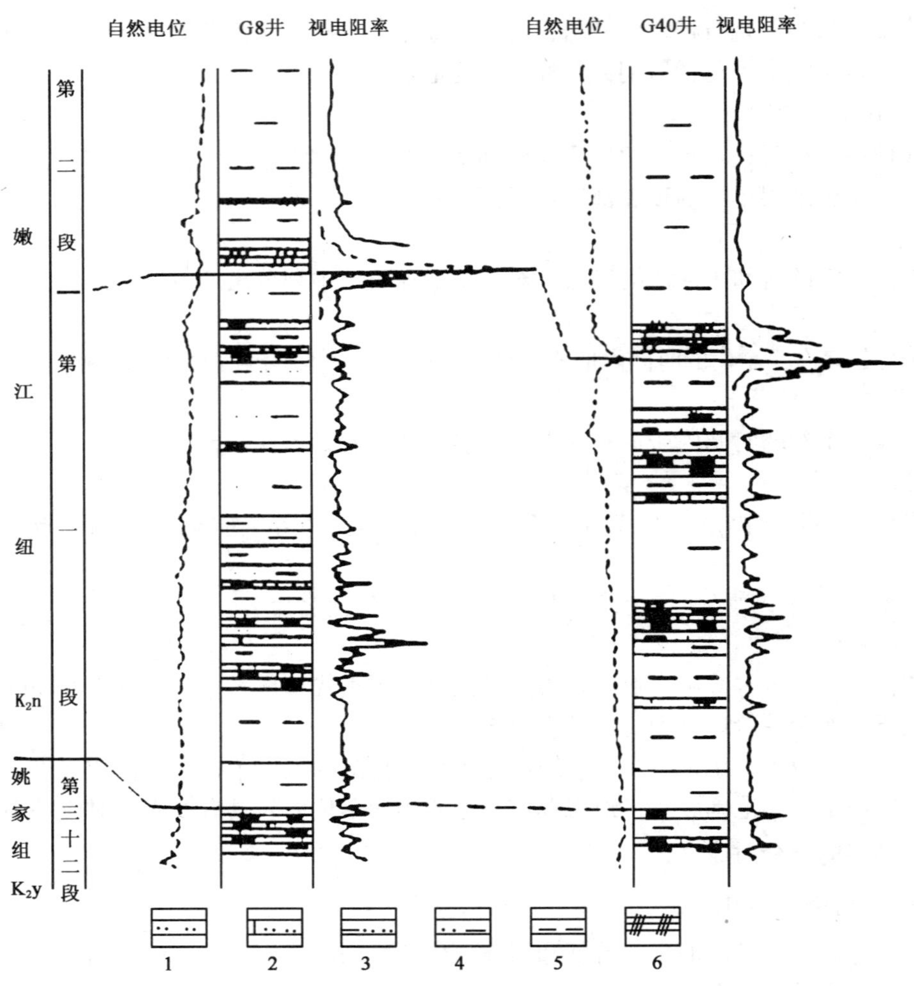

图 2-6　岩石地层学方法对比地层（据黎文清，2003）

1—粉砂岩；2—钙质粉砂岩；3—泥质粉砂岩；4—粉砂质泥岩；5—泥岩；6—油页岩（标志层）

（2）标志层法。在利用岩性对比地层时，某些岩性特征突出、层位稳定、横向分布稳定的岩层，常被地质人员用来作为划分和对比地层的标志，这种岩层就是标志层。利用标志层对比地层的方法是：先用标志层控制层位，一般来说，相邻地区地层剖面中那些岩性特征完全一致的标志层若能一一对应，则与标志层相关的地层组合应该是同一层位的；然后再根据地层层位相同、测井曲线形态相近的原则进行对比。

（3）沉积旋回法。受地壳运动的影响，沉积环境的周期变化使得沉积相特征也出现周期变化，称为沉积旋回。在区域地层的对比中，按沉积旋回特点进行对比有时比用标志层对比更有效。因为不同地区古地理环境不完全相同，后期的地表剥蚀程度也不同，有一些标志层可能残缺不全，不能逐一对比；而沉积旋回形成的地层总是由多层组成，厚度大，局部剥蚀后还有可能加以对比。

图 2－7 是泉头组第四段用沉积旋回法对比的实例。Z 12井和 Z 26井同在松辽盆地内，两口井钻遇的泉头组第四段都由四个旋回组成。尽管构成各旋回的岩性略有差异，但却同样都是下粗上细的正旋回，二者完全可以对比。

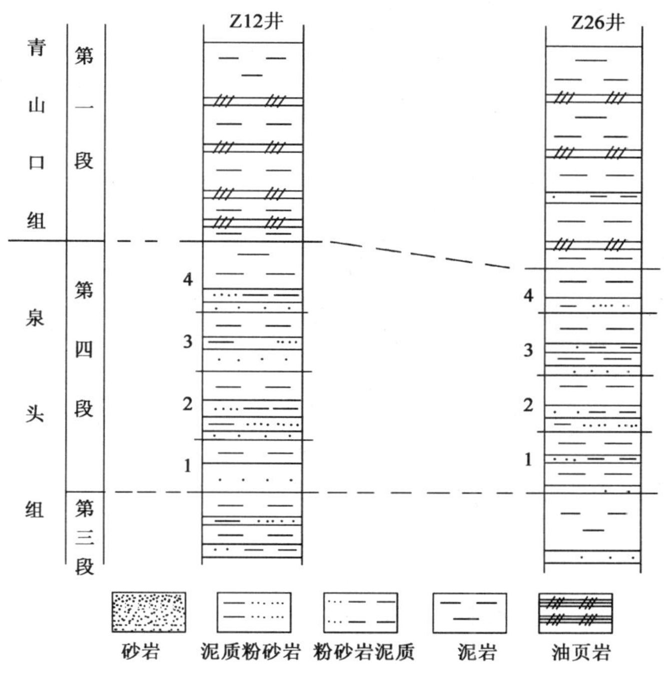

图 2－7　利用沉积旋回对比地层

地壳变动时间长短及规模大小不同，所形成的沉积旋回也有大小之分。每个大的沉积旋回中可根据岩性组合关系分成次一级或更次一级的旋回，一般划分至三级。一级旋回相当于含油层系，二级旋回相当于油层组，三级旋回相当于砂层组。在第三级沉积旋回内，再按岩性或颜色等变化规律进一步划分为小的韵律，用于控制对比单油层。各级旋回的稳定程度是由大到小依次变差，所以大旋回可以在大范围内进行区域对比，小韵律只能在大旋回控制大套地层的前提下在小范围内进行对比。

2）生物地层学方法

这种方法在横向上根据地层所含的化石或化石组合的一致性或相似性来对比地层。其对比原则是：各处的地层，不管其岩性是否相同，只要它们所含的化石群相同，它们的时代就是相同或大致相当的。所以使用这一方法时只考虑化石而不必顾及岩性、不整合面等其他非生物地层标志。

3）地球物理学方法

地球物理方法较多，如地震、测井等，具有低成本、分辨率高等优点。其中，地震法主要用于储集层（油层）的构造形态、分布以及油水界面的确定；测井方法被广泛用于油田地层和油层划分和对比以及含油饱和度等参数的测定。

不同的岩性或油气水层，由于电性特征不同，它们在测井曲线上的形态和特征就不一样。测井曲线的优越性表现在提供了所有井孔全井段的连续记录，深度正确，并能从不同侧面反映岩层的属性。测井曲线对比，是根据同层相邻井曲线的相似性，或根据几个稳定的电性标志层控制，且考虑到相变来进行的，如图 2－8 所示。

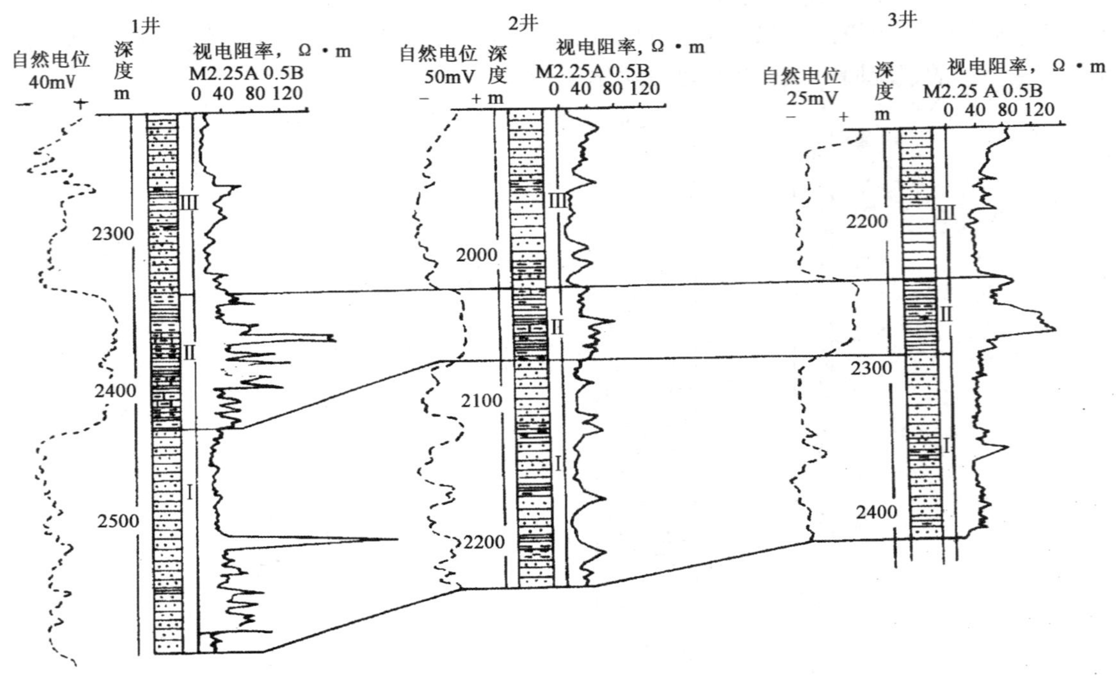

图 2－8　碎屑岩测井曲线对比示例图

任务实施

一、目的要求

（1）掌握地层间接触关系的类型、岩石地层单位、生物地层单位、年代地层单位的划分及其含义。

（2）能够根据岩层中古生物特征识别地层单元。

（3）能够应用地层划分、对比原理和方法，进行地层剖面划分和对比。

二、资料、工具

（1）地质年代（地层）简表。

（2）工具、材料、绘图工具。

任务考评

一、理论考核

1．填空题

（1）常用的地层单位有____________、____________、____________三类。

（2）地质年代单位__________、__________、__________、__________、__________。

（3）地层划分与对比的方法__________、__________、__________。

2. 简答题

(1) 什么是地层？地层基本理论有哪些？

(2) 地质年代与地层单位是如何划分的？

(3) 地层划分与对比的方法有哪些？

二、技能考核

1. 考核项目

绘制本地区域地层表。

2. 考核要求

(1) 准备要求：工具、材料的准备。

(2) 考核时间：60min。

(3) 考核形式：笔试。

项目三　油气田地质构造的识别与分析

油气赋存于沉积盆地之中。沉积盆地是石油工作者研究的主要对象，是油气钻探的主战场。在油气勘探过程中，探井的布置和井位的选择都必须研究沉积盆地的地质构造及其局部地质构造。如果地面构造与地下构造不符，仅根据地面构造布置井位，就达不到钻井的目的，造成不应有的损失。在钻井过程中，如果不及时了解地下构造的变化情况，便不可能正确地作出地质预告，指导钻井工程。因此，为了提高钻井的成功率，有效地进行油气勘探工作，就必须要搞清盆地地下地质构造的形态和特征。

在本项目中，主要学习含油气盆地内地质构造单元的划分及各级构造单元的特征、水平岩层与倾斜岩层的特征及其识别、地层接触关系的类型及其特征的分析、褶皱构造及断裂构造的特征及其识别。

知识目标

(1) 了解沉积盆地、含油气盆地的概念及特征，了解水平岩层、倾斜岩层、褶皱构造、断裂构造的概念、类型及其特征。

(2) 掌握含油气盆地内部构造单元的划分，理解地质构造与油气储集、分布的关系，理解井下地质构造对油气钻井作业施工的影响。

(3) 掌握各类地质构造的类型及其主要特征，掌握地下地质构造的分析及识别方法。

能力目标

(1) 能够识别并分析常见的地质构造；

(2) 能够利用地质罗盘、地质图等测定岩层产状并进行描述；

(3) 能够根据地质构造特征采取相应的钻井作业、完井作业及保护油气层的施工措施。

任务一　水平岩层与倾斜岩层的识别

任务描述

在油气钻井作业过程中，所钻遇岩层可能是水平的，也可能是倾斜的。识别水平岩层与倾斜岩层，准确计算所钻目的层的井深，是十分必要的。为此，需要了解沉积岩层的基本概念、水平岩层的概念及其分布特征、倾斜岩层的概念及其产状、埋藏深度的确定、出露等特征。

任务分析

沉积岩层与油气勘探关系密切。水平岩层和倾斜岩层的特征会影响到钻井作业施工，尤其是倾斜岩层对井斜的影响更大。通过沉积岩层的模型、钻井取心的标本，以及地表所见的各种各样的水平岩层、倾斜岩层的露头，掌握水平岩层、倾斜岩层类型和特征，理解水平岩层、倾斜岩层与油气水分布的关系，以及对钻井作业施工的影响。

相关知识

一、岩层的基本概念

岩层是指由两个平行或近于平行的界面所限定的岩性基本一致的层状岩体，是组成沉积地层的基本单位。由沉积作用形成的岩层叫做沉积岩层。

层面是分隔一个单一岩层的上下界面，位于上面的称为上层面或顶面，位于下面的称为下层面或底面。相邻两个岩层的接触界面，既是上覆岩层的底面，又是下伏岩层的顶面(图 3-1)。

岩层厚度是两相邻岩层面之间的垂直距离（图 3－1)。

由于沉积环境和条件的不同，岩层的厚度区域分布有变化：有的岩层在较大范围内形成厚度稳定的板状；有的岩层在延伸方向上厚度不稳定，有的向一侧变薄甚至尖灭，形成楔形；有的则向两侧变薄尖灭，形成透镜状(图3－1)。

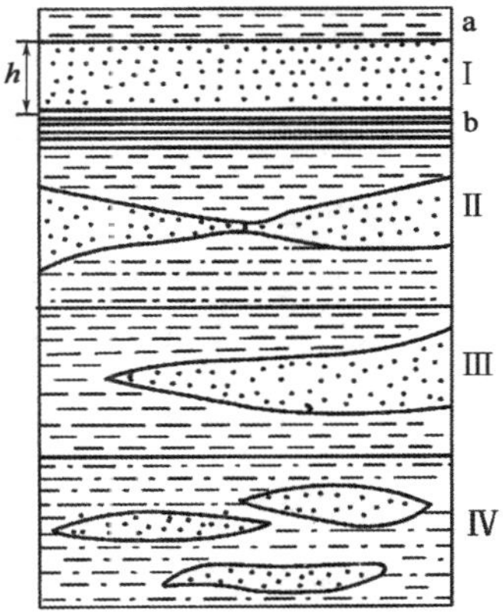

a
h
Ⅰ
b
Ⅱ
Ⅲ
Ⅳ

图 3－1　岩层的厚度和形态

a—顶面；b—底面；h—岩层厚度；Ⅰ—板状岩层；Ⅱ—岩层厚度变薄；Ⅲ—岩层尖灭，呈楔形；Ⅳ—岩层呈透镜状

二、水平岩层

1. 水平岩层的概念

沉积物在大区域内沉积时都是水平或近于水平和层状分布的。沉积物固结成岩后，在未遭受强烈的构造变动的情况下，仍然保持水平状态。这种岩层层面上各点海拔高度相同或基本相同，上下两个界面保持水平状态，称为水平岩层(图 3－2)。

2. 水平岩层的分布特征

图 3－2　水平岩层

在沉积盆地的中心部位或其他比较稳定的沉积环境中形成的水平岩层，一般都具有如下基本特征：

(1) 在层序没有倒转的前提下，地质时代较新的岩层叠置在较老的岩层之上。若地形剥蚀切割轻微，地面只出露最新岩层；若切割强烈，老岩层则出露于河谷、冲沟等低洼处，较新岩层分布于山顶或分水岭上，即岩层越老出露越低，岩层越新其出露的位置越高。

(2) 水平岩层的厚度就是该岩层顶面与底面之间的垂直距离或标高差（图 3－3 中的 m)。它可在野外实际测量，也可概略地在地质图上根据顶底面的标高差确定。

（3）水平岩层的露头宽度是指其顶面、底面在地面上的出露界线之间的水平距离。同一岩层的露头宽度在不同地段有宽窄变化，取决于岩层的厚度和地面的坡度。

当地面的坡度相同时，露头宽度决定于岩层厚度，厚度大出露宽度大，厚度小则出露宽度小；当岩层的厚度相等时，露头宽度决定于地面坡度，坡度大出露宽度小，坡度小则出露宽度大；在陡崖处，由于岩层顶面、底界线垂直投影后合成一条线，其露头宽度变为零，以致在地质图上呈现出岩层尖灭的假象（图 3－3）。

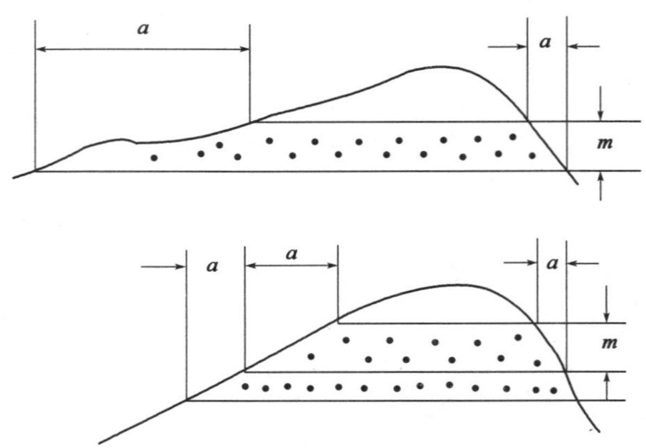

图 3－3　水平岩层露头宽度与地形坡度和岩层厚度的关系

a—岩层露头宽度；m—岩层厚度

（4）水平岩层的地质界线（岩层在地面出露线）在地质图上与地形等高线平行或重合而不相交。在河谷、冲沟中的岩层出露界线随着地形等高线的弯曲而弯曲，形成V形，V形的尖端指向上游；在山坡和山顶上，岩层的露头的分布呈孤岛状、不规则的同心状或条带状（图 3－4）。根据这个特征，只要测定出水平岩层层面界线的位置和高程，就可以在地形图上以其出露点为起点，沿着或平行于其相应高程的等高线勾绘出该层面的界线。

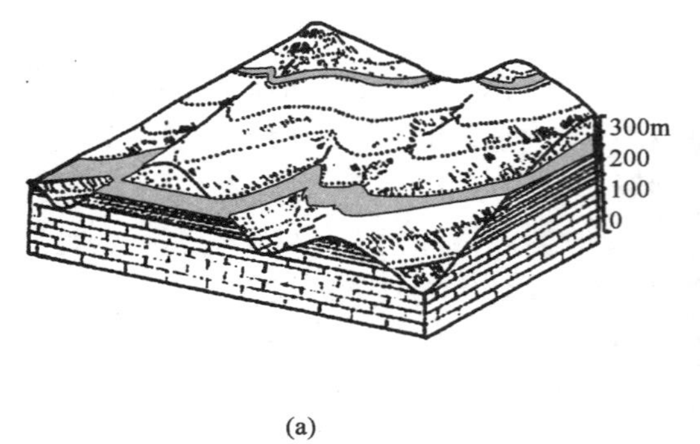

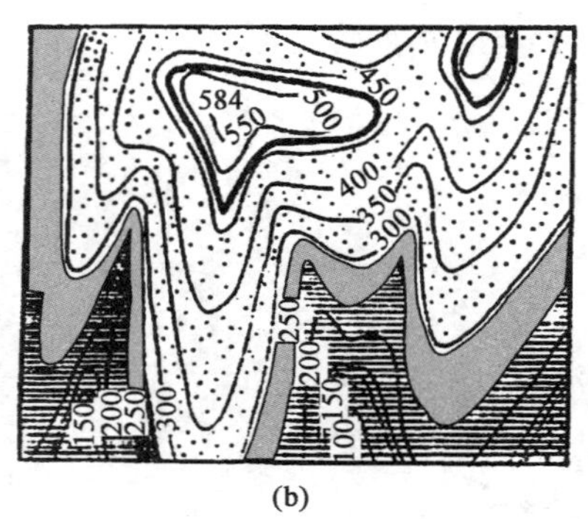

图 3－4　水平岩层的出露分布特征

（a）立体图；（b）平面图（地形地质图）

3. 水平岩层与油气藏的关系

具有生油能力的水平产状的暗色泥岩，其中如有较大的砂岩透镜体或储油物性变好的地段，生油层中生成的油气就可运移至本层砂岩透镜体中。透镜体四周皆为不渗透或渗透性不好的泥质岩层围限，作为遮挡形成圈闭，从而形成透镜状岩性油气藏。

我国延长油田就属这种油气藏。在该油田范围内，上三叠统延长组第三段储集层基本上呈水平状态，倾角不到1°，储集层由粉砂岩组成，物性很差，一般靠裂缝储油，在裂缝发育的地区或在物性相对变好的地带，可形成较好的油气聚集。

三、倾斜岩层

1. 倾斜岩层的概念

由于地壳运动或岩浆活动，使原始水平产状的岩层发生构造变动，形成了与水平面有一定交角的岩层，称为倾斜岩层。倾斜岩层在自然界普遍存在，通常是褶皱构造的一翼，或断裂构造的一盘，或地壳差异升降造成的区域性倾斜。

2. 倾斜岩层的产状

倾斜岩层可以向不同的方向倾斜，且可以有不同的倾斜程度。通常把岩层在空间的产出状态（即岩层面在三维空间的延伸方向和倾斜程度）称为岩层产状。倾斜岩层的产状可以用走向、倾向、倾角三个要素来表示（图3－5）。

（1）走向。岩层面与水平面相交的线叫走向线（图3－5中的AOB）。走向线两端所指的方向即为岩层的走向。所以，岩层的走向有两个方位角读数，二者相差180°。

（2）倾向。在岩层层面上，顺倾斜面向下引出走向线的垂线叫倾斜线（图3－5中的OD）。倾斜线在水平面上的投影线指向岩层下倾一端的方向称为倾向或真倾向（图3－5中的OD′）。在岩层面上凡是与岩层走向线斜交的任一直线均为视倾斜线，其在水平面上的投影线所指的倾斜方向叫视倾向或假倾向。

（3）倾角。岩层的倾斜线及其在水平面上的投影线之间的夹角称为岩层的倾角或真倾角（图3－5中的∠DOD′或α）。视倾斜线和它在水平面上的投影线之间的夹角叫视倾角或假倾角（图3－6中的β_1，β_2）。在一个测点上，岩层的真倾角只有一个，而视倾角却有许多，且真倾角最大，视倾角小于真倾角。岩层的真倾角与视倾角存在下列关系：

$$\tan\beta = \tan\alpha \cdot \cos\omega$$

式中　ω——真倾斜线与视倾斜线之间的夹角。

由上式可知，ω越大，视倾角越小。

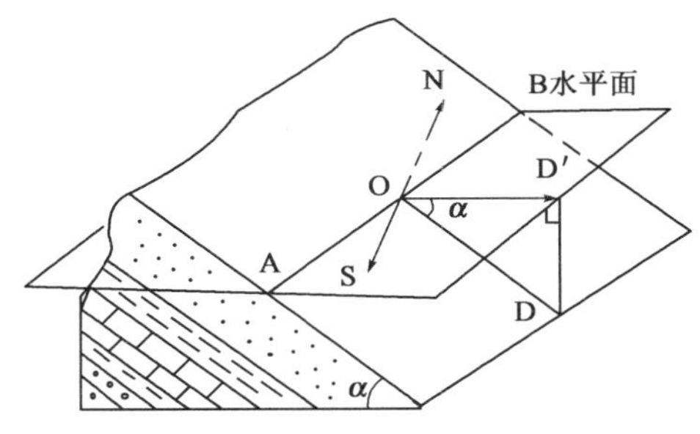

图3－5　岩层的产状要素

A0B—走向线；OD—倾斜线；
OD′—倾斜线的水平投影，箭头方向为倾向；
α—倾角；NS—子午线

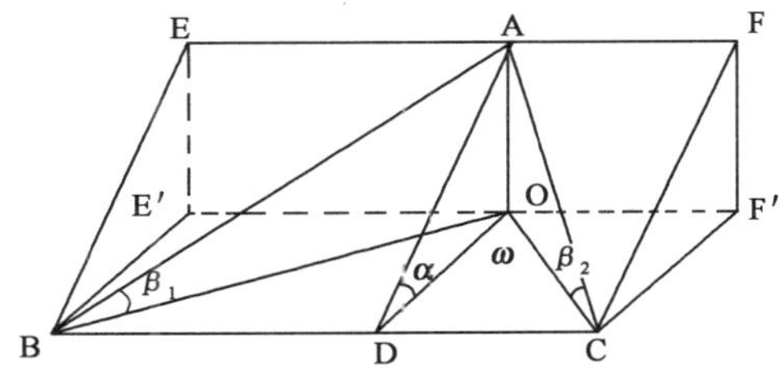

图3－6　真倾角与视倾角的关系

EBCF—岩层层面；E′BCF′—水平面；EF，BC—走向线；
AD—倾斜线；AB，AC—视倾斜线；OD—视倾斜线；
OC，OB—视倾向线；α—倾角；β_1，β_2—视倾角

3. 岩层产状要素的测定方法

岩层产状要素的测定对于了解岩层空间产出状态、正确分析地质构造形态有重要作用。

测定方法有直接测量法和间接测量法两种。

直接测量岩层产状要素，通常是在野外用地质罗盘仪直接在岩层面上测得（图 3－7）；间接测量是在不能直接利用地质罗盘仪测量岩层产状要素时，可利用钻孔资料求产状，或在地形地质图上作图求解。

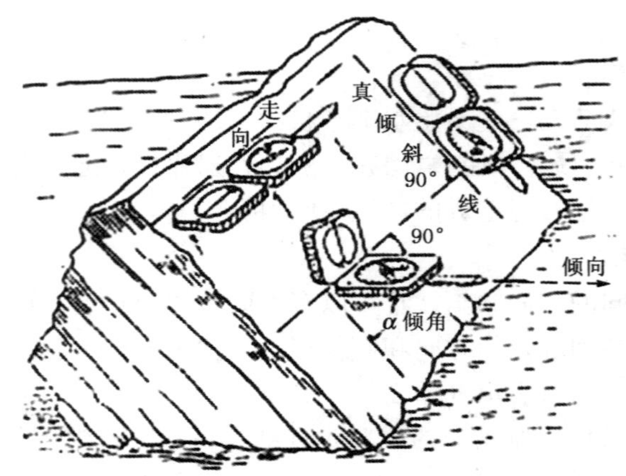

图 3－7　倾斜岩层产状要素测定示意图

4. *岩层产状要素的表示方法*

岩层产状要素的表示方法主要有两种：

（1）象限角（方向角）方法。如图 3－8 所示，将方位分成 4 个象限，以南和北方向作为 0°，根据测量结果记录岩走向、倾向和倾角。如 N70°W/∠SW 45°即岩层走向为北偏西 70°，倾向为南西（20°），倾角为 45°。在生产实践中，象限角记录方法很少采用。

（2）方位角法。如图 3－9 所示，将方位角分成 360°，以正北方向为 0°（或 360°），一般只测记岩层的倾向和倾角。如 205°∠25°表示岩层的倾向为 205°，倾角为 25°。这种方法比较简便。知道了倾向，即可换算出走向。方位角表示法是我国目前通常使用的方法。

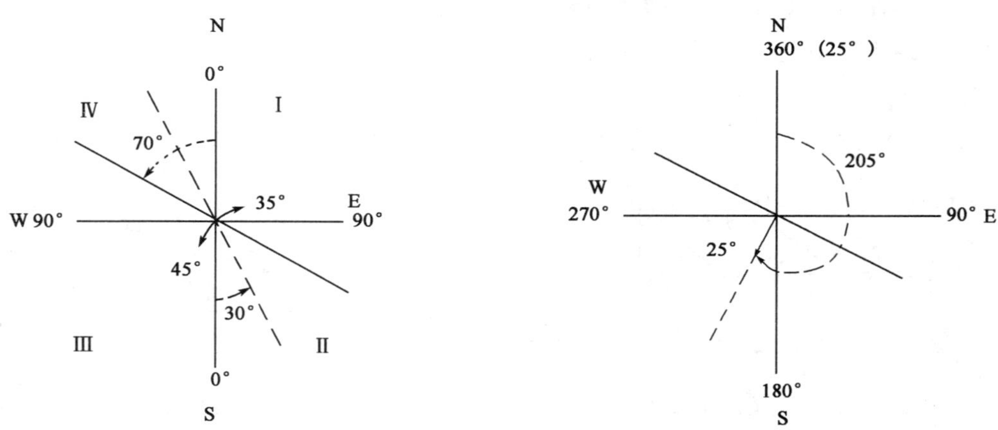

图 3－8　象限角表示岩层产状　　　　图 3－9　方位角表示岩层产状要求

在地质图上，岩层产状要素是用符号来表示的，常用的符号有：

┬ 53°倾斜岩层，长线表示岩层走向，短线表示岩层倾向，度数表示倾角数值（长、短线必须按实际方位标绘在地质图上）；

直立岩层，箭头指向新岩层；

水平岩层（倾角0°～5°的岩层）；

70°岩层倒转，箭头指向倒转的倾向，即指向老岩层，度数表示倾角数值。

5. 倾斜岩层的厚度

倾斜岩层的厚度（真厚度）是指岩层的顶面和底面之间的垂直距离。在垂直岩层走向的直立剖面上，岩层真厚度就是岩层顶、底界线的垂直距离（图3-10中h）。

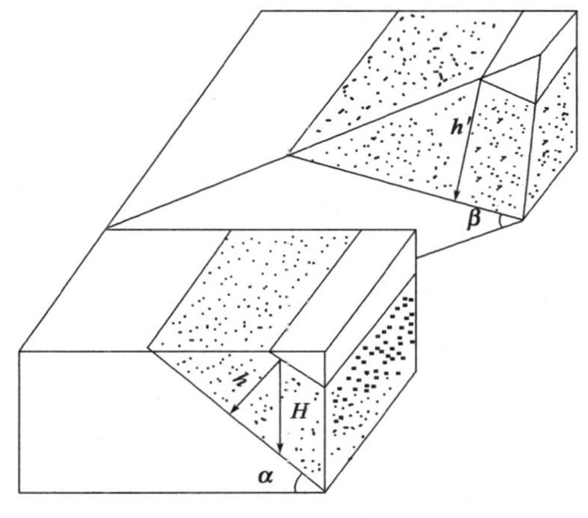

图3-10　岩层的真厚度、铅直厚度和视厚度

倾斜岩层的铅直厚度是指岩层顶、底面之间的铅直距离（图3-10中H），也就是垂直井钻探中钻穿的岩层的井深厚度。铅直厚度（H）和真厚度（h）存在如下关系：

$$h = H \cdot \cos\alpha$$

式中　α——岩层的真倾角。

在与岩层走向斜交的直立剖面或在与岩层面不垂直的任何方向的斜交剖面上测得的岩层顶、底面之间垂直距离都是视厚度（图3-10中h'）。视厚度（h'）与铅直厚度（H）存在如下关系：

$$h' = H \cdot \cos\beta$$

式中　β——岩层的视倾角。

对比上述三种厚度的关系可以看出：当岩层水平时，铅直厚度等于真厚度；当岩层倾斜时，倾斜岩层的铅直厚度大于视厚度，视厚度大于真厚度。

6. 倾斜岩层的出露特征

倾斜岩层的地质界线与地形等高线是相交的。受地形坡向、坡度与岩层的倾向、倾角之间的关系影响，地质界线和地形等高线的形态都相当复杂；直立岩层的地质界线则不受地形的影响，在地质图上表现为一条直线。

倾斜岩层的露头宽度受岩层厚度、岩层产状（倾向、倾角）和地面产状（坡向、坡角）三方面因素影响，这些因素的多样性组合，使得倾斜岩层的露头宽度表现为复杂、多变。

7. 倾斜岩层与油气藏的关系

倾斜岩层与油气藏的关系较为密切，岩层的区域性倾斜与岩性变化或者与挠曲、断层、不整合、地层超覆、水动力条件等某些因素组合在一起时，就可成为良好的圈闭。这类圈闭的形成一般较早，可以优先捕获已生成和运移的油气，从而形成地层油气藏或岩性油气藏，如不整合遮挡油气藏、地层超覆油气藏、岩性尖灭油气藏、水动力封闭油气藏等。目前在世界许多地区都发现了这类油气藏，如美国阿拉斯加的普鲁德霍湾油田是一个典型的不整合遮挡油气藏，我国柴达木盆地马海气田属地层超覆油气藏，酒泉盆地北部单斜带的单北油田属水动力封闭油气藏。

任务实施

一、目的要求

（1）建立沉积岩层的概念，了解水平岩层和倾斜岩层的成因。

(2) 建立岩层产状的概念，掌握用罗盘测量倾斜岩层产状步骤与方法。

(3) 掌握水平岩层、倾斜岩层厚度以及埋深的计算方法。

二、资料、工具

(1) 岩层产状要素及三种基本岩层产状的模型、岩心样本。

(2) 计算器、地质罗盘。

(3) 凌河地形地质图。

任务考评

一、理论考核

1. 填空题

(1) 由两个平行或近于平行的界面所限定的岩性基本一致的层状岩体是__________。

(2) 两相邻岩层面之间的垂直距离称为__________。

(3) 层面上与走向线相互垂直并沿斜面向下引的直线叫__________。倾斜线在水平面上的投影线所指层面向下倾斜的那个方向，就是岩层的__________。

(4) 岩层的倾斜线及其在水平面上的投影线之间的夹角就是岩层的__________，又称__________。

(5) 从地面某一点到所测岩层顶面（或底面）的铅直距离称为__________。

2. 判断题

(1) 岩层的倾向只有一个。 ( )

(2) 在钻井地质条件下使用井斜井深法计算岩层的埋深。 ( )

(3) 当岩层倾斜时，倾斜岩层的铅直厚度总是大于真厚度。 ( )

(4) 走向线两端所指的方向即为岩层的走向，所以，岩层的走向有两个方位角读数，二者相差 180°。 ( )

3. 简述题

(1) 什么是水平岩层？其主要特征是什么？

(2) 什么是倾斜岩层？在钻井施工过程中如钻遇倾斜岩层（高陡构造），对钻井作业施工会有什么影响？

二、技能考核

1. 考核项目

(1) 用地质罗盘在岩层产状模型上测量倾斜岩层的产状。

(2) 阅读凌河地形地质图（图 3-11），思考以下问题：①凌河地区的地形特征是怎样的？②图中哪些岩层是水平岩层？水平岩层的出露特征是什么？K_1 岩层厚度是多少？③哪些岩层是倾斜岩层？倾斜岩层的出露特征是什么？④分析图区地层之间的接触关系。⑤凌河地形地质图上 M，N，L 点的岩层产状怎样？⑥钻井施工过程中，钻遇水平岩层与倾斜岩层（高陡构造）会有什么不同？针对以上问题，写出凌河地地区地形地质特征分析报告。

2. 考核要求

(1) 准备要求：资料、工具的准备。

(2) 考核时间：30min。

(3) 考核形式：实操+笔试。

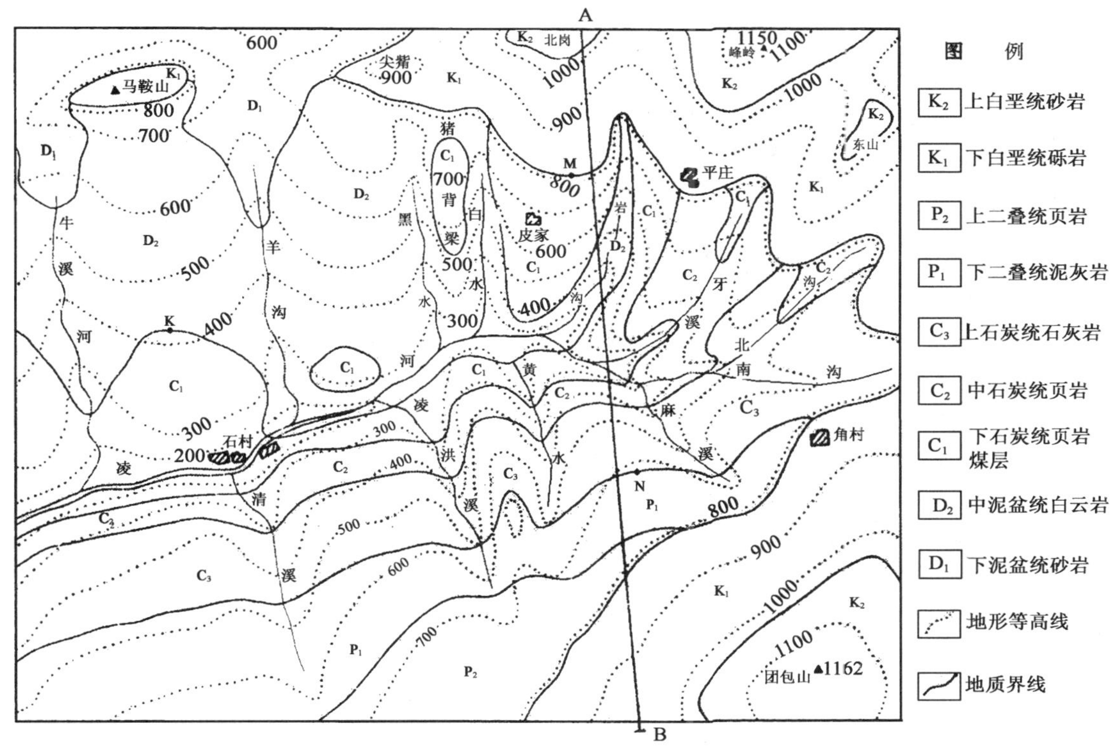

图 3－11　凌河地形地质图

任务二　地层接触关系分析

任务描述

在钻井作业过程中，钻遇的不同地层都是地壳运动的结果。由于地壳运动，同一地区在某一时期可能以上升运动为主，形成高地，遭受风化剥蚀；另一时期可能以下降运动为主，形成洼地，接受沉积；也可能是在长时期内下降接受沉积，这样就使得早晚形成的地层之间具有不同的接触关系。对地层接触关系的分析与认识是掌握盆地地层情况、了解地壳运动演化历史的基础。因此，地层接触关系的分析对石油钻井工作者明确区域地层展布、掌握地壳运动的性质及区域构造应力特点、确定地质构造的形成时期和演化历史、明确区域古地理演化、识别油气藏类型、掌握钻遇进程及解决其他有关地质问题等都具有重要意义。

任务分析

钻井作业施工中，熟悉钻遇的各种沉积地层的特征，对保障油气井快速、安全、优质地钻进来说是非常重要的。通过观察沉积地层的模型以及对地表所见的各种各样的地层接触关系分析来获得地层接触关系的感性认识，掌握地层接触关系的类型和特征，进而熟悉在钻井作业施工中钻遇到各种接触关系的地层与油气水分布的关系以及对钻井作业施工的影响。

相关知识

一、地层接触关系的概念

地层接触关系是指不同时代地层之间在垂直方向上的相互关系，即上、下地层之间在空间上的接触形式。不同类型的接触关系反映不同类型的地壳运动和演化历史，它是研究地壳运动的发展和地质构造形成历史的一个重要依据。根据成因特征，地层接触关系可分为整合接触和不整合接触两种基本类型。

二、整合接触

地层连续分布，没有地质时代上的间断，这种上、下地层之间的接触关系称为整合接触。整合接触的特征是：(1) 上、下地层在沉积层序上没有间断，连续沉积；(2) 岩性或所含化石都是一致的或递变的；(3) 新老岩层的产状基本一致。

地层的整合接触反映了在形成这两套地层的地质时期该地区地壳处于持续地缓慢下降状态，或虽有短期上升但是沉积作用不曾间断，或者地壳运动与沉积作用处于相对平衡状态，沉积物一层层地连续沉积，这样就形成了两套地层的整合接触关系。

整合接触的沉积过程所反映的地壳构造运动状态是：下降沉积→下降沉积，后期沉积物覆盖前期沉积物。

三、不整合接触

上、下地层间的层序如果有了间断，即先后沉积的地层之间缺失了一部分地层。这种沉积间断可能代表没有沉积作用，也可能代表以前沉积的岩石被侵蚀，地层之间这种接触关系称为不整合接触。

根据不整合面上、下地层的产状及其反映的地壳运动特征，不整合可进一步区分为两种主要类型，即平行不整合（也称假整合）和角度不整合（即狭义的不整合）。

1. 平行不整合接触

平行不整合接触的主要表现是不整合面上、下两套地层的产状彼此平行，故又称假整合接触（图 3－12）。其特征是：(1) 上、下两套地层的产状彼此平行；(2) 在两套地层之间缺失了一些时代的地层，表明在这段时期发生过沉积间断，这两套地层之间的接触面——不整合面就代表这个没有沉积的侵蚀时期；(3) 不整合面也就是古剥蚀面，在这个面上常有底砾岩（其砾石为下伏地层的岩石碎块），有时还保存着古风化壳或古土壤层；(4) 不整合面有平整的，也有高低起伏的，反映了上覆新地层沉积前的古地貌形态。

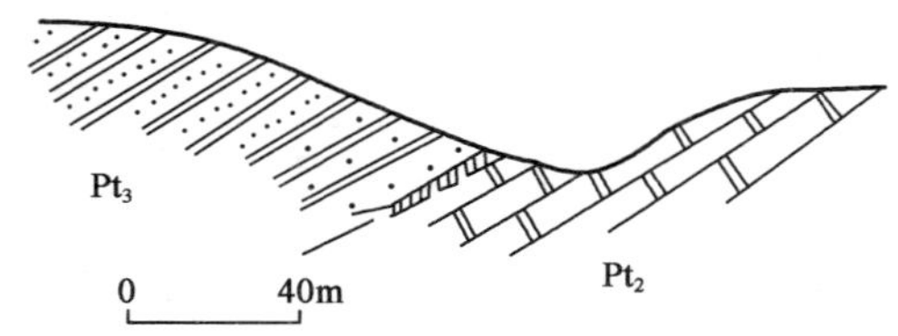

图 3－12　北京西山上元古界与中元古界之间的平行不整合接触（据谭应佳等，1987）

平行不整合的形成是由于地壳在一段时期上升，而在上升过程中地层未发生明显褶皱或倾斜，只是露出水面发生沉积间断和遭受剥蚀，经过一段时期后又再次下降接受新的沉积，从而使上、下地层之间缺失了一部分地层，但彼此的产状却是基本平行的。形成过程为：下降沉积→上升、沉积间断和遭受剥蚀→再下降接受沉积（图 3－13）。

2. 角度不整合接触

角度不整合是指不整合面上、下两套地层间不仅缺失一部分地层，彼此也不平行，而是呈交截接触（图 3－14）。其特征是：(1) 上、下两套地层之间缺失部分地层；(2) 上、下两套地层产状不相同，下伏地层通常遭到过更强烈的构造变形；（3）不整合面上常有底砾岩、古风化壳、古土壤层等；（4）上覆的较新地层的底面通常与不整合面基本平行，而下伏的较老地层层面则被不整合面截交。

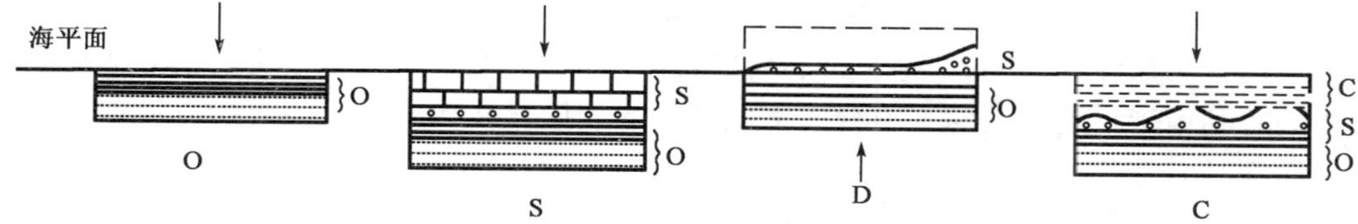

图 3-13 平行不整合的形成过程示意剖面

平行不整合的形成是当地层沉积后，沉积盆地上升为大陆剥蚀区，而且发生了褶皱运动，使已形成的地层产生褶皱变形。当该区再次下沉接受新沉积后，新、老两地层间不但隔着大陆剥蚀面，而且上覆地层在产状上还截切下伏地层。形成过程为：下降接受沉积→褶皱上升（常伴有断裂变动、岩浆活动、区域变质等）、沉积间断、遭受剥蚀→再下降接受沉积（图 3-15）。

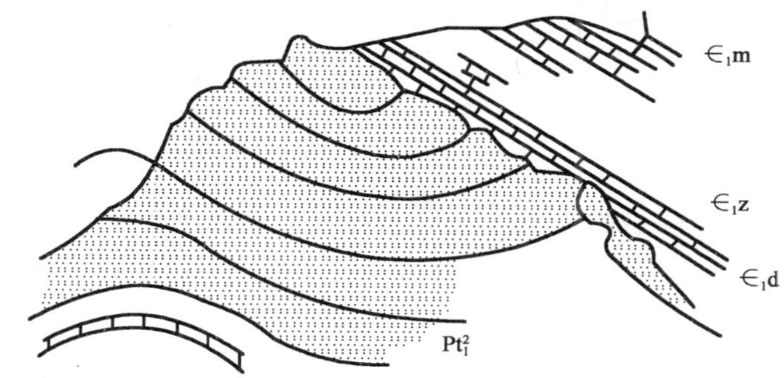

图 3-14 河南登封下寒武统与嵩山群之间的角度不整合接触

（据马杏垣等，1981）

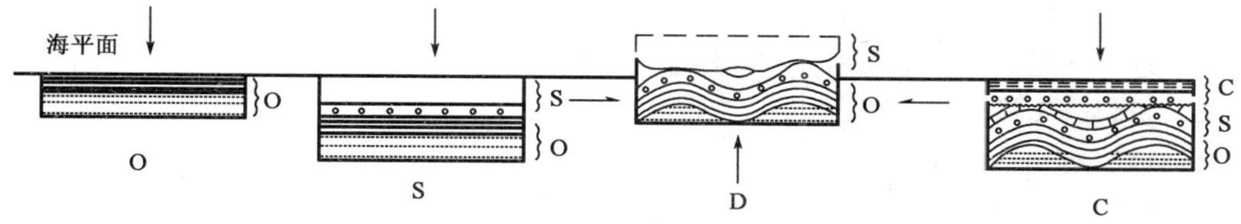

图 3-15 角度不整合的形成过程示意剖面图

不整合面下伏岩层的表层在地质历史上中遭受强烈的风化剥蚀而破碎，因而在钻井中如钻遇不整合面会出现异常情况，如钻速加快、井壁垮塌等。

3. 不整合的识别特征

（1）不整合面上、下两套地层之间有沉积间断，古生物演化不连续，缺失某些时代的地层，在岩性、岩相、生物种群等方面均不同，并且这种不连续不是断层所致。

（2）不整合面附近常富集铁、锰、磷、铝土矿等沉积矿产。

（3）角度不整合面上、下两套地层产状不一致，褶皱形式差异明显，或者是上、下岩层褶皱强弱不同，或上、下岩层的构造线方向截然改变。

（4）不整合面上、下两套地层的构造变形强弱程度不同，一般来说不整合面以下的老地层经受过多次构造变动，构造变形较为强烈、复杂。此外，两者的岩浆活动和变质作用都存在较大的差异。

(5) 不整合面上覆层的底部常有由下伏地层的碎块、砂砾组成的底砾层。长期的剥蚀、风化作用使不整合面附近形成一个以下伏岩性为主、岩石结构松散的风化壳，其颜色与上、下地层有较大区别。

4. 不整合接触与油气藏的关系

世界油气勘探经验证明，不整合面是油气运移的重要通道，而不整合面之下常常成为油气聚集的有利地带。这是因为不整合面下伏岩层的表层，在地质历史中遭受过强烈的风化剥蚀，一般都具有较好的储油物性。如果不整合面上有不渗透地层覆盖或其他地质条件相配合，就可形成地层不整合遮挡圈闭，从而在油气运移过程中捕获油气，形成地层不整合遮挡油气藏（图 3－16）。我国华北地区的任丘油田（图 3－17）、美国的普鲁德霍湾油田就属于这种类型。因此，研究不整合对油气勘探开发具有重要的实际意义。

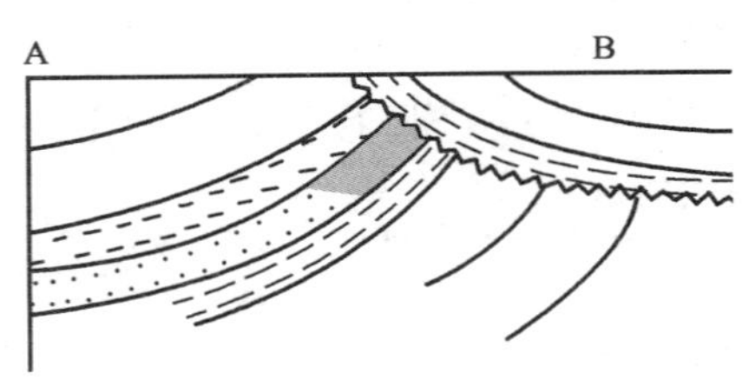

图 3－16 不整合遮挡油气藏示意图

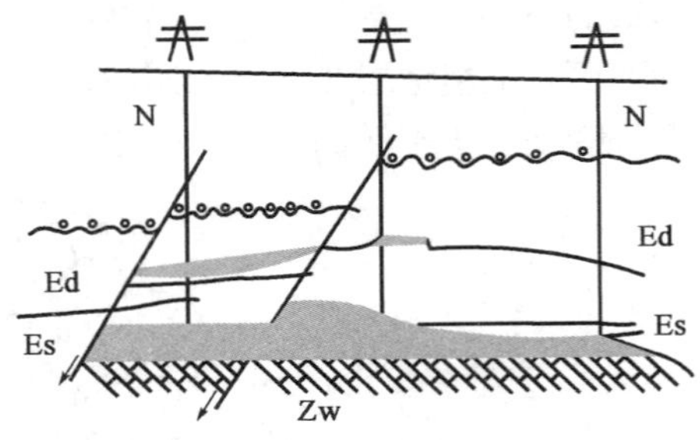

图 3－17 任丘油田剖面图

任务实施

一、目的要求

(1) 建立地层接触关系的概念，理解地层接触关系的形成过程。

(2) 掌握分析描述地层接触关系的步骤与方法。

(3) 理解地层接触关系与油气钻井作业之间的关系。

二、资料、工具

(1) 地层接触关系模型。

(2) 中国地质年代简表及地层资料、地层油气藏资料等。

(3) 绘图工具。

三、步骤和方法

(1) 根据地层产状、地层出露情况分析地层接触关系。

(2) 根据地层接触关系确定不整合形成时期，进而分析区域地质构造的演化特征。

(3) 分析地层接触关系与油气藏形成的关系，识别地层不整合油气藏。

(4) 结合钻井作业特征，分析钻遇不整合面时的注意事项，如何才能保证油气井的顺利钻进。

任务考评

一、理论考核

1. 填空题

(1) 地层的接触关系按成因可分为__________、__________两种基本类型。

(2) 不整合又可分为__________和__________两种基本类型。

(3) 平行不整合的形成过程__________→__________→再下降接受沉积。

(4) 角度不整合的形成过程__________→__________→__________→再下降接受沉积。

2. 叙述题

(1) 地层接触关系主要有哪些类型？各自的特征是什么？

(2) 试述地层的接触关系研究意义。

二、技能考核

1. 考核项目

根据图 3-18，分析该区的地层接触关系并编写该区地质演化特征报告。

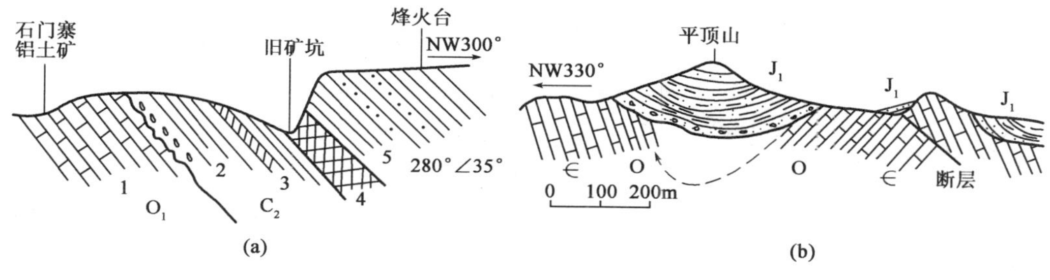

图 3-18 地层接触关系

2. 考核要求

(1) 准备要求：资料、工具的准备。

(2) 考核时间：30min。

(3) 考核形式：笔试。

任务三 褶皱构造的识别

任务描述

褶皱是地壳上最基本的地质构造形态，是在水平方向的挤压力作用下，岩层在挤压力方向上产生上拱下弯的塑性变形。褶皱构造与油气水的分布有着极为密切的关系，世界上许多大油气田的油气都聚集在背斜构造，如大庆油田、老君庙油田等。褶皱构造的认识与研究是揭示一个地区地质构造形成规律和地质发展史的基础，是油气勘探者认识背斜油气藏特征、明确钻井目标、解决其他有关地质问题的基础。作为一名石油工作者，应该掌握褶皱构造的知识，以有利于完成钻井作业，实现勘探目标。

任务分析

褶皱构造是油气储集的主要场所之一，故而成为油气钻探的重要目标。通过褶皱构造的模型，以及地表所见的各种类型的褶皱构造获得感性认识，掌握褶皱构造的基本特征，理解背斜、向斜构造中油气水的特性及其分布特征，达到快速、安全、优质钻井作业的目的。

相关知识

一、褶皱的概念

1. 褶皱构造

褶皱构造是原始产状的岩层在地壳运动产生的构造力作用下发生永久性塑性变形所形成的一系列连续弯曲。

2. 褶曲

褶曲是褶皱构造的基本单位，即褶皱构造的每一个单独的弯曲。褶曲的基本单位有背斜和向斜。

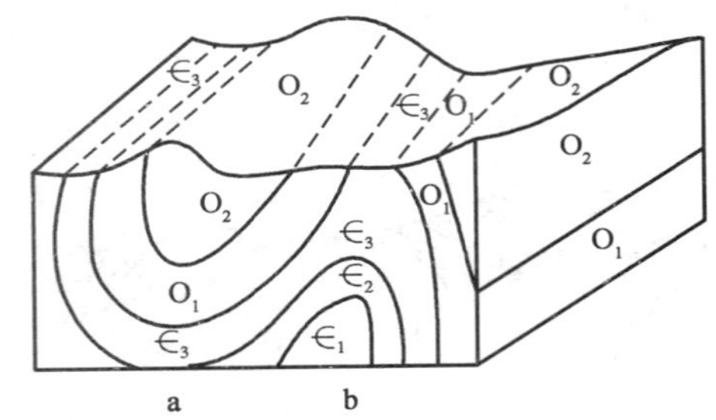

图 3-19　背斜和向斜在剖面上和平面上的表征
a—向斜；b—背斜

（1）背斜。背斜的地层向上弯曲，核心部分的地层较老，外侧地层逐渐变新。

（2）向斜。向斜的地层向下弯曲，核心部分的地层较新，外侧地层逐渐变老。

由于后来风化剥蚀的破坏，向斜在地面上的出露特征是从中心到两侧岩层由新到老的层序对称重复出露（图 3-19 中的 a）；而背斜在地面上的出露特征却恰好相反，从中心到两侧岩层从老到新对称重复出露（图 3-19 中的 b）。

二、褶曲的基本要素

褶曲的基本要素通常指褶曲的基本组成部分，是描述褶曲空间形态和特征的重要参数，如图 3-20 所示，主要包括：

（1）核（核部）。核部是褶皱中心部位的岩层。

（2）翼（翼部）。翼部是褶皱两侧部位的岩层。

（3）转折端。转折端是褶皱从一翼过渡到另一翼的弯曲部分。

（4）枢纽。枢纽是同一褶皱面上各最大弯曲点的连线。枢纽可以是直线，也可以是曲线或折线；可以是水平线，也可以是倾斜线。

（5）轴面（枢纽面）。轴面是各相邻褶皱面的枢纽连成的面称为褶皱轴面。轴面可以是平面，也可以是曲面。轴面的产状与任何构造面的产状一样，是用走向、倾向和倾角来确定的。

（6）轴迹。轴迹是指轴面和包括地面在内的任何平面的交线均可称为轴迹。

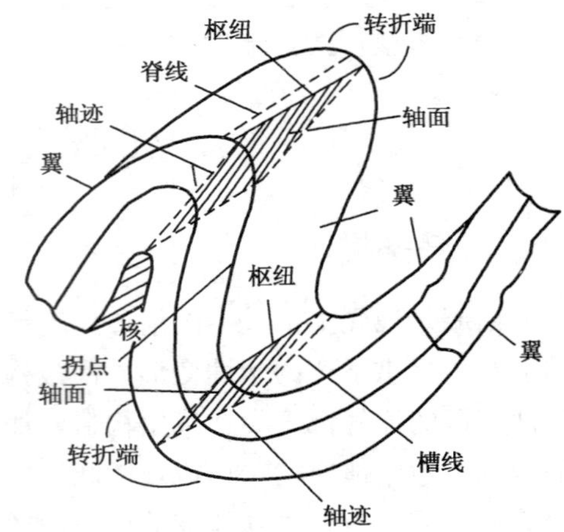

图 3-20　褶曲要素示意图

（7）脊、脊线和槽、槽线。褶曲的同一岩层面上的最高点为脊，它们的连线为脊线；最低点为槽，它们的连线为槽线。脊线或槽线沿着自身的延伸方向可以有起伏变化。

（8）脊面和槽面。若干相邻褶皱面上的脊线或槽线连成的面，分别称为脊面和槽面。

三、褶曲的分类

1. 褶曲的横剖面分类

根据轴面产状，结合两翼岩层的产状特点，可将褶曲分为：

（1）直立褶曲：轴面近于直立，两翼倾向相反，倾角近于相等［图 3－21（a）］。

（2）斜歪褶曲：轴面倾斜，两翼倾向相反，倾角不等［图 3－21（b）］。

（3）倒转褶曲：轴面倾斜，两翼向同一方向倾斜，有一翼地层层序倒转［图 3－21（c）］。

（4）平卧褶曲：轴面近于水平，一翼地层正常，另一翼地层倒转［图 3－21（d）］。

（5）翻卷褶曲：轴面弯曲的平卧褶曲［图 3－21（e）］。

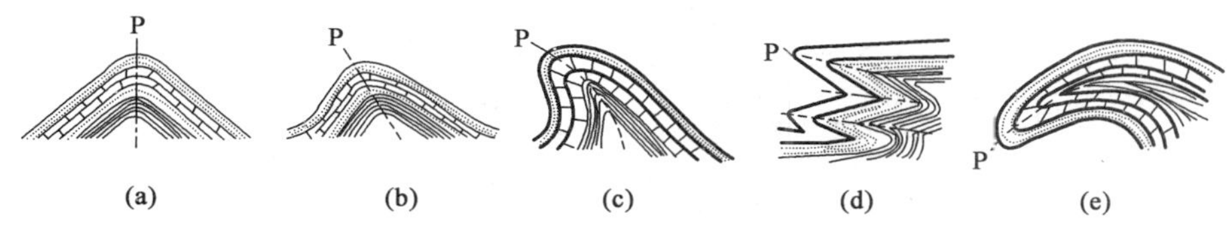

图 3-21　按轴面产状的褶曲分类

（a）直立褶曲；（b）斜歪褶曲；（c）倒转褶曲；（d）平卧褶曲；（e）翻卷褶曲

构造阶地是在倾斜岩层中出现一段产状平缓甚至水平的岩层，而挠曲则是在相当平缓的岩层中出现一段产状较陡的岩层。它们往往是大型褶曲翼部的次一级构造，有时也可成为区域性的大型构造。挠曲在有其他地质构造条件相配合的情况下，也可成为有利的储油气构造。构造阶地和挠曲都是发育不完全的褶曲，与其他类型的褶曲有一定的区别，一般出现在褶皱轻微的地区（图 3－22）。

图 3－22　构造阶地和挠曲

（a）构造阶地；（b）挠曲

2. 平面上褶曲的分类

根据褶曲的某一岩层（褶皱面）在平面上出露的纵向长度和横向宽度之比，可将褶曲分为：

（1）线状褶曲。线状褶曲的长轴与短轴的比值大于或等于 10∶1。

（2）长轴褶曲。长轴褶曲的长轴与短轴的比值小于 10∶1 而大于或等于 5∶1。

（3）短轴褶曲。短轴褶曲的长轴与短轴的比值小于 5∶1 而大于 2∶1。

（4）穹隆与构造盆地。穹隆指长轴与短轴比值小于 2∶1 的背斜褶曲，构造盆地则为长轴与短轴比值小于 2∶1 的向斜褶曲。

（5）鼻状构造。鼻状构造是指枢纽朝一个方向倾伏，而另一个方向扬起的背斜褶曲，因形似人的鼻子而得名。

四、褶曲的组合形态

在地壳中，各种各样的褶皱大多数不是单个、孤立出现的，而往往是不同形态、不同规模和级次的褶皱以一定的组合形式分布于不同的构造地区。

1. 褶曲的平面组合形态

褶曲的平面组合形态，一般根据其轴迹在延伸方向的变化划分，常见下面几种：

（1）平行式：指一系列背斜和向斜相间平行排列（图 3－23）。它们的轴迹平行或近于平行，显示出区域性水平挤压的特征。

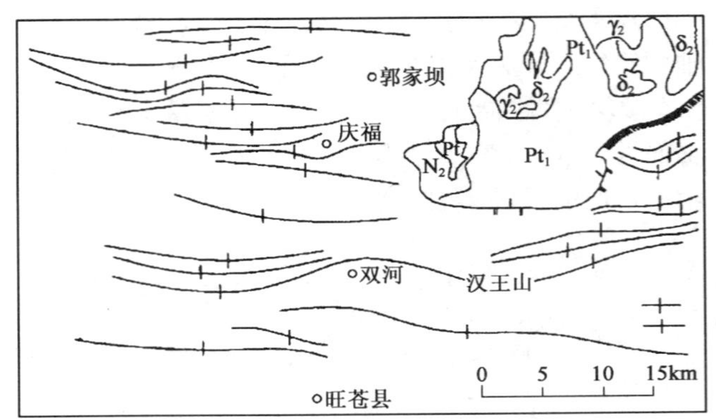

图 3-23 四川旺苍附近的平行式褶曲群

(2) 分枝式：一个褶曲在其延伸方向分出多个褶曲的组合形态。

(3) 雁行式：一个地区内一系列背斜和向斜相间平行斜列如雁行，其轴迹平行或近于平行。例如柴达木盆地中就有这样的褶皱群（图 3-24）。

(4) 扫帚式：一系列组合褶曲，轴迹朝一个方向收敛，朝另一方向撒开成扫帚状。这是区域性水平旋扭运动造成的，如广西巴马帚状构造（图 3-25）。

(5) 弧形（状）：由区域性不均匀水平运动引起的一系列呈弧形排列的褶皱。

(6) 穹隆和构造盆地：大都是形态简单、平缓或开阔的褶皱，在平面组合往往没有特别明显的规律性，轴线并无一定的方向。

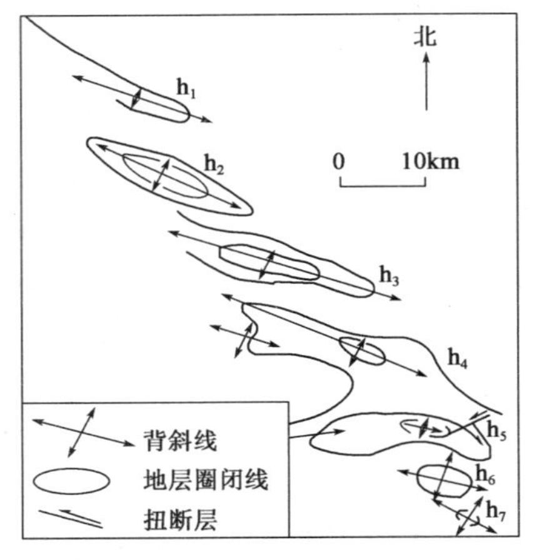

图 3-24 青海黄瓜梁—甘森地区雁行式背斜群（据孙殿卿等，1958）

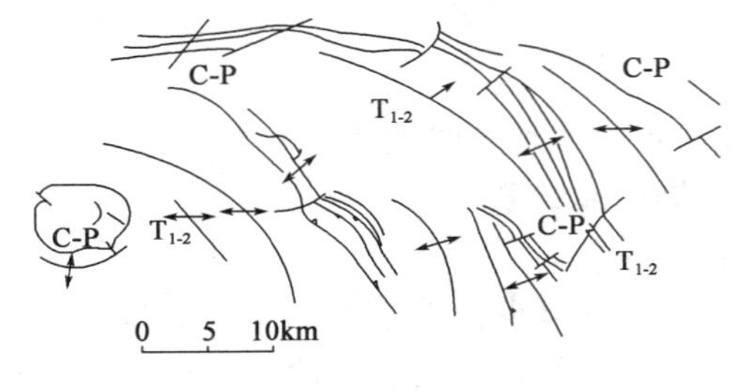

图 3-25 广西巴马帚状构造（据广西区测队，1975）

2. 褶曲在剖面上的组合形态

1) 复背斜和复向斜

复背斜和复向斜是指一个两翼被一系列次一级褶皱所复杂化了的大背斜或大向斜。国内外许多褶皱强烈的地区（地槽区）复背斜和复向斜是极普遍的。我国的秦岭、天山、内蒙古中部、喜马拉雅山以及欧洲阿尔卑斯山，美洲的阿柏拉契山等褶皱带都是由这类褶皱形成的。

在野外和在地质图上认识复背斜和复向斜，主要是根据新老地层分布特征。在一个褶皱带中，如中央地带的次级褶皱的核部地层老于两侧次级褶皱的核部地层，则褶皱带为一复背斜；反之，则为复向斜。

2）隔档式褶皱和隔槽式褶皱

一个平行褶皱群内如果背斜呈紧密褶皱，而向斜呈开阔平缓褶皱，称为隔档式褶皱（图3－26）。隔槽式褶皱则是一系列相间排列的开阔背斜被一系列紧密向斜所隔开（图3－27）。

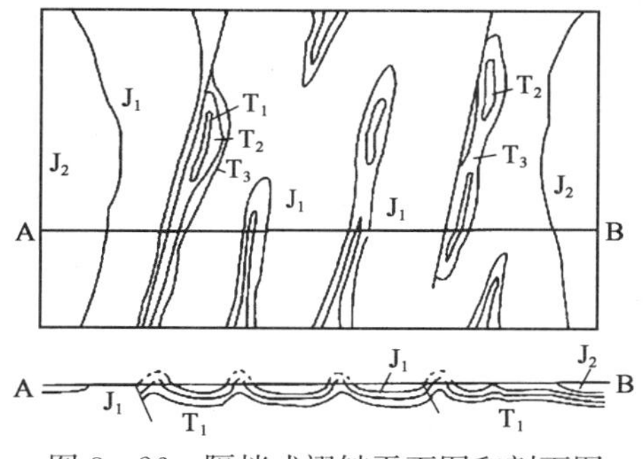

图3－26 隔档式褶皱平面图和剖面图

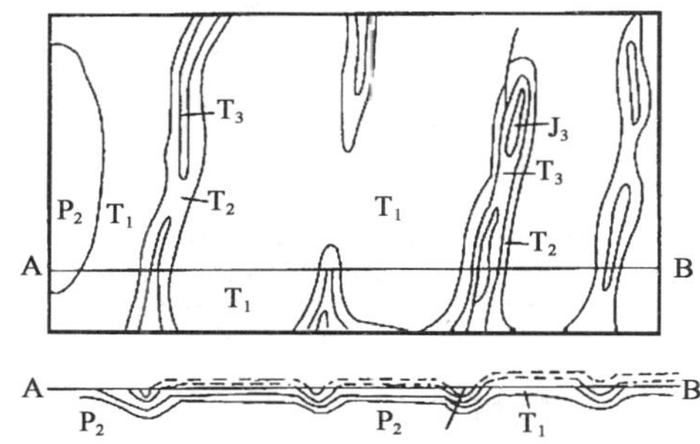

图3－27 隔槽式褶皱平面图和剖面图

五、褶皱构造与油气的关系

世界油气勘探经验证明，背斜构造常常成为油气聚集的有利地带。世界上许多大油气田都存在于背斜构造顶部。地壳挤压使得一系列岩层弯曲向上隆起，对于渗透性较好的岩层（砂岩或溶蚀裂缝型碳酸盐岩），由于其隆起部位地势较高，岩层中油气在浮力作用下将会不断向上运移。如果渗透层上还具备有不渗透地层覆盖或其他地质条件相配合，油气就会逐渐聚集于隆起部位顶端，从而形成背斜油气藏（图3－28）。如我国大庆萨尔图油田、玉门老君庙等油田以及科威特的布尔干油田、沙特阿拉伯的加瓦尔油田等都属于这种类型。

在一个含油气区内一个背斜就可能成为一个油气田。由于背斜构造在含油气区内不是孤立存在的，往往是成群成组出现，当在一个构造上发现油气田以后，常可在相邻的其他构造上找到油气田。例如我国酒泉盆地老君庙背斜带发现老君庙油田后，在同一带上的相邻部位又找到了鸭儿峡、石油沟等几个油田（图3－29）。

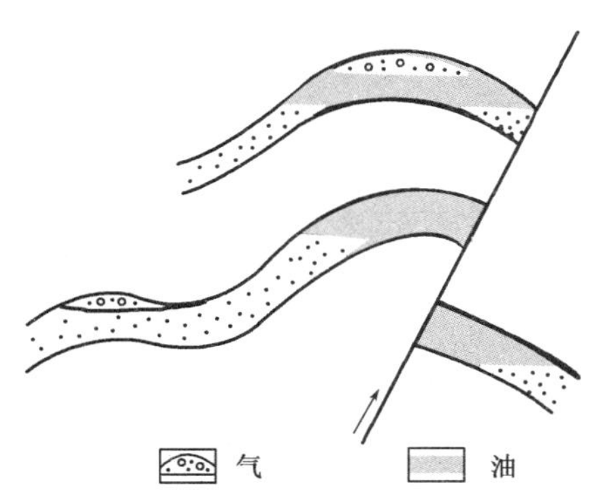

图3－28 背斜油气藏形成示意图

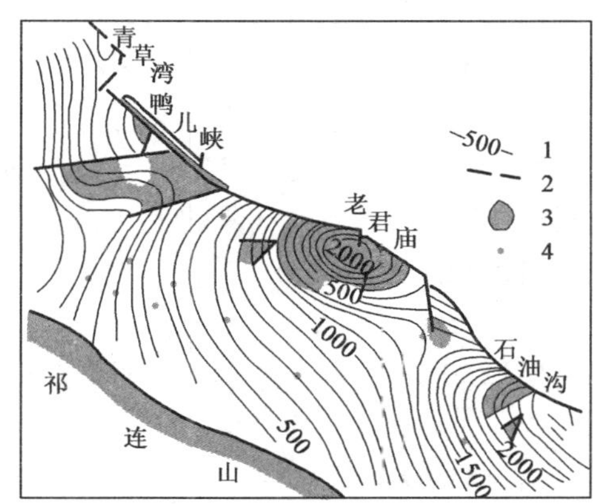

图3－29 酒泉盆地山前背斜带分布图

（据玉门石油管理局）

1—构造等高线，m；2—断面；3—油日；4—有油气显示的探井

在我国中生代与新生代含油气盆地中，长垣是十分有利的油气聚集带。在长垣上的一系列短轴背斜（高点）常具有共同的生储盖组合条件，若生油条件特别好，又有良好的储集层，甚至可以导致长垣全部储油，形成连串油田，如我国松辽盆地大庆长垣。

任务实施

一、目的要求

(1) 建立褶皱构造的概念，认识褶皱构造在地质图上的表现形式。

(2) 掌握分析、描述褶皱构造的步骤与方法。

(3) 理解褶皱构造与油气藏形成及油气勘探之间的关系。

二、资料、工具

(1) 褶皱要素及各类褶皱模型。

(2) 中国地质年代简表及地层资料、背斜油气藏资料。

(3) 绘图工具。

三、步骤和方法

(1) 根据地层产状、地层出露情况，分析描述褶皱构造。

(2) 根据地层接触关系及褶皱构造特征，分析区域地质构造的演化特征。

(3) 分析褶皱构造与油气藏形成的关系，识别、分析背斜油气藏。

(4) 结合钻井作业施工，分析钻遇背斜油气藏时应注意事项及钻井措施。

任务考评

一、理论考核

1. 名词解释

褶皱构造　褶曲　背斜　向斜

2. 判断题

(1) 褶皱的枢纽一定是褶皱层的同一层面上最高点的连线。（　　）

(2) 褶皱的枢纽一定是褶皱层的同一层面上最大弯曲点的连线。（　　）

(3) 直立倾伏褶皱是指枢纽直立、轴面倾斜的褶皱。（　　）

(4) 直立倾伏褶皱是指轴面直立、枢纽倾伏的褶皱。（　　）

(5) 直立褶皱的两翼中的一翼岩层产状一定直立。（　　）

3. 叙述题

(1) 褶曲是如何分类的？其组合形式有哪些？

(2) 试述褶皱构造与油气藏的关系。

二、技能考核

1. 考核项目

(1) 如图 3-30 所示，标出褶皱要素，分析构造特征及形成“地形倒置”的原因，写出分析报告。

(2) 某油藏的剖面图如图 3-31 所示，试分析该油气藏所在地区的构造发展史、油气藏类型及油气藏形成原因。如在该区实施钻探，应注意什么问题？针对以上问题写出分析报告。

2. 考核要求

(1) 准备要求：工具、材料的准备。

(2) 考核时间：30min。

(3) 考核形式：笔试。

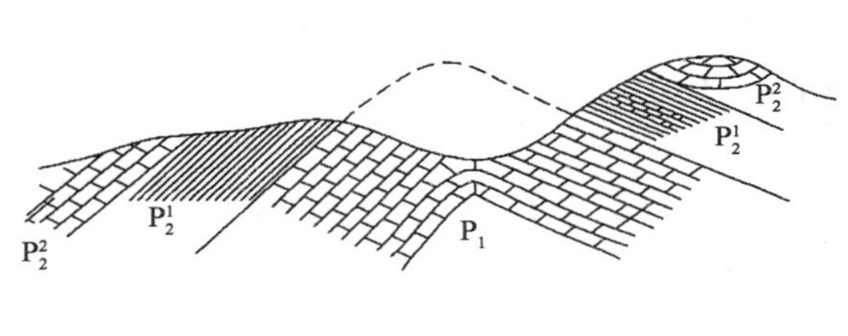

图 3-30　褶皱构造剖面图

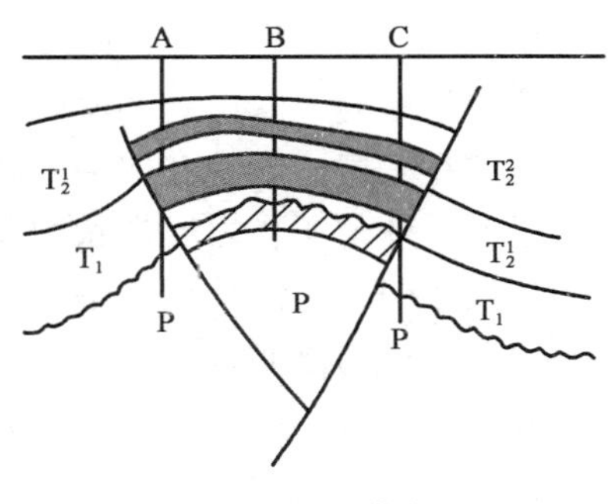

图 3-31　某油藏剖面图

任务四　断裂构造的识别

任务描述

断裂构造是一种较常见的地质构造现象。在油气田钻井作业施工中，钻遇的断裂构造与油气勘探开发联系十分紧密。含油气盆地中油气的生成、运移、聚集往往与断裂构造有关、在钻井作业过程中，如钻遇断裂发育的地层，往往发生蹩钻、跳钻、钻具放空、钻速加快、井漏、井喷等现象，会影响到油气井的顺利钻进。因此，在油气勘探开发中，分析与识别断裂构造，并能采取相应的保障及预防措施，是油气井的顺利钻进基础。作为一名油气勘探者，应该掌握断裂构造的知识，以便全面地认识工区地质特征，从而更好地为油气勘探开发服务。

任务分析

油气勘探开发钻井作业施工中，熟悉井下断裂构造的特征对确保钻井作业顺利进行是非常重要的。通过观察断裂构造的模型以及对地表所见的各种断裂构造进行分析来获得断裂的感性认识，掌握断裂构造的类型和特征，理解各种断裂构造与油气水分布的关系，以及对钻井作业施工的影响。

相关知识

一、断裂构造的基本概念

断裂构造是指地壳中的岩层和岩体受地应力的作用，当应力达到或超过岩石的强度极限后，岩石的连续性和完整性遭到破坏，产生破裂面，从而形成的构造。根据沿着破裂面两侧岩体（岩块）是否有明显的位移为准，分为两种类型：节理（裂缝）和断层。如果破裂面两侧岩体（块）没有发生明显位移，称为节理；若沿破裂面产生了明显的位置移动，则称为断层。

断裂构造在地壳上分布较广泛，规模不一，延伸长度从几米到几千千米，断距从几米到几千米。石油和天然气的生成、运移和聚集往往与断裂构造有关。断裂构造与石油、天然气勘探开发的关系是非常密切的。

二、节理

节理又称裂缝或裂隙，是地壳上部岩石中广泛发育的一种地质构造现象。根据节理的几何形态、力学性质和充填程度可对其进行分类。

1. 节理的几何形态分类

节理是褶皱、断层等的派生构造，与褶皱、断层相伴生。节理的几何形态分类主要是按节理与所在岩层产状的几何关系和节理与褶皱轴的几何关系来进行的。

根据节理与所在岩层产状的几何关系分为走向节理（图 3-32 中的 a)、倾向节理（图 3-32 中的 b)、斜向节理（图 3-32 中的 c）和顺层节理（图 3-32 中的 d）4 类。

根据节理与褶皱轴的几何关系分为纵节理（图 3-33 中的 a)、斜节理（图 3-33 中的 b）和横节理（图 3-33 中的 c）3 类。

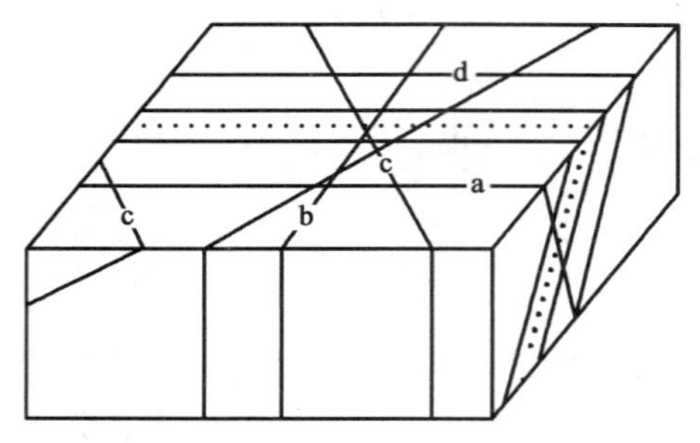

图 3-32　根据节理产状与岩层产状关系的分类

a—走向节理；b—倾向节理；c—斜向节理；d—顺层节理

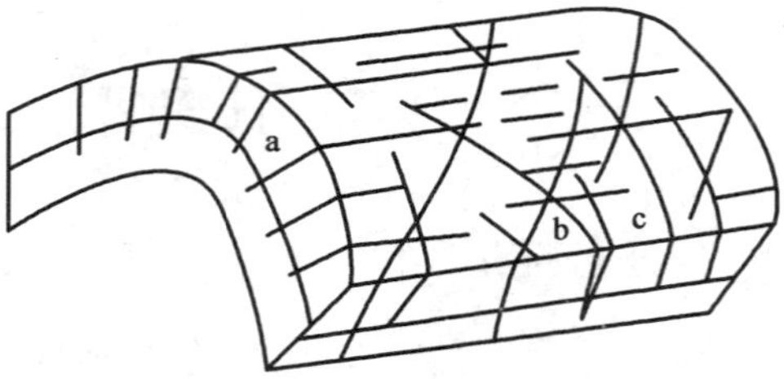

图 3-33　根据节理产状与褶皱关系的分类

a—纵节理；b—斜节理；c—横节理

2. 节理的力学性质分类

节理按其形成的力学性质可分为张节理和剪节理。

张节理是岩层受张应力作用而产生的破裂现象，其特点是：产状不稳定，延伸不远，单个节理短而弯曲，若干张节理则常以侧列关系出现；节理面粗糙、凸凹不平，一般没有擦痕和磨光镜面；节理面张开，常被矿脉充填，脉宽不均匀，脉壁凸凹不平；在砂砾岩中，遇砾石一般绕砾石而过；其平面组合一般呈不规则状或树枝状。

剪节理是岩层受剪应力作用而产生的破裂现象，其特点是：产状稳定，延伸较远；节理面平直、光滑，常见有擦痕和磨光镜面；节理面一般紧闭，不被矿脉充填，若被充填则脉宽均匀一致，脉壁较为平直；在砂砾岩中，遇砾石常切割砾石；常呈共轭 X 形节理系、棋盘格式等规则组合形式。

三、断层

断层是断裂面两侧发生明显相对移动的断裂构造。断层在地壳中广泛发育，是地壳中最重要的地质构造现象之一。断层常常控制含油气盆地的形成、发展和演化，控制盆地内次级构造带及圈闭构造的形成、发育和分布，控制盆地内沉积作用和沉积相带的展布以及油气生成、运移、聚集和保存。在钻井过程中，如钻遇断层常常引起井斜。这是由于多数断层在发生错动时，往往不是沿一个面，而是沿一个破碎带。破碎带的岩石疏松，当钻头进入破碎带时受力不均，工作不稳定，导致井斜。因此，在油气勘探开发中研究断层构造具有极为重要的理论和现实意

1. 断层的几何要素

要研究断层，首先必须要搞清断层的几何要素。断层的几何要素包括断层的基本组成部分及描述断层空间位置和运动性质有关的几何参数。

1）断层面

岩块或岩层被断开、滑动的破裂面称断层面（图 3－34）。断层面可以是平面或曲面，用走向、倾向和倾角来确定其空间位置即断面产状。当断层规模较大时，断层面常具有一定宽度，是由一系列断裂面和次级破裂面组成的带，称之为断层带（断层破碎带）。断层面与地面的交线则称为断层线。在油田的实际地质工作中或在构造图上，断层线实际上是指地下某岩层层面与断层面的交线在水平面的投影线。

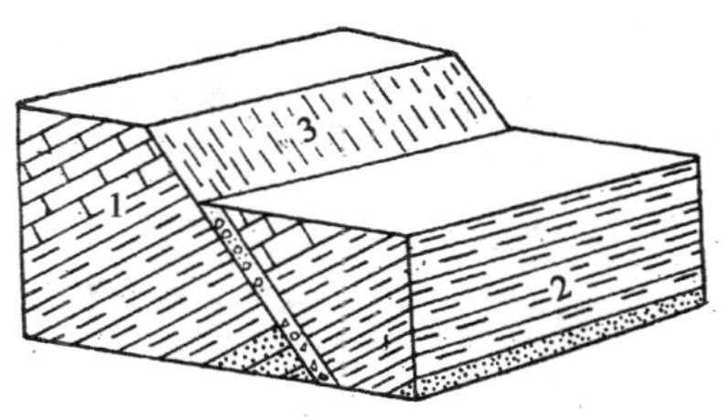

图 3－34　断层要素

1—下盘（上升盘）；2—上盘（下降盘）；3—断层面

2）断盘

断层面两侧沿断层面发生位移的岩块称断盘。当断层面倾斜时，位于断层面上侧的一盘称为上盘，下侧的一盘称为下盘（图 3－34）。当断层面直立或描述断盘在平面上的相对位置时，可按断盘相对于断层面走向的方位描述，如南北向断层的东盘、西盘，东西向断层的南盘、北盘等。按断盘相对升降滑动，可将相对上升的一盘称上升盘，相对下降的一盘称下降盘。

3）位移

断层最显著的特征就是断盘沿断层面产生过明显的位移。断层位移是断层两侧岩块相对移动的距离的泛称。位移的量一般用滑距和断距来表示（图 3－35）。

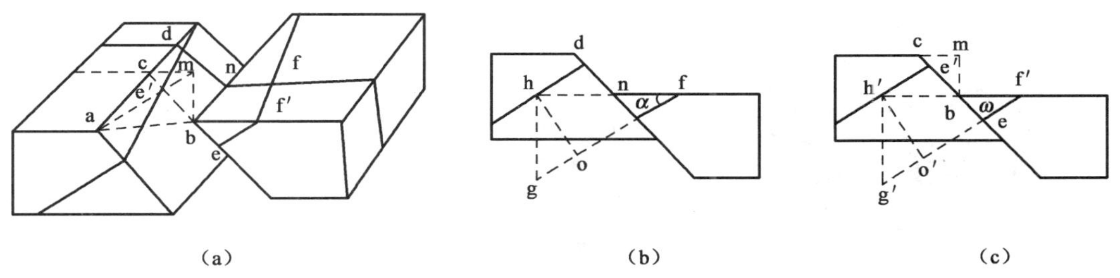

图 3－35　断层滑距和断距（据徐开礼等，1989）

（a）断层位移立体图；（b）垂直于被错断岩层走向的剖面图；（c）垂直于断层走向的剖面图

ab—滑距；ac—走向滑距；cb—倾斜滑距；am—水平滑距；ho—地层断距；h′o′—视地层断距；hg＝h′g′—铅直地层断距；hf—水平地层断距；h′f′—视水平地层断距；α—岩层倾角；ω—岩层视倾角

滑距指断层两盘的实际位移距离。由于需要确定断层两盘错断前后的两个对应点才能确定滑距，因此实际应用难度很大。滑距在断层面走向线上和倾斜线上的分量分别称为走向滑距和倾斜滑距。

断距指断层两盘上的对应层之间的相对距离。断距比滑距容易确定，因此断距被广泛应用。但在不同方位的剖面上测得的断距值是不同的，在垂直于被错断岩层走向的剖面上可测得的断距有：

（1）地层断距：断层两盘上对应层之间的垂直距离。

（2）铅直地层断距：断层两盘上对应层之间的铅直距离。

（3）水平地层断距：断层两盘上对应层之间的水平距离。

2. 断层的分类

（1）根据断层走向与所在岩层的几何关系分类可分为：

①走向断层：断层走向平行于岩层走向。

②倾向断层：断层走向垂直于岩层走向。

③斜向断层：断层走向与岩层走向斜交。

④顺层断层：顺层断层的断层面平行于岩层层面。

（2）根据断层走向和褶皱轴向（或区域构造线）的关系可分为（图 3－36）：

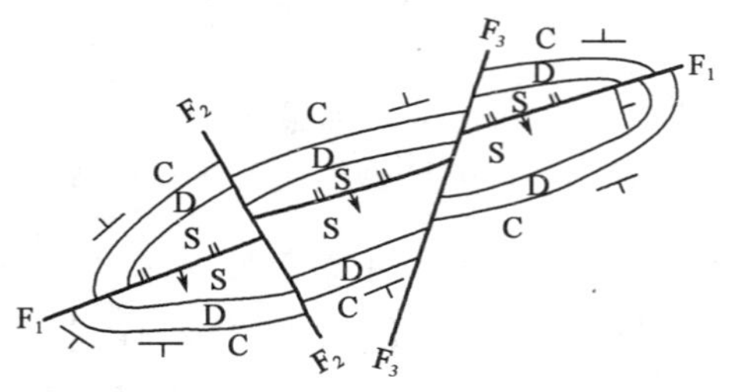

图 3－36　按断层走向与褶皱轴向划分断层

①纵断层：断层走向平行于褶皱轴向。

②横断层：断层走向垂直于褶皱轴向。

③斜断层：断层走向与褶皱轴向斜交。

（3）根据断层两盘相对运动（图 3－37）可分为：

①正断层：断层两盘沿断层面倾向滑动，上盘相对下降，下盘相对上升。

②逆断层：断层两盘沿断层面倾向滑动，上盘相对上升，下盘相对下降。断层面倾角大于 45°的逆断层一般称为高角度逆断层；倾角小 45°的低角度逆断层，称逆掩断层。规模巨大且上盘沿波状起伏的低角度断层面作远距离推移（数千米至数百千米）的逆断层称为逆冲推覆构造、冲断推覆构造（推覆体）。

③平移断层：断层两盘基本上沿断层走向作相对水平移动。

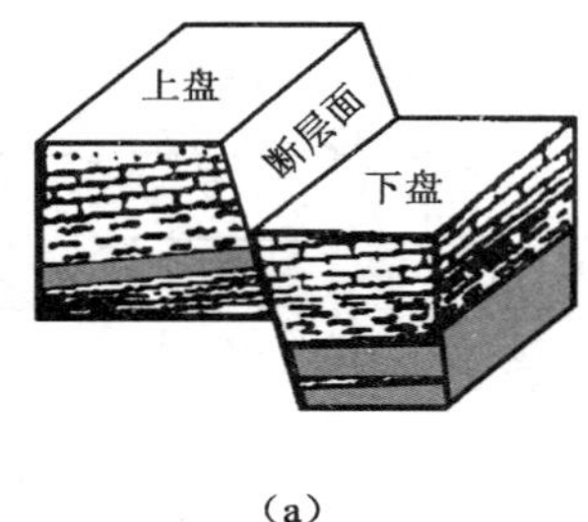

(a)

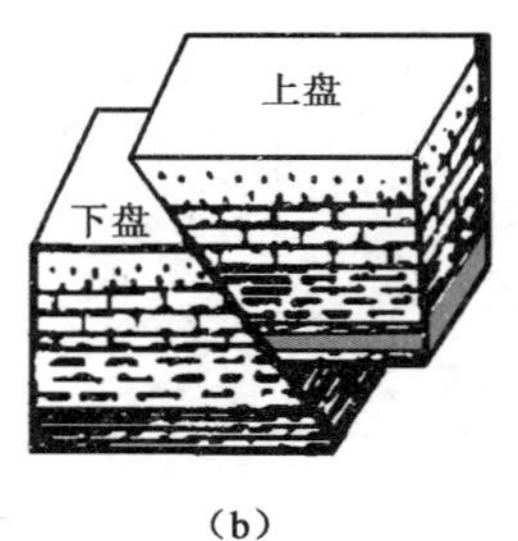

(b)

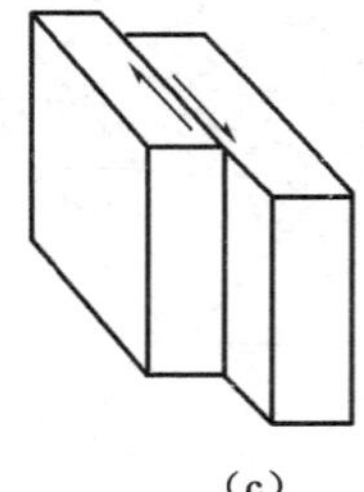

(c)

图 3－37　断层两盘相对运动分类

(a) 正断层；(b) 逆断层；(c) 平移断层

3. 断层的组合类型

在剖面上断层常以组合形式出现，常见的组合类型有以下 3 种。

（1）阶梯状断层。由数条走向大致平行、倾向相同的正断层组成，各正断层的上盘沿同一方向依次下降，形成阶梯状组合，故称阶梯状断层（图3－38）。

（2）地堑与地垒。地堑由两条或两条以上走向大致平行、倾向相对的正断层组成，中间岩块为位于中心的两条断层共同的下降盘，常常形成负地形；地垒由两条或两条以上走向大致平行、倾向相背的正断层组成，中间岩块为位于中心的两条断层共同的上升盘，常常形成正地形（图3－39）。地堑与地垒有时可以相间排列，相伴产生。形成地堑和地垒的断层并不都是正断层，有时可以是逆断层，只不过没有正断层普遍。

（3）叠瓦式断层。叠瓦式断层又称叠瓦状构造，由一系列产状相近的逆冲断层组成，其上盘依次向上逆冲，断层面呈叠瓦式组合。叠瓦式断层是逆冲断层最常见的组合类型。

断层在平面上常可组合成平行式、雁行式、帚状、环状与放射状等形式。

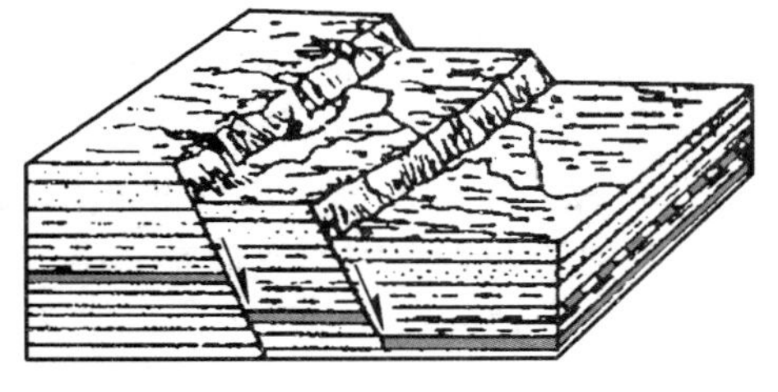

图 3－38　阶梯状断层

图 3－39　地堑与地垒

4．断层的识别

断层是构造运动遗留下来的一种构造形迹。因此，断层的存在会引起一系列的构造上、地层上、地形上、水文上的各种地质现象。反之，可以用这些现象来帮助人们在野外去识别断层。然而，在油气田勘探和开发过程中会经常遇到的是井下（即地表下）断层。它们的存在很有可能会使油气藏遭到破坏；另一方面，在适当的地质条件下，断层可以形成断层封闭类型的油气藏。因此，断层对油气藏的形成和分布起着重要的控制作用。

根据以下几种情况，可以综合判断断层是否存在：

（1）井下地层的缺失或重复。在钻井过程中，如发现有地层缺失，可能是井下遇到了正断层，但必须分析区域地质情况，如有无侵蚀不整合与超覆不整合存在。如果没有不整合存在，则可以解释为钻井中地层缺失是因为出现了正断层。若在钻井过程中发现有地层重复，结合该区情况，进一步分析有无倒转背斜、平卧褶曲等，因为它们也可能造成地层重复，如图 3－40 就表明倒转背斜引起井下地层重复。若经过研究确认无倒转背斜、平卧褶曲存在，则可以认为是逆断层造成的地层重复。断层造成井下地层缺失或重复的情况如图 3－41 所示，B 井为正常层序，经过对比 A 井缺失地层，而 C 井地层重复。

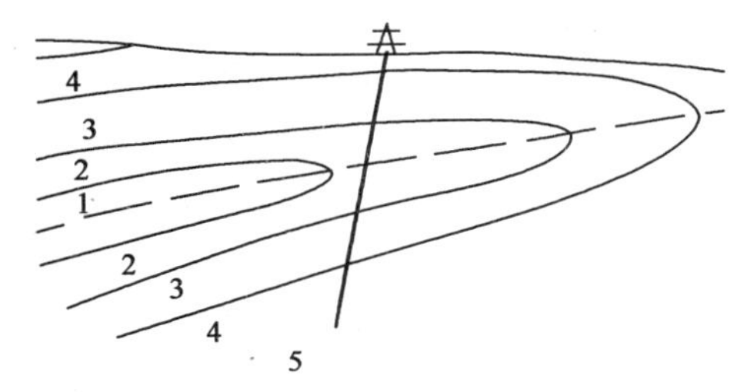

图 3－40　倒转背斜引起的井下地层重复示意图

1～5 为地层号

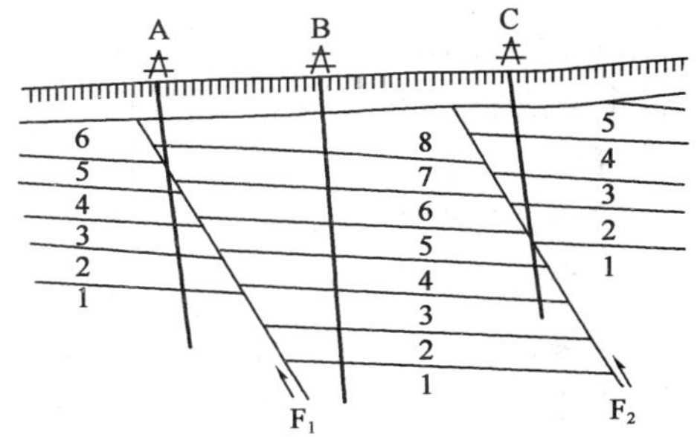

图 3－41　断层造成井下地层重复和缺失示意图

1～8 为地层号；F_1，F_2 为断层号

（2）近距离内标准层的标高相差悬殊。若相邻的井中未出现地层的重复或缺失，但是相邻两井标准层的标高相差悬殊，可能预示在两口井之间存在者未钻遇的断层。这种分析方法在钻井资料较多时比较可靠。应结合地震资料辩和区域地质资料进行分析，要注意到相邻的井标准层的标高相差悬殊还可能由地层产状突变或单斜、背斜的一翼出现扭曲等所引起。通常可用标准层的标高变化确定断层（图 3－42）。

（3）在近距离内同层厚度的突变。对岩性单一的地层，由于断层的影响，相邻两井钻遇同一地层时如发现其厚度突然变化（增厚或减薄），如图 3－43 所示，则是断层存在的可能标志。应该指出，在沉积时地壳升降不均和古地形起伏也会造成同一地层厚度变化，故应作具体分析。

（4）在钻井过程中出现井漏、井塌等现象。由于不同性质的断层对流体所起的作用不同，受张力作用形成的张性断层是流体运移的良好通道；受挤压作用形成的压性断层则对流体起封隔作用。因此，当钻井中遇到张性断层存在时，钻井液会大量漏失，出现井漏现象。由于断层的存在，钻至断层附近时，容易发生井壁垮塌。从取出的岩心中如发现有断层角砾岩，或岩心上有擦痕，以及岩石被揉搓等现象，均说明有可能钻遇断层。

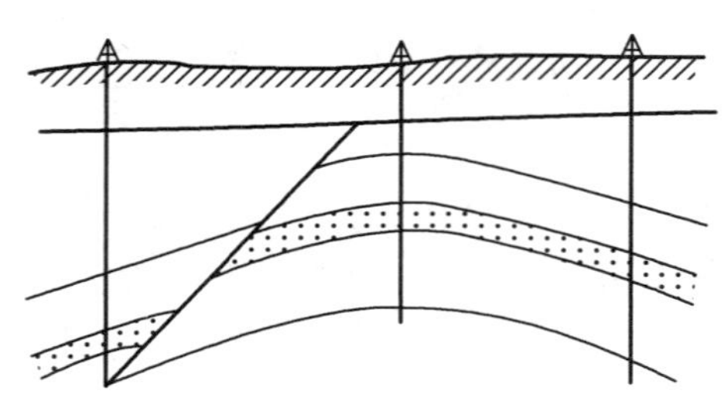

图 3－42 断层引起标准层标高相差悬殊示意图

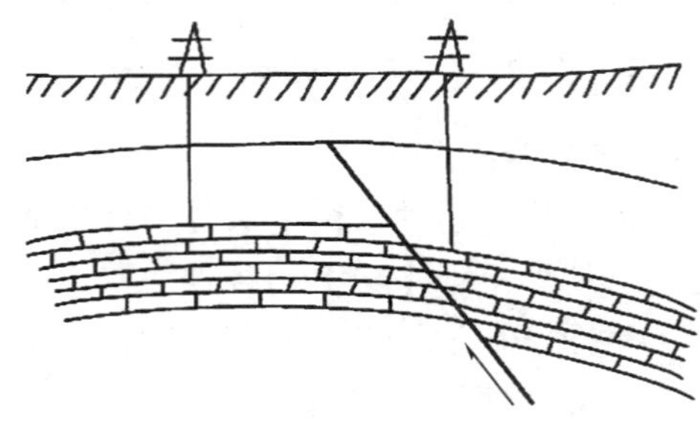

图 3－43 断层引起同层厚度突变示意图

在同一层内，流体性质的差异、油气层的折算压力不同以及油水或油气界面不一致等，也是判断断层存在的标志。

在实际工作中，主要利用地质、钻井、测井及试采等资料来判断井下断层。必须着重指出，在钻井过程中确定断层时，绝不能单纯依靠某一项资料或某一个数据给出结论，必须利用各种资料进行综合分析，所得结论或判断才是可靠的。

5．断层与油气藏的关系

油气勘探的实践表明，断层油气藏是世界各含油气盆地中广泛分布的一种油气藏类型。我国油气勘探的实践也证明，无论是在西北古生代褶皱区，还是在东部地台区，断层油气藏的分布都很广泛。尤其在我国东部地台区，中生代以来断块运动比较活跃，形成很多断陷盆地，同时，在盆地的斜坡带及背斜带上，还产生了大量断层，形成了为数众多的断层圈闭及断层油气藏。

断层与油气藏的关系具有两重性：一方面，断层在适当的条件下具有封闭作用，形成断层圈闭，当有油气运移来的时候，就可捕获油气，从而形成断层油气藏（图 3－44）；另一方面，断层又可以使已形成的油气藏受到破坏。图 3－45 为柴达木盆地的油砂山油田，本来为一完整的背斜油藏，后因垂直构造轴线发生一条大断距的断层，将东侧油层抬升暴露于地面，油藏全部遭到破坏；西侧油层下降，被断层封闭仍保留了工业性油藏。因此，深入地研究断层及其与油气关系的两重性，对于油气田的勘探开发都会有很大的帮助。

任务实施

一、目的要求

（1）通过观察地质构造模型，建立节理、断层构造的概念，了解断裂构造的成因。

（2）通过对断层平面和剖面上的观察和分析，能够识别和分析断层。

（3）能够通过一些野外地质现象判断断层的存在。

（4）理解断裂构造与油气藏形成及油气勘探之间的关系。

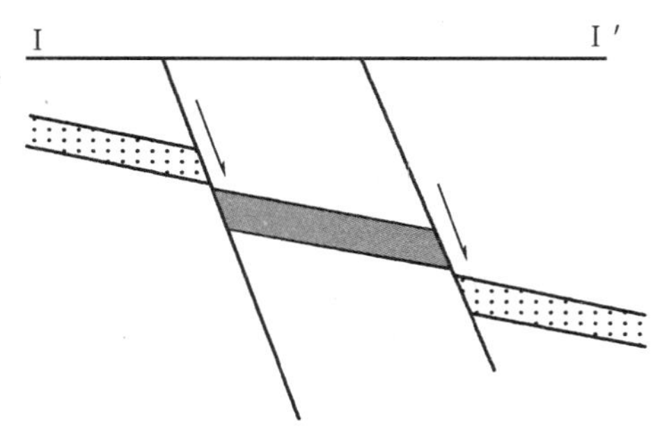

图 3-44 胜坨油田某油藏剖面图

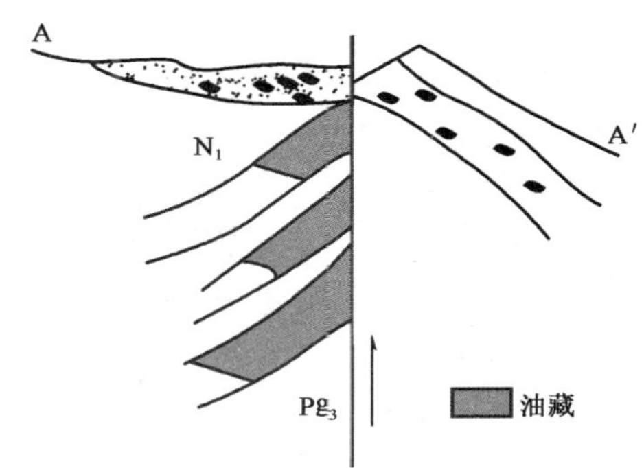

图 3-45 油砂山油田剖面图

二、资料、工具

(1) 断层要素及各类断层模型。

(2) 地质图件。

(3) 绘图工具。

三、步骤和方法

(1) 观察断层构造模型。

①识别断层要素：通过观察认识断层面、断层线、断层带、断盘（上盘、下盘，上升盘与下降盘，仰侧与俯侧等要素的含义及其所在位置）等。

②断层存在的依据：在模型中决定断层是否存在，主要取决于平面和剖面上地层的分布状况。如果地层出现非对称式重复或缺失，地层沿走向中断（即与不同时代地层接触），则可确定断层的存在和位置。

③确定断层的性质与类型，分析其成因并进行描述。

(2) 分析地质图件，识别并分析断裂构造。

(3) 分析断层与油气藏形成的关系，识别、分析断层油气藏。

(4) 结合钻井作业施工，分析钻遇断裂构造时应注意事项及钻井措施。

任务考评

一、理论考核

1. 填空题

(1) 断裂构造是____。

(2) 节理按其力学性质分类可分为________________、________________两类。

(3) 按照断层走向与所切岩层走向的方位关系，断层可以分为______________断层、______________断层和______________断层。

(4) 根据断层两盘的相对运动关系，断层可以分为________断层、________断层、________断层。

2. 判断题

(1) 走向断层相当于纵断层，倾向断层相当于横断层。 (　　)

(2) 断层角砾岩是出现在断层带中的一种碎裂岩。 (　　)

(3) 已知沈 3 井钻遇某油层顶面的标高为 -1700m，钻遇断点标高为 -1760m，那么该井钻遇断层上盘的油层。 (　　)

3. 选择题

(1) 断层的要素是指（　　）。

(A) 断层面、断盘、断距 (B) 断层走向、倾向和倾角 (C) 断层走向、倾向和断距

(2) 下列不是地质构造的是（　　）。

(A) 水平构造　　(B) 斜层理　　(C) 断层

(3) 发育范围广、规模大、间距宽、延伸长、可切穿不同岩层的节理通常是（　　）。

(A) 剪节理　　(B) 张节理　　(C) 区域性节理

(4) 断层线是断层面与地面的交线。断层线的几何形态（　　）。

(A) 可能是一直线或是一条曲线 (B) 可能是一条闭合的圆或曲线 (C) A 和 B 均正确

4. 叙述题

(1) 列举在野外实地观察时识别断层的主要标志。

(2) 断层形态分类的依据和类型是什么?

(3) 井下断层可能存在的标志是什么? 应用这些标志时应注意那些问题?

二、技能考核

1. 考核项目

(1) 在立体模型图上（图 3-46），根据平面图及岩层倾角（断层两侧岩层倾角均为 45°），画出纵、横剖面上的地层界线，标上地层代号，并确定断层 F 的类型。

(2) 图 3-47 为 1 井、2 井、3 井、4 井所钻遇的地层顺序（连续英文字母表示连续沉积）。通过地层对比，绘制地质剖面图，并分析该地区构造及断层特点，写出分析报告。

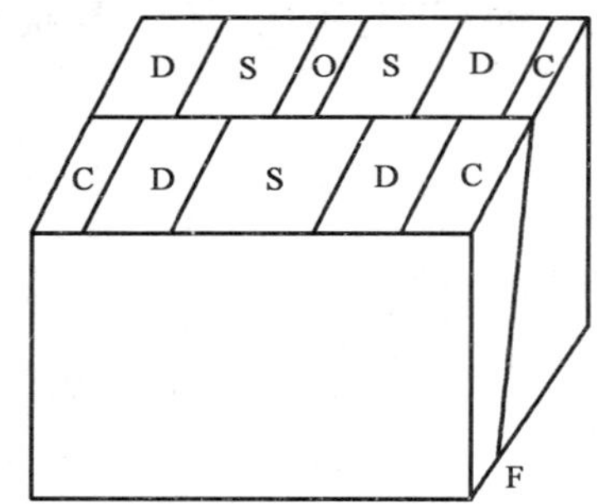

图 3-46　断层模型

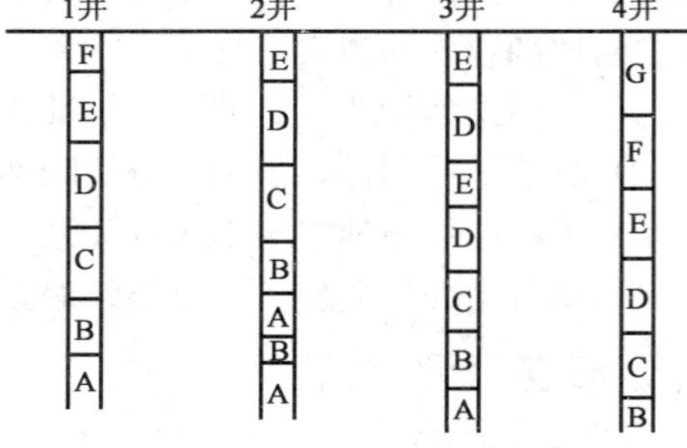

图 3-47　钻穿地层剖面图

2. 考核要求

(1) 准备要求：工具、材料的准备。

(2) 考核时间：30min。

(3) 考核形式：笔试。

任务五　含油气盆地内地质构造单元的认识

任务描述

油气勘探开发实践证明，油气藏（地壳中油气聚集的最小单元）不是孤立存在的，它们往往是成群、成带地组合在一起，构成油气聚集单元，即油气田。油气田又可共生组成更大

一级的油气聚集单元，即油气聚集带。油气聚集带有规律地分布在含油气区或含油气盆地内。所以，含油气盆地是进行油气勘探开发的主要对象。那么，在一个含油气盆地进行钻探时，不同类别的井（地质井、参数井、预探井、评价井、开发井等）应该布置在盆地的什么位置或者说应该布置在盆地的哪一级构造上？为什么要钻在这个位置或这个构造上？这是作为石油勘探者必须要搞清楚的问题。

任务分析

石油和天然气都是深埋地下的流体矿藏。它们与铁矿、煤矿等不流动的固体矿产不同，即其生成的地方往往不是它们聚集和储集的地方。这就给油气田勘探工作带来相当大的难度。对油气勘探来说，虽然最终的目标是寻找油气田，但是工作一开始却不能直接进行油气田的勘探工作。那么，茫茫大地何处找石油？一般来说，沿着这样的途径，即寻找含油气沉积盆地，研究含油气盆地的地质结构→盆地中寻找生油凹陷→生油凹陷附近寻找主要的油气聚集区→油气聚集区内寻找圈闭→圈闭的高部位钻探井，如此步步深入，即可逐步发现油气田。这就是说，在油气勘探时，必须要把含油气盆地作为一个整体，作为油气生成、运移、聚集的基本地质单位，进一步划分其构造单元，研究各级构造的地质特征，选择其中最有希望的部位进行钻探工作。

本任务主要是通过含油气盆地内构造单元划分的实例，掌握一个含油气盆地内构造单元的划分及其各级构造单元的基本特征，以便在油气勘探开发的钻井作业施工中清楚不同类别井的钻探目的，使钻井与地质紧密结合，收全各类所需资料，达到高效、快速勘探开发油气田的目的。

相关知识

一、盆地的相关概念

1. 盆地

盆地是地貌学上的术语。在起伏不平的地壳表面上，那些被山峦或丘陵所环绕的低洼地，地貌上称为盆地，如我国的四川盆地、塔里木盆地等。

2. 沉积盆地

沉积盆地与地貌盆地有一定差别。沉积盆地是指在特定时期沉积物的堆积速率明显大于其周围区域，并具有较厚沉积物的构造单元，如松辽盆地、渤海湾盆地等。沉积盆地是石油地质勘探研究的主要对象，是油气勘探、开发的实体。

3. 含油气盆地

含油气盆地是指具备成烃要素、有过成烃过程并已发现有商业价值的油气聚集的沉积盆地。含油气盆地必须具备以下几个条件：

（1）必须有巨厚的沉积物和丰富的有机物质。

（2）要有一个有机质赖以繁殖、聚集和沉积下来得以避免氧化而向石油转化的古地理环境。

（3）要有一个稳定的持续下降的大地构造条件。

（4）含油气盆地必须经受一定程度的构造运动，这样不仅可以推动油气运移和为油气运移创造必要的构造条件，而且为油气聚集提供圈闭场所。

（5）含油气盆地是油气生成、运移、聚集的基本地质单位。

在油气勘探中，总是把含油气盆地作为一个整体来率先考察它的全貌，从整个盆地的沉积发育史、构造发展史以及水文地质演化史出发，研究油气生成、运移、聚集的条件，区划油气生成和聚集的有利地区，从而尽可能在最短的勘探时期达到发现该盆地最主要的油气聚集的目的。

二、盆地的结构

从大地构造的角度讲，盆地是在一定的地质时期地壳某一地段产生的坳陷。就我国目前已知的情况来看，绝大多数含油气盆地产生在中生代和新生代。它们叠置在前中生代构造之上，甚至是不同性质的大地构造单元之上。因此，含油气盆地有它特有的结构。

1. 盆地的基底

基底是盆地赖以生存的基础和底盘，由盆地产生前的所有岩系组成，其地壳性质可以是陆壳、洋壳和过渡壳。华北盆地是一个新生代的沉降盆地，它的基底包括华北地台前震旦古老的结晶基底和以后直至中生代的沉积盖层。四川盆地是晚三叠世以来形成的陆相沉积盆地，它的基础是中三叠统前的所有地层。

2. 盆地的盖层

盖层是位于基底之上的盆地沉积充填物，即沉积盖层。含油气盆地的盖层一般未受变质作用影响，与基底层之间往往具有不整合接触关系。地台区的构造盆地，其盖层与地台的盖层是一致的。

基底与盖层分别代表不同构造时期和阶段的产物，它们之间常常有显著的构造运动发生，基底对盖层具有一定的控制作用。

3. 盆地的沉降中心和沉积中心

沉积盆地的沉降中心即盆地内沉积物堆积最厚的地带，沉积中心则是盆地中沉积物粒度最细的地带。沉积中心控制着盆地内最主要的油源区。在对称性盆地内，沉降中心和沉积中心的位置往往是一致的，沉积物最厚和最细的地带相吻合，最利于生油；在非对称性沉积盆地内，沉降中心和沉积中心往往不一致。

在盆地的形成、发育过程中，沉降中心和沉积中心并不是固定不变的，而是有规律地迁移。它们在空间上都呈条带状分布，并具有一定的方向性。

三、含油气盆地内部构造单元的划分

1. 构造单元划分的原则

含油气盆地构造单元划分的原则是：在地质、物探、钻井资料综合分析的基础上，用历史分析的方法，充分考虑盆地内不同地区、不同时代地壳运动的基本特点，进行构造单元的划分。划分构造单元，应从油气勘探的生产实际出发，最大限度地反映含油、含气有利地区，以盆地的内部地质条件为依据，包括以下几个方面：

（1）盆地内沉积物的岩性、层序、厚度及变化规律，特别是含油气层系的厚度、分布及生储盖组合特征。

（2）盆地基底的时代、岩性、结构、起伏及断裂情况。

（3）岩浆活动的时期、性质、次数及规模。

（4）区域地质发展史。

（5）沉积盖层的构造形态、发育特点、形成时间、分布规律。

（6）构造变动的成因类型。

2. 含油气盆地构造单元的划分

勘探实践证明，含油气盆地内部是不均匀的，其内部的油气分布受不同级的构造单元所控制。含油气盆地作为油气勘探的单元整体，根据其内部基底与盖层的特征，可将盆地划分为次一级的构造单元。我国常用“三级四分法”来划分盆地的内部构造单元（表 3－1）。

表 3－1　含油气盆地构造单元划分与油气聚集单元的对应关系

<table>
<tr><th colspan="3">构造单元划分</th><th>油气聚集单元</th><th>实　　例</th></tr>
<tr><td>级　　别</td><td colspan="2">沉积盆地</td><td>含油气盆地</td><td>渤海湾盆地</td></tr>
<tr><td>一级构造单元</td><td colspan="2">坳陷、隆起、斜坡</td><td>含油气区</td><td>济阳含油气区</td></tr>
<tr><td>亚一级构造单元</td><td colspan="2">凹陷、凸起、斜坡</td><td>含油气亚区</td><td>东营含油气亚区</td></tr>
<tr><td rowspan="2">二级构造单元</td><td>二级构造带</td><td>长垣、背斜带、断裂带、挠曲带、单斜带、断鼻带、尖灭带等</td><td rowspan="2">油气聚集带</td><td rowspan="2">胜—坨—永油气聚集带</td></tr>
<tr><td colspan="2">洼　陷</td></tr>
<tr><td rowspan="2">三级构造单元</td><td colspan="2">背斜、向斜、穹隆、断块、鼻状构造</td><td>油气田</td><td>胜坨油田</td></tr>
<tr><td colspan="2">圈　闭</td><td>油气藏</td><td>胜坨油田沙二段油藏</td></tr>
</table>

例如，我国准噶尔盆地构造单元的划分，是根据盆地内的隆坳组合关系，将盆地划分为 8 个一级构造，29 个二级构造，170 多个三级构造（图 3－48、图 3－49）。

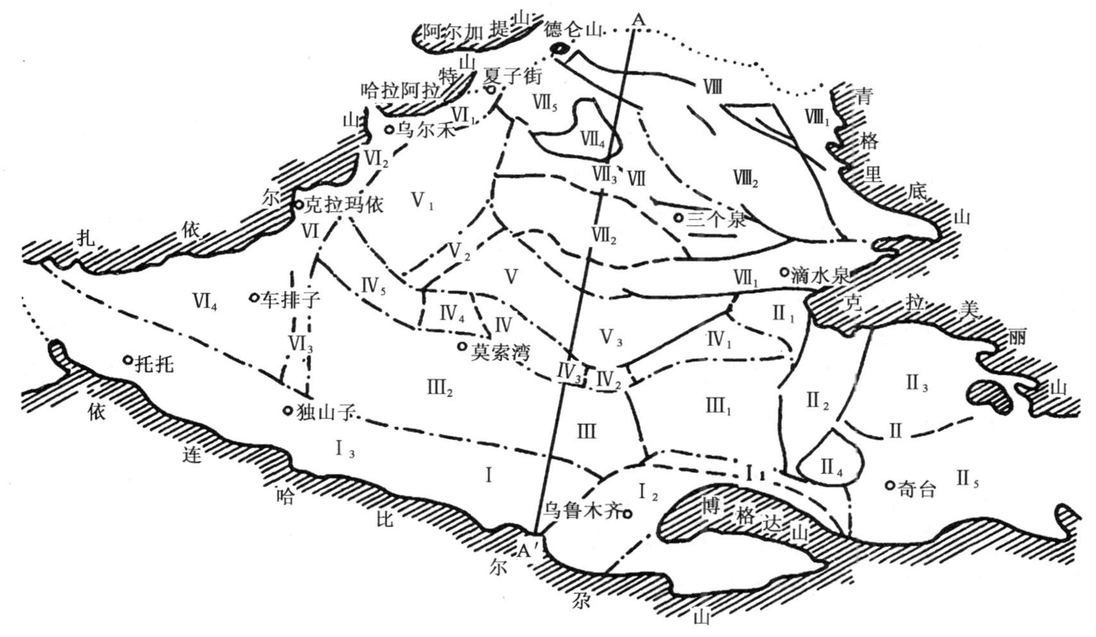

图 3－48　准噶尔盆地构造单元划分（据赵白，1993）

Ⅰ—北天山山前坳陷；I_1—阜康冲断带；I_2—博格达山前弧形断褶带；I_3—头屯河－托托背斜带；Ⅱ—沙—奇隆起区；II_1—五彩湾凹陷；II_2—帐—北断隆；II_3—大井凹陷；II_4—吉姆萨尔凹陷；II_5—奇台凹陷；Ⅲ—昌吉坳陷；III_1—阜康北凹陷；III_2—石河子北凹陷；Ⅳ—中央隆起带；IV_1—白家海凸起；IV_2—东道海子凹陷；IV_3—马桥凸起；IV_4—漠北凹陷；IV_5—中拐凸起；Ⅴ—玛湖—中央坳陷；V_1—玛湖凹陷；V_2—达巴松凸起；V_3—中央凹陷；Ⅵ—西北缘冲断带；VI_1—夏—红掩冲带Ⅵ掩冲带；VI_2—克－乌掩冲带；VI_3—红－车掩冲带；VI_4—车排子凸起；Ⅶ—三个泉隆起；VII_1—滴水泉－三南凸起；VII_2—陆南隆凹带；VII_3—陆南背斜带；VII_4—陆顶凹陷；VII_5—德南－石英滩凸起；Ⅷ—乌伦古断陷；VIII_1—红岩断阶；VIII_2—索索泉凹陷

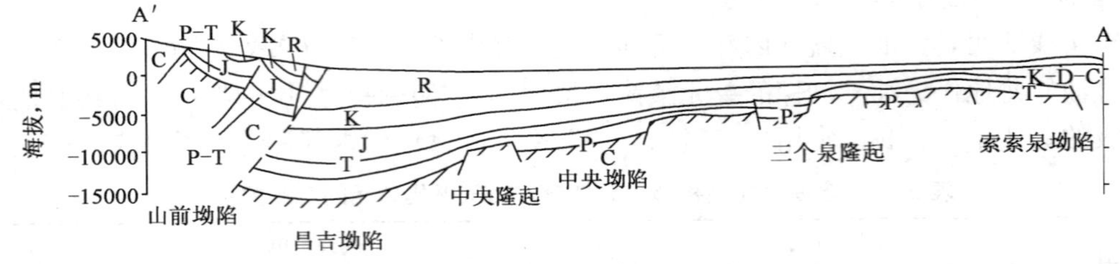

图 3-49　准噶尔盆地南北向剖面图（据赵白，1993）

3. 含油气盆地构造单元的基本特征

在含油气盆地内的一级、亚一级、二级、三级构造单元中，与油气关系最为密切的是二级、三级构造单元，特别是二级构造单元中的二级构造带，它对油气田的分布有着明显的控制作用。因此，二级构造带是油气勘探工作的重点对象。

1）一级构造单元

在含油气盆地内，盆地基岩的起伏往往形成若干个区域性的隆起、坳陷和斜坡。它们是含油气盆地中的一级构造单元。

（1）坳陷。坳陷是指盆地在地质发展历史上以相对下降占优势的一级负向构造单元，一般呈盆状或其状，是盆地内基底埋藏最深的区域，也是盆地有利于油气生成的区域，即含油气盆地的油源区。如准噶尔盆地北天山山前坳陷为一大型持续沉积坳陷发育多套生储盖组合，沉积岩厚达 15000m，发育 6 套生油层及多套生储盖组合，是准噶尔盆地最主要的生烃坳陷之一，资源潜力很大（吴晓智，2006）。

（2）隆起。隆起是盆地内区域性长期相对上升占优势的一级正向构造单元。上升的持续时间较长（一个纪或几个纪），时常为断裂及次一级构造所复杂化。隆起的形状略呈椭圆形（如四川威远隆起）或呈长条状（如陕北渭北隆起）。隆起的形成与基岩断块升起有关，它以断裂及附近构造单元为界。某些隆起是由于边缘老山向盆地倾斜而形成（如准噶尔盆地克拉美丽隆起）。大多数隆起是继承性的，在其顶部，基底埋藏浅，盖层薄，岩性较粗，沉积间断，不整合及超覆现象较多。隆起不利于生油，而有利于油气的聚集。在油气田的勘探初期，探井都往往部署在隆起等高部位。大庆油田的发现井——松基 3 井（松辽盆地石油勘探的第三口基准井）就位于大庆长垣高台子隆起。松基 3 井喷出工业油流，宣告了大庆油田的发现。

（3）斜坡。斜坡是区域性的较大单斜，是隆起和坳陷的过渡地带，坡度平缓。在斜坡范围内可形成一系列地层超覆带、岩性尖灭带、挠曲带、鼻状构造、断层带等。盆地的边缘斜坡带往往是油气聚集的有利场所，如陕甘宁盆地的延长油田、准噶尔盆地的克拉玛依—白碱滩油田等，都分布在斜坡带上。

2）亚一级构造单元

凹陷和凸起是在坳陷内划分出来的次一级构造单元。在分割性较强的坳陷内，相邻的凹陷有时会出现较大的差异。因此，在勘探工作中可以把凹陷作为单独的构造单元来进行研究与部署勘探力量。凸起是与凹陷相伴而生的同级构造单元。凸起的作用是把坳陷分割成若干个凹陷。凸起与凹陷往往以形成时间早、发育时间长、规模较大的一级断层为界。

（1）凹陷。凹陷是一级构造单元的背景上发展起来的负向构造单元。早期相连的凹陷为凸起所分割，往往互不相通。当坳陷强烈下降时，凸起可下降到水面以下，水域连成一片，但凸起仍能起到一定的分割作用，形成半连通的状态。这样就会造成相邻的凹陷在一定的地史时期内有着共同的含油层系，而在另一时期又有着各自的主要含油层系。

（2）凸起。凸起是与凹陷同一级别的正向构造单元。凸起以上升为主，有的长期暴露在水面之上，缺失部分地层，分布面积往往比凹陷小得多。

3）二级构造单元

二级构造单元包括洼陷和二级构造带。它们是同时在凹陷的基础上发展起来的次一级构造单元。

洼陷是相对于二级构造带长期下沉的负向构造单元，并为二级构造带所分割。洼陷中心长期下沉接受沉积，故地层发育完整，往往构成生油中心。

二级构造带是在凹陷的基础上发展起来的，由若干个相邻的、有成因联系的、具有一定分布规律的三级构造所组成。我国的油气勘探实践证明，含油气盆地内的二级构造带离油源区近，油气充足；相对正向，地层压力小，对油气的运移和聚集起着重要的控制作用，是油气的主要富集带。二级构造带的主要类型有：

（1）长垣。长垣是长条形的，由一系列穹隆或短轴背斜所组成，并为同一构造等高线所圈闭的大型背斜隆起。长垣构造具有同沉积背斜的特点，两翼倾角不等，轴向与盆地构造线一致，由基底隆起作用形成。在我国中生代和新生代的含油气盆地内，长垣是十分有利的油气聚集带。在长垣上的一系列短轴背斜常具有共同的生储盖组合条件，可以形成一连串的油气田，甚至可以导致长垣全面储油，如我国松辽盆地的大庆长垣。

（2）背斜带。背斜带由一系列呈雁行式排列的长、短轴背斜所组成，在形态上与长垣有共同的特点，不同的是在构造图上未被同一构造等高线所圈闭。在成因上，背斜带是受侧向挤压作用力形成的。背斜两翼倾角不等，靠近褶皱山一侧较另一侧缓；闭合高度较大，闭合面积小，在陡翼上发育逆断层。背斜带主要分布在褶皱区的山前坳陷及山间坳陷等构造单位内，如准噶尔盆地南缘西部的三排背斜带位于北天山山前坳陷（图 3-50），由南向北依次分布有三排背斜带。到目前为止，在这三排背斜构造带上已发现了独山子油田、齐古油田、呼图壁气田等油气田。

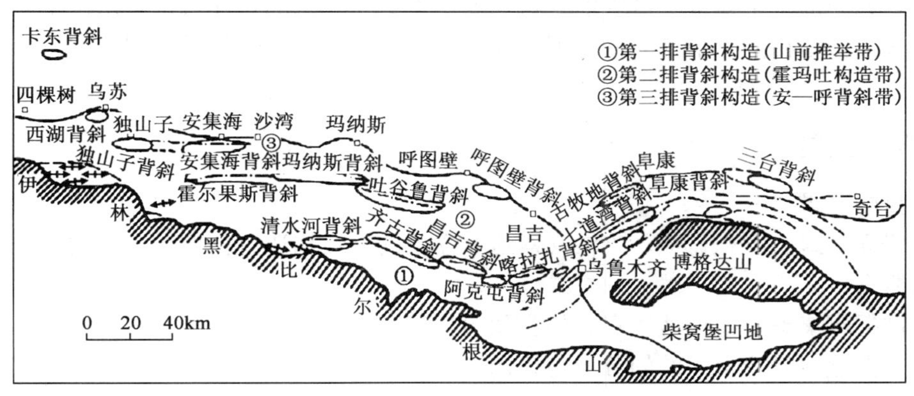

图 3-50　准噶尔盆地南缘构造单元划分图（据吴晓智，2006）

（3）断裂带，又称构造断裂带，是由主干（一级或二级）断裂控制下形成的二级构造带。在断裂带的发展过程中，断层起着主导作用。断层的长期活动性往往控制了断裂带的形成和性质，控制了油气的运移和聚集。

（4）挠曲带。在隆起和凹陷的斜坡上，由于基底断裂活动使上覆沉积盖层的倾角突然变陡的地区，称为挠曲带。挠曲带上常伴有鼻状构造、小型背斜构造。

（5）单斜带。单斜带是指凹陷中的单斜，其规模大小与凹陷的形成有密切的关系。

（6）断鼻带。断鼻带又称断裂鼻状构造带，是在鼻状构造的基础被断层切割而成。

（7）尖灭带。当岩层厚度变化趋于零或岩层渐于消失时，称为岩层尖灭。岩层尖灭构造带是岩层尖灭线分布的地方。

（8）超覆、退覆带。超覆、退覆带发育在盆地的边缘地带。超覆带是由于盆地下降伴随水进、沉积范围扩大后形成的沉积层，覆盖于老地层之上，并超越了老地层，与盆地边缘基底接触形成。退覆与超覆相反，是由于盆地上升伴随水退、沉积范围缩小形成。

4）三级构造单元

三级构造单元是指局部构造，是在二级构造带的背景上发展起来的背斜、向斜、穹隆、鼻状构造、断块等等。其中，背斜、穹隆、鼻状构造等是油气聚集的有利构造，是在含油气盆地勘探时的钻探目标。

四、含油气区、油气聚集带

1. 含油气区

含油气区是含油气盆地内的一级含油气单元。它是属于同一大地构造单元，有统一的地质发展历史和油气生成、聚集条件的沉积坳陷。在沉积盆地中，由于地壳升降的差异性，总是有相对隆起区和相对洼陷区。洼陷区长期沉降，接受细粒沉积，形成生油坳陷。有利的油气聚集带主要分布在这些坳陷中。同一坳陷中，地质发展历史和沉积岩系发育特征具有统一性，油气生成过程和聚集过程也有共同规律。

2. 油气聚集带

油气勘探实践已经证明，油气田不是孤立存在的。当发现一个油气田后，经常会在其邻近区域内找到一串新的油气田。这是因为油气的运移和聚集是一种区域性的，即运移指向常常受二级构造带所控制。当这些二级构造带与油源区连通较好或相距较近时，随着油气源源不断供给，整个二级构造带各局部构造的一系列圈闭都可能形成油气藏，造成油气田成群、成带出现，成为油气聚集带。这些油气藏在成因上是相联系的，油气聚集条件是相似的。所以，油气聚集带是在同一个二级构造带中互有成因联系、油气聚集条件相似的一系列油气田的总和。

任务实施

一、目的要求

（1）建立盆地、沉积盆地、含油气盆地、盆地的一级构造、盆地的二级构造、盆地的三级构造的概念。

（2）掌握收集整理盆地地质资料的步骤与方法。

（3）掌握盆地构造单元的划分及各级构造单元的特征。

二、资料、工具

（1）专著、论文等专业资料。

（2）网络资源。

三、收集整理盆地地质资料步骤和方法

（1）检索相关专著、论文。

（2）阅读检索内容，借阅书籍、期刊。

（3）阅读并整理含油气盆地的地质资料。

（4）分析盆地地质构造特征，总结盆地构造单元的划分及各级构造单元的特征，写出分析总结报告。

任务考评

一、理论考核

1．名词解释

盆地　沉积盆地　含油气盆地

2．填空题

（1）含油气盆地往往都具有＿＿＿＿＿和＿＿＿＿＿结构，前者是沉积盆地赖以生存的基础和底盘，后者是含油气盆地的沉积盖层，它们之间往往具有＿＿＿＿＿接触关系。

（2）盆地是地貌学上的术语，它就像一个放在地上的盆子，其四周往往被＿＿＿＿＿＿环绕，中间是一个低洼地。

（3）沉积盆地是指在一定特定时期，＿＿＿＿＿＿＿＿的堆积速率明显大于周围区域，并具有较厚沉积物的＿＿＿＿＿＿＿＿。

（4）在沉积盆地中，如果发现了＿＿＿＿＿＿＿＿的油气田，这种沉积盆地就可视为含油气盆地。

（5）含油气盆地的一级构造单元包括＿＿＿＿＿＿＿＿＿、＿＿＿＿＿＿＿＿＿和＿＿＿＿＿＿＿；＿＿＿＿＿＿＿和＿＿＿＿＿＿＿是坳陷中发育的亚一级构造单元。＿＿＿＿＿＿＿是含油气盆地勘探的钻探目标。

3．判断题

（1）沉积盆地就是含油气盆地。（　）

（2）沉积盆地的沉积中心是盆地内沉积物堆积最厚的地带。（　）

（3）沉积中心是盆地中沉积物最厚和最细的地带，是有利的生油区。（　）

（4）没有盆地就没有石油。（　）

（5）石油和天然气的生成、富集和成藏与构造运动有着十分密切的关系。（　）

（6）含油气盆地是在一定的地质发展历史时期内，受同一构造运动的影响，有共同的发展历史，有共同的油气分布规律的统一沉降区。（　）

4．简述题

（1）含油气盆地内构造单元划分的原则是什么？

（2）油气勘探过程中为什么要对含油气盆地进行构造单元的划分？

（3）含油气盆地的一级构造单元是如何划分的？其特征是什么？

二、技能考核

1．考核项目

根据某一盆地资料，写出该盆地的构造单元划分方案及其各单元的主要特征。

2．考核要求

（1）准备要求：相关专著、论文等资料。

（2）考核时间：30min。

（3）考核形式：笔试。

项目四　常见地质图的识读与绘制

在油气田的勘探中，经常要用到各类地质图件，如钻井地质设计中的井位地理图、构造位置图、井位部署图、等厚图、地层柱状剖面图、构造图、油藏剖面图等。它们揭示了工区内的含油气地层、构造、岩石类型以及含油气岩层的时代、层数、厚度和分布范围等信息，是从事油气田勘探工作必不可少的技术资料。2004 年 7 月国家发展和改革委员会发布了我国石油天然气地质编图行业标准 SY/T 5615—2004《石油天然气地质编图规范及图式》，并于 2004 年 11 月 1 日实施，该标准适用于石油天然气地质专业各类图件的编制和绘制。所以，对一个从事油气勘探的工作者来讲，必须要能够看懂和利用各种类型的地质图件，只有这样才有利于下一步工作的开展。

在本项目中，主要是学习地质图的基本知识以及油气田勘探中经常用到的地层柱状剖面图、构造剖面图、构造图（图 4－1）的基本知识及其绘制方法和原理。

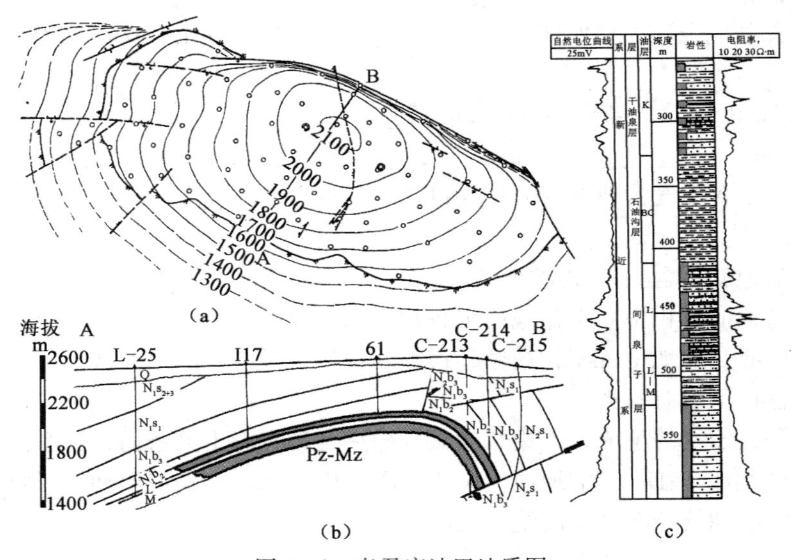

图 4－1　老君庙油田地质图

(a) 构造平面图；(b) 构造剖面图；(c) 综合柱状剖面图

知识目标

（1）了解地质图、地层柱状剖面图、构造剖面图、构造图的概念及其一般知识。

（2）理解地质图、地层柱状剖面图、构造剖面图、构造图在油气田勘探中的用途。

（3）掌握识读地质图的基本步骤和方法，掌握地层柱状图、构造剖面图、构造图等的绘制方法和原理。

能力目标

（1）学会识读地质图、地层柱状剖面图、构造剖面图、构造图。

（2）能够根据资料绘制地层柱状剖面图、构造剖面图、构造图。

（3）具有熟练使用各种绘图工具（或绘图软件）进行绘图的基本技能。

任务一　地质图的识读

任务描述

石油工作者在油气钻井作业过程中，为了保证油井钻进工作的顺利进行，需要制定合理的施工方案并采取相应的钻井措施。为此，就需要了解工区的地层层序、时代、岩性特征、厚度变化、含油气的层位、地层接触关系及其地质构造特征等资料，这些信息都反映在地质图上。所以，一个石油工作者需要了解地质图的基本知识，熟悉地质图的规范与图式，掌握识读地质图的基本方法。通过阅读地质图，掌握工区的地质特征，从而更好地为油气钻井作业服务。

任务分析

地质图的编制多以实测资料为基础，有一定的制图规范和标准。目前所使用的地层分级系统、表示地层年代的色标和符号，以及表示各类岩体的色标和代号，多是国际通用的。作为石油勘探工作者，应当了解我国石油天然气地质编图的规范与图式，知道如何阅读一幅地质图。

相关知识

一、地质图的概念

地质图是油气勘探开发生产中最基本的必不可少的技术资料之一，是技术人员进行交流的共同语言。当前，我国石油天然气地质编图行业标准是 SY/T 5615—2004《石油天然气地质编图规范及图式》。

地质图是将一定范围内地壳的地质内容（包括不同时代的地层、岩系、地质构造及矿产等）在地面上的分布情况，按一定的比例尺缩小，用规定图例（符号、色谱、花纹）投影到平面图上而成的图件。它是具体反映某一地区的地质现象的图件，然而一张地质图是不可能把某一地区所有的各种地质现象都表示出来的，所以必须根据不同的要求编制不同的地质图件来反映与表现各种不同的地质现象。

二、地质图的图式

一幅正规的地质图有统一的规格，除正图部分外，还应有图名、比例尺、图例、柱状剖面图、地质剖面图、图框、经纬度、制图单位、制图人和制图日期等等。

（1）图名。图名用整齐美观的大字书写，要表明图幅所在地区和类型，一般采用图内主要市镇、居民点及主要山岭、河流等命名。如果比例尺较大，图幅面积较小，地名不为人们所知，则在地名前要写上所属省（区）、市或县名，如《新疆维吾尔自治区地质图》、《北京市门头沟区地质图》。

（2）比例尺。比例尺用来表明图幅的缩小程度和精度。比例尺是图上的一段线长与实际地上相应的一段水平距离的比。地质图的比例尺与地形图或地图的比例尺一样，有数字比例尺与线条比例尺两种，数字比例尺用分数表示图上长度与实地长度的比例（如 1∶50000，即图上 1cm 相当于地上 50000 cm 或 500m 或 0.5km）。线条比例尺是在图上绘一直线如尺状，在该直线上截取若干段，每段标出所代表的实地长度（单位为 m 或 km）。比例尺一般放在图名下或图框下方正中位置。

地质图按比例尺大小可分：小比例尺地质图（比例尺小于1∶500000）、中比例尺地质图（比例尺1∶200000～1∶100000）和大比例尺地质图（比例尺大于1∶50000）。

（3）图例，指图的内容简要示例，是一张地质图不可缺少的部分。图例是地质图上各地质现象的符号和标记，用各种规定的符号和色调来表明地层、岩体的时代和性质。图例通常放在图框外的右边或下边，也可放在图框内足够安排图例的空白处。图例一般按地层、岩石和构造的顺序排列，并在它们前面写上“图例”二字。

地层图例的安排是从上到下由新到老，如放在图的下方，一般由左向右从新到老排列。图例格子的大小长宽比一般为1∶1.5，方格内注明地层代号，涂上颜色，右边注明岩性，左边写地层或时代名称。已确定时代的岩浆岩、变质岩要按时代顺序排列在地层图例中，没有确定时代的岩浆岩、变质岩按按酸性程度、变质深浅排列在地层图例之后。

图例中的构造符号放在所有地层、岩石符号的后面，其顺序是：地质界线、产状要素、断层、褶曲、节理以及层理、劈理、片理、流线、流面和线理产状要素等。若地层界线、断层线是实测的与推断的，图例与图内一样应有所区别。各种符号的颜色也是有规定的，除不同的地层用不同颜色外，地质界线用黑色，断层线用鲜红色，地形等高线用棕色，河流用浅蓝色，城镇和交通网用黑色。

图例是指示读图的基础，从图例可以了解图区出露的地层及其时代、顺序，地层间有无间断，以及岩石类型、时代等。

（4）等高线。地质图是以地形等高线图为基础绘制的，在地质图上要将地面上的山顶、山脊、斜坡、凹地、谷地等地貌形态准确地表现出来，通常是在图上绘制等高线来实现的。所谓等高线，就是地面上高程相等的相邻各点的连线。两条相邻等高线之间的高差称为等高距。在地质图上，等高线除了能表示地面高低起伏外，还可以据其与地层界线的弯曲关系、交接关系判断岩层的产状及其地面坡度和坡向的关系。

（5）地质界线。地质界线是不同时代岩层之间的接触面与地面的交线。在地质图上通常可以根据地质界线的出露情况，结合地层代号、岩层产状等内容分析图区的地层发育情况，所以在地质图上要善于识别地质界线的分布规律和交接关系，以便正确地分析图件。

（6）图框，分内框和外框，外框用粗实线，内框用细实线。两框之间用数字注明经纬度并按规定画出经纬线格。图框外左上侧注明编图单位，右上侧写明编图日期；下方左侧注明编图单位、技术负责人及编图人；右侧注上引用资料（如图件）单位、编制者及编制日期。也可上述内容列绘成“责任表”放在图框外右下方或图框内空白处。

（7）地质剖面图。正规地质图均附有一幅或几幅切过图区主要地层、构造的剖面图。它有代表性地、最醒目地、概略地揭示了本区的地质构造特征。地质剖面图通常附在地质图的下方。

（8）地层柱状图。地层柱状图是以柱状剖面形式系统表示工区各地质时代地层的岩性、厚度和接触关系的一种图件。正式的地质图或地质报告中常附有工区的地层综合柱状图。地层柱状图一般位于地质图的左边。

三、不同产状的岩层在地质图上的表现

岩层的产状包括水平的、倾斜的、直立的三种不同情况；地形也有不同情况，如平坦的、起伏的、沟谷纵横的。由于岩层产状不同、地形起伏不同，岩层在地质图上的表现特征也不一样。

1. 水平岩层

水平岩层在地质图上，地质界线与地形等高线平行或重合而不相交。在沟谷中，地质界线呈 V 形，其转折端指向沟谷上游；在山丘上，地质界线呈同心环状围绕着山顶；在斜坡上，岩层分界线呈条带状展布（图 4－2)。

2. 直立岩层

直立岩层的地质界线在地质图上是一条直线。只有当直立岩层的走向发生改变时，其地质界线在平面图上才有相应的转折或弯曲（图 4－3)。

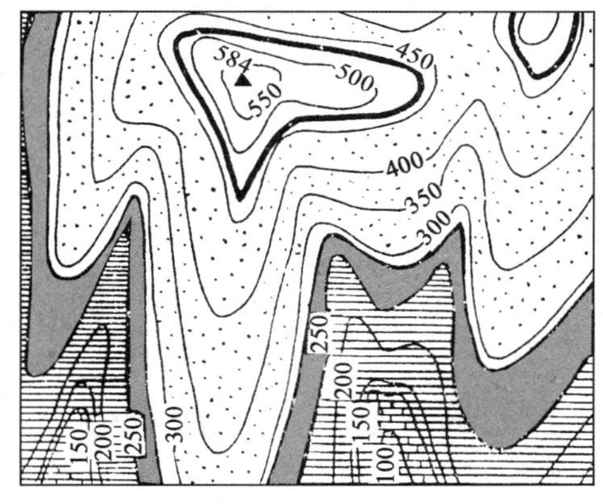

图 4－2　水平岩层的露头形态

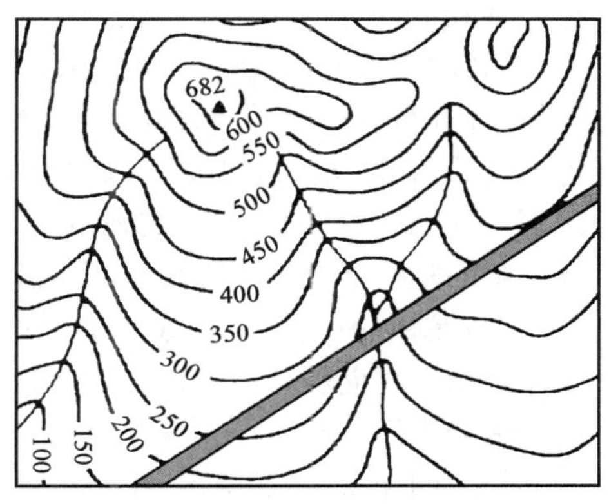

图 4－3　直立岩层的露头形态

3. 倾斜岩层

倾斜岩层在地质图上的露头分布形态决定于岩层产状、地形及二者间的关系，其地质界线与地形等高线呈相交的曲线延伸。当倾斜岩层穿越沟谷或山脊时，地质界线均呈 V 形，称为 V 形法则。

根据岩层产状、地形及二者间的相互，V 形法则有不同的表现，具体有以下 3 种情况：

(1) 当岩层倾向与地面坡向相反时，地质界线与地形等高线呈相同方向弯曲，但地质界线的弯曲度总是比地形等高线的弯曲度要小［图 4－4 (a)］。

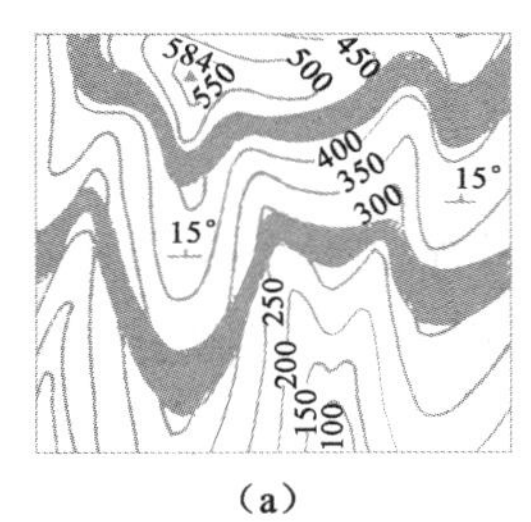

(a)

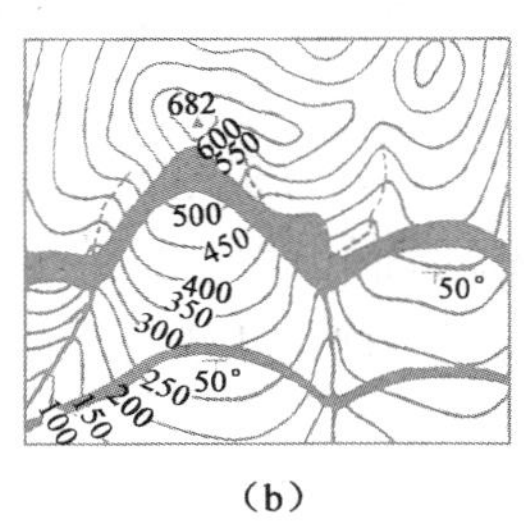

(b)

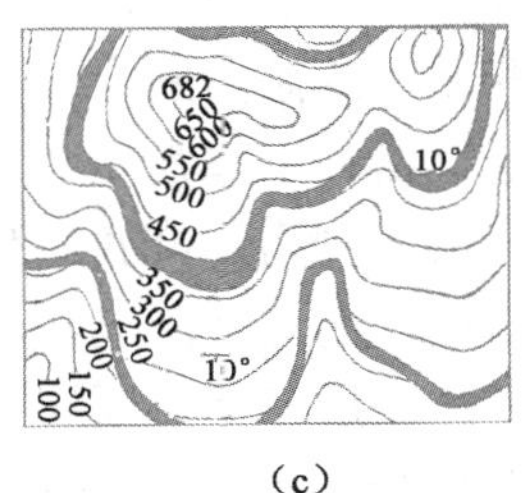

(c)

图 4－4　倾斜岩层的露头形态

(a) 岩层倾向与地面坡向相反；(b) 岩层倾向与地面坡向相同，且岩层倾角大于地面坡角；(c) 当岩层倾向与地面坡向相同，且岩层倾角小于地面坡角

(2) 当岩层倾向与地面坡向相同，且岩层倾角大于地面坡角时，地质界线与地形等高线呈相反方向弯曲［图 4－4 (b)］。

(3) 当岩层倾向与地面坡向相同，且岩层倾角小于地面坡角时，地质界线与地形等高线也是呈相同方向弯曲，但地质界线的弯曲度明显地大于地形等高线的弯曲程度［图4－4 (c)］。

通过阅读倾斜岩层的地质图，可以帮助我们分析工区地层、岩性、构造和构造发展史。

4. 各种地质构造在地质图上的特征

1）褶皱构造在地质图上的特征

（1）背斜和向斜。褶皱构造的基本形态为背斜和向斜。由于风化剥蚀作用，使具有背斜和向斜构造的岩层在地面上常呈条带状对称分布：从核部到两翼，岩层越来越新，为背斜；反之，为向斜。

从地质图上分析褶皱构造时，首先要从所附图例或地层柱状图了解图区出露地层的层序关系，概括了解新老地层分布特征，初步分析地形条件和地形对岩层露头形态、宽度的影响。在此基础上，再在横穿地层总体延伸方向上观察地层新老分布是否有对称重复现象。

（2）褶皱两翼产状和褶曲种类。褶皱两翼倾角大致相等，倾向相反，为直立褶曲；两翼倾角不等，倾向相反，为倾斜褶曲；两翼倾角不等，但倾向相同，为倒转褶曲（倾角较大的一翼为倒转翼）；两翼倾角相等，倾向也相同，有一翼倒转，为等斜褶曲（应注意与单斜岩层的区别）；两翼倾向相反，两翼皆倒转，为扇形褶曲。

（3）褶曲轴。褶曲轴可以用平面上各岩层转折端的顶点连线来表示。如果褶曲轴延伸很远，一系列背斜向斜相连，为线形褶曲；如果褶曲轴较短，岩层投影为长圆形或近似浑圆形，为短背斜、短向斜、穹隆或构造盆地。

（4）褶皱枢纽产状。核部宽窄大体不变，两翼的岩层界线大致平行，表示枢纽是水平的；核部呈封闭曲线，两翼岩层不平行，或具有弧形转折端，表示枢纽是倾伏的；若背斜向斜相连，岩层则呈“之”字形弯曲；若核部忽宽忽窄，表示枢纽忽高忽低呈波状起伏；沿任一褶曲轴岩层越来越新的方向为枢纽的倾伏方向。

（5）褶皱形成时代。褶皱形成时代主要根据地层的角度不整合接触关系，即不整合面上下岩层的相对时代来确定：在不整合面以下一组岩层中最新的地层时代之后，在不整合面以上一组岩层中最老的地层时代之前。

2）断裂构造在地质图上的特征

在地质图上，除用专门符号表示断层位置及其性状特征外，尚可根据地质界线沿走向方向的突然中断、岩层沿倾向方向呈不对称重复出露或缺失等现象进行判断。

（1）纵断层和横断层。岩层重复或缺失，为纵断层（或走向断层）；岩层发生中断或错开，为横断层（或倾向断层）。

（2）上升盘和下降盘。对纵断层来说，在断层线上任意指定一点，较老岩层一侧为上升盘，较新岩层一侧为下降盘；但当断层面倾向与岩层倾向一致而断层面倾角小于岩层倾角时，较老岩层一侧为下降盘，较新岩层一侧为上升盘。然后，再根据断层面的倾向，即可确定该断层是正断层还是逆断层。

如果断层横穿或斜穿背斜或向斜，同时在断层两侧核部宽窄发生显著变化，则在背斜中变宽的一盘为上升盘；变窄的一盘为下降盘；在向斜中则恰好相反，变窄的一盘为上升盘，变宽的一盘为下降盘。如果两盘核部只有水平错开而无宽窄大小的变化，则为平移断层。

（3）断层形成时代。根据断层与不整合的关系、断层与岩体岩脉的关系、断层交叉错断与被错断的关系等确定断层的形成时代。断层总是形成于被其错断的最新地层形成之后、上覆不整合面上最老地层形成之前；当其切割火成岩体或其他地质构造时，被切割者时代较老；同期的褶皱、断层、火成岩体，在形成过程中，处于同一应力场，因而具有一定的共生组合规律。

3）地层接触关系在地质图上的特征

（1）整合：地质图上两套不同的地层连续沉积，地层界线大致平行，没有缺层现象（有时有地层变厚、变薄及自然尖灭现象）。

（2）平行不整合：在地质图上两套地层时代、层序不连续，且有地层缺失，但两套地层的地质界线大致平行（图 4－5）。

（3）角度不整合：地质图上两套地层时代、层序不连续，且有地层缺失，但两套地层的地质界线彼此不平行、互相截切，新地层在截切线之上，平行于截切线分布；老地层在截切线之下，常与截切线斜交（图 4－6）。

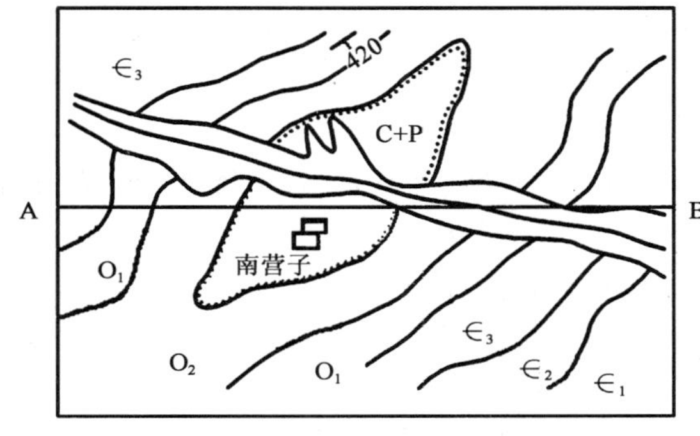

图 4－5　平行不整合在地质图上的表现
（据张景峰，1997）

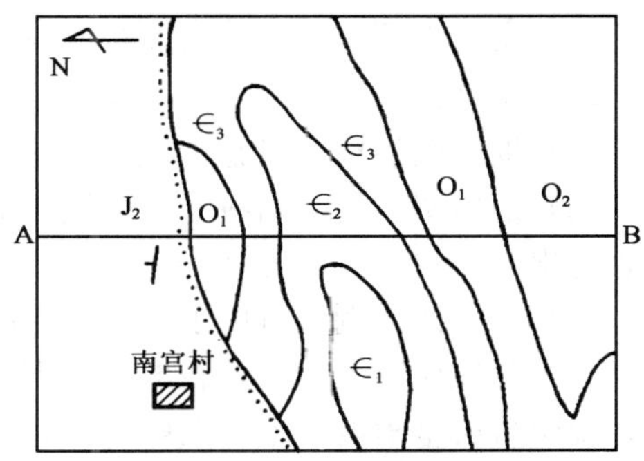

图 4－6　角度不整合在地质图上的表现
（据张景峰，1997）

任务实施

一、目的要求

（1）建立地质图的概念，了解地质图的图式、规格。

（2）掌握阅读地质图的步骤与方法。

（3）分析水平岩层和倾斜岩层发育区地质图，认识水平岩层和倾斜岩层在地质图上的特征。

（4）掌握岩层产状的概念，学会从地质图上求岩层产状的方法。

二、资料、工具

（1）地质图件。

（2）绘图工具。

三、识读地质图的步骤和方法

识读地质图时一般应遵循以下 5 个先后的原则：先图外，后图内；先地形，后地质；先地层，后构造；先整体，后局部；先略读，后详读。

（1）看图名、图幅代号、比例尺。一般地质图的图幅是上北下南，左西右东。

（2）看图例。

（3）分析图区的地形特征。

（4）分析地质内容。

（5）在掌握全区地质轮廓的基础上，再对每一个局部构造进行分析。

（6）把各个局部联系起来，进一步了解整个构造的内部联系及其发展规律。

任务考评

一、理论考核

1. 填空题

(1) 我国石油天然气地质编图行业标准是____________________。

(2) 地质图反映了一定范围内地壳的______、______、______、______等地质内容。

(3) 一幅正规的地质图除正图部分外，还应有__________、__________、__________、__________、__________、__________、__________、__________等内容。

(4) 水平岩层在地质图上，其地质界线________________地形等高线。

(5) 角度不整合接触的岩层在地质图上，其岩层界线彼此________、相互________。

2. 判断题

(1) 地质图的比例尺越小，表示的图形越精确。 (　　)

(2) 地质图上的等高线能够将地面上的山顶、山脊、斜坡、凹地、谷地等地貌形态准确地表现出来。 (　　)

(3) 通过读图例就可以了解图内地层、岩石、构造等发育情况。 (　　)

(4) 在地质图上，若较新地层的下界面地质界线与较老地层的一个或几个地质界线相接触，说明岩层呈角度不整合接触。 (　　)

(5) 在地质图上，水平岩层的同一岩层在不同地点的出露标高相同。 (　　)

3. 选择题

(1) 当地层倾向与地面坡向相反时，岩层界线与地形等高线(　　)。

(A) 同向弯曲，地形等高线弯曲曲率较大　(B) 同向弯曲，地形等高线弯曲曲率较小

(C) 反向弯曲，地形等高线弯曲曲率较大　(D) 反向弯曲，地形等高线弯曲曲率较小

(2) 当岩层倾向与地面坡向相同，岩层倾角小于地面坡度角时，岩层界线与地形等高线(　　)。

(A) 同向弯曲，地质界线的弯曲度小于地形等高线的弯曲度。

(B) 同向弯曲，地质界线的弯曲度大于地形等高线的弯曲度。

(C) 反向弯曲，地质界线的弯曲度小于地形等高线的弯曲度。

(D) 反向弯曲，地质界线的弯曲度大于地形等高线的弯曲度。

(3) 地质图上，褶皱两翼倾角大致相等，倾向相反，则为(　　)；两翼倾角不等，倾向相反，则为(　　)；两翼倾角不等，倾向相同，则为(　　)。

(A) 直立褶皱　(B) 倾斜褶皱

(C) 倒转褶皱　(D) 等斜褶皱

4. 叙述题

(1) 在地质图上如何认识褶曲?

(2) 在地质图上如何确定断层形成的相对时代?

(3) 在地质图上怎样认识和区别整合接触和平行不整合?

二、技能考核

1. 考核项目

(1) 用虚线连接图4-7各剖面上相应的层位，恢复褶曲形态，并画出褶皱轴的位置，说明褶皱剖面形态的名称。

(2) 分析图 4-8，写出该区地质构造特征报告（包括各时代的地层产状、地层间接触关系、断层证据、断层两盘的位置、断层产状和性质等）（提示：分析时，可沿图中 A-B 绘制示意剖面图）。

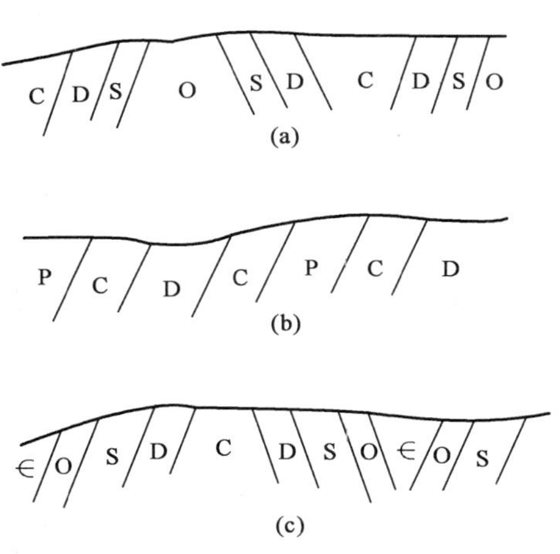

图 4-7 根据地层分布特征分析褶皱构造

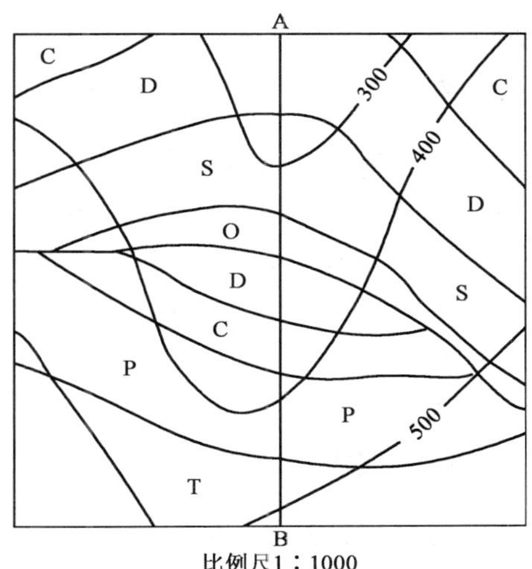

图 4-8 地质构造特征分析图

(3) 分析图 4-9，恢复该地区从古至今的主要地质事件，并分析断层的形成时间及类型，写出分析报告。

2. 考核要求

(1) 准备要求：工具、材料的准备。

(2) 考核时间：30min。

(3) 考核形式：笔试。

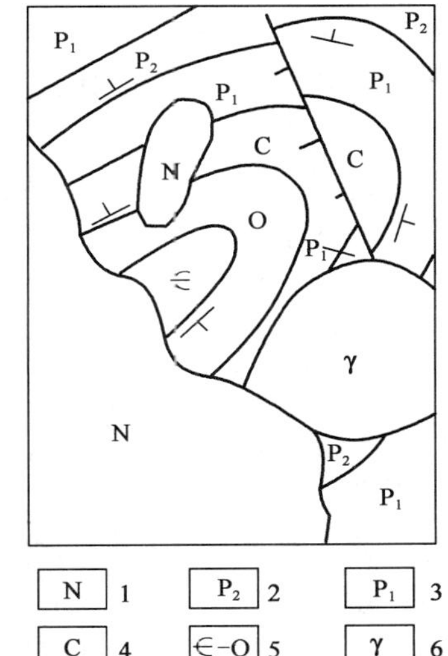

图 4-9 ×××地质图

1—新近系砾岩、砂岩（含植物化石）、盐层；2—上二叠统砂岩（含植物化石）夹玄武岩；3—下二叠统砂页岩（含植物化石）；4—石炭系砂页岩、煤层（含植物化石）；5—寒武—奥陶系石灰岩（含珊瑚化石）；6—定期花岗岩

任务二 地层柱状剖面图的绘制

任务描述

石油工作者在一个地区进行在油气勘探钻井时，首先应了解该区的地层层序、时代、岩性特征、厚度变化、含油气的层位和地层接触关系等。这些内容可以从地质图和地质剖面图中读到，但最直观的还是地层柱状剖面图。如果地层层序不清，时代有误，就必然导致一系列地质成果出现错误。

在一个新区进行初步钻探工作后所绘制出来的柱状剖面图，对于进一步开展钻井工作，是能起指导作用的。因为有了这些图，可以知道大致钻到什么深度，会遇到什么地层，会遇到什么问题，应采取什么措施，事先可以有所准备。例如，可以根据将会遇到的地层软硬不同而采用不同的钻头；如将会遇到砾岩，应使钻头防跳；遇到断层，要防止钻井液漏失；遇到高压油气层，应防止井喷；遇到流沙，应防井壁倒塌；遇到倾斜地层，应注意防斜，等等。

如果参考已有柱状剖面图，钻井所遇到的层位有时会提前，有时会拖后，说明所遇到的地层比已有柱状剖面图有变薄或加厚的变化（或倾角有变化）。

所以，石油工作者要了解地层柱状剖面图的基本知识，熟悉柱状图的规范与图式，并且掌握编制柱状图的基本方法。

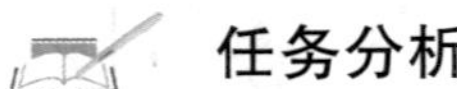

任务分析

编制地层柱状剖面图，首先要系统收集资料，然后才能进行编图工作。绘制地层柱状剖面图的原始资料都来源于野外实测地层剖面。在油气勘探开发中，钻井剖面地层的岩性柱状剖面图是根据岩屑、岩心录井资料编制而成的。随着测井技术的迅速发展，新一代集成化随钻测井（LWD）技术能够生成实时的岩性柱状剖面图，使钻开地层清晰、直观、可视，对油气井的顺利钻进具有重要意义。本次任务主要是练习用前人实测地层剖面资料来绘制地层柱状剖面图，以掌握绘制与识读柱状剖面图的方法与技能。

相关知识

一、地层柱状剖面图的概念

地层柱状剖面图是根据一个地区的野外露头或钻井地层资料，按其时代顺序、接触关系及各层位的厚度大小编制的图件。它反映了一个地区的地层层序、岩性、接触关系、矿产、地质发展历史等。

地层柱状剖面图还是阅读一幅新区地质图的基本依据。为了使人们能顺利阅读地质图，许多地质图上在正图的左侧缩绘了简要的地层柱状图。

二、地层柱状剖面图的内容、规格

地层柱状剖面图的内容、规格如图 4－10 所示，主要包括图名、比例尺、图例、地层时代、地层厚度、地层剖面岩性柱、油气显示、地层接触关系等。由于各地区情况不尽一致，有些项目可以归并，有的地层柱状图还可新立项目。

（1）图名。通常是用实际资料的所在地名来给地层柱状剖面图命名。如果该地太小，则一定要写上大地名，如“大庆油田葡萄花地区地层柱状剖面图”。图名要用较大的隶书、仿宋体或等线体书写，字体大小与图件相称，图内的其他文字要用仿宋体或等线体书写。图面设计要匀称、协调，看起来美观大方。

（2）比例尺。地层柱状剖面图是根据地层厚度编制的，因此，要根据需要按照比例缩小，一般都大于地质图的比例尺。

（3）地层系统。柱状剖面图的地层分为界、系、统，相当于代、纪、世的时间中所形成的地层。根据岩性特征，还可进一步划分为群、组、段。

（4）地层代号。每个代（界）、纪（系）、世（统）以及群、组、段等地质时代和地层单位，都有一个通用的代号。

（5）地层厚度，指岩层上下层之间的最短距离。一个代或纪所形成的地层由许多小层组成，它们总厚度则是这些小层厚度之和。分层厚度与累计厚度要一致，分层厚度为本区该层的最大厚度。对于有特殊意义的薄层（如标准层、含油层等），可适当放大表示，但厚度放大在图上不得超过 1mm。

（6）岩性符号。用一些花纹符号来代表各种岩性的地层，应根据我国石油天然气地质编图行业标准 SY/T 5615—2004《石油天然气地质编图规范及图式》来画（图 4－11）。

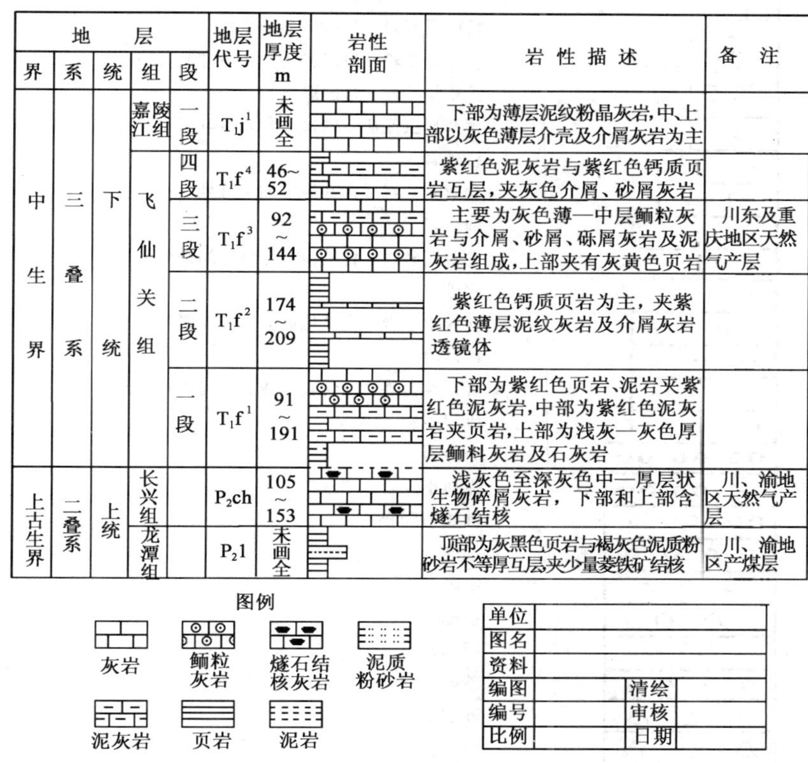

图 4－10　××地区二叠系上统—三叠系下统柱状剖面图

（7）地层层序。按照地层新老的顺序，从下而上加以编号。地层柱上层位新的安置在上面，而层序号则是从下往上（即由老到新）依次编号。

（8）岩性描述。将岩石的主要特征加以简要的描述，包括岩石的主要岩性特征，如岩石名称、颜色、结构、构造、主要成分、指相矿物、次生矿物、裂缝发育情况等。描述要简明扼要，反映出主要岩性的特点，突出标准层和特有的构造。

（9）化石。化石是鉴定地层时代最可靠的依据，因此必须把地层中所含的有鉴定意义的化石名称写上。

（10）图例。图中所用的一切符号均要有图例表示或文字说明。

（11）其他。地层中的矿产、含油层位，采集的标本、样品，地质、地貌及其他存在的问题都应注上。在图上必须写上制图人的姓名以及所在的单位，制图日期等。也可上述内容列绘成“责任表”放在图框外右下方或图框内空白处。这是因为要对该图负责任。

由于编图的目的和要求不同，在地层柱状剖面图中还可酌情增减某些项目。在钻井过程中，根据岩屑、岩心录井以及其他各种录井资料，地球物理测井资料，以及钻井过程中的油、气、水层显示、分析化验数据及其综合解释等绘制的综合录井图也是一种柱状剖面图（图 4－12）。

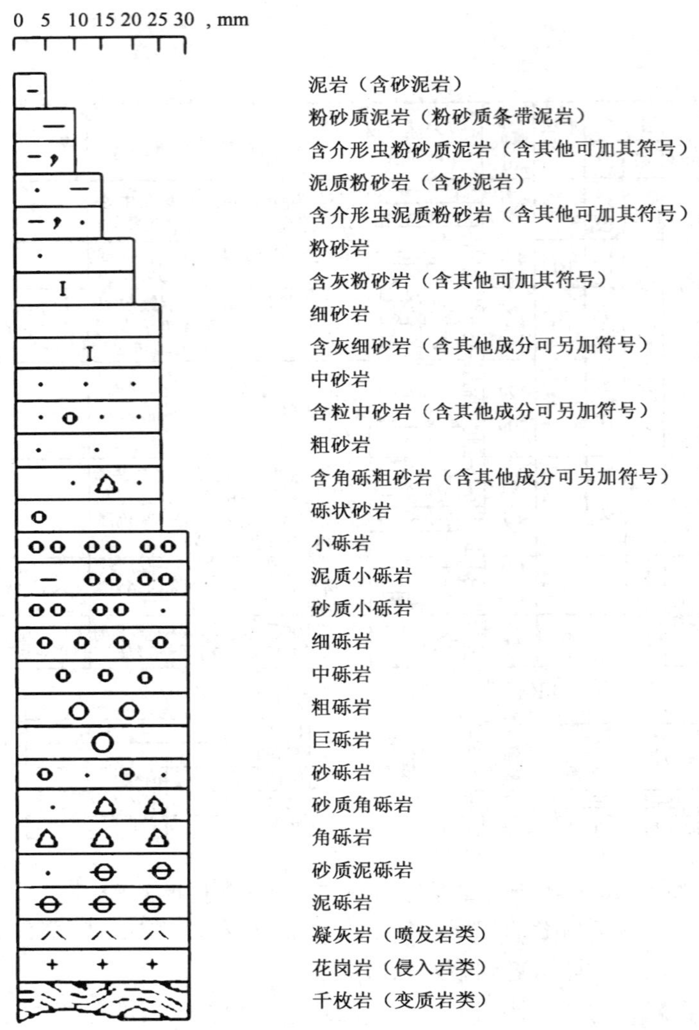

图 4-11　地层柱状剖面示意图格式（据 SY/T 5615—2004）

任务实施

一、目的

（1）了解地层柱状剖面图的概念、图式以及该图的实际意义。

（2）掌握编制地层柱状剖面图的方法和技能。

（3）根据所提供的各时代地层的岩性、化石等特点和地层间的接触关系，初步学会简单分析本地区的海陆变迁和构造运动历史。

二、资料、工具

（1）野外实测地层剖面资料。

（2）绘图工具。

（3）坐标纸。

××井综合录井图

比例尺1：1000

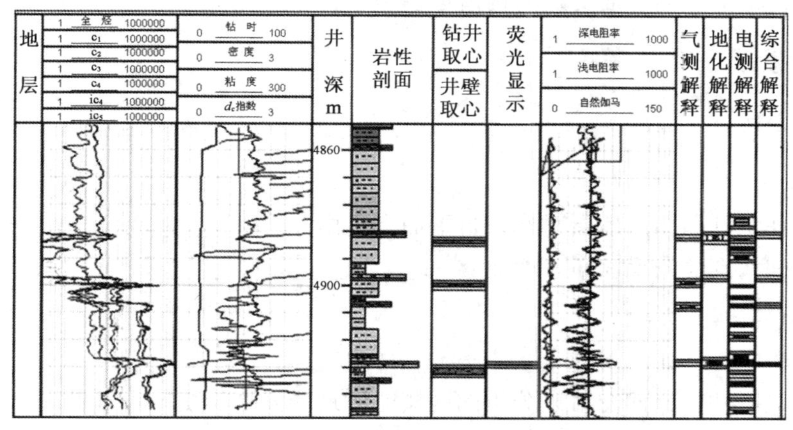

图 4－12　钻井综合录井图

三、绘图步骤

（1）整理地质资料，了解地层层序、接触关系、岩浆活动等情况。

（2）按照格式画好图框，图框的长短要根据地层总厚度按比例尺换算后的长度画；有的地层单位厚度大而岩性简单、化石少，可缩减厚度来画（但缩减厚度的地层单位，必须在地层柱中画上缩减符号）。

（3）各纵行的宽度根据内容多少而定，岩性符号栏一般宽 1.5～2.5cm（置地质图左侧者取窄的标准，单独作柱状图者选宽的标准），岩性简述栏最宽，其他各栏一般较窄(图 4－13)。

×××地层柱状剖面图

地层系统				比例尺	剖　面	层厚，m		层　号	岩性描述
界	系	统	组			层厚	组厚		
1cm	1cm	1cm	1cm	1.5cm	3.0cm	1cm	1cm	1cm	10cm

图 4－13　地层柱状剖面图的格式示意图

（4）按规定比例尺，以累计厚度自上而下、由老到新、逐段画出各地层的分界线。各时代地层间的接触关系要表示出来，整合接触用实线表示，平行不整合接触用虚线表示，角度不整合接触用波状曲线表示。

（5）依次填写地层单位、代号、厚度、岩性描述等项内容。

（6）画好岩性符号以后，平行地层接触面引出横格线条。

（7）按照规格写好图名（最好用隶书体写）、比例尺、制图日期，制图者及制图单位等。

（8）画出所用图例。沉积岩按粗屑、细屑、化学岩的顺序排列，然后画岩浆岩、变质岩及其他图例。

(9) 绘制完后经全面检查。审查无遗漏和错误后，用绘图墨水上墨。

(10) 作完柱状剖面图后，还应该根据各时代地层的岩性、化石等特点和地层间的接触关系，简单分析本地区的海陆变迁和构造运动历史。

任务考评

一、理论考核

1. 填空题

(1) 地层柱状剖面图的地层时代，自下而上，由__________到__________。

(2) 地层柱状剖面图反映了一个地区的__________、__________、__________、__________、__________等。

2. 判断题

(1) 根据地层柱状剖面图可以分析图区概略的地质发展历史。 (　　)

(2) 地层柱状剖面图中的所用一切符号均要有图例表示或文字说明。 (　　)

(3) 野外填图时，地层柱状剖面图是分层和确定填图单位的基础。 (　　)

(4) 绘制地层柱状剖面图的原始资料来源于野外实测地层剖面。 (　　)

3. 叙述题

(1) 绘制地层柱状剖面图的意义是什么?

(2) 绘制地层柱状剖面图的步骤是什么?

二、技能考核

1. 考核项目

(1) 绘制玛纳斯河下侏罗统地层柱状剖面图。

(2) 根据玛纳斯河下侏罗统地层资料，简要分析该区的沉积环境特征、地壳运动的特点，写出分析报告。

2. 考核要求

(1) 准备要求：工具、材料的准备。

(2) 考核时间：45min。

(3) 考核形式：笔试。

任务三　油气田构造剖面图的绘制

任务描述

构造剖面图是油气田勘探中不可缺少的重要图件之一，有着十分广泛的用途。它能够真实而详尽地反映油气田在某一方向的地下构造形态，各时代地层的接触关系、厚度变化和尖灭情况，断层的位置、性质、产状，油、气、水在构造上的分布状况及油气藏在地下的空间位置等。在设计新井卡准地层层位时，油气田构造剖面图是重要的资料之一。所以，作为石油勘探者，应该了解油气田构造剖面图的相关知识，并且能够识读与绘制。

任务分析

构造剖面图的类型很多，常用的是垂直岩层走向的横剖面图。编制剖面图的资料，一种是来源于野外实测或者是在地质图上切制；另一种就是来自钻井、地震和测井所得的资料。本次任务主要是练习根据钻井地质资料，在油田井位图上切制油田构造剖面图，以掌握绘制与识读油气田构造剖面图的方法与技能。

相关知识

一、构造剖面图的概念

构造剖面图是沿油气田构造某一方向切开的断面图。它主要用地质界线和断层线反映地下构造沿某一方向的形态变化，断层分布、断层性质及断距大小，地层产状变化、厚度变化和地层接触关系以及油气水的纵横分布等。构造剖面图是研究地下构造的基本图件之一，它常与地质图、构造等高线图配合使用。

根据剖面线的方向与构造长、短轴的关系，构造剖面图有纵剖面图和横剖面图之分，平行于构造长轴所切的剖面叫纵剖面图，如图 4-14 中Ⅳ-Ⅳ剖面；而垂直于构造长轴所切的剖面叫横剖面图，如图 4-14 中Ⅰ-Ⅰ剖面。

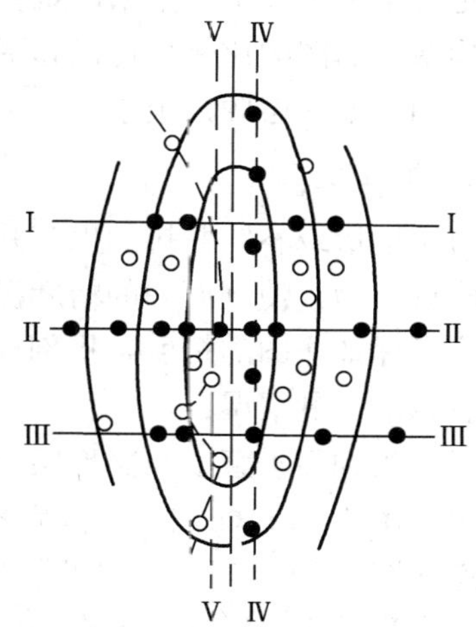

图 4-14　剖面方向选择示意图

二、构造剖面图的编制

编制构造剖面图常用资料有地面地质调查资料、地震资料、测井资料和钻井地质资料等，下面主要介绍利用钻井资料编制油气田构造剖面图。

1. 资料准备

根据钻井资料编制油气田构造剖面图，需要收集与整理的资料主要有：

(1) 井位图（或井距数据及井间相对位置的资料）。

(2) 井口海拔数据。

(3) 井斜数据，即井斜角、井方位角和斜井段长度。

(4) 各井各层地层厚度和接触关系的资料。

(5) 各井含油气井段的数据。

(6) 各井的断层数据，即断点位置、断层落差、断失层位。

此外，还要参考地震构造图及测线剖面图等资料。掌握的资料越多，编制的剖面图精度就越高。

2. 剖面方向选择

为了正确反映地下地质情况和满足生产的需要，通常在井位图上选择剖面方向和位置时，主要应考虑以下 4 个方面的问题：

(1) 剖面线尽可能垂直于地层走向，或平行于构造轴向（图 4-14），否则地层的倾角和厚度都将受到歪曲，而不能正确地反映地下构造形态。

（2）剖面线尽可能地通过较多的井。穿过的井越多，剖面图的精度也越高。

（3）有时为更为正确地反映地下构造的特征，作一个剖面图还不够用，需要作一系列的剖面图。与此同时，要求剖面线应均匀布置在构造平面上，以便能全面地反映油气田构造特征。

（4）剖面线应该布置在需要了解构造细节的部位并通过新拟定的探井井位。如为了认识某构造的断裂情况，剖面线应穿过断层。

3. 作图比例尺的确定

编制油气田构造剖面图的过程，也是分析和认识油气田地质情况的过程。在编制油气田地质图之前，首先要确定合适的作图比例尺。比例尺选择适当，作出的图不仅能正确地反映构造特征，同时图件会很美观、醒目、适用；若比例尺选择不适当，就会歪曲构造的真实特征，定会给下一步工作带来困难。

构造剖面图的比例尺可以和平面图的比例尺一致，或者适当放大。一般情况下纵、横比例尺相同。如地层倾角很小，为了使构造反映得更加明显，可将比例尺适当放大。

4. 井位校正

由于地形或不同井排的生产井彼此错开等影响，使有些井并不在剖面线上，而是在剖面线的附近。为了使剖面图的精度提高，就必须充分利用剖面附近的井的资料。

为了保证作图的精度，将剖面线附近的井按照一定规则移动到剖面上的工作叫井位校正，有以下 2 种情况：

（1）当剖面垂直或斜交地层走向时，位于剖面线附近的 2，3 井应该沿着走向线移到剖面线上［图 4－15（b）］，移位后各标准层的标高应该保持不变，这样才能正确反映地下构造形态［图 4－15（d）］。如果把 2，3 井垂直移到剖面线上［图 4－15（a）］，则 2，3 井标准层的高程被歪曲，将导致有断层存在的错误结论［图 4－15（c）］。

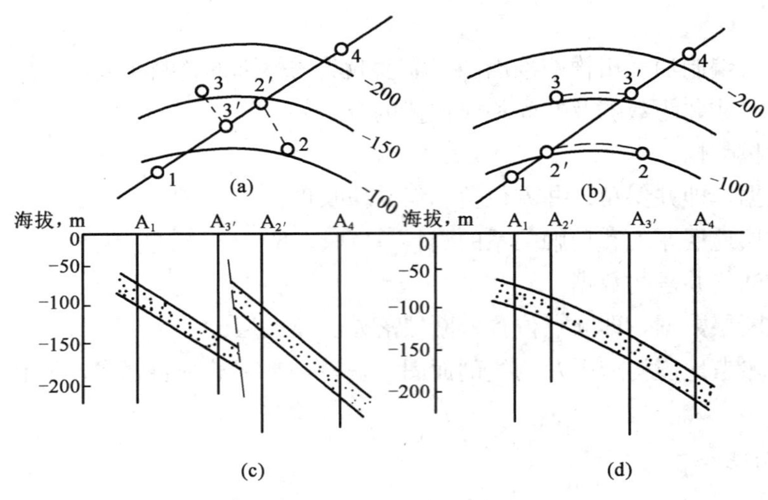

图 4－15　井位校正示意图

（2）当剖面线与地层走向平行或其夹角很小时，应将剖面附近井垂直等高线（地层倾向）方向移到剖面上去（图 4－16）。这时标准层的高度发生了变化，应该进行校正。设校

正值为 x，L 为井口移动前后之间的距离，θ 为地层倾角，则 $x=L\cdot\tan\theta$。将 2 井沿地层倾向向下投影到剖面线上 2′井的位置，2′井位置的标准层标高是 $-h'=-(h+x)$；相反，把 3 井沿地层倾向向上投影到剖面线上 3′的位置，则 3′井位置的标准层标高是 $-h'=-(h-x)$。

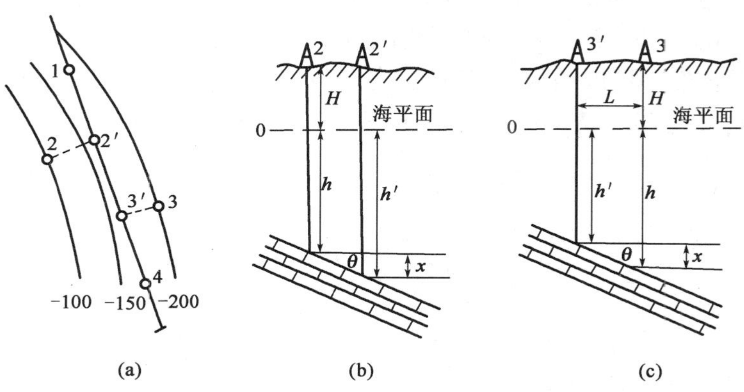

图 4-16　海拔标高校正示意图

5. 井斜校正

如果井是铅直的，经上述井位校正之后就可以作剖面图。但是，在钻井施工中，因地层产状、岩石性质不同及钻井技术措施的影响，钻井时常使井身发生偏斜。有时为了某种特殊的需要，例如钻探逆断层或逆断层下盘很陡峭的油层（图 4-17）、海底油田、地面有湖泊或沼泽或重要建筑物的油田等等，也需要人为地向一定方向钻弯井，这种弯井称人工定向井。如果把斜井或弯井当成直井作剖面图，就必然要歪曲地下构造形态。

如图 4-18（a）所示，该井弯曲方向与地层倾向一致，如果作直井处理，A 点就会错误地画到 B 点，地层的实际深度被夸大，导致地层倾角变小，甚至使地层倾向颠倒；而图 4-18（b）中井的弯曲方向与地层倾向相反，如果仍当直井处理，A 点被歪曲到 B 点，使地层实际深度减小，地层倾角变大。

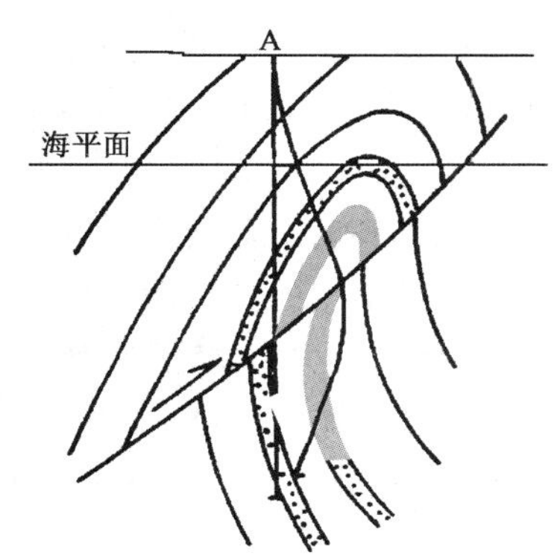

图 4-17　弯井示意图

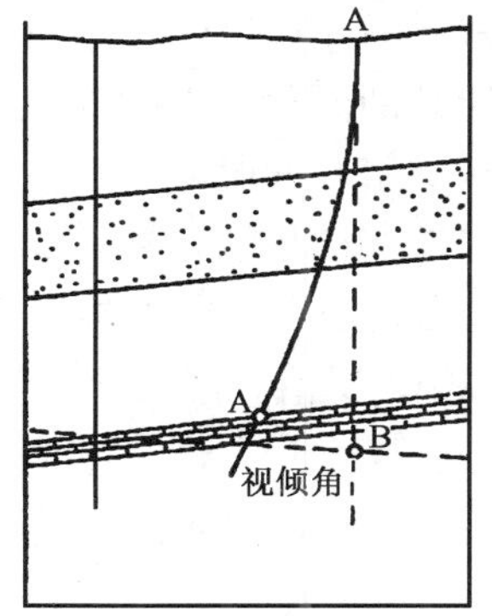

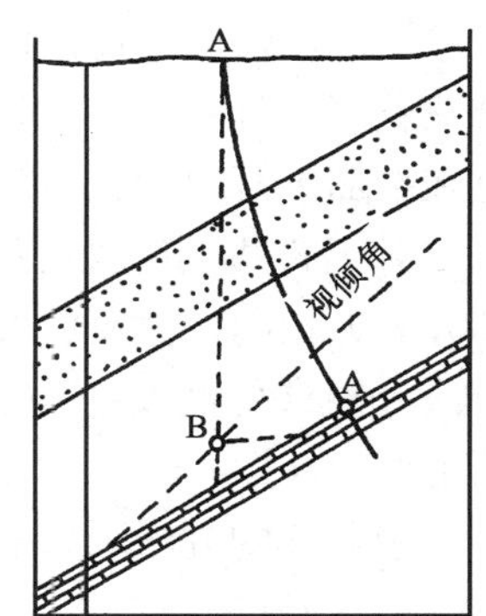

图 4-18　弯井对标准层海拔和地层产状的影响

所以，作图选择的井位在地面处于剖面线上，而地下井眼轨迹并不一定处在剖面线所在的垂直断面内，所以作图前还需要进行井斜校正。

所谓井斜校正，是指把任意断面内的斜井段沿地层走向移动到包含剖面线的断面上去。井斜校正的关键是求出斜井段校正后的长度和井斜角大小。井斜校正的方法有计算法和作图法 2 种。

1）计算法

设一斜井，井身参数如图 4－19 所示，N 为井身所在剖面，P 为要制图剖面。井 A 斜井段的长度为 AB（L），井斜角为 δ，地层走向为 BC，γ 为剖面方向与井斜方向间的夹角，γ_1 为地层走向与井斜方向间的夹角，γ_2 为地层走向与剖面线间的夹角；井斜校正后井身投影在 P 剖面上，斜井段的长度为 AC（L'），井斜角为 δ'。由三角函数关系得：

$$\tan\delta' = \tan\delta \frac{\sin\gamma_1}{\sin\gamma_2} \qquad (4-1)$$

$$L' = L \frac{\cos\delta}{\cos\delta'} \qquad (4-2)$$

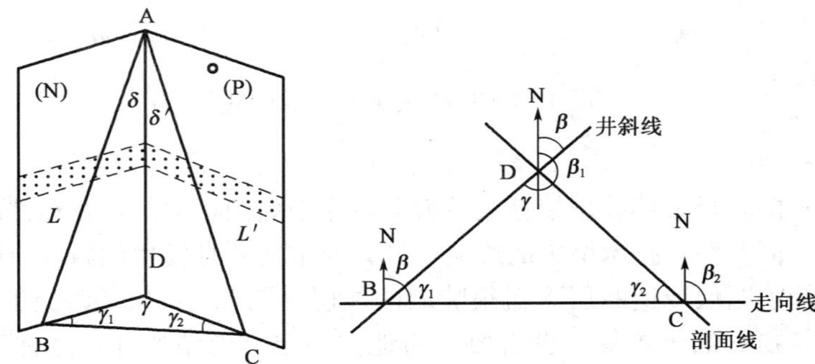

图 4－19　井斜投影示意图

当剖面线垂直于地层走向向时，即 $\gamma_2 = 90°$，$\sin\gamma_2 = \sin 90° = 1$，则式（4－1）可以简化为：

$$\tan\delta' = \tan\delta \cdot \sin\gamma_1 = \tan\delta \cdot \cos\gamma \qquad (4-3)$$

式中的 L，γ_1，γ_2 可以由井斜测井资料而得，地层走向可以由基础地质研究得到，通过上述公式就可以计算出该井投影到剖面 P 上井身长度（L'）和井斜角（δ'）。求得 L' 和 δ' 后，就可在剖面上画出校正后的这一斜井井段。

对于斜井，井斜角和井斜方位是沿井身不断变化的。进行井斜校正时，需要根据井斜角和井斜方位角的大小将井身分为若干个斜井段，而每一斜井段的 δ 是不变的，然后再用上述方法分别求得每段井身的 δ' 和 L' 值。经过逐段校正，便可将整个弯井井身校正到制图剖面上。

用计算的方法求 δ' 和 L' 以及编制剖面图比较麻烦，人们常常采用图解法。

2）图解法

如图 4－20 所示，(a) 是单个斜井段的校正步骤，(b) 表示连续多个斜井段的校正。AD=H=$L \cdot \cos\delta$（δ 为井斜角），如果求得 L' 在水平面上的投影 DC，就能画出 L' 的长度。求 DC 的方法是，先算出 BD（BD=$L \cdot \sin\delta$），然后将 B 点沿走向投影到剖面线上 C 点处，即可得到 DC。具体步骤如下：

第一步，以井口 D 点画出一水平直线 DM 代表剖面线。

第二步，由井斜方位角 γ 控制，过 D 点作出斜井段的井斜方位线 DB，并按比例取 DB 的长度等于斜井段（L'）在水平面上的投影长度值 S，即 $S=DB=L\cdot\sin\delta$。

第三步，过 B 点作地层的走向线，与剖面线 DM 相交于 C 点。

第四步，过 C 点作剖面线 DM 的垂线，并截取 CA′，使其值等于斜井段的垂直投影 H，即 $H=DA=L\cdot\cos\delta$。

第五步，连接 DA′，即为斜井段在剖面上的投影 L'，L'与 H 之间的夹角为校正后的井斜角 δ'。

第六步，对于全井，重复前面的步骤逐一校正，便可得到校正剖面。但应注意，前一段的终点是下一段的起点，铅垂方向的投影值应累加。

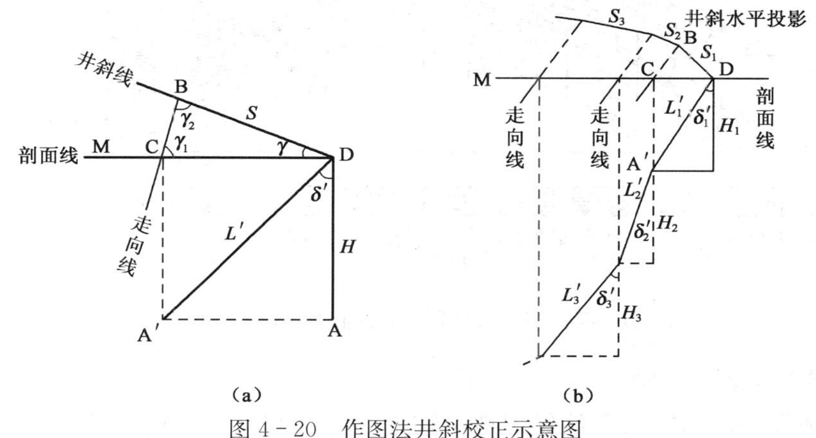

图 4－20　作图法井斜校正示意图

6. 地质剖面图的编制

对钻井资料通过上述整理和校正后，便可以着手绘制油气田地质剖面图了。油气田生产上的剖面图有以海拔为纵坐标和以深度为纵坐标的。下面以海拔为纵坐标的剖面为例，说明油气田地质剖面图的编制步骤。

（1）经过井位和井斜投影后，把选好的剖面线，按规定的比例尺画在绘图纸上的适当位置，并标出海拔零线。

（2）根据各井的井口海拔标高，参照地形图，描绘出沿剖面线的地形线。

（3）根据横比例尺，正确地把井位点标画在剖面上。

（4）通过各井位作剖面线的垂线，以代表井身，或将校正后的井身画上。

（5）在图的左侧标出垂直的线段比例尺。

（6）将各井的地层分层界线、标准层、断点、接触关系等按海拔高度和纵比例尺的规定正确地画在各井身线上。

（7）用圆滑的曲线把将各井相同层位的顶、底面连接起来，把属司一断层的各断点连接成断层线，并标明图例及有关符号，即得到沿油气田某一方向的地质剖面图（图 4－21）。

编制地质剖面图应当注意，对地下地质条件如地层、褶曲构造、断层、不整合以及它们之间的相互关系进行认真分析，正确地进行地层分层，是编制地质剖面图的基础；根据钻井、测井、地质、地震资料进行认真分析和对比，才能确定井与井间的构造关系和上下构造的变化特征，从而作出一幅比较能符合地下客观情况的地质剖面图。

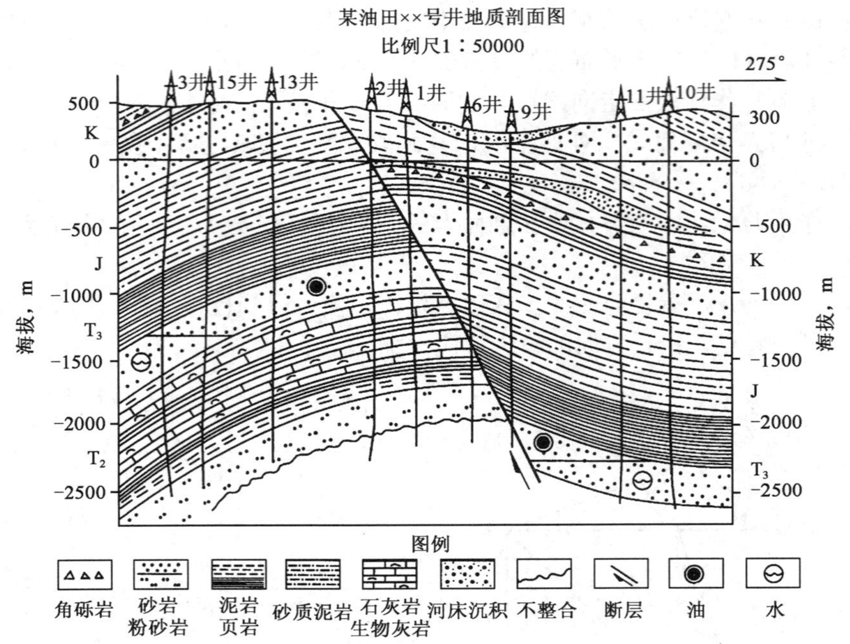

图 4－21　某油田××号井地质剖面图（据张达尊，1987）

三、地质剖面图的类型

油气田地质剖面图是表示油气田地下构造、地层和含油气情况的基础图件。图中的内容不宜过多，不然重点不突出，看起来不够。在生产实践中，常根据需要突出主要部分，去掉次要部分，而后编制不同类型的剖面图。如着重表现整个钻遇地层或油气层和标准层的构造特征、断层组合关系的油气田构造剖面图（图 4－22）；着重表现一个地区在标志层控制下含油段的地层厚度、砂层厚度及其电性特征的分布变化情况的油气层剖面图；着重表现沉积相带在纵向上分布特征的岩相剖面图；着重表现一个油藏在纵向上的变化起伏形态，砂层、油层、隔层分布特征，油水关系，物性特征等的油藏剖面图等等。

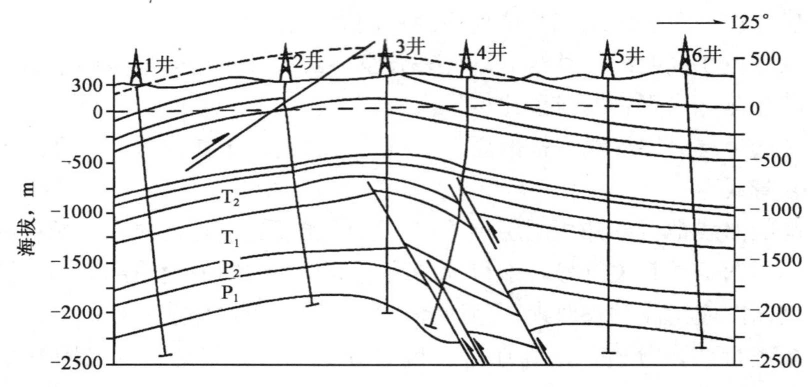

图 4－22　某油气田构造横剖面图（据张达尊，1987）

任务实施

一、目的

（1）掌握编绘油气田地质剖面图的方法和技能。

（2）学会阅读分析油气田地质剖面图。

二、资料、工具

（1）南西镇油田 47 井—14 井地质剖面数据表（表 4-1）。

表 4-1 南西镇油田 47 井—14 井地质剖面数据表

地层时代		岩性描述	各井海拔高程，m										备注
			47 井	3 井	46 井	9 井	10 井	2 井	基井	13 井	5 井	14 井	
侏罗系	Jc_2^2	细至中粒砖红色石英砂岩，厚 20.1m	75	105	143	172	217	316	351	270	192	134	Jc_2^2 为地面标准层；Jc_2^1 底部黑色页岩为地下区域性标准层。各井海拔高程为各时代地层的底界高程
	Jc_2^1	紫色泥岩，夹 3～5 层砂岩透镜体。砂岩厚 5～20m，横向延伸 3～5km，最长 10km。底部为 5m 厚的黑色页岩	−1200	−1160	−1110	−1070	−1000	−900	−850	−950	−1040	1150	
	Jc_1	上部为 150m 厚的砂岩，下部为暗紫红色泥岩	−1605	−1570	−1500	−1480	−1400	−1295	−1250	−1350	−1440	−1550	
	Jt_2	上部黑色页岩夹少量石灰岩；下部介壳灰岩夹少量页岩，其顶部为一层 8m 厚的泥灰岩	−2130	−2090	−2000	−1940	−1890	−1800	−1750	−1870	−1960	−2070	
	Jt_1	泥岩，泥质砂岩不等厚互层	−2930	−2890	−2800	−2740	−2690	−2600	2550	−2670	−2760	−2870	
三叠系	T_3	浅灰黄色细至中粒石英砂岩，厚 175m；下层为灰黑色泥岩、页岩（未见底）	−3100	−3060	−2970	−2910	−2860	−2770	−2720	−2840	−2930	−3050	
各井地面海拔高程			55	550	300	150	100	400	150	600	400	230	
各井油水界面标高			−2910	−2910	−2910	−2910					−2910	−2910	

（2）南西镇油田井位图。

（3）绘图工具、铅笔等。

（4）坐标纸。

三、编制油气田地质剖面图的方法步骤

（1）在南西镇油田井位图（图 4-23）上布置 47 井—14 井剖面线。

（2）井位校正：把不在剖面线上的9井、5井等沿走向投影到剖面线，并在图纸上按比例在适当的位置作海拔为零的水平基线（即剖面线），在基线上确定各井的位置。

（3）假设剖面上的井身都是沿直的，根据各井在基线上的位置作井身线。

（4）作垂直比例尺，并根据表4-1中各井地面海拔高程，参考地形资料（即图4-22中河流的位置）画出地形剖面线。

（5）在各井身上根据表4-1中各时代地层界面的海拔高程确定界面位置。

（6）光滑连接各井相同地质界线点，即得地质剖面图。

（7）绘出岩性花纹和油水界面，并按地质剖面图的规格完成其他工作，使其成为一幅完整的地质剖面图。

任务考评

一、理论考核

1．名词解释

井位校正　井斜校正

2．填空题

（1）构造剖面图主要用__________和__________反映地下构造沿某一方向的形态变化，它常与地质图、构造等高线图配合使用。

（2）根据剖面线的方向与构造长、短轴的关系，构造剖面图有__________构造长轴所切的纵剖面图和__________构造长轴所切的横剖面图2类。

（3）油气田地质剖面图可以反映地下__________、__________及__________特点等3类特征。

（4）编制构造剖面图常用资料有__________、__________、__________和__________等。

3．判断题

（1）在绘制油气田构造图时，当剖面平行地层走向时，位于剖面附近的井应平行于等高线方向投影到剖面线上。（　）

（2）在绘制油气田构造图时，当剖面垂直地层走向时，位于剖面附近的井应垂直于等高线投影到剖面线上。（　）

（3）在绘制油气田构造图时，剖面上井越多，反映的地下构造形态就越精确。（　）

4．叙述题

（1）根据钻井资料绘制油气田构造图，需要收集与整理哪些资料？

（2）绘制油气田地质剖面图应如何正确选择剖面方向？

二、技能考核

1．考核项目

绘制南西镇油田47井—14井剖面图。

2．考核要求

（1）准备要求：工具、材料的准备。

（2）考核时间：考试时间可根据学生对本任务掌握的实际情况而定。

（3）考核形式：笔试。

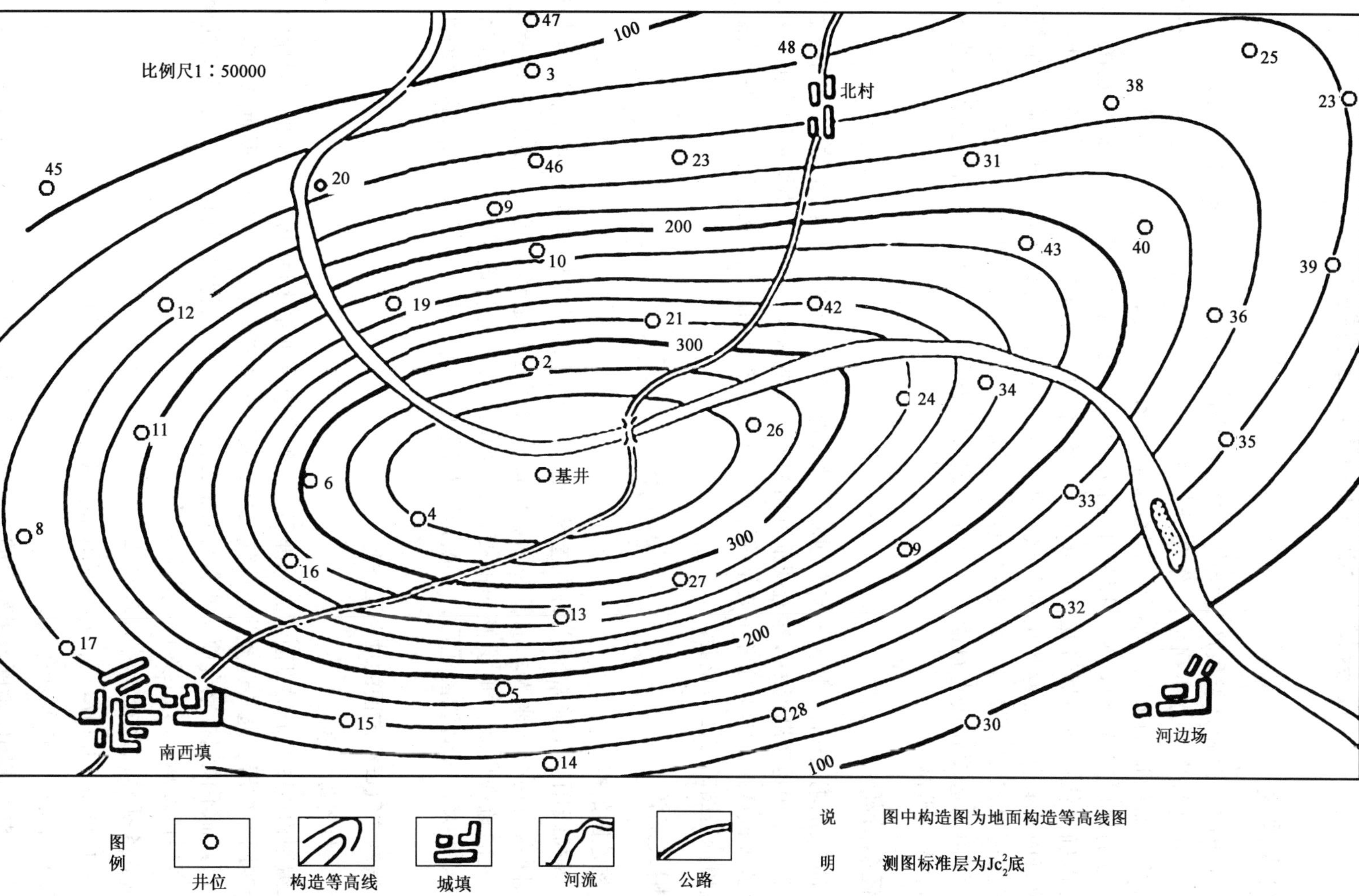

图4-23 南西镇油田井位图

任务四 油气田构造图的绘制

任务描述

在油气田的勘探和开发生产过程中，油气田构造图是必不可少的基础图件之一。利用构造图可以进行许多分析研究工作和计算工作。例如，利用构造图研究油气田的地下构造特征（如构造的形状、轴向、闭合面积、闭合高度、断裂情况、构造高点的位置、各部位的地层产状等），为勘探和开发的新井部署提供地质依据；根据构造图上的等值线可以确定任何制图标准层的深度，结合综合柱状剖面图可以确定制图标准层上下一定距离内的其他有工业价值的油气层的深度，为新井设计提供深度依据；根据构造等高线图可以确定油气田不同地段地层（或油、气层）的产状参数等等。所以绘制与识读油气田构造图就成为石油工作者的一项基本技能，我们应该掌握油气田构造图所表现的内容及其编制方法。

任务分析

编制油气田构造图的资料主要来自地质录井、地球物理测井和地震剖面等。目前在生产现场一般都是采用地震勘探手段来查明油气田的地下构造情况，并绘制出构造图，再以钻井资料进行验证或修改。本次任务主要是练习用钻井资料来绘制油气田构造图，以掌握绘制与识读油气田构造图的方法与技能。

相关知识

一、构造图的概念

构造等高线图就是通常所说的构造图。油气田构造图是用构造等高线（某层面上海拔高程相同点的连线）来表示油气层顶、底面或标准层构造形态起伏变化的等高线图。构造等高线的疏密反映了地层倾角的变化：等高线稀疏说明地层倾角小，等高线密集说明地层倾角大。等高线图还可以反映地下构造的高点、轴向、倾没情况及断层的性质和分布等。

二、编制油气田构造图的准备工作

1. 选择制图标准层

用来编制构造图的地层界面称为标准层。一般是通过研究钻井剖面，根据地层对比的结果来选择制图标准层。通常选择井下油气层顶、底面或油气层附近标准层的顶面或底面作为制图标准层，而不能选择整合面、冲刷面为制图标准层。一般把海平面作为绘图的基准面，海平面的高程作为 0m，其上为正，其下为负。

2. 检查各项作图原始资料的正确性

检查各井井位、井口海拔、各井制图标准层处的井深等数据是否正确。

3. 确定制图的比例尺和等高距

比例尺是根据作图的精度要求确定的。常用的比例尺为 1∶5000，1∶10000，1∶25000，1∶50000，1∶100000 等。

构造图等高距的大小没有统一规定。等高距的大小与资料的丰富程度有密切关系，一般选择等高距既能反映地下构造形态特征，又不使其等高线过密或过稀。通常可以根据比例尺的大小和构造倾角大小确定等高距：比例尺大，构造倾角小时，等高距应小些，常用 1m，2m 和 5m；比例尺小，构造倾角大时，等高距应大一些，常用 10m，25m 和 50m，有时甚至达 100m。

4．弯井的处理和制图标准层海拔标高的计算

1）弯井的处理

由于井身弯曲，使井底发生水平位移，而且使实际的井深大于铅直井深，也就是地面与地下制图标准层的井位不重合。如果不进行处理校正，绘制成的构造图势必严重地歪曲地下构造形态。所以，在编制油气田构造图时，要根据井斜资料准确地确定出弯井钻达到地下制图标准层的井位及其制图标准层的准确海拔高度，以保证构造图的质量和精度。

设弯井水平位移共有 N 段，首先计算出各斜井段的水平位移 S_i（δ_i 为第 i 段井斜角），即：

$$S_i = L_i \sin\delta_i \qquad (i = 1,2,3,\cdots,N) \tag{4-4}$$

在方位坐标上，从井口向下依次逐段地根据各斜井段的方位角 β 和水平位移 S_i 连续地画出各斜井段的水平位移，一直作到制图标准层上的那一井段为止。将井口与该尾点相连，即为弯井到制图层总的水平位移 L（可通过制图比例尺计算得出）。L 与正北方向的夹角就是 L 的方位角 β。有了 L 和 β，就可以画出在制图标准层上的地下井位。图 4－24 就是用 13 个井斜点的资料作出的某井水平位移图。

2）制图标准层海拔标高的计算

在编制油气田构造图时，对直井而言，制图的海拔标高等于补心海拔（H）减去制图顶面（或底面）井深（L），即 $h=H-L$。若为斜井或弯井（图 4－25 中的 2 号井），则首先根据各斜井段的长度 L_i 和井斜角 δ_i 求得各斜井段的铅直投影井深，然后按下列公式计算出制图标准层顶面（或底面）的海拔标高：

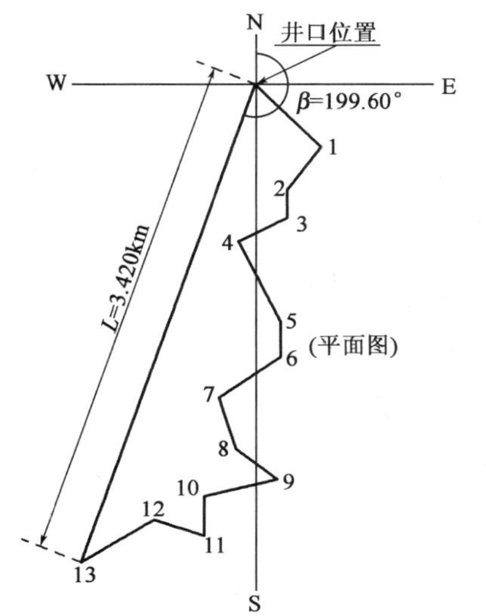

图 4－24　求斜井水平位移距离和方位

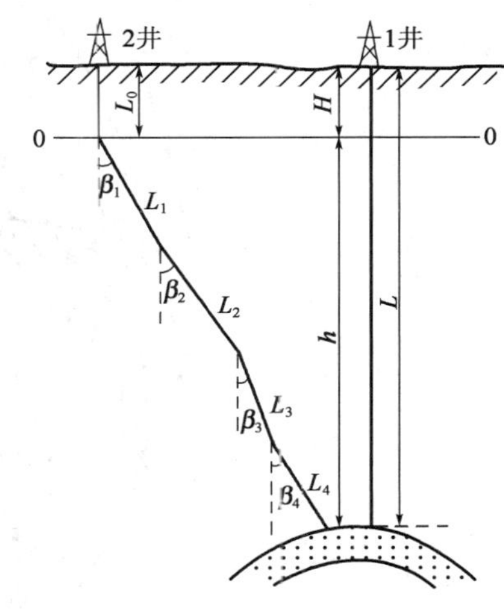

图 4－25　弯井制图层海拔标高计算示意图

$$h = H - (L_0 + L_1\cos\delta_1 + L_2\cos\delta_2 + L_3\cos\delta_3 + \cdots + L_n\cos\delta_n) \quad (4-5)$$

式中　h——校正后制图标准层顶（底）面海拔；

H——补心海拔；

L_0——直井段长度；

L_1，L_2，L_3，…，L_n——各斜井段长度；

δ_1，δ_2，δ_3，…，δ_n——各斜井段的井斜角。

三、油气田构造图的编制方法

在上述准备工作的基础上，便可以开始着手编制构造图。其编制方法与编制一般等高线图方法相同，通常采用的方法有三角网法和剖面法两种。下面以三角网法为例，介绍作图步骤。

三角网法又叫内插法或等值内插法。它是在校正后的井位图上连成若干三角形的网状系统，然后在三角形之间求出不同的高程点，将高程相同的点连成圆滑的曲线，即成构造图。用这种方法绘制地下构造图，适用于比较平缓且保存比较完整的构造。其基本步骤是：

（1）将各井井位根据实测坐标和规定的比例尺绘制在作图纸上，并标明井号。

（2）计算各井制图标准层的顶（底）界面海拔标高，并标注在各井位旁边。

（3）根据各井同一制图标准层的海拔标高，在简单地分析构造轮廓的基础上，把相邻的井用直线连接起来组成三角形。

（4）对每个三角形的边按选定的等高距，进行等值内插找出内插点。

（5）将相同标高值的各点用圆滑曲线连接起来，并标注相应的海拔高程，即得该油气田制图标准层顶（底）界面构造图。

图 4－26 用三角网法编制油气田构造图的一个例子。该图是根据某区钻穿制图标准层的 20 口井资料（表 4－2）绘制的，等高距为 10m，等高线反映出一个南北向的短轴背斜构造，构造的西北部有一断层。

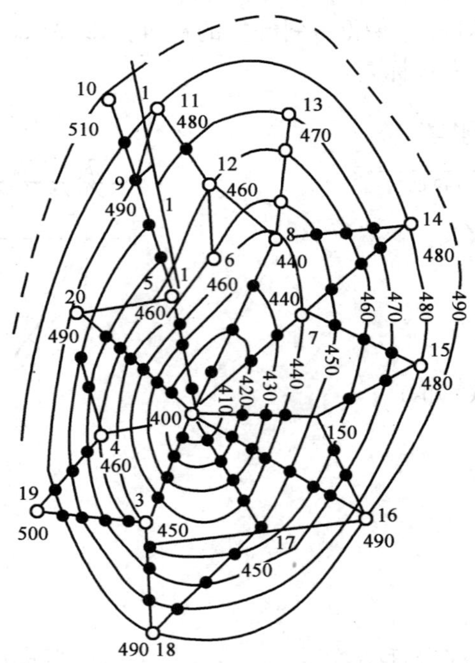

图 4－26　用三角网法绘制构造图

表 4-2　20 口井的制图标准层数据表

井　号	标准层深度 m	井口海拔 m	标准层海拔 m	井　号	标准层深度 m	井口海拔 m	标准层海拔 m
1	425	+25	−400	11	491	+11	−480
2	478	+28	−450	12	474	+14	−460
3	471	+21	−450	13	180	+11	−470
4	482	+22	−460	14	488	+8	−480
5	480	+20	−460	15	487	+7	−180
6	467	+17	−450	16	499	+9	−490
7	459	+19	−440	17	481	+11	−470
8	453	+13	−440	18	498	+8	−490
9	504	+14	−490	19	500	+6	−500
10	520	+10	−510	20	503	+13	−490

（6）画上图例，写上图名、比例尺、制图单位、制图日期、制图人等，构造等高线图就绘制完毕。

在绘制油气田构造图时，应注意以下几个方面的问题：

（1）正确地连接三角网。在整个油气田构造面积上，以直线把相邻井点连接成三角网时，应注意构造两翼的井点不能相连，分别位于断层两盘的井点不能相连。因此，在连线前，首先应分析各井制图标准层海拔的变化情况，概略地知道制图面积内的构造形态，比如背斜轴线、翼部、断层的大致位置等，以便正确连接成三角网。为了提高图件的精度，最好把相邻井点连接成锐角三角形，而不要连成钝角三角形。

（2）等高线彼此不能相交，倒转背斜及逆断层例外。下盘被隐蔽部分一般不画图或以虚线表示，以免相互混淆。

（3）当层面近于直立时，等高线重合。

在绘制构造图过程中，如果只是机械地应用各井点高程数值勾绘构造等高线，所得的结果不一定能合理描绘地下构造特征。如图 4-27（a）所示，虽然技术上没有问题，但它未能反映符合地下地质规律的构造形态，构造等高线时紧时松，倾角倾向变化大，没有一定的变化趋势。图 4-27（b）利用了同样的控制井点，但却勾绘了两个鼻状构造和一个台阶，比较近于地下构造的实际情况。这张图未用简单的内插法，而是根据井点所提供的倾角和走向资料经过构造的形态分析编绘的。图 4-27（c）是在充分研究区域构造性质和特点的基础上，根据井点所提供的倾角和走向资料，发挥技术人员的想象力，先大致勾绘出构造轮廓，经构造形态分析，提出的符合区域地质条件和技术要求的构造图。

四、油气田构造图的应用

油气田构造图是油田勘探和开发时必不可少的基础图件之一，在矿场实践中得到广泛应用。

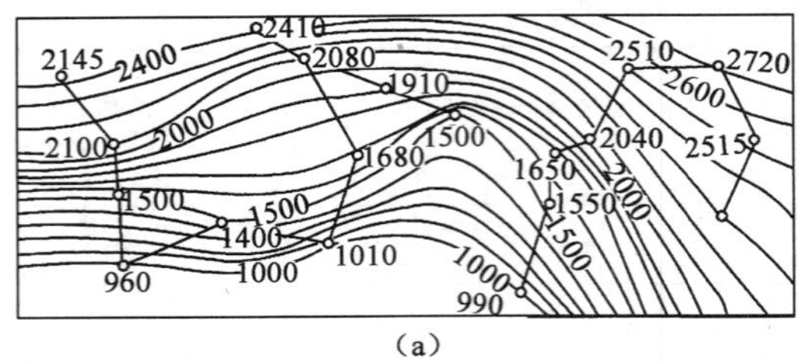

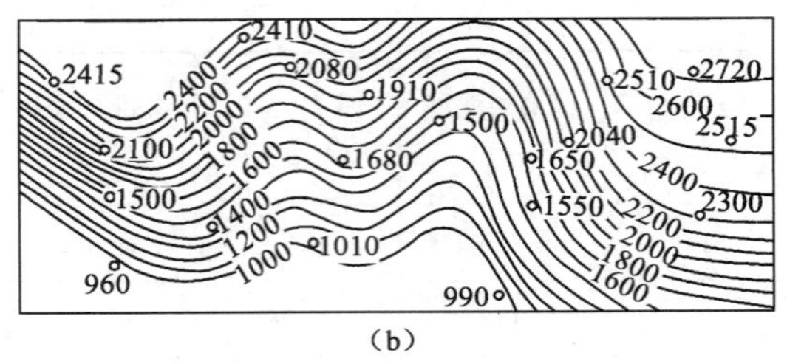

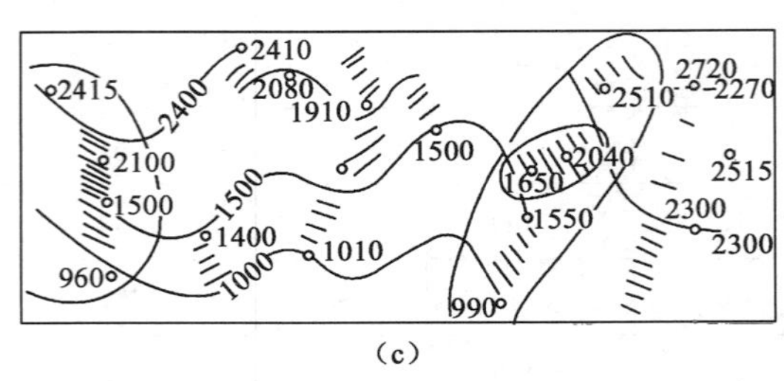

图 4-27 考虑地质因素用三角网法编制构造图

(a) 忽视地质条件的构造图；(b) 考虑到地质因素编制的构造图；(c) 编图过程示意图

1. 掌握构造形态，确定油气藏的基本参数

从构造图上，可以确定构造的类型和形态，求取油气藏的相关参数，如闭合面积、闭合高度及含油气面积和含油气高度等，这些参数是油气藏评价的重要指标。

2. 指导井位部署

钻井资料较多时，通过钻井资料作出的构造图比用地震资料作出的构造图更精确，更接近实际，可作为新井部署的图件。

3. 为新井设计提供井深数据

井位确定后，根据井口的海拔高度和所在目的层的海拔高程，可以计算出设计井深。

4. 圈定含油气面积

一般在构造图上要画下油水边界、油气边界（有气藏时），因此在构造图上可以圈定含油、含气面积，为计算油气地质储量提供参数。

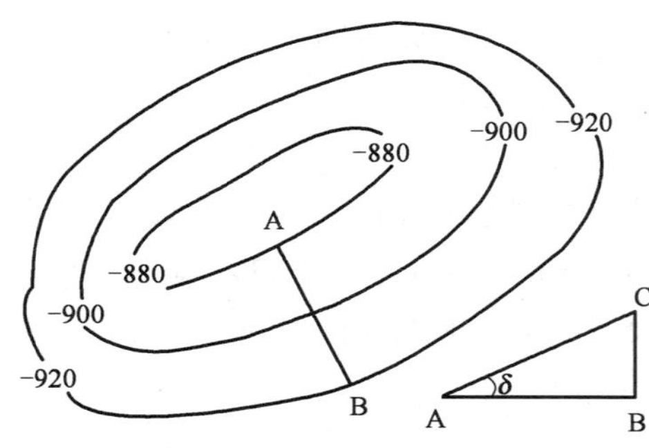

图 4-28 用构造图求地层倾角

5. 求地层产状

用构造图求地层倾角采用作图与计算相结合的方法（图 4-28）。构造等高线延伸的方向表示地层的走向，垂直走向方向作任意两条（也可是相邻多条）等高线间的垂线 AB，过 B 点作垂线 BC，并按比例取线段 BC 等于 A、B 两点的高程差，连接 AC，δ 即为地层的倾角：

$$\tan\delta = \frac{\overline{BC}}{\overline{AB}} \tag{4-6}$$

$$\delta = \arctan\frac{\overline{BC}}{\overline{AB}} \tag{4-7}$$

式中 $\overline{AB}$——A，B 两点的图上距离；

$\overline{BC}$——A，B 两点高程差在图上的距离；

δ——地层倾角。

6. 作为编制开发与开采现状图的背景图

在油气田开中，油气田构造图作为编制开发与开采现状图的背景图，可以观察油水或气水边界在油气藏各部位推进情况，分析油层动态，以便调整生产和开发部署。在绘制许多图件时，往往以构造图作为底图。

任务实施

一、目的要求

（1）掌握根据钻井资料编制构造图的方法和技能。

（2）学会阅读油气田构造图。

二、资料、工具

（1）南西镇油田井位图。

（2）绘图工具、铅笔等。

（3）透明方格纸。

三、绘制油气田构造图的步骤和方法

（1）参考南西镇油田井位图中的地面构造形态，分析图 4-29 中所给各井 T_3 油层底界的海拔高程，求得背斜构造高点的大致位置和轴线方向。

（2）用内插法求等高线点。

（3）用光滑的曲线连接相同海拔高程的等高点。

（4）按构造图的格式完成其他工作，使其成为一张完成的油田构造图。

任务考评

一、理论考核

1. 填空题

（1）绘制油气田构造图，通常选择井下油气层____________或____________或油气层附近标准层的____________或____________作为制图标准层，而不能选择整合面、冲刷面为制图标准层。

（2）弯井的处理就是要确定弯井钻达制图标准层的____________及____________。

（3）在编制油气田构造图时，对直井而言，制图的海拔标高等于____________减去制图顶面（或底面）井深。

（4）如图 4-30（a）所示，1 号井的井口海拔为 150m，其钻至标准层的设计深度为____________ m，其地层倾角可以表示为____________；（b）图中 2 号井的井口海拔是 950m，其钻至标准层的设计深度为____________ m。

2. 简答题

（1）编制构造等高线图要做哪些准备工作？

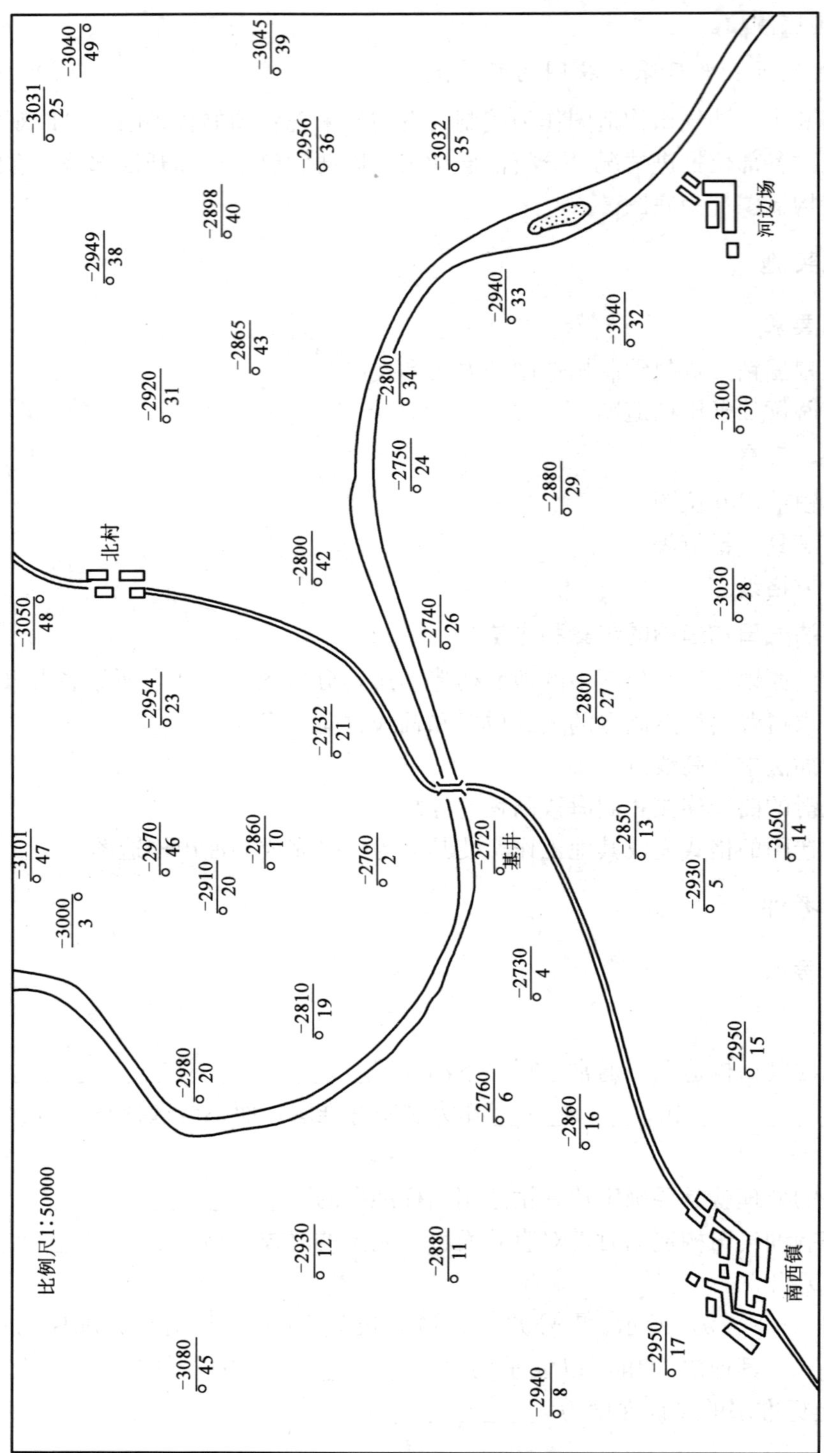

图4-29 南西镇油田T_3油层底界构造图

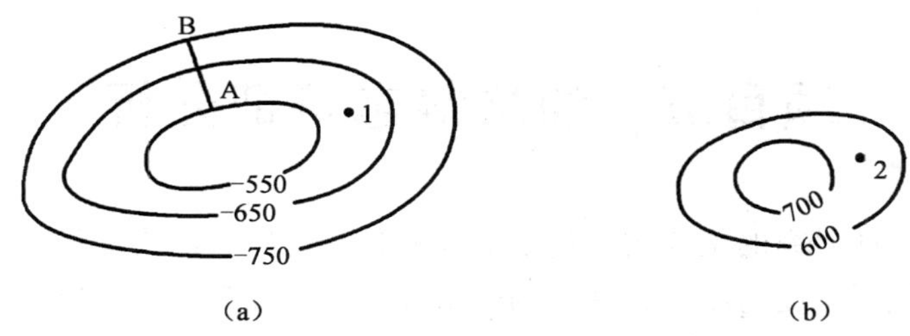

图 4－30　利用构造图确定新井设计深度

（2）简述构造等高线图的编制方法。

（3）在油气田勘探与开发生产过程中，油气田构造图有哪些方面的应用?

二、技能考核

1. 考核项目

根据图 4－28 所给的资料，绘制南西镇压油田 T_3 油层底界构造图。

2. 考核要求

（1）准备要求：工具、材料的准备。

（2）核时间：30min。

（3）考核形式：笔试。

项目五　油层静态特征分析

油层静态地质特征研究的主要内容包括油层划分与对比、储集层特征研究与评价、油气水的特征与分布、地层温度与压力、油气构造研究、储量计算等。油层深埋于地下，要寻找地下油气藏，就必须研究认识地下油层的静态特征。只有准确掌握油藏流体的性质、油气水的分布特征及油藏的压力、温度系统，在钻井施工过程中才能够采取有针对性措施，尽早发现油气藏、保护油气层。

知识目标

(1) 了解地层中油、气、水的组成与性质及其分布特征；了解储集层岩石的储油物性的概念；了解储集层非均质性的概念和类型；了解油层的温度与压力的相关概念。

(2) 理解温度和压力是如何影响油气藏发生变化的；理解地层异常压力的形成原因；理解影响储集层岩石储油物性的因素；理解地层中油、气、水的分布及油层的温度、压力如何决定开发方式和开采技术。

(3) 掌握判断异常压力的方法及其预测方法；掌握地层中油、气、水的性质及其分布特征；根据油气水的分布特征，理解油气钻井的布井。

能力目标

(1) 能够正确分析地层异常压力形成的原因。

(2) 能够使用正确的方法判断异常压力是否存在。

(3) 能够根据地层中油、气、水的分布及相关参数计算油气的储量。

任务一　储集层流体性质的分析

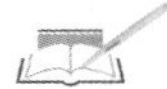

任务描述

储集层中的流体主要是指油气藏中的石油、天然气，以及与石油和天然气有关的油田水。石油是以液态形式存在于地下储集层孔隙中的可燃有机矿产，从地下开采出来的石油在加工提炼之前称为原油。油田开发中所讲的天然气主要是指与油田和气田有关的可燃气，成分以气态烃为主，有时也可遇到以非烃气为主的气藏。目前世界上已发现的油气藏几乎都有油田水与油、气共存。本部分系统阐述储集层中油、气、水的物理性质和化学组成特征。

任务分析

石油、天然气、油田水的化学组成及物理性质，是研究油气生成、运移、聚集、分布等问题的重要资料，也是评价油气质量，制定开采、加工方案的主要依据。合理开发油气藏，必须了解油、气、水的化学组成和物理性质。

相关知识

一、石油的组成及性质

石油是由各种碳氢化合物和少量杂质组成的存在于地下岩石孔隙中的液态可燃有机矿物，是成分十分复杂的天然有机化合物的混合物。石油没有固定的化学成分和物理常数。

1. 石油的元素组成

石油的主要成分为 C，H，O，S，N。其中，C 占 84%～87%，H 占 11%～14%，两者占 97%～99%；O，S，N 总量仅占 1%～3%，在高硫石油中可达 3%～7%，如墨西哥石油含硫 3.6%～5.3%。石油中氮含量很少，一般为千分之几到万分之几，个别情况下 N 含量也很高，如美国加利福尼亚古近系石油氮含量可达 1.4%～2.2%。表 5－1 列出了国内外某些石油的元素组成。

表 5－1　国内外某些石油的元素组成　　　　%

石油产地	C	H	S	N	O
大庆	85.74	13.31	0.11	0.15	0.69
胜利	86.26	12.20	0.80	0.41	—
大港	85.67	13.40	0.12	0.23	—
克拉玛依	86.1	13.30	0.05	0.25	0.28
江汉	83.00	12.81	2.09	0.47	1.63
杜依玛兹（俄罗斯）	83.9	12.3	2.67	0.33	0.74
宾夕法尼亚（美国）	84.9	13.7	0.5	—	0.9
墨西哥	84.2	11.4	3.6	—	0.8
伊朗	85.4	2.8	1.06	—	0.74

此外，石油中还有其他微量元素，构成了石油灰分。目前，采用发射光谱法和中子活化分析法从石油灰分中发现了其他微量元素 54 种。这些元素与自然界有机物的元素组成近似，说明石油与原始有机质存在明显的亲缘关系。尤其是钒（V）、镍（Ni）是分布普遍并且有成因意义的两种微量元素，它们含量的比值可用来确定沉积环境以及进行油源对比。

2. 石油的化合物组成

石油中的主要元素不呈游离状态，而是结合成不同的化合物存在，以烃类化合物为主，另外还有含氧、含硫、含氮的非烃化合物。

1）石油的烃类组成

目前在石油中已鉴定出的烃类化合物达 420 多种。按 C，H 两种元素之间结合的化学结构的不同，基本上可分为烷烃、环烷烃、芳香烃三大类。

烷烃类（又称脂肪烃类）通式为 C_nH_{2n+2}，一般在常温常压下 1～4 个碳原子（C_1～C_4）的烷烃呈气态；含 5～16 个碳原子的正烷烃呈液态；17 个以上碳原子的高分子烷烃呈固态。烷烃分子结构是碳原子与碳原子以单键相连接，排成直链式，其余碳原子键全部为氢原子所饱和的直链烃类。无支链者为正（构）烷烃，有支链者为异（构）烷烃。

在石油中，不同碳原子数正烷烃相对含量呈一条连续的分布曲线，称为正烷烃分布曲线。这说明石油中正烷烃同系物是一个连续系列。由于石油中低分子正烷烃多于高分子正烷烃，因而在正烷烃系列的 C_{15} 以内有一个极大值。

在石油的烷烃馏分中，最重要的是异戊间二烯型烷烃。其结构特点是在直链上每四个碳原子有一个甲基支链，在结构上宛如由若干个异戊间二烯分子加氢缩合而成。它们在石油中的含量可达0.5%，在石油和沉积物中往往以植烷、姥鲛烷和降姥鲛烷、异十六烷及法呢烷含量最高。由于同源的石油所含异戊间二烯型烷烃的类型和含量都比较相似，因此，它们常被用作油源对比的标志或“指纹”。

环烷烃，即分子中含有碳环的饱和烃。根据组成碳环的碳原子数分为三员环、四员环、五员环……。按分子中所含碳环数目，可以分为单环烷烃（C_nH_{2n}）、双环烷烃（C_nH_{2n-2}）、三环烷烃（C_nH_{2n-4}）及多环烷烃。石油中的环烷烃多为五员环或六员环。环烷烃和脂肪烃分子中所有化合价均被饱和，所以它们都属饱和烃，性质相似，化学稳定性高，但其物性（如密度，熔点、沸点）都比碳原子数相同的烷烃高，相对密度小于1。石油中所含的环己烷、环戊烷存在着一定的关系，根据环己烷与环戊烷的比值，可大致估计石油生成时的地下温度。

2）石油的非烃组成

石油中所含的非烃化合物数量不少，尤其在重质馏分中含量更高。石油中非烃化合物主要包括含硫、含氮、含氧化合物，它们对石油的物理、化学性质有着重要影响。

（1）含硫化合物。它在石油中的含量变化较大，从万分之几到百分之几。

硫在石油中可以呈单质硫（S）、硫化氢（H_2S）、硫醇（RSH）、硫醚、环硫醚、二硫化物、噻吩及其同系物等形态出现。

硫是石油中的一种有害杂质，因为它易产生硫化氢、硫化铁、硫醇铁、亚硫酸或硫酸等，对机器、管道、油罐、炼塔等金属设备产生腐蚀，所以含硫量常作为评价石油质量的一项重要指标。我国的石油多为低硫石油。通常将含硫量大于2%的石油称为高硫石油，低于0.5%称为低硫石油，介于0.5%～2%称含硫石油。一般产于砂岩层中的石油含硫量低，多为低硫石油；产自碳酸盐岩地层中的石油多为高硫石油。

（2）含氮化合物，一般含量为万分之几至千分之几。含氮量高于0.25%的石油称为高氮石油，而低于0.25%的称为贫氮石油。石油中含氮化合物分为碱性和非碱性两种，碱性化合物有吡啶、喹啉、异喹啉和卟啶及其同系物；非碱性包括咯、卟啉、吲哚和咔唑及其同系物。其中金属卟啉化合物最为重要，它的分子包含四个吡咯环。

动物血红素和植物叶绿素都属卟啉化合物，它们的结构同石油中这类化合物相同。因此，它们是石油有机成因的有利证据。

（3）含氧化合物，一般含量只有千分之几，在个别石油中可高达2%～3%。可分为酸性和中性两类。前者有环烷酸、脂肪酸及酚，总称为石油酸；后者有醛、酮类。

环烷酸很容易生成各种盐类，其中碱金属盐能很好地溶解于水中，在石油接触的地下水中常含这种环烷酸盐，可作为找油的标志。

3．石油的组分组成

根据石油中化合物的不同组分对有机溶剂和吸附剂（如硅胶）所具有的选择性溶解和吸附的特性，将石油划分为4个组分：

（1）油质：石油的主要组分，可溶解于石油醚而不被硅胶所吸附，成分主要为饱和烃和一部分芳香烃。

（2）胶质：可溶于石油醚、苯、三氯甲烷等有机溶剂而不被硅胶所吸附，可分为苯胶质（用苯解吸的产物）和酒精—苯胶质。前者多为芳香烃和一些含有杂原子（氧、硫、氮）的芳香烃化合物，后者主要为含杂原子的非烃化合物。轻质油中胶质含量少于5%，重质油中胶质含量可达20%以上。

（3）沥青质：不溶于石油醚和酒精，而溶于苯、三氯甲烷的沥青部分。相对分子质量较大，在电子显微镜下，其宏观结构呈胶状颗粒，其分子为稠环芳香烃和烷基侧链组成的复杂结构。

（4）碳质：石油中不溶于有机溶剂的非烃化合物。

4. *石油的物理性质*

石油的物理性质取决于它的化学组成和演化历史。石油不但没有固定的化学组成，而且演化史也非常复杂。所以，不同地区、不同层位甚至同一层位不同构造部位的石油，其物理性质也不相同。现将石油的物理性质简介如下：

（1）颜色。石油的颜色变化较大，从无色、淡黄色、黄褐色、淡红色、深褐色、黑绿色到黑色。颜色的不同跟成分有关。胶质—沥青质含量越高，颜色越深；油质含量越高，颜色越浅。无色石油在美国加利福尼亚、原苏联巴库、伊朗、印度尼西亚苏门答腊等地都有产出，但不同程度的深色石油占绝大多数，几乎遍布于世界各含油气盆地。

（2）密度和相对密度。密度指单位体积的质量；相对密度指标准条件下原油密度与4℃纯水密度之比值，为无量纲量。原油的相对密度在20℃下，一般介于0.75～1.0之间。通常把相对密度超过0.9的石油称为重质石油，小于0.9的为轻质石油。我国大庆、大港、克拉玛依均为轻质油。而胜利（0.90～0.93）、伊朗（1.016）、美国加利福尼亚石油（1.01）为重质油。美国常用API度，西欧常用波美度表示石油的相对密度，它们与相对密度之间的关系为：

$$\text{API度}=\frac{141.5}{15.5℃\text{时的相对密度}}-131.5$$

$$\text{波美度}=\frac{140}{15.5℃\text{时的相对密度}}-130$$

石油的密度与颜色有一定关系，一般淡色石油密度小；反之，则大。这取决于其化学组成。胶质、沥青质含量高，密度则大；高分子化合物含量大，密度大。地下原油密度还跟所处的温度和压力及溶解气量有关。

（3）粘度，指流体质点相对移动时所受到的内部阻力。它是对流体流动性能的度量，单位为帕斯卡秒（Pa·s）。在研究石油时，通常测定的不是绝对粘度而是相对粘度，即液体的绝对粘度与同温条件下水的绝对粘度之比。

石油的粘度变化很大，如大庆石油粘度在50℃为（9.3～21.8）$\times10^{-3}$ Pa·s，孤岛油田馆陶组原油则为（103～6451）$\times10^{-3}$ Pa·s。

粘度的变化受化学组成、温度、压力及溶解气量影响。相对分子质量小的烷烃、环烷烃含量多，粘度低；反之，高分子化合物含量多，则石油粘度高。温度、压力升高，粘度降低；温度、压力降低，粘度升高。溶解气量高，则粘度低；反之，则高。石油的粘度是一个很重要的参数，在油田的开采和集输方面很重要。

（4）凝点。将液体石油冷却到失去流动性时的温度称为凝点。石油凝点的高低取决于含蜡量及烷烃碳数高低。含蜡量高，则凝点高；反之，则低。凝点高的石油容易使井底结蜡，给开采工作造成困难。在开采和集输过程中要研究其凝点，而采取升温办法解决结蜡问题。

（5）导电性。原油是一种非异体，其电阻率高达10^{9}～10^{16} Ω·m。可利用此性质，用电阻率曲线来判断油水层。

（6）溶解性。石油易溶于有机溶剂而难溶于水。石油在水中的溶解度取决于成分和外界条件。烃类在水中的溶解度（甲烷除外）随相对分子质量增大而减小。碳数相同的烃类比较，烷烃的溶解度<环烷烃的溶解度<芳香烃的溶解度。

（7）荧光性。石油及其大部分产品（轻汽油及石蜡除外）在紫外线照射下均发出特殊蓝光的现象，称为荧光。石油的发光现象取决于其化学结构。多环芳香烃和非烃发光，而饱和烃则完全不发光。轻质油的荧光为浅蓝色，含胶质多的石油荧光呈绿色和黄色，含沥青质多的石油或沥青质荧光则为褐色荧光。

石油的荧光性现象非常灵敏，只要溶剂中含有十万分之一的石油或沥青物质就可发光。在油气田勘探中，荧光分析可鉴定岩样中是否含油，并大致确定组分。

（8）旋光性。当偏光通过石油时，偏光面会旋转一定角度，这个角度称为旋光角。这种能使偏光面发生旋转的特性，称为旋光性。如偏光面向右转，是右旋物质；向左转，则为左旋物质。引起旋光性的原因是分子中具有不对称分子结构。石油中的胆甾醇和植物性甾醇分子为不对称结构。胆甾醇存在于动物的胆汁、鱼肝油和蛋黄中，而植物性甾醇存在于植物油和脂肪中。所以，石油的旋光性是石油有机成因的一个有力佐证。

二、天然气的成分和性质

1. 定义

广义的天然气是指自然界中一切天然生成的气体，包括大气圈、水圈、岩石圈以至地幔和地核中的一切天然气体。

就石油地质学而论，天然气是指存在于地下岩石中、与油气田有关的以烃类为主的气体。它既可呈聚集状态，也可呈分散状态；既可与石油伴生，也可单独存在。

2. 天然气的分类

（1）成因分类。天然气按成因可分为三大类，即有机成因气、无机成因气和混合成因气。有机成因气又分为油型气和煤成气两类。

（2）产状分类。天然气在地下由于所处的物理条件及成因的不同，它的存在状态是不同的，即天然气的产状不同。按天然气的产状及其分布特点，可分为聚集型（游离态）、分散型 2 大类。

①聚集型：指呈游离状态的天然气聚集成藏的天然气，包括气藏气、气顶气和凝析气。

气藏气：指基本上不与石油伴生，单独聚集成气藏的天然气。

气顶气：指在油气藏中油气共存，气呈游离状态存在于气藏顶部的天然气。

凝析气：指当地下温度、压力超过临界条件后，液态烃逆蒸发而形成的气体。一旦采出地面，由于地表压力、温度降低，凝析气会逆凝结为轻质油，即凝析油。

②分散型：在地下呈分散状态的天然气，包括油溶气、水溶气、煤层气和固态气水合物。

油溶气：指溶解于油中的天然气。

水溶气：指溶解于水中的天然气。

煤层气：指煤层中所含的吸附气和游离气（瓦斯）。

固态气水合物：一种结晶化合物。甲烷等气态分子存在于水的冰晶体格架之中，即成为固态气水合物，也称冰冻甲烷或水化甲烷。固态气水合物是在冰点附近的特殊温度和压力条件下形成的，主要分布在低温的冻土、极地和深海沉积物中，蕴藏量十分丰富。

（3）按照天然气与油藏分布的关系，可分为伴生气和非伴生气。凡是在油田范围内，与油藏分布有密切关系的天然气称为伴生气。与油藏无明显关系的气藏气称为非伴生气。

3. 天然气的化学组成

天然气的主要成分是烃类。通常甲烷占优势，并有数量不等的重烃气（C_{2+}）。在某些伴生气中（气顶气或油溶气），重烃含量可以超过甲烷。非烃气在绝大多数气藏中为次要组成，但在个别情况下可以成为主要组成，形成 N_2，CO_2，H_2S 气藏等。

（1）烃类气体。组成以甲烷为主，重烃气为次，重烃气以乙烷和丙烷常见。在有些气藏中可见丁烷、丙烷高值现象。有的见少量 $C_4 \sim C_7$ 环烷烃和芳香烃。C_{7+} 一般为液态（常温下）。一般将 C_{2+} 含量大于 5%的天然气称为湿气，因为这些天然气在地表能析出液态烃。C_{2+} 含量小于 5%的天然气称干气。

（2）非烃气体。天然气中的非烃气体有 N_2，CO_2，H_2S，H_2，CO，SO_2，Hg 蒸气及惰性气体。有时还含有少量有机硫、氧、氮化合物。

4. 天然气的物理性质

（1）相对密度：指在标准状况下，单位体积天然气与同体积空气的质量之比。其数值一般随重烃、二氧化碳气、硫化氢、氮气含量的增加而增大，大多数天然气的相对密度在 0.56～0.90 之间。

（2）粘度：指气体内部相对运动时，气体分子内摩擦力所产生的阻力，是研究天然气运移、开采和集输时的一项重要参数。天然气粘度一般随相对分子质量的增加而减小，随温度、压力增高而增大。天然气的粘度很小，比油和水的粘度低得多，在标准状况下仅为 0.001～0.09mPa·s。

（3）蒸气压力：将气体液化时所需施加的压力。它随温度升高而增大，随相对分子质量的减小而增大。

（4）溶解性。天然气能不同程度地溶解于水和石油。在相同条件下，天然气在石油中的溶解度远大于在水中的溶解度。当天然气重烃增多或石油轻馏分增多时，均可增加天然气在石油中的溶解度；降低温度或增大压力，也可增加天然气在油中的溶解性。天然气在水中的溶度随矿化度增大而减小。

（5）热值：指单位体积的天然气燃烧时所发出的热量，单位为 J/m^3。天然气的热值变化很大。尤以湿气较高，可达 $2\times10^4 J/m^3$，相当于油的 2 倍、煤的 4 倍。

（6）压缩系数和体积系数。压缩系数指在温度恒定的条件下，压力每改变一个大气压时单位气体体积的变化率。计算公式为：

$$C_g = -\frac{1}{V}\frac{\partial V}{\partial p} \tag{5-1}$$

式中 C_g——表示等温压缩系数，负号表示随压力增大而体积减小；

V——体积；

p——压力。

在低压下，真实气体 C_g 比理想气体大；在高压下，真实气体 C_g 比理想气体小。

天然气的地层体积系数指在地面标准状态下采出的 $1m^3$ 气体在地下储集层条件下所占的体积数。

三、油田水的组成及性质

1. 油田水的概念及来源

（1）定义。广义的油田水是指油气田区域内与油气藏有密切联系的地下水，包括油层水和非油层水。狭义的油田水指油田范围内直接与油层连通的地下水，即油层水。

（2）油田水的来源及形成。油田水的来源是一个极为复杂而尚未得到统一认识的问题。一般认为可以有三种来源，即：沉积水、渗入水、深成水。

油田水可以看做是这三种水以不同比例混合的水经过一系列复杂的物理、化学作用，并与油气相伴生的油层水。

沉积水埋藏后初期经历的化学作用以生物化学和氧化—还原作用为主。其结果对矿化度没有明显影响，但改变离子组成。硫酸盐还原为 H_2S 和 S^{2-}，SO_4^{2-} 含量明显减少，HCO_3^-、CO_3^{2-} 相应地增加，此外 Fe^{3+} 变为 Fe^{2+}。

氯化物在水中的溶解度最大，在水溶液中最稳定。因此，在地下深处油田水中，溶解度较低的矿物沉淀后氯化物却不断富集。

在大多数情况下，油田水的矿化度比沉积水的矿化度要高甚至高得多。一般认为，油田水矿化度的增高与蒸发岩被溶解或蒸发岩中沉积水的排出、进入有密切关系。

2. 油田水的化学组成

在油田水的形成过程中，水与油气的相互作用使得油田水具有一般地下水不常见的组分。

（1）元素组成。油田水与天然水一样含有60多种元素，其中含量多的有以下几种离子：阳离子有 Na^+，K^+，Ca^{2+}，Mg^{2+}；阴离子有 Cl^-，SO_4^{2-}，HCO_3^-，CO_3^{2-}。此外，还有碘（I）、溴（Br）、硼（B）、锶（Sr）等。

（2）有机组分，有环烷酸、环烷酸盐、酚和苯等，环烷酸，可作为找油的标志。

（3）溶解的气体组分，主要包括 O_2，N_2，CO_2，CH_4，He 等。

3. 油田水的产状

油田水由于存在于岩石的孔隙中，其存在状态是不同的，有以下三种情况：

（1）吸附水：在分子引力作用下吸附在岩石颗粒表面呈薄膜状的水、在地下的温度和压力条件下不能自由流动的水，也称束缚水。

（2）毛细管水：存在于岩石的毛细管孔隙和裂隙中的水，当外力超过毛细管阻力时，才能在孔隙中流动。

（3）自由水：存在于储集岩的超毛细管孔隙、裂缝或孔洞中的水，在重力作用下可以自由流动的水。

4. 油田水的矿化度

总矿化度，即水中各种离子、盐分的总含量，以水加热至105℃蒸发后所剩下的残渣的相对重量来表示，单位为mg/L，g/L。

一般来说，海相沉积油田水矿化度比陆相油田水矿低度高；碳酸盐岩储集层的油田水矿化度比碎屑岩储集层的油田水矿化度高；保存条件好的储集层的油田水矿化度比开启程度高的储集层的油田水矿化度高，埋藏深的储集层的油田水矿化度比埋藏浅的储集层的油田水矿化度高。

5. 油田水的物理性质

（1）相对密度。油田水中因溶有数量不等的盐类，矿化度一般较高，相对密度多大于1.0，且矿化度越高，密度越大。

（2）粘度。油田水的粘度一般比纯水高，且随矿化度的增加而增加。温度对粘度影响较大，随温度升高，粘度快速降低。

(3) 颜色及透明度。油田水因含杂质，大多不透明，常带有颜色。含 H_2S 时，是淡青色；含铁质胶状体时，带淡红色、褐色或淡黄色。

(4) 臭味。油田水中含石油时，具汽油或煤油味；含 H_2S 时，具腐蛋味；溶解有 NaCl 时，带咸味；含氯离子时，带苦味。

(5) 导电性。纯水不导电，但油田水中由于含有各种离子而能够导电。油田水的导电性随含盐量的增高而增加，而电阻则随之减小。

任务实施

一、目的要求

(1) 掌握原油的物理性质。

(2) 掌握油田水与地表水的鉴别方法。

二、工具

(1) 油样、地表水样。

(2) 试管、天平、量杯等。

三、步骤和方法

(1) 观察原油和地层水样品的颜色，嗅其味；

(2) 测量原油和地层水的密度；

(3) 利用现有条件鉴别地层水与地表水。

任务考评

一、选择题

(1) 原油冷却到失去流动性时的温度称为（　　）。

(A) 结蜡点　　(B) 凝点　　(C) 溶蜡点　　(D) 凝析点

(2) 石油在流动时，其内部分子间产生的摩擦阻力称为（　　）。

(A) 粘度　　(B) 阻力　　(C) 毛细管力　　(D) 表面张力

(3) 石油主要是由（　　）等元素组成。

(A) 碳、氧　　(B) 氧、氢　　(C) 碳、氢　　(D) 硫、氢

(4) 原油中烷烃的碳原子个数为（　　）左右时呈固态的碳氢化合物称为蜡。

(A) 5～10　　(B) 5～7　　(C) 16～42　　(D) 32～56

(5) 原油密度单位符号是（　　）。

(A) kg/m^3　　(B) MPa　　(C) MPa^{-1}　　(D) mPa·s

(6) 原油粘度单位符号是（　　）。

(A) kg/m^3　　(B) MPa　　(C) MPa^{-1}　　(D) mPa·s

(7) 天然气的颜色一般为（　　）。

(A) 白色　　(B) 黄色　　(C) 无色　　(D) 蓝色

(8) 天然气的粘度随温度的降低而（　　）。

(A) 上升　　(B) 降低　　(C) 不变　　(D) 波动

(9) 干气多产自（　　）。

(A) 纯气藏　　(B) 石油　　(C) 伴生气　　(D) 凝析气藏

(10) 地层水在岩石（油层）孔隙中呈（　　）状态。

(A) 油水分离　　(B) 油水（气）混合

(C) 自由　　(D) 分层

二、判断题

(1) 随着原油中溶解气的增加，其粘度增大。（　　）

(2) 原油含蜡量越低，凝点越低。（　　）

(3) 石油主要由碳、氧元素组成。（　　）

(4) 天然气易燃易爆，且具毒性。（　　）

(5) 天然气一定伴生在石油中。（　　）

(6) 天然气是以气态碳氢化合物为主的各种气体组合而成的混合气体。（　　）

(7) 天然气的主要成分有甲烷、乙烷、丙烷、丁烷。（　　）

(8) 天然气的组成成分中没有二氧化碳。（　　）

(9) 地层水化学成分主要有 Na^+，K^+，Ca^{2+}，Mg^{2+} 阳离子和 Cl^-，SO_4^{2-}，CO_3^{2-}，CHO_3^- 阴离子。（　　）

(10) 地层水粘度一般比纯水低；温度对其影响较大，随温度升高粘度降低。（　　）

任务二　储集层基本特征的认识

任务描述

储集层是地下油气运移聚集的场所。当存在圈闭时，储集层的储集空间大小及储渗性能决定了该圈闭对油气的捕获能力。在钻井施工过程中，一定要做好油气储集层的保护工作，尽量减小对油气储集层的伤害，因为储集层的储渗性能对油井的产能和油藏的开发效果有决定的影响。储集层研究是油藏描述和评价的基本内容，是制定油田勘探、开发方案的基础，是挖掘油田产能潜力及研究剩余油分布的重要依据。只有科学、系统地研究储集层，才能提高勘探和开发的效益。

任务分析

油藏的核心是储集层。储集层是油气赋存的载体，是油气采出和注入的通道，是油田勘探与开发的基本对象。认识储集层的目的就是要深入认识储集层的地质—开发特征，主要内容可以概括为三个方面：储集层岩石学特征、储集空间特征和渗流物理特征。储集层岩石学特征主要是指组成储集岩的颜色、物质组成、成分、岩石的组构（即结构与构造）；储集层的主要物理性质有孔隙度、渗透率、饱和度等。本部分重点介绍储集层孔隙结构和油气储量评价。

相关知识

储集岩必备的两个基本特性是孔隙性和渗透性。孔隙性即岩石具备由各种孔隙、孔洞、裂隙及各种成岩缝所形成的储集空间，能储存流体。渗透性即在一定压差下流体可在其中流动。岩石孔隙性的好坏直接决定岩层储存油气的数量，渗透性的好坏则控制了储集层内所含油气的产能。孔隙性、渗透性的好坏通常用孔隙度和渗透率表示。

一、储集层的孔隙性

1. 孔隙的类型

储集层的孔隙是指储集岩中未被固体物质所充填的空间部分，包括粒间孔隙、粒内孔隙、裂缝、溶洞等各种类型的孔、洞、缝。按孔隙直径大小及对流体的渗滤特征分为3类：

（1）超毛细管孔隙。管形孔径大于0.5mm。或裂缝宽度大于0.25mm。在自然条件（即重力作用）下，流体在其中可以自由流动，服从达西直线渗流定律。岩石中一些大的裂缝、溶洞及未胶结的砂岩孔隙，大部分属这种类型。

（2）毛细管孔隙。管形孔径为0.0002～0.5mm，或裂缝宽度0.0001～0.25mm，这种孔隙中的流体受毛细管力作用，已不能在其中自由流动，只有在外力大于毛细管力的情况下才能在其中流动。微裂缝和一般砂岩中的孔隙多属这种类型。

（3）微毛细管孔隙。管形孔径小于0.0002mm，或裂缝宽度小于0.0001mm。由于流体与周围分子之间的巨大引力，在通常温度和压力下，流体不能流动；增加温度和压力，也只能引起流体呈分子或分子团状态扩散。粘土岩和致密页岩一般具此种孔隙。

从上可知，岩石中连通的超毛细管孔隙、毛细管孔隙中油气能被开发出来，是有效的；而微毛细管孔隙内的油气则无法开采，是无效的。按孔隙其对流体渗流的影响可分为两类，即有效孔隙和无效孔隙（图5-1）。其中，有效孔隙为连通的毛细管孔隙和超毛细管孔隙；而无效孔隙有两种，一种为微毛细管孔隙，另一种为死孔隙或孤立的孔隙。

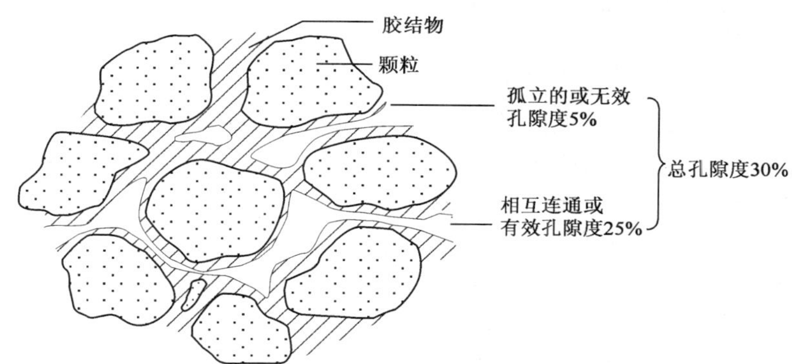

图5-1　净砂岩的连通孔隙度、孤立孔隙度和总孔隙度示意图

2. 孔隙度

孔隙度是衡量岩石孔隙发育程度的参数，用孔隙空间在岩石中所占体积的百分数表示。根据孔隙的大小和连通情况，可将孔隙度分为总孔隙度和有效孔隙度两类。

（1）总孔隙度或绝对孔隙度。岩样中所有孔隙体积之和与该岩样总体积的比值，称为总孔隙度，表示为：

$$\phi = \frac{\sum V_{\phi}}{V_{r}} \times 100\%$$

式中　ϕ——孔隙度，%；

$\sum V_{\phi}$——岩样中所有孔隙体积之和，cm^3；

V_r——岩样总体积，cm^3。

储集岩的总孔隙度越大，说明岩石中孔隙空间越大。

（2）有效孔隙度或连通孔隙度。有效孔隙度（率）是指岩样中能够储集和渗滤流体的连通孔隙体积（有效孔隙体积）与岩样总体积的比值，其表达式为：

$$\phi_e = \frac{\sum V_e}{V_r} \times 100\%$$

式中 ϕ_e——有效孔隙度（率），%；

$\sum V_e$——有效孔隙总体积，cm^3。

在生产实践中，有效孔隙度才具有实际意义。

对同一岩样，在相同条件下，其总孔隙度大于有效孔隙度；对于未胶结的砂层和胶结不甚致密的砂岩，二者相差不大；而对于胶结致密的砂岩或碳酸盐岩，二者可有很大差别。在储集层评价及储量计算时，一般采用有效孔隙度作为标准，习惯上简称为孔隙度。一般，储集层的孔隙度在20%～30%，但也有一些如石灰岩裂缝型储集层孔隙度可以达到70%，也可以小于5%。

二、储集层的渗透性

在一定压力差下，岩石本身允许流体通过的能力称为岩石的渗透性。岩石渗透性的好坏是以渗透率的数值大小来表示的。渗透率可分为绝对渗透率、有效渗透率和相对渗透率。

（1）绝对渗透率。当单相流体充满岩石孔隙，流体不与岩石发生任何物理、化学反应，流体的流动符合达西直线渗滤定律时，所测的岩石对流体的渗透能力称为该岩石的绝对渗透率。

理论上，绝对渗透率只是岩石本身的一种属性，仅与岩石性质有关，而与流体性质及测定条件无关。但在实际工作中人们发现，同一岩样、同一种流体在不同压差下测得的渗透率是有差别的。介质为液体时所测的渗透率总是低于介质为气体时的渗透率。因此，通常以干燥空气或氮气为介质测定岩石的绝对渗透率。

（2）有效渗透率。在实际油层内，岩石孔隙并非只被单相流体所饱和，而是两相（油—水、气—水、油—气）或三相（油—气—水）流体共存。各相之间彼此干扰，这时岩石对其中每相的渗流作用与单相流体有很大差别。

所谓岩石有效渗透率，是指当岩石孔隙为多相流体通过时，岩石对每一种流体的渗透率，又称相渗透率，分别用符号 K_o，K_g，K_w 表示油、气、水的有效渗透率。这时所测得的每相流体的渗透率称为该相流体的有效渗透率或相渗透率。

（3）相对渗透率。某一相流体的有效渗透率与绝对渗透率之比，称为相对渗透率。实验证明，多相流体共存时，各单相流体的有效渗透率以及它们的和总是低于绝对渗透率。因为多相共渗时，流体不仅要克服本身的粘滞阻力，还要克服流体与岩石孔壁之间的附着力、毛细管力及不同流体间的附加阻力等。某相流体的有效渗透率随该相流体在岩石孔隙中含量的增高而加大，当该相流体饱和度达100%时，其有效渗透率等于绝对渗透度，相对渗透率等于1。当某相流体的饱和度减小到某一极限含量时，该相流体即停止流动（图5-2）。

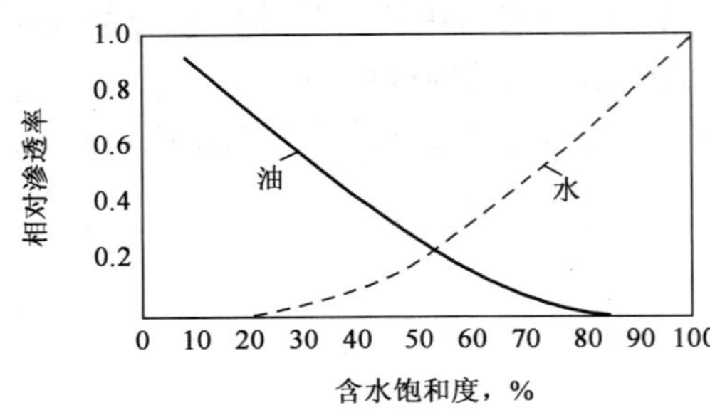

图5-2 油水相对渗透率曲线

一般情况下，绝对渗透率随有效孔隙度的增大而增大，但也不是无限的，视岩性、储集层类型的不同而不同。岩石的孔隙度与渗透率虽然没有严格的函数关系，但二者之间还是有一定的内在联系。一般来说，有效孔隙度大，则绝对渗透率也高，可以利用孔隙度和渗透率对储集层进行分类评价（表5-2）。

表 5-2　岩石物性分级标准

项目＼级别	特　高	高	中	低	特　低
渗透率，$\times 10^{-3}\mu m^2$	>2000	500～2000	100～500	10～100	≤10
孔隙度，%	>30	25～30	15～25	10～15	≤10

三、含油（气）饱和度、含水饱和度

1. 基本概念

地下岩石孔隙原先是被水所充填，而且水是“无孔不入”的，它充满了几乎所有岩石的孔隙空间，石油和天然气一般是在毛细管力、浮力和水动力等作用下替换水而进入孔隙。因此，在储集层岩石孔隙表面上一部分水（吸附水）和微毛细管孔隙以及部分不连通孔隙内的水不可能被替换干净，也就是说，在油气层内还有一定数量的水。所以油层和气层只表明这部分储集层岩石内含的油或气具有一定的工业开采价值，并非油（气）层内孔隙中100%含油（气）。当储集层岩石孔隙中同时存在多种流体（原油、天然气、地层水）时，岩石孔隙被多种流体所饱和，其中某种流体所占的体积百分数就称为该种流体的饱和度。

根据上述定义，储集层岩石孔隙中原油、天然气、地层水的饱和度可以分别表示为：

$$S_o = \frac{V_o}{V_p} = \frac{V_o}{V_b \phi}$$

$$S_g = \frac{V_g}{V_p} = \frac{V_g}{V_b \phi}$$

$$S_w = \frac{V_w}{V_p} = \frac{V_w}{V_b \phi}$$

式中　S_o，S_g，S_w——含油饱和度、含气饱和度、含水饱和度；

V_o，V_g，V_w——油、气、水在岩石孔隙中所占体积；

V_p，V_b——岩石孔隙体积和岩石视体积；

ϕ——岩石的孔隙度，%。

根据饱和度的概念，S_o，S_g，S_w三者之间有如下关系：

$$S_o + S_g + S_w = 1$$

如果岩石孔隙中只有油、水两相，即$S_g=0$，则S_o和S_w有如下关系：

$$S_o + S_w = 1$$

含油饱和度大，即储集层岩石孔隙中油占的体积大，油层含油量大。含油饱和度大小除了和油源丰富程度有关外，主要与储集层岩石孔隙直径大小、形状以及连通情况有关。当油源充足时，有效孔隙度越大，含油饱和度也越高。对天然气来说，因为甲烷分子直径小，易移动，在相同的储集条件下，天然气占据的孔隙空间比石油往往要大，但也都是气、水共存的。所以，所谓纯油层，只不过含水饱和度低，油层不出水而已。

2. 影响饱和度的因素

（1）储集层岩石的孔隙结构及表面性质的影响。这是影响油气饱和度的关键因素。一般来说，岩石颗粒较粗，则比面小，孔隙、喉道半径大，孔隙连通性好，孔隙内壁光滑，那么渗透性好，油气排驱水阻力小，油气饱和度就高，束缚水饱和度就低。

（2）油气性质的影响。油气密度不同，油气的饱和度不同。粘度较高的油排水动力小，油气不易进入孔隙，残余水含量高，油气饱和度就低，反之亦然。

此外，油藏形成时，如油气排驱水动力大（如压力高），即排驱能量高，排出的水多，油气饱和度就高。

四、储集层的孔隙结构

1. 孔隙结构的基本概念

孔隙空间是储集岩的重要组成部分，岩石中除颗粒、基质、胶结物、交代以及自生矿物之外的空间可统称为孔隙空间。相对较大的空间叫孔隙，将两个孔隙连接起来的相对较小的孔隙叫喉道。孔隙与喉道的类型及其相互关系对岩石的储集性能有重要的影响。碎屑岩储集层与碳酸盐岩储集层喉道的成因、类型既有相似之处，又各自有别。碳酸盐岩中次生孔隙和裂隙（缝）尤其发育且多样，对岩石储渗性的影响更显突出。

孔隙结构是指岩石中孔隙和喉道的几何形状、大小及其相互连通和配置关系。一般说，流体储集依赖于岩石中的孔隙，但流体沿相互交替的孔隙系统流动时，例如在石油二次运移过程中，烃类驱替孔隙介质中的原生孔隙水，或在开采过程中烃类被驱替出来，则主要受流动通道中最小的断面即喉道直径的控制。所以储集岩储渗特性的关键因素是喉道的大小、分布、几何形态及连通状况。

2. 砂岩储集层的孔隙与喉道类型以及孔隙结构特征

1）砂岩储集层的孔隙类型

砂岩储集岩的孔隙按成因分为原生孔隙和次生孔隙两类，根据岩石组构对孔隙发育特征的影响，还可以进一步分类。常见类型如下：

（1）原生孔隙。原生孔隙是岩石沉积过程中形成的孔隙，它们形成后没有遭受过溶蚀或胶结等重大成岩作用的改造。

①粒间孔隙。发育于颗粒支撑碎屑岩的碎屑颗粒之间的孔隙称为粒间孔隙。相对于其他孔隙类型而言，粒间孔隙具有孔隙大、喉道较粗、连通性好以及储渗条件好的特征，是砂岩储集岩中最重要的有效储集孔隙类型。但粒间孔隙常受成岩作用的改造，成为缩小的粒间孔隙。

②基质内微孔隙。粘土矿物基质、碳酸盐灰泥基质以及两者混合基质中的粒间微孔隙，包括成岩收缩作用或粘土矿物重结晶作用形成的粒间（或晶间）微孔隙，统称基质内微孔隙。基质内微孔隙孔径一般小于 0.2μm，形状和大小在扫描电镜下清晰可辨。

③矿物解理缝。解理发育的矿物如长石、方解石、云母等均具有解理缝，缝宽大多小于 0.1μm，因而在孔隙中所占比例极小。

④纹理缝及层理缝。砂岩、粉砂岩常发育纹理缝、层理缝，这类缝隙使岩石的渗透率具有方向性的变化。

（2）次生孔隙。次生孔隙是岩石经成岩作用改造后产生的孔隙，最主要的类型是溶蚀孔隙，还有少数交代作用和胶结作用形成的晶间孔隙。这类孔隙除少数具有原沉积物的组构特征外，绝大部分为非组构型孔隙。

①溶蚀孔隙，简称为溶孔，是岩石中的碳酸盐、硫酸盐、铝硅酸盐（长石）以及其他易溶组分在酸性孔隙水的作用下部分或全部发生溶蚀后形成的孔隙。某些难溶组分，如硅酸盐和氧化物等被易溶矿物交代后经受再溶蚀作用，也可形成次生溶蚀孔隙。

②次生加大胶结物晶间孔隙。这类孔隙是次生加大胶结作用形成的晶间孔隙或晶间缝。在石英砂岩中，石英次生加大胶结作用普遍发育，由几个次生加大石英晶面所围限的孔隙形

态在显微镜下多呈多边形，该作用使砂岩的原生粒间孔隙大为缩小，从而将其改造成为缩小的粒间孔隙。

长石、碳酸盐矿物的次生加大胶结物也很常见，但它们在石英砂岩中的数量远不如次生加大石英那样丰富，对孔隙的改造除了部分长石砂岩外，其他不十分显著。

③缩小的粒间孔隙。这类孔隙是因为颗粒变形、化学压实作用、粒间基质的收缩作用、粒间未充填满的胶结作用，以及次生加大胶结作用等原因造成的。

④扩大的粒间孔隙。扩大的粒间孔隙是由于碎屑颗粒边缘的溶蚀，早期胶结物、次生加大胶结物及其交代矿物的局部溶蚀，以及颗粒骨架（如海绿石）的收缩作用形成的孔隙。

⑤胶结物晶间微孔隙。胶结物晶体之间的孔隙都是微孔隙类型，一般实际意义不大。但粘土矿物如高岭石蠕虫状或书页状集合体之间的孔隙对岩石的孔、渗性则有一定的影响。

⑥贴粒缝，是一种沿颗粒边缘溶蚀形成的线形孔隙。

（3）裂缝孔隙，由构造应力及成岩收缩作用形成，也属于次生孔隙类型。

①构造裂缝。岩石受构造应力作用产生的裂缝称为构造裂缝。在砂岩储集岩中主要发育微裂缝，这类裂隙一般不切穿颗粒而是绕颗粒而过，因而裂隙面总是呈弯曲状。裂隙分布受构造作用控制，裂隙宽度则受残余构造水平应力的影响。裂隙一般仅提供百分之几的孔隙度，但却能较大地提高砂岩储集层的渗透能力。在微孔隙和孤立溶孔发育的砂岩储集层中，裂隙起着主要渗滤通道的作用。

②成岩裂隙，包括成岩收缩作用产生干缩裂隙（即干裂）和脱水收缩裂隙以及压溶作用产生的压溶缝合线，也属于微裂隙类型。这些裂隙在一定程度上均有助于储集岩渗滤能力的改善。

2）砂岩储集层的喉道类型

喉道是孔隙系统中相对较小的、局限在两个颗粒之间连通的狭窄空间部分。每一个喉道可以连接两个孔隙，而每一个孔隙至少可以连接三个以上的喉道，最多可与六个或八个喉道相通。

喉道的大小和形状控制砂岩储集层的储集性、渗透性，而喉道的大小和形状又主要受碎屑岩颗粒的接触形式、胶结类型、颗粒大小和形状的影响，根据这些控制因素可将砂岩的喉道分为四种类型（罗蛰潭等，1986），其特征如下：

（1）喉道是孔隙的缩小部分。发育原生粒间孔隙和扩大的粒间孔隙的砂岩储集层，其孔隙与喉道大小差别不大，不易区分，只能将孔隙的相对缩小部分确定为喉道［图 5－3（a）］。其孔隙结构特征是大孔、粗喉，孔喉直径比接近 1∶1，孔隙几乎都是有效的。常见于颗粒支撑或漂浮状颗粒组构的砂岩中。

（2）喉道是可变断面收缩部分。压实作用使碎屑颗粒接触较紧密，孔隙与喉道有相应的缩小，尤以喉道变窄最为显著，因而孔喉大小差异明显，易于区分。孔隙结构特征是大或较大孔、细喉，孔喉直径比大，与部分极细喉道连接的孔隙可能是无效的，因而具有高孔、低渗的特点。常见于颗粒支撑、接触式、点接触类型岩石中［图 5－3（b）］。

（3）片状喉道和弯片状喉道。砂岩因压实作用或次生加大胶结作用使孔隙缩小，并使颗粒长边相互靠近，其粒间孔隙或次生加大的晶间隙实质上就是喉道［图 5－3（c）、（d）］。视颗粒形状不同，其喉道的形状可呈片状或弯片状。次生加大晶间孔隙通常都发育为片状喉道。此类孔隙结构特征是小孔、细喉，喉道宽度一般小于 1μm，个别的有几十微米，孔喉比由中等到较大。常见于接触式、颗粒呈线接触和凹凸接触的岩石中。

（4）管束状喉道。由胶结物或基质填隙的砂岩，缺乏原生粒间孔隙，在基质及胶结物中发育许多叉状微毛细管状微孔隙，其孔径一般小于 0.5μm，本身既是孔隙又是喉道［图 5 - 3（e）］。孔喉比为 1∶1。孔隙度中等或较低，渗透率极低。常见于基质支撑、孔隙型及缝合接触式的岩石中。

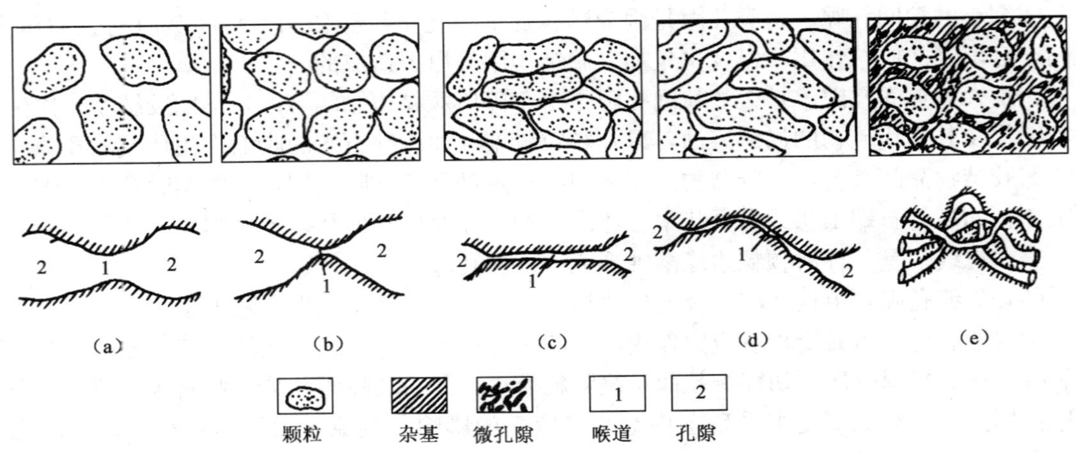

图 5 - 3　砂岩孔隙喉道的类型（据方少仙、侯方浩，1998）

（a）喉道是孔隙的缩小部分；（b）喉道是可变断面收缩部分；（c）片状喉道；（d）弯片状喉道；（e）管束状喉道

3. 碳酸盐岩储集岩的孔隙与喉道类型以及孔隙结构特征

1）碳酸盐岩储集岩的孔隙分类

碳酸盐岩由于其自身的化学活泼性，很容易遭受成岩作用的改造。早期成岩阶段的压实作用使原生孔隙缩小；胶结作用既使原生粒间孔隙缩小，又改变其孔隙形状。中、晚成岩阶段的胶结作用使粒间孔隙进一步缩小甚至堵塞孔隙；溶蚀作用主要改造各种受或不受岩石组构控制的溶蚀孔、洞、缝；交代作用，尤其是白云石化作用，可使原石灰岩完全转化为结晶白云岩并产生大量晶间孔隙。加之碳酸盐岩受构造作用极易产生裂缝。因此，碳酸盐岩储集层不仅岩石类型复杂，而且孔隙类型多样，次生孔隙发育，具有孔隙和裂缝两类空间系统，从而导致物性参数多变。

根据孔隙的成因是否受组构控制，可将碳酸盐岩的孔隙类型分为原生孔隙、次生孔隙。原生孔隙指沉积前及沉积过程中具有的孔隙，包括粒间孔隙、粒内孔隙、解理缝等；次生孔隙主要包括粒间溶孔、粒内溶孔、裂缝孔隙、溶洞孔隙等。

在钻井施工过程中，主要考虑储集层孔隙对流体的储集与渗滤影响，因而碳酸盐岩孔隙分类可以简化。我国主要采用根据孔隙空间的形状和大小分为孔、洞、缝三类，其特征如下：

（1）孔，又称孔隙，指岩石中细小的孔隙，孔径小于 2mm。受岩石组构控制的孔隙大多属此类型。一般需要在显微镜下方能识别。有的为原生孔隙，有些则是经历过成岩作用改造的次生孔隙。

（2）洞。洞的直径大于 2mm，大小极为悬殊。大于 100mm 的洞在钻井过程中会发生放空，可称之为洞穴。岩石中大量发育的是成蜂窝状或针尖状的小洞。洞一般不受组构控制，多为次生成因。

（3）缝，又称裂缝，一般为伸长形，大小不一，多数不受组构控制，可分为岩缝、构造缝。

2）碳酸盐岩储集岩的喉道类型

（1）颗粒碳酸盐岩储集岩的喉道类型。颗粒碳酸盐岩储集岩的组构特征与砂岩储集岩类似，其孔隙与喉道特征也与砂岩类似。

（2）碳酸盐岩基块中的喉道类型。

①管状喉道：孔隙间由细而长的管状喉道相连，其断面近于圆形［图 5-4（a)］。

②孔隙缩小部分组成的喉道：孔喉分界不明显，扩大时称为孔隙，缩小后即变为喉道。可能是孔隙内发生晶体生长或有其他物质充填所引起［图 5-4（b)］。

③片状喉道。白云岩中的晶间孔隙大多为四面体至多面体孔隙，在其晶粒之间形成片状喉道。因此，片状喉道连通着多面体或四面体孔隙［图 5-4（c)］。片状喉道很窄，仅几微米至十几微米，是碳酸盐岩中最常见的喉道类型。

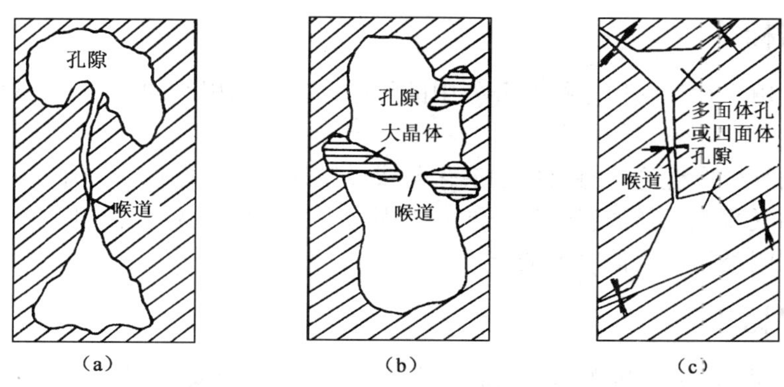

图 5-4　碳酸盐岩基块的喉道类型（据罗蛰潭等，1979）

（a）管状喉道；（b）孔隙缩小部分组成的喉道；（c）片状喉道

任务实施

一、目的要求

（1）掌握砂岩储集层的孔隙与喉道类型以及孔隙结构特征。

（2）掌握碳酸盐岩储集层的孔隙与喉道类型以及孔隙结构特征。

二、资料、工具

（1）砂岩与碳酸盐岩储集层的岩心和薄片。

（2）放大镜、偏光显微镜。

三、步骤和方法

（1）利用放大镜观察砂岩与碳酸盐岩储集层岩心的结构特征，并进行岩心描述。

（2）镜下观察砂岩与碳酸盐岩储集层薄片的孔隙与喉道类型以及孔隙结构特征，并进行描述。

任务考评

（1）砂岩储集岩的孔隙类型有哪些？

（2）砂岩储集岩的喉道类型有哪些？

（3）根据碳酸盐岩孔隙空间的形状和大小，其孔隙分为哪几种类型？各有什么特征？

项目六　油气藏形成的认识

油气勘探的目的，就是寻找油气田和查明油气田。钻井作为一种重要的直接勘探手段，其目的是找到油气藏。要弄清油气藏的位置、埋藏深度，必须研究油气生成、运移、储集层性质、油气藏的形成和保存条件以及油气藏分布规律。

本项目主要介绍油气的生成与运移、储集层类型与特征、油气藏的形成与破坏、圈闭与油气藏，掌握油气藏是如何形成的。

知识目标

（1）理解油田水在油气田勘探及开发中的作用；掌握油田水的产状、物理性质、分类及与油气的关系。

（2）理解油气生成理论、有机质的演化与成烃模式及生油层评价的化学指标。

（3）理解油气藏概念及油气藏形成的六大因素（生、储、盖、运、圈、保）。

（4）掌握圈闭类型以及油气藏的分类。

能力目标

（1）能够根据某地区区域构造特征分析油气水的聚集模式、圈闭类型及油气藏类型。

（2）能够根据某井试油资料及该区烃源岩特征分析该井油气藏生油岩归属。

（3）能够根据某井岩性柱状图分析该井油藏生储盖组合关系。

任务一　石油与天然气生成的认识

任务描述

石油钻井的目的是寻找并开采油气。石油和天然气的成因，是石油地质学界长期争论的重大课题之一，至今还存在一些争议。石油和天然气是如何生成的？生成油气需要什么样的条件呢？在什么样的地方可以生成油气？这些就是本任务要解决的问题。

任务分析

从油气生成问题探索历史出发，明确目前普遍认同的油气成因理论，分析油气生成的各种条件及油气生成过程，在此基础上探讨烃源岩的特征。

相关知识

一、石油的成因

石油和天然气的成因问题，关系到油气的勘探方向。多年来，这个问题一直吸引着许多地质学家、生物化学家和地球化学家从事这方面的研究。由于油气是流体矿产，在地下是可以移动的，产出油气的地方一般并非生成油气的地方；另外，油气尤其是石油是化学成分很复杂的有机混合物，它们对外界条件的变化很敏感，石油中的不同组分可能经历了不同的演化。这些为油气成因问题的研究带来了许多困难。

自 19 世纪 70 年代以来，人们对石油成因问题先后提出过多种假说，归纳起来可分为两大学派，即无机生油学派和有机生油学派。前者认为石油及天然气是在地下深处高温、高压条件下由无机物通过化学反应形成的；后者主张油气是在地球上生物起源之后，在地质历史发展过程中，由保存在沉积岩中的生物有机质逐步转化而成的。而在有机学派中，又分为早期成油说和晚期成油说两种。目前，人们普遍认同有机学派中的晚期成油学说，即石油是由生物物质经过一定的物理化学变化逐渐形成的。

二、石油生成的物质基础

有机生油学派的核心是指油气起源于有机质即生物物质。油气是由经沉积埋藏作用保存在沉积物中的生物有机质，经过一定的生物化学、物理化学变化而形成的，而且油气仅是这些被保存生物有机质在埋藏演化过程中诸多存在形式的一种。

细菌、浮游植物、浮游动物和高等植物是沉积物中有机质的主要供应者。生成油气的沉积有机质主要有四大类，即类脂化合物、蛋白质、碳水化合物及木质素等，它们在地层中的保存情况和生油能力各不相同。

在生物种类上，一般认为低等生物是主要的生油物质，这是因为：(1) 低等生物繁殖力强，数量多；(2) 低等生物多为水生生物，死亡后沉入水底，容易保存；(3) 低等生物在地质史上出现早，分布的时间长、层位广；(4) 低等生物体中富含脂肪和蛋白质，这两类物质是生物体中最容易向石油转化的生化成分。

三、干酪根

生物有机质并非是生油的直接母质。生物死之后，与沉积物一起沉积下来，构成了沉积物的分散有机质。这些有机质经历了复杂的生物化学及化学变化，通过腐泥化及腐殖化过程才形成一种结构非常复杂的生油母质——干酪根，成为生成油气的直接先驱。

干酪根（Kerogen）是指沉积岩（物）中分散的不溶于一般有机溶剂的沉积有机质，也可理解为油母质。与其相对应的可溶部分称为沥青。干酪根是沉积有机质的主体，约占总有机质的 80%～90%。Hunt 认为 80%～95%的石油烃是干酪根转化而成的。Durand 估计，沉积岩中干酪根总量约比化石燃料资源总量大 1000 倍。所以，人们日益认识到研究干酪根的重要性。但干酪根的成分和结构十分复杂，它的不溶性及来源和经历的多变性给研究带来困难。国内外研究表明，干酪根是极其复杂的有机物质，无固定的成分和结构，不能用分子式来表达，主要成分为 C，H，O。从干酪根经沥青到原油，碳、氢含量增加，而氧、硫、氮含量减少。其结构总体看来是三维空间网络的非均一多聚物，由桥键和各种官能团将多个核连接而成。

由于在不同的沉积环境中，有机质的来源不同，形成的干酪根类型也不同，其性质和生油气潜能有很大的差别，法国石油研究院根据干酪根中的 C、H、O 元素分析结果，将干酪根划分为 3 种类型：

Ⅰ型：H/C 原子比较高（1.25～1.75），O/C 原子比较低（0.026～0.12），以含类脂化合物为主，直链烷烃很多，多环芳香烃及含氧官能团很少；主要来自于藻类、细菌类等低等生物，生油潜能大。

Ⅱ型：H/C 原子比较Ⅰ型低（0.65～1.25），O/C 原子比较Ⅰ型高（0.04～0.13），属

高度饱和的多环碳骨架，含中等长度直链烷烃和环烷烃很多，也含多环芳香烃及杂原子官能团；来源于浮游生物（以浮游植物为主）和微生物的混合有机质，生油潜能中等。

Ⅲ型：H/C 原子比较低（0.46～0.93），O/C 原子比较高（0.05～0.30），以含多环芳烃及含氧官能团为主，饱和烃链很少；主要来源于陆地高等植物，生油潜力较差，但它是生成天然气的主要母源物质。

四、油气生成的外在条件

有机质是油气生成的物质条件，但这些物质要保存下来并转化成为石油，还需要一定的环境条件，即地质古地理条件和物理化学条件。

1. 古地理环境与地质条件

要形成大量油气，一是要有让大量有机质长时期沉积的古地理环境，二是要使这些有机质得到有效埋藏保存的地质条件。根据对现代沉积物和古代沉积岩的调查，能满足上述条件的地区主要为浅海区、海湾、潟湖、内陆湖泊的深湖—半深湖区和靠近河流入海、入湖的三角洲地带。这些地区稳定存在的时期越长，在该区沉积的有机质就越多，潜在的生油量也越大。而要使上述地区长时期稳定存在，就要求该区地壳长期稳定下沉，并且沉降速度与沉积物沉积速度大体相等。否则，该区水体就会变浅或加深，而使沉积有机质不能得到有效的沉积或保存。

因此，那些地壳长期下沉的，沉降速度与沉积速度大体相等的浅海、海湾、潟湖、内陆湖泊的深湖—半深湖和三角洲地带，是有机质沉积最多而又能有效保存的地区，是生油的地质古地理环境。

2. 物理化学条件

有机质向油气转化是一个复杂的过程。在这个转化过程中，细菌作用、温度和时间、压力、催化剂等是必不可少的物理化学条件。

（1）细菌作用。细菌是地球上分布最广、繁殖最快的一种生物，可以分为喜氧细菌和厌氧细菌。在还原条件下，细菌的活动可以改造沉积有机质，一方面，通过消耗原始沉积有机质中的碳水化合物，并不断加入细菌遗体，而使有机质的含氧量降低，含氢量增加，使之向更加有利于生油的方向转化；另一方面，细菌的活动可以分解有机质而生成甲烷，直接参与到油气的生成过程中来。

（2）温度和时间。在沉积有机质向油气转化的过程中，温度是最有效、最持久的作用因素。在转化过程中，温度的不足可用延长反应时间来弥补。温度与时间可以互相补偿：高温短时作用与低温长时作用可能产生近乎同样的效果。

若沉积物埋藏太浅，地温太低，有机质热解生成烃类所需反应时间很长，实际难以生成有工业价值的石油。随埋藏深度的加大，当温度升高一定数值，有机质才开始大量转化为石油。在地温梯度很高的地区，有机质不用埋藏太深就可以转化为石油和天然气；反之，在地温梯度很低的地区，有机质埋藏很深才能大量转化为油气。

（3）催化剂。在油气生成过程中，催化剂的催化作用在于催化剂与分散有机质作用，使后者的原始结构破坏，促使分子重新分布，形成结构稳定的烃类。这种催化剂主要有无机盐类和有机酵母两大类。

粘土矿物是自然界分布最广、成本最低的无机盐类催化剂。蒙脱石粘土催化能力最强，高岭石粘土最弱。有机酵母催化剂能加速有机质的分解。当有酵母存在时，有机质的分解比在细菌活动时还要快很多。

(4) 放射性。在地下的粘土岩和碳酸盐岩中含有一定量的放射性元素，实验室的一些实验也确证实放射性作用可以促进油气的生成，但由于放射性元素的含量很低，由放射性作用形成的石油不会很多，所以放射性不是影响烃形成的重要因素。

(5) 压力。随着沉积物埋藏深度的加大，有机质承受的压力也在升高。近年来的研究证实，压力的增大阻碍有机质的成烃作用，短暂的降压更有利于加速有机质的生油转化。但从总体来看，由埋深加大引起的压力增大对油气生成过程的阻碍作用远不如由埋深加大引起的温度升高对油气生成的促进作用。

上述各种因素在有机质生油作用中都不同程度地起着作用。一般认为，温度和催化剂起主要作用；细菌只在沉积物埋藏不深的情况下对有机物分解起作用；时间的延长可以弥补温度不足所造成的影响；其他因素占次要地位。

五、生油过程

有机成油学派认为，成油转化是在沉积岩形成过程中完成的。这个过程可概述如下：水体中和陆地上搬运来的有机质同其他矿物质混杂在一起，沉积在水盆底部，在还原条件下被埋藏保存下来，成为沉积有机质；由于地壳不断下沉，沉积物一层一层不断加厚，温度和压力不断升高，有机质在各种因素作用下将发生有规律的演化。而油气的生成就是此演化过程的有机组成部分，或者说油气是沉积有机质在一定环境条件下的存在形式。有机质演化过程可以分为如下四个阶段（图 6-1）。

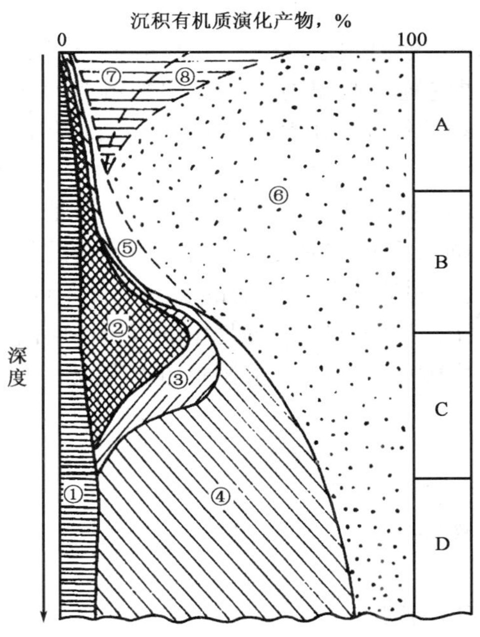

图 6-1　沉积物有机质馏分的深部热演化模式

①—CO_2+H_2O；②—石油；③—湿气；④—甲烷；⑤—胶质＋沥青质；⑥—不溶有机质（干酪根）；⑦—溶于碱的物质；⑧—溶于酸的物质；⑤，⑥，⑦，⑧之间的虚线表示这些馏分可能重叠；A—生物化学生气阶段；B—热催化生油气阶段；C—热裂解生凝析气阶段；D—深部高温生气阶段

1. 生物化学生气阶段

该阶段从有机质埋藏开始，到数百乃至一千多米深处，温度介于 10～60℃，有机质

的演化是在低温、低压和细菌作用下进行的。沉积有机质首先在细菌作用下分解，产生CO_2，CH_4，NH_3，H_2S和H_2O等简单分子，并形成腐殖酸。腐殖酸再与周围矿物质相络合形成稳定有机质即干酪根（沉积物或沉积岩中不溶于碱、非氧化型酸和有机溶剂的有机质）。

此阶段中，有机质除形成挥发性气体及少量低熟石油外，大部分成为干酪根保存在沉积岩中。只是到了本阶段后期，温度接近60℃时才生成少量石油。该阶段生成的气为生物化学气，甲烷的质量分数在95%以上，属干气，可形成浅层气藏。

2. 热催化生油气阶段

随着沉积物埋藏深度超过1500～2500m，有机质经受的地温升至60～180℃，沉积有机质干酪根在催化剂的作用下发生热降解和聚合加氢作用，生成大量油气，故又称为主要生油阶段。

此阶段的生油开始是缓慢的，后期比较迅速。随着演化的发展，氧、硫和氮等杂元素逐渐减少，原油的密度、粘度降低，胶质、沥青质减少，轻馏分增加，原油的性质变好。

3. 热裂解生凝析气阶段

沉积物埋藏深度超过3500～4000m，地温达到180～250℃。由于温度升高，干酪根和已生成的石油发生热裂解，液态烃急剧减少，C_1～C_8轻烃迅速增加，胶质和沥青质逐渐减少乃至消失。因该阶段产物以凝析气为主并伴有少量轻质油，故称热裂解生凝析气阶段。

4. 深部高温生气阶段

深度超过6000～7000m，地温超过250℃，已达到有机质转化的末期。由于温度压力高，此阶段干酪根及已生成的轻质油和凝析气强烈裂解为热力学上最稳定的甲烷，故该阶段又称为热裂解干气阶段。干酪根在释放出甲烷后进一步缩聚为碳质残渣（碳沥青或石墨）。

以上各个阶段是连续过渡的，相应的反应机理和产物也是可以叠置交错的，没有统一的截然的划分标准。有机质的演化程度同时受控于有机质本身的化学组成和所处的外界环境条件，不同类型的有机质达到不同演化阶段所需的温度条件不同，而不同的沉积盆地沉降历史、地温历史也不同，这就决定了不同沉积盆地中的有机质向油气转化的过程不一定全都经历这四个阶段，而且每个阶段的深度和温度界限也可有差别。

任务实施

一、组织方式

课下收集资料，课堂组织讨论。

二、讨论题目

（1）石油和天然气的成因问题。

（2）石油和天然气生成的外界条件。

任务考评

（1）生成油气的原始物质有哪些？

（2）什么是干酪根？干酪根可划分为哪些类型？

（3）油气生成的外界条件有哪些？

（4）有机质向油气转化可划分为哪些阶段？各阶段有什么特征？

任务二　生油层、储集层与盖层的认识

任务描述

油气在地下存在的状态是不是像地面上那样成为油河、油湖或油库呢？勘探实践已证明并非如此，它们储存在地下的那些具有微小孔隙的储集层中。由有机质转化成的油气能否聚集成油气藏并保存下来，取决于诸多因素的影响。其中，生油层、储集层、盖层的发育和匹配关系是重要因素之一。

任务分析

有机质转化成的油气在储集层中聚集后，受盖层遮挡，聚集成藏。了解生、储、盖层的性质、分布规律以及匹配关系是本任务的主要内容。

相关知识

一、生油层

能够生成并提供具有工业价值的石油和天然气的岩石，称为生油气岩（或烃源岩、生油岩）。烃源岩是沉积盆地形成油气聚集的必备条件，因此烃源岩层研究对探讨油气成因具有理论意义，是指导油气勘探实践的主要根据，是石油地质与油气勘探的重要研究内容。

1. 烃源岩的岩性、岩相特征

岩性特征是研究烃源岩最直观的标志。虽然岩性并不是决定某地层能否生成石油和天然气的本质因素，但是它与生成油气的基本条件即原始有机质和还原环境有一定的联系。烃源岩一般粒度细，颜色暗，富含有机质和微体生物化石，常含原生分散状黄铁矿，偶见原生油苗。常见的烃源岩主要包括粘土岩和碳酸盐岩两大类。

（1）粘土岩类烃源岩，主要包括泥岩和页岩，是在一定深度的稳定水体中形成的。沉积环境安静乏氧，由生物提供的各类有机质能够伴随粘土矿物质大量堆积、保存，为生成油气提供物质保证。由于这些粘土岩类富含有机质及低价铁化合物，使颜色多呈暗色。我国主要陆相盆地如松辽、渤海湾、准噶尔、柴达木等含油气盆地，主要烃源岩层多为灰黑、深灰、灰及灰绿色泥岩、页岩。国外的烃源岩也以此类最多。

（2）碳酸盐岩类烃源岩，以低能环境下形成的富含有机质的普通石灰岩、生物灰岩和泥灰岩为主，如沥青质灰岩、隐晶灰岩、豹斑灰岩、生物灰岩、泥质灰岩等等。岩石中常含泥质成分，多呈灰黑、深灰、褐灰及灰色。隐晶—粉晶结构，颗粒少，灰泥为主。多呈厚层—块状，水平层理或波状层理发育。含黄铁矿及生物化石，偶见原生油苗，有时锤击可闻到沥青臭味。我国四川盆地丰富的天然气资源部分与二叠系和三叠系的石灰岩有关；华南、塔里木地台广泛发育的古生界碳酸盐岩和华北地台中—上元古界、下古生界的许多碳酸盐岩都具备良好的生烃条件。波斯湾盆地的上侏罗统阿拉伯组和古近系阿斯马利石灰岩都是重要的碳酸盐岩烃源岩层。

这两类烃源岩大多发育在浅海区、深湖区及海湖附近三角洲地区。这些地区具备生物大量繁盛的优势和有机质堆积、保存的有利条件，在地壳沉降与沉积物补偿速度大体一致时，常能发育巨厚的烃源岩沉积，成为大油气田形成的有利地区。浅海相、深湖—半深湖相和三角洲相是烃源岩发育的有利相带。

2. 烃源岩的地球化学特征

要评价一个沉积盆地中烃源岩的生油气能力，仅进行烃源岩层的地质研究是不够的，还必须对烃源岩中所含有的有机质的数量、类型及其所经历的热演化特征进行系统研究。

1）有机质的丰度

烃源岩中的有机质是形成油气的物质基础，有机质在岩石中的含量是决定岩石生烃能力的主要因素。有机质在岩石中的相对含量称为有机质的丰度，目前常用的丰度指标主要包括有机碳含量，

有机碳含量是指岩石中所有有机质含有的碳元素的总和占岩石总重量的百分数。由于岩石中的有机质经历了漫长的演化历史，原始的有机质丰度已无法测得，所以实测得出的有机碳含量实质上是残余的有机碳含量。

我国东部中新生代陆相淡水—半咸水沉积盆地，主力生油岩的有机碳含量均为 1.0% 以上，平均为 1.2%～2.3%，最高达 2.6%。尚慧芸研究认为，我国中新生代主要含油气盆地暗色生油岩的有机碳含量的下限为 0.4%，较好的生油岩为 1%左右。一般碳酸盐岩比泥质岩低。Hunt 测定的结果碳酸盐岩的平均值仅为 0.17%。所以两者的评价标准不同。

2）有机质的类型

有机质的类型不同，其生烃潜力及产物是有差异的。一般认为，Ⅰ型干酪根生烃潜力最大，且生油为主；Ⅲ型生烃潜力最差，且以生气为主；Ⅱ型介于两者之间。

3）有机质的成熟度

有机质的成熟度是指烃源岩中有机质的热演化程度。由于沉积有机质在不同演化阶段生成的烃类种类与数量不同，勘探实践证明，只有在成熟烃源岩分布区才有较高的油气勘探成功率，所以成熟度评价是烃源岩研究的又一主要内容。

在沉积岩成岩后生演化过程中，烃源岩中的有机质的许多物理性质、化学性质都发生相应的变化，并且这一过程是不可逆的，因而可以应用有机质的某些物理性质和化学组成的变化特点来判断有机质热演化程度，确定有机质演化阶段。常用的成熟度评价指标有镜质体反射率和有机质颜色等。

二、储集层

具有一定储集空间，能够储存和渗滤流体的岩石均称为储集岩。由储集岩所构成的地层称为储集层，简称储层。一般按岩类将储集层分为三大类，即碎屑岩储集层、碳酸盐岩储集层和其他岩类储集层（包括岩浆岩、变质岩、泥质岩等）。按照储集空间类型分为孔隙型储集层、裂缝型储集层、孔缝型储集层、缝洞型储集层、孔洞型储集层和孔缝洞复合型储集层等；按照渗透率的大小可将储集层分为高渗储集层、中渗储集层和低渗储集层等。

1. 碎屑岩储集层

碎屑岩储集层主要包括各种砂岩、砂砾岩、砾岩、粉砂岩等碎屑沉积岩，是世界油气田的主要储集层类型之一，其中的油气储量约占全世界总储量的 60%左右。碎屑岩储集层也

是我国目前最重要的储集层类型，油气储量占我国总储量的90%以上。例如，我国的大庆、胜利、大港、克拉玛依等均属于此类。

（1）碎屑岩储集层的储集空间类型。碎屑岩储集层是由成分复杂的矿物碎屑、岩石碎屑和一定数量的填隙物所构成的。主要孔隙为碎屑颗粒之间的粒间孔隙，是沉积成岩过程中逐渐形成的，属原生孔隙。此外，在一些细粉砂岩发育的层间裂隙、成岩裂缝及一些构造裂缝、地下水对矿物颗粒及胶结物的溶蚀也可成为部分储集空间，但它们一般是次要的，属次生孔隙。在特定条件下，次生孔隙也可成为主要储集空间类型。

（2）孔隙结构。储集层的储集空间是一个复杂的立体孔隙网络系统，这些孔隙网络可以分为两个基本单元，一部分对流体储存起较大作用的相对较大的部分，称为孔隙（狭义）；一部分是连通孔隙形成通道，对渗滤流体起关键作用的相对狭窄的部分，称为喉道。

2. *碳酸盐岩储集层*

碳酸盐岩储集层包括石灰岩、白云岩、白云质灰岩、灰质白云岩、生物碎屑灰岩、鲕状灰岩等，在世界油气分布中占有重要地位。碳酸盐岩储集层油气产量达全世界油气总产量的60%以上。碳酸盐岩储集层构成的油气田常常储量大、单井产量高，容易形成大型油气田。如波斯湾盆地沙特阿拉伯的加瓦尔油田可采储量高达107×10^{8}t，是目前世界上可采储量最大的油田。在我国，碳酸盐岩储集层分布也极为广泛，先后找到了华北任丘油田、四川威远气田等许多油气田。

碳酸盐岩的储集空间通常分为孔隙、溶洞和裂缝三类。与砂岩储集层相比，碳酸盐储集层储集空间类型多、次生变化大，具有更大的复杂性和多样性。按照储集空间及其组合类型，可将碳酸盐岩储集层大体分为以下5种基本类型。

（1）孔隙型储集层：储集空间以各种类型的孔隙为主，包括各种粒间孔隙、晶间孔隙、生物骨架孔隙等。这类储集层多分布于潮下带—开阔台地、浅滩和生物礁相等。

（2）裂缝型储集层：储集空间以裂缝为主，孔隙和溶洞较少。裂缝既作为主要的油气储集空间，又是油气渗滤通道。当裂缝构成纵横交错的裂缝网络时，可成为良好的储集层。

（3）孔缝型储集层：储集空间为各类孔隙和裂缝。基质岩块的孔隙为主要的储集空间，裂缝除提供部分储集空间外，最主要的作用是连通基质岩块，提高储集层渗透率。孔隙和裂缝形成复杂的孔缝网络。这是碳酸盐岩中分布比较广泛的一类储集层。

（4）缝洞型储集层：储集空间以各种大小不同的溶洞为主，孔隙不发育，但裂缝发育。溶洞是主要的储集空间，裂缝为渗流通道。这类储集层与古岩溶作用有关，常分布于不整合面及大断裂附近。

（5）孔洞缝复合型储集层：储集空间为各种成因的孔隙、溶蚀洞穴和裂缝。孔隙、溶洞为主要的油气储集空间，裂缝主要发挥渗流通道作用，构成统一的孔隙—溶洞—裂缝系统。

3. *其他岩类储集层*

其他岩类储集层包括火山岩类储集层、结晶岩类储集层和泥岩类储集层。

火山岩类储集层包括火山喷发岩和火山碎屑岩，主要储集空间为构造裂缝或受溶解的构造裂缝，因此，在构造裂缝发育的小型断陷盆地边缘与隆起过渡带，有火山岩储集层。它往往发育于生油层之中或邻近的火山岩，对含油有利。

结晶岩类储集层包括各种变质岩，储集空间主要为风化孔、缝及构造缝，多发育在不整合带、盆地边缘斜坡及盆地古突起。以此为储集层的油气藏属称基岩油气藏。

泥质岩类储集层的储集空间主要为构造裂缝或泥岩中含有易溶成分石膏、盐岩等经地下水溶蚀形成溶孔、溶洞等。

三、盖层

盖层是指位于储集层之上能够封隔储集层使其中的油气免于向上逸散的岩层。与储集层作用相反，盖层的作用是阻碍油气的逸散。在油气源充足条件下，盖层的分布与封盖性能控制油气的运移、聚集与保存。良好的盖层可以阻滞油气渗流逸散、降低天然气的扩散散失，使其在盖层之下聚集成藏，是油气成藏的必要条件。

常见的盖层有页岩、泥岩、石膏、盐岩以及泥灰岩、石灰岩等。页岩、泥岩盖层常与碎屑岩储集层并存；石膏、盐岩层常常与碳酸盐岩储集层并存。据统计，以页岩、泥岩为盖层的大油田占总数的65%，盖层为盐岩、石膏的占33%，致密石灰岩盖层占2%。我国的大庆、辽河、胜利等油区多以泥岩为盖层，四川、江汉多以盐岩、石膏等蒸发岩为盖层。

油气田的勘探实践证明，盖层需要一定的厚度。从理论上来说，盖层厚度对封闭能力或烃柱高度没有简单的对应关系。封闭能力主要取决于盖岩的排替压力。但从沉积条件看，盖层薄时，横向上能够连续、完整、均一、无裂缝的可能性几乎没有，形成大油气田的可能性就小。因此，从保存油气的角度，盖层应该存在一个受其他地质条件影响的有效下限，厚度越厚越有利。

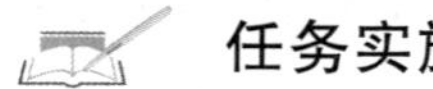

任务实施

一、目的要求

掌握生、储、盖层的性质。

二、实施方法

分组讨论。

任务考评

(1) 生油岩有哪些类型？各有什么特性？

(2) 评价烃源岩优劣的指标有哪些？

(3) 储集层的主要特征有哪些？

(4) 简述盖层对油气藏形成的作用。

任务三　圈闭与油气藏类型的识别

任务描述

圈闭与油气藏是油气勘探钻井的目标。为了保证油井钻进工作的顺利进行，就要了解圈闭与油气藏。不同的油气藏具有不同的成因与特征，钻井作业也有所不同。圈闭与油气藏的类型的划分，各类油气藏特征，如何识别圈闭与油气藏的类型，是本任务的主要内容。

任务分析

在地球上存在许许多多油气藏，其成因各不相同，在石油地质学界对其如何归类的？各类圈闭与油气藏有何特征？应如何识别呢？

相关知识

目前世界上发现的油气藏数量众多，类型各异。它们在成因、形态、规模与大小及储集层条件、遮挡条件、烃类相态等方面的差别很大。油气藏分类方法很多。本书将油气藏分为构造、地层、岩性、水动力、复合等五大类，再进一步细分为若干类型。

一、构造油气藏

由于地壳运动使地层发生变形或变位而形成的圈闭，称为构造圈闭。在构造圈闭中的油气聚集，称为构造油气藏。构造油气藏是目前世界上最重要的一类油气藏。其中比较重要的有背斜油气藏、断层油气藏、裂缝油气藏以及岩体刺穿构造油气藏等。

1. 背斜油气藏

在构造运动作用下，储集层呈拱起的背斜，其上方为非渗透性盖层所封闭，形成背斜圈闭。油气在背斜圈闭中聚集形成的油气藏，称为背斜油气藏。许多大油田都是由背斜油气藏为主组成的油气田，如沙特阿拉伯的加瓦尔油田、科威特的布尔干油田、我国的大庆油田等。在自然界存在的与油气聚集有关的背斜圈闭及背斜油气藏，从成因上看，主要有以下五种类型。

（1）压背斜油气藏：在由侧压应力挤压为主的褶皱作用形成的背斜圈闭中的油气聚集。常见于褶皱区，两翼地层倾角陡，常呈不对称状；闭合高度较大，闭合面积较小。由于地层变形比较剧烈，与背斜圈闭形成的同时，经常伴生有断裂。我国酒泉盆地老君庙油田的L层油气藏可作为一个典型实例（图6-2）。

（2）基底升降背斜油气藏：在相对稳定的地区，由于基底隆起使沉积盖层发生变形而形成平缓、巨大的背斜圈闭油气聚集。其主要特点是：两翼地层倾角平缓，闭合高度较小，闭合面积较大（与褶皱区比较）。从区域上看，在地台内部坳陷和边缘坳陷中，这些背斜圈闭常成组成带出现，组成长垣或大隆起。特别是坳陷中心早期的潜伏隆起带，在油气生成、运移过程与背斜圈闭形成过程相吻合的情况下，这些隆起和长垣就成为油气聚集的最好场所，形成一系列这种类型的油气藏。我国大庆长垣萨尔图等油田中的油气藏属于这种类型，如图6-3所示。

（3）底辟拱升背斜油气藏：坳陷内堆积的巨厚盐岩、石膏和泥岩等可塑性地层，在上覆不均衡重力负荷及侧向水平应力作用下蠕动抬升，使上覆地层变形形成底辟拱升背斜圈闭。我国江汉盆地的王场油田（图6-4）的油藏可作为此类的典型代表。

（4）披覆背斜油气藏。这类背斜的形成与地形突起和差异压实作用有关。在沉积基底上常存在有各种地形突起，由结晶基岩、坚硬致密的沉积岩或生物礁块等组成。当其上有新的沉积物堆积后，这些突起部分的上覆沉积物常较薄，而其周围的沉积物则较厚。因此，在成岩过程中，由于沉积物的厚度和自身重量不同，所受到的压实也是不均衡的，周围较厚的沉积物压缩程度较大，突起部位压缩较少，结果便在地形突起（潜山）的部位，上覆地层呈隆起形态，形成背斜圈闭。常呈穹隆状，顶平翼稍陡，幅度下大上小。闭合度总是比突起高度小，并向上递减。这类背斜构造也称为披盖构造或差异压实背斜。

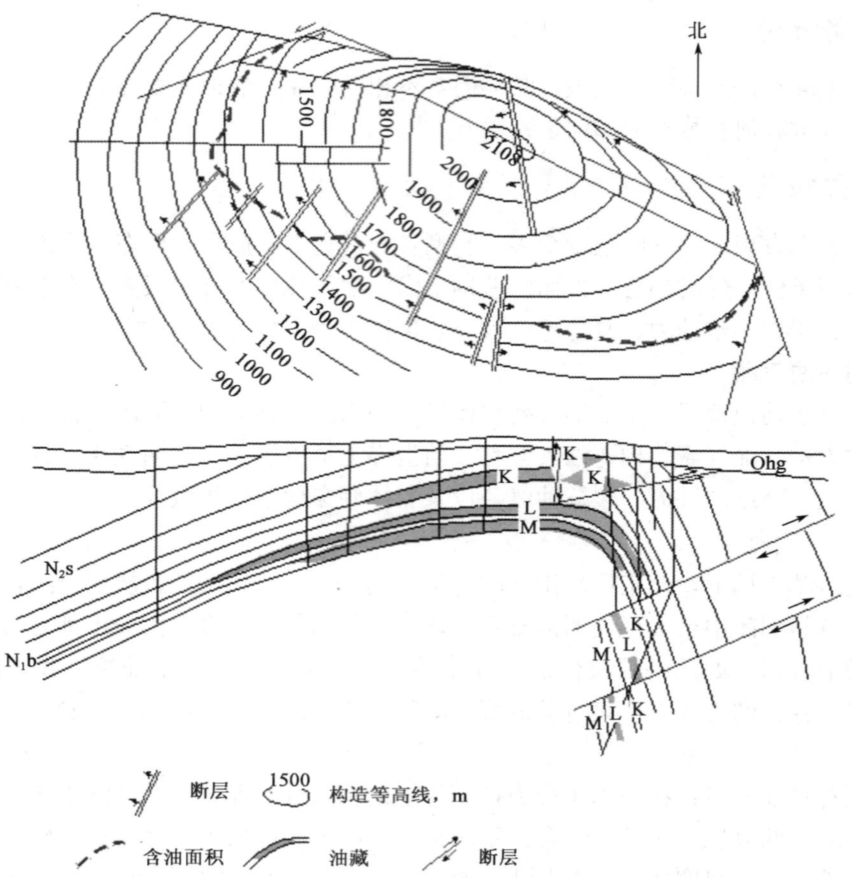

图 6-2　老君庙油田 L 层顶面构造图及油田剖面图（据玉门石油管理局研究院）

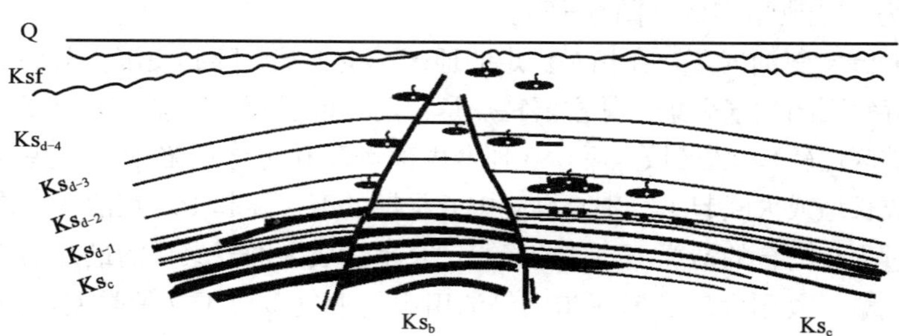

图 6-3　大庆萨尔图油田剖面图（据大庆石油管理局，2000）

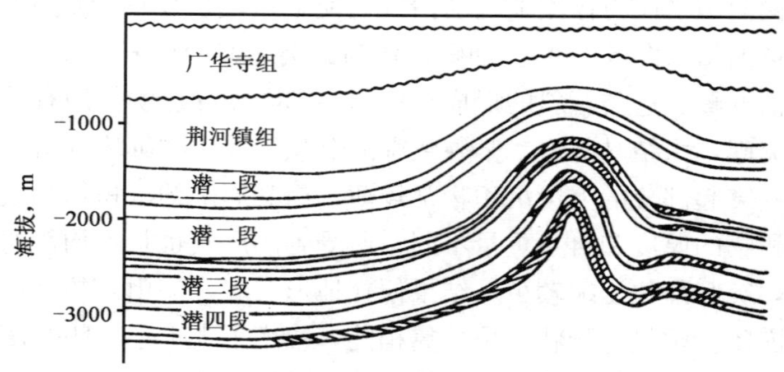

图 6-4　江汉盆地王场构造平面及剖面图（据胡见义等，1991）

（5）滚动背斜油气藏。沉积过程中，由于张性断层的块断活动及重力滑动，出现了边沉积边断裂的现象，堆积在同生断层下降盘上的砂泥岩地层沿断层面下滑，使地层产生逆牵引（与正牵引比较），形成了这种特殊的“滚动背斜”圈闭。滚动背斜位于向坳陷倾斜的同生断层下降盘，多为小型宽缓不对称的短轴背斜，近断层一翼稍陡，远断层一翼平缓，背斜高点距离断层较近。轴向近于平行断层线，常沿断层成串珠状成带分布。因为它们距油源区近，面向生油凹陷，发育在大型三角洲沉积中，储集砂体厚度大、物性好，并形成良好的生储盖组合，加之构造属于同沉积构造，同生断层可作为油气运移的通道，因此，这类背斜常可形成富集高产的油气藏。渤海湾盆地已发现有相当数量这类油气藏，如胜坨油田（图 6－5）、永安镇油田等。

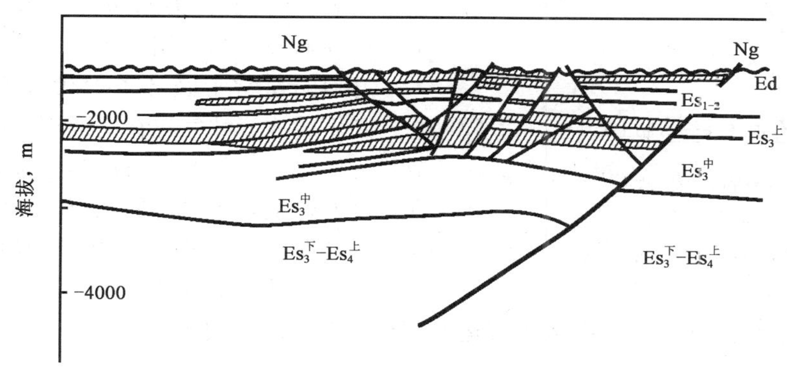

图 6－5　胜坨地区滚动背斜油藏剖面图

2. 断层油气藏

断层圈闭是指沿储集层上倾方向受断层遮挡所形成的圈闭。在断层圈闭中的油气聚集，称为断层油气藏。这类油气藏是世界各含油气盆地中广泛分布的一种类型。我国断层油气藏的分布都很广泛。尤其在东部地台区，中生代以来块断运动比较活跃，形成很多断陷盆地，同时在盆地的斜坡带以及背斜带上也产生了大量断层，形成了为数众多的断层油气藏，如在渤海湾盆地各含油气凹陷中的大量油气藏都是属于这种类型。

就圈闭的形成和油气聚集而言，断层油气藏比背斜油气藏复杂得多。断层破坏了岩层的连续性。断层的性质、破碎和紧结程度，以及断层两侧岩性组合间的接触关系等，对油气运移、聚集和破坏都有重要影响。在油气藏的形成过程中，断层可起通道作用、破坏作用和封闭作用。

断层圈闭形成的前提条件是断层必须是封闭的，即对油气运移起遮挡作用，同时断层与储集层构成闭合空间，使油气在断层与储集层构成的封闭空间中聚集形成油气藏。影响断层封闭性的因素是多方面的，在断层停止活动条件下，主要可归为以下两大方面：

（1）断层两侧岩性及其对置关系。如果断层两侧的渗透性岩层直接接触，则断层往往不能起封闭作用；若断层两侧渗透层与非渗透层相对置，则断层封闭较好（图 6－6）。断开地层的岩性对断层的封闭性影响很大。在塑性较强的地层中（如泥岩）产生断层，沿断层面常形成致密的断层泥，可起封闭作用。一般来说，断开地层中泥岩的厚度越大，断层的封闭性越好。

（2）断层的性质及产状。由于所受外力不同，产生不同性质的断层。受压扭力作用产生的断层，断裂带表现为紧密性的，常使断层面具封闭性质；而张性断层的断裂带常不紧密，易起通道作用。

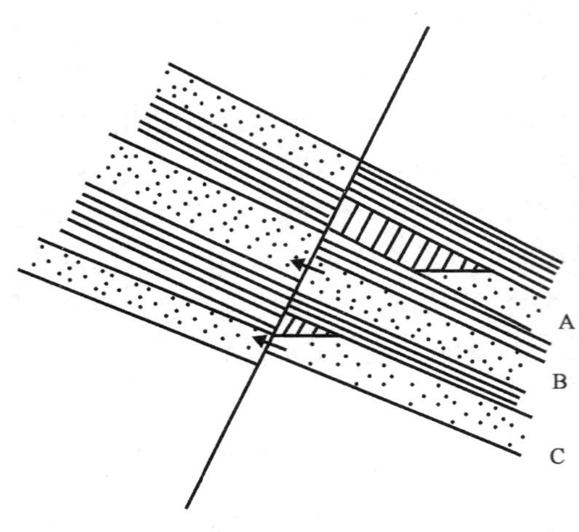

图 6-6　断层两侧岩性接触情况对断层圈闭封闭性的影响

A层为完全封闭；B层为不封闭；C层为部分封闭

此外，断层面的陡缓也有影响，断面陡，封闭性差；断面缓，封闭性好。随埋深增加，上覆地静压力增大，断层封闭性变好。

在断裂带内，由于地下水中溶解物质（如碳酸钙）沉淀，可将破碎带胶结起来，形成所谓的断层墙而起封闭作用。在油气沿开启的断裂带运移过程中，由于原油氧化作用或生物菌解作用，形成固体沥青等物质，堵塞了运移通道，也可使断裂带起封闭作用。在塑性较强的地层中（如泥岩、盐岩和膏盐），沿断裂带常形成致密的断层泥，可使断裂带起封闭作用。

开启断层常常破坏了原生油气藏的平衡状态，断层就成为油气运移的通道。在油气藏的形成过程中，开启的断层可成为连接源岩与圈闭之间的良好通道，也可与储集层、不整合面一起成为油气长距离运移的通道。油气藏形成后，开启的断层破坏油气油气藏，可使油气沿断层向上运移，在上部地层形成次生油气藏或直接运移至地表造成散失破坏（图 6-7）。

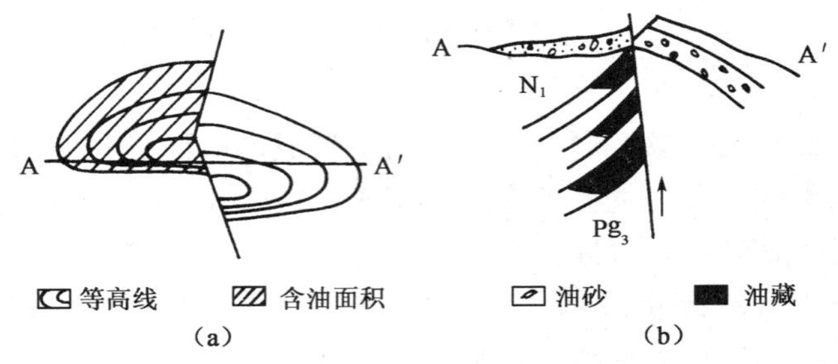

图 6-7　油砂山油田构造图（a）及剖面图（b）

（据青海石油勘探局）

总之，断层对油气藏形成所起的作用具有两重性，既可以起封闭作用，也可以起通道和破坏作用。每条断层对油气藏形成所起的作用，要具体情况具体分析，不能用静止的观点去主观判断，而是要根据其发展历史全面地进行评价。

3. 裂缝油气藏

所谓裂缝油气藏，是指油气储集空间和渗滤通道主要靠裂缝或溶孔（溶洞）的油气藏。在各种致密、性脆的岩层中，原来的孔隙度和渗透率都很低，不具备储集油气的条件。但是，由于构造作用，加上其他后期改造作用，使其在局部地区的一定范围内产生了裂隙和溶洞，具备了储集空间和渗滤通道的条件，与其他因素（如盖层、遮挡物等）相结合，则可形成裂缝圈闭。油气在其中聚集，则形成裂缝油气藏。

裂缝油气藏是一种比较复杂的油气藏类型，在勘探这种类型的油气藏时，最重要的是分析和认识裂缝带的分布规律，因为正是这些次生裂缝带的分布及发育情况控制了油气的富集程度。

4. 岩体刺穿构造油气藏

由于刺穿岩体接触遮挡而形成的圈闭，称岩体刺穿圈闭；岩体刺穿油气藏则是指油气在岩体刺穿圈闭中的聚集。

按刺穿岩体性质的不同，可以分为盐体刺穿（图 6－8）、泥火山刺穿（图 6－9）及岩浆岩柱刺穿（图 6－10）等。目前世界上在这三种岩体刺穿圈闭中都已经发现了油气藏。但是，从分布的广泛性来看，盐丘刺穿更为重要。

图 6－8 莫连尼油田横剖面图

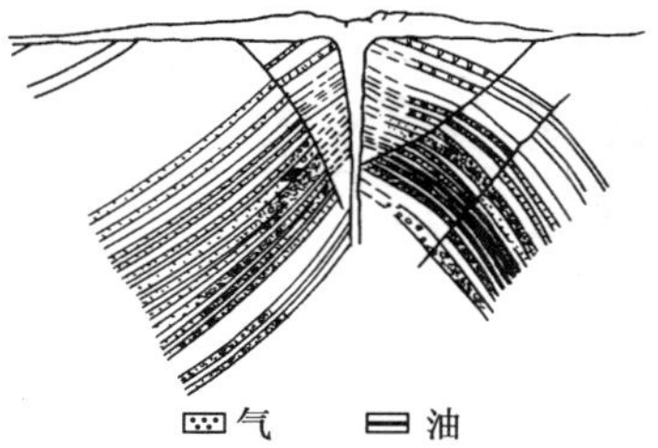

气 油

图 6－9 洛克巴丹油气田剖面图

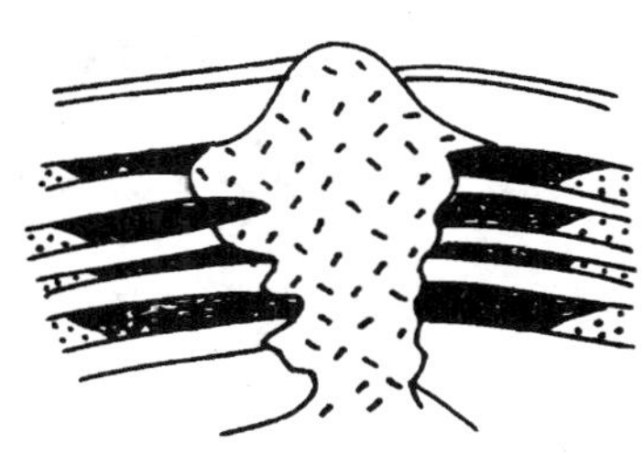

图 6－10 墨西哥岩浆岩体刺穿油田

地下塑性岩体（包括盐岩、泥膏岩、软泥以及各种侵入岩浆岩）侵入沉积岩层，使储集层上方发生变形，其上倾方向被侵入岩体封闭而形成刺穿（接触）圈闭。形成刺穿或底辟构造的基本条件是：地下深处存在相当厚度的膏盐或软泥层，厚度越大，形成这种构造的可能性也就越大；其次是上覆岩层存在压差变化比较显著的薄弱带。

二、地层油气藏

地层圈闭是指储集层由于纵向沉积连续性中断而形成的圈闭，即与地层不整合有关的圈闭。根据地层圈闭的成因和储集层与不整合面的空间关系，地层油气藏大致可以分为两类(图 6－11)：一类是位于不整合面之下的地层不整合油气藏，另一类是位于不整合面之上的地层超覆油气藏。前者又可细分为潜山油气藏和地层不整合遮挡油气藏，其中潜山油气藏占有重要的地位。

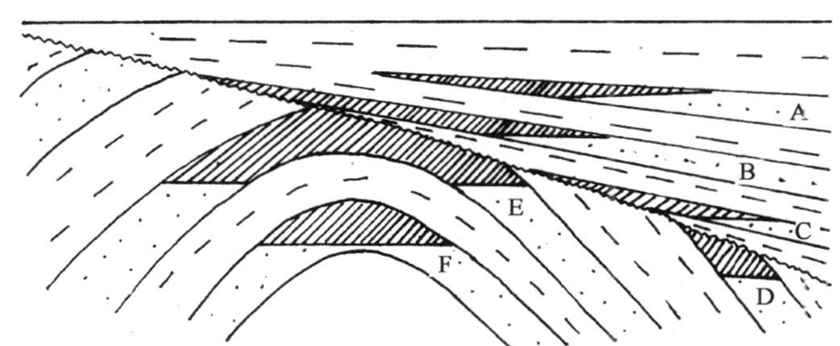

图 6－11 地层油气藏主要类型及其与非地层油气藏之间的区别示意图

A—岩性尖灭油气藏；B，C—地层超覆油气藏；D，E—地层不整合遮挡油气藏；F—背斜油气藏

1. 潜山油气藏

潜山通常是指被不整合埋藏于年轻沉积盖层之下的盆地基底的基岩突起，包括古地形突起（残丘）和古构造被剥蚀形成的具有一定构造形态的突起。潜山曾遭受过侵蚀，并被后来新的沉积层埋藏，它相对于周围是一个局部的突（隆）起。潜山油气藏是指这些基岩突起被上覆不渗透地层所覆盖形成圈闭条件，油气聚集其中而形成的油气藏。

潜山圈闭的形成与区域性的沉积间断及剥蚀作用有关。在地质历史的某一时期，地壳运动使一个区域上升，受到强烈风化、剥蚀的破坏。坚硬致密的岩层抵抗风化的能力强，在古地形上呈现为大的突起。后来，该区域又重新下降，被新的沉积物所掩埋覆盖，这样就在原来古地形的基础上形成了一系列的潜伏剥蚀突起或潜伏剥蚀构造，也称为“古潜山”。按照潜山的形态，可将潜山划分为断块山、古地貌山和褶皱山三大类（图 6－12）。它们的形成都受差异风化因素影响，断块山和褶皱山还受断层和古构造控制。

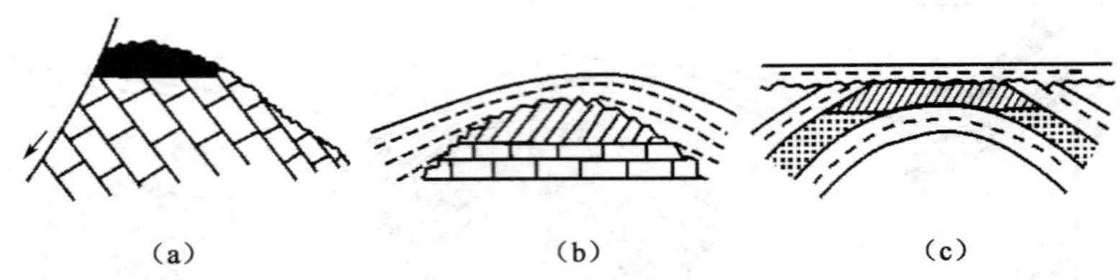

图 6－12　潜山油气藏类型示意图

（a）断块山；（b）古地貌山；（c）褶皱山

组成潜山的岩石可以结晶岩，如岩浆岩（侵入岩）及变质岩，也可是沉积岩，如石灰岩、白云岩、砂岩，还可是火山岩等。它们的共同特点是，岩性较坚硬，经过长期的风化、剥蚀和地下水的循环作用后，次生孔隙和裂缝发育，具有良好的储集性质，往往具有高产的特点。

潜山油气藏中聚集的油气主要来源于其上覆沉积的烃源岩，因此，潜山油气储集层的时代通常比烃源岩的时代老，即所谓的“新生古储”。也有的潜山油气藏储集层时代与烃源岩时代相同或烃源岩时代老于储集层的时代。油气运移通道主要包括沟通潜山和烃源岩的油源断层及不整合面两种类型。油气沿不整合面和油源断裂源源不断地运移至潜山圈闭中聚集成藏。我国任丘油田即为典型的潜山油气藏。

2. 地层不整合遮挡油气藏

广义的地层不整合遮挡油气藏是指位于不整合面之下，由不整合遮挡形成的地层油气藏，包括潜山油气藏。这里所说的地层不整合遮挡油气藏是指主要在盆地或在古隆起边缘，在一定的构造背景下，储集层上倾方向被剥蚀，后来又为新沉积的非渗透性岩层遮挡，在不整合之下形成了地层不整合圈闭，油气在其中聚集形成的油气藏（图 6－13）。与潜山圈闭不同，该类圈闭的不整合面一般没有明显的地形突起。

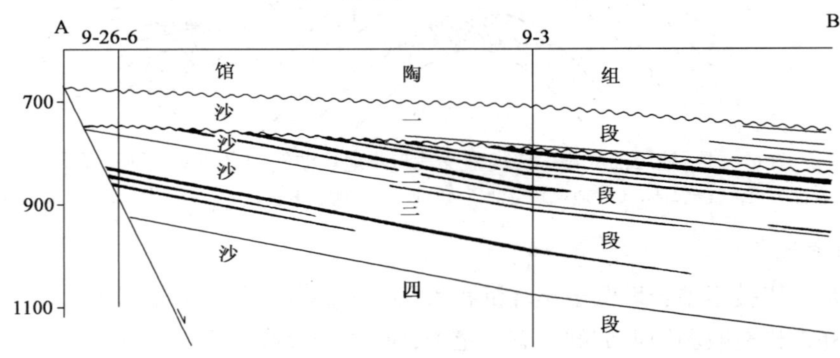

图 6－13　金家油田油藏剖面图（据王秉海等，1992）

3. 地层超覆油气藏

地壳的升降运动及其差异性常可引起海水或湖水的进退。这种水体进退在地层剖面上就表现为“超覆”和“退覆”两种现象，如图 6－14 所示。

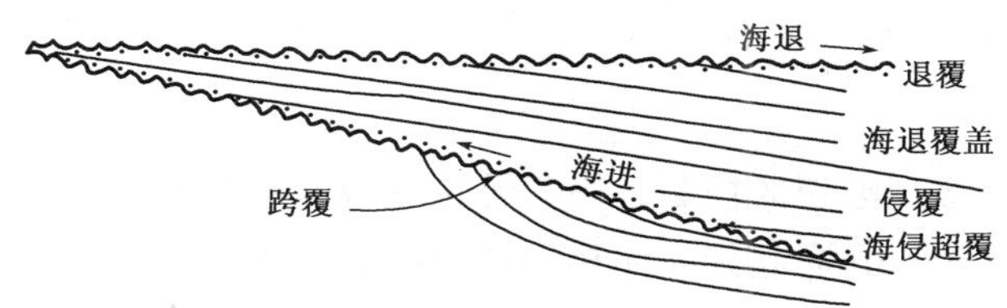

图 6－14　超覆与退覆示意图（据张厚福等，1999）

海进时，沉积范围不断扩大，较新沉积层覆盖了较老地层，在坳陷边部的侵蚀面沉积了孔隙性砂岩，后来在其上沉积了不渗透性泥岩，就形成了地层超覆圈闭。地层超覆圈闭一般分布在盆地的边缘地带。

三、岩性油气藏

岩性圈闭是指储集层岩性或物性变化所形成的圈闭。若其中聚集了油气，就成为岩性油气藏。储集层岩性的纵横向变化可以在沉积作用过程中形成，也可以在成岩作用过程中形成。岩性变化形成岩性上倾尖灭体、透镜体及物性封闭圈闭等。

沉积过程中，因沉积环境或动力条件的改变，岩性在横向上会发生相变。若砂岩层向一个方向上变薄，呈楔状尖灭于泥岩中，形成岩性尖灭圈闭，如图 6－15（a）所示。若砂岩体呈透镜状，周围均被不渗透层所限，则为砂岩透镜体圈闭，如图 6－15（b）所示。在成岩和后生作用期间，由于次生作用可使原生的岩性圈闭发生改变，可使储集层的一部分变为非渗透性岩层，或使非渗透性岩层中的一部分变为渗透性岩层，形成岩性圈闭。如在厚层砂岩中，由于渗透性不均，也可见到低渗透砂岩中出现局部高渗透带，如图 6－15（c）所示。

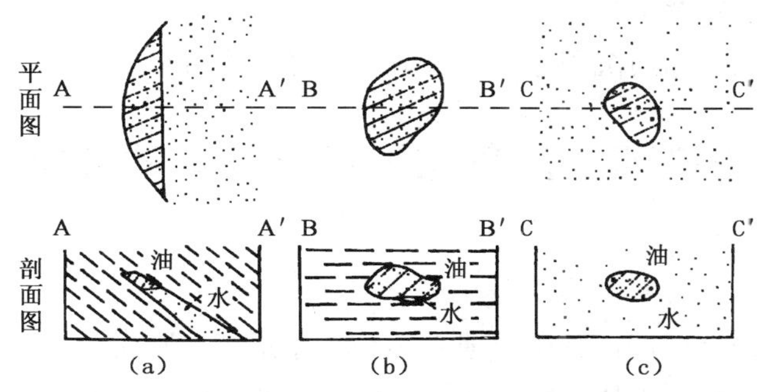

图 6－15　砂岩尖灭体及透镜体地层油气藏（据张厚福，1999）

（a）砂岩尖灭体地层油气藏；（b）砂岩透镜体地层油气藏；（c）低渗透砂岩中之高渗透带

岩性油气藏特征是：（1）储集体往往穿插和尖灭在生油岩体中，不仅有充足的油气源，还有良好的储盖组合条件；（2）圈闭形成时间早，油气一次运移直接排入储集层，有利于油气的聚集成藏；（3）岩性油气藏的分布沉积体系和古地形有关。

按圈闭的成因，岩性油气藏可分为砂岩上倾尖灭油气藏、砂岩透镜体油气藏、物性封闭岩性油气藏和生物礁油气藏等 4 种。

四、水动力油气藏

由水动力或与非渗透性岩层联合封闭，使静水条件下不能形成圈闭的地方形成油气圈闭，称为水动力圈闭。目前，水动力油气藏在国内外发现的还比较少，储量和产量均较构造油气藏和地层油气藏少得多，但随着石油地质理论的进展，勘探水平的不断提高，将有可能找到更多水动力油气藏。

五、复合油气藏

储油气圈闭往往受多种因素的控制。当某种单一因素起绝对主导作用时，可用单一因素归类油气藏；但当多种因素共同起到大体相同或相似的作用时，就称为复合圈闭。所以把由两种或两种以上因素共同起封闭作用而形成的圈闭称为复合圈闭，油气在其中的聚集就称为复合油气藏。

按照构造、地层、岩性、水动力等油气藏类型的圈闭条件所构成的组合，可形成各式各样的复合油气藏类型，但从勘探实践来看，大量出现的主要有：构造—地层、构造—岩性油气藏。特殊情况下，也可形成地层或岩性—水动力复合油气藏等。

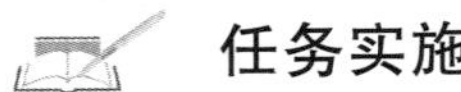

任务实施

一、目的要求

掌握油气藏常用的分类方法。

二、实施方式

（1）查看相关专著、论文等专业资料。

（2）课堂组织讨论，相互交流。

任务考评

（1）油气藏主要包括哪些类型?

（2）如何识别岩性油气藏和地层油气藏?

（3）潜山油气藏有哪些类型?

（4）岩性油气藏的分布与沉积体系和古地形有哪些关系?

任务四　油气藏形成与破坏的分析

任务描述

石油和天然气是流体矿产，其生成地未必是其存储地。油气生成以后在各种力的作用下要发生运移，在适当的场所聚体成藏。已形成的油气藏在构造力的作用下也会受到破坏。油气运移规律是我们“顺藤摸瓜”寻找油气藏的依据之一，所以需要掌握油气生成以后的运移规律，了解油气藏形成与破坏条件。

任务分析

油气藏的形成需要油气运移，油气聚集需要场所——圈闭。油气是如何运移的？圈闭有何特征？油气藏形成机理如何？通过对油气藏形成机理的分析，掌握有利于油气聚集的条件及油气藏破坏因素，为油气勘探打下理论基础。

相关知识

一、油气运移

石油和天然气是流体矿产，具有可流动性，当受到某种驱动力作用时就会在地壳中发生流动。我们把油气在地壳中的任何移动称为油气的运移。

根据运移特征，我们把油气运移划分为初次运移和二次运移。初次运移是指油气在烃源岩中以及自烃源岩向储集层或运载层中的运移。二次运移是指油气进入储集层或运载层后的一切运移。二次运移包括油气在储集层或运载层中的运移，也包括业已形成的油气聚集由于外界地质条件的变化而引起的再次运移（图 6－16）。

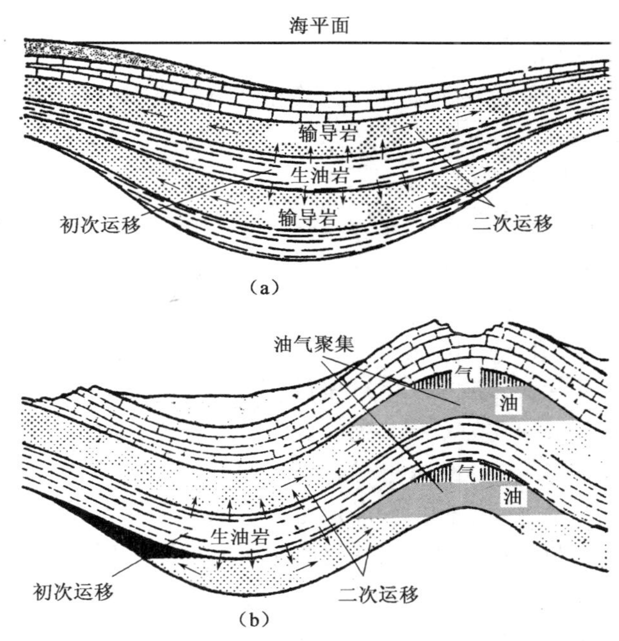

图 6－16　油气运移示意图

(a) 油气运移早期；(b) 油气运移晚期及油气藏的形成

1. 油气的初次运移

烃源岩生成的油气只有经初次运移，有效地排到储集层中，才能使分散状态的油气经二次运移发生聚集成藏。

1）油气初次运移的相态与载体

由于烃类难溶于水，故大多数人认为，在油气初次运移时多数烃是以游离态运移的，只有少数是以溶于水的方式运移的。

烃类的初次运移是以水为载体运移的。这些水有在沉积时的原生水，也有一部分是由粘土矿物在成岩演化中生成的层间水和有机质转化生成的水。近年来也有人提出烃类以气体或气液混合的连续相向储集层运移的观点。

2）油气初次运移的动力

由于烃源岩孔喉细小，渗透率很低，油气在其中运动就需有较大动力。这些运移动力包括：

(1) 压实作用，使孔隙流体受压外排。

(2) 热力作用，使孔隙中流体受热膨胀，体积增大，促使流体排出。在流体排出不畅时，也可产生异常高压。若压力大于地层最小压应力与岩石抗张强度之和，会产生微裂隙，使油气在压力作用下沿微裂隙顺畅运移至储集层。

(3) 成烃增压。随温度升高，有机质成烃特别是气态烃使孔隙流体体积增大，压力升高，甚至出现异常高压，使油气向外排出。

(4) 扩散作用。由于烃源岩中烃尤其是轻烃和气态烃的浓度较储集层高，烃就会向外排出。

以上各种作用因素随所处环境和阶段不同，所起作用会有所不同，但它们对油气初次运移都会产生一定影响。

2. 油气的二次运移

油气的二次运移包括油气在储集层内的运移和沿断层或不整合面等通道的运移以及已形成的油气藏遭受破坏后油气再分布所发生的运移。

1) 油气二次运移的动力

油气经过初次运移进入储集层后，要经过较长距离和较大规模的二次运移才能富集成油气藏。而要进行二次运移，必须要有较为强大、持久的动力。在地层条件下，油气二次运移的动力有浮力、水动力、构造应力等。

2) 油气二次运移的通道

二次运移是沿着毛细管阻力最小或渗透率最大的方位进行的。油气二次运移的具体通道主要有连续的渗透性储集层的孔隙系统、断层、裂缝和不整合面等。其中，渗透性储集层的孔隙系统是最广泛、最基本的二次运移通道，油气微滴可先从渗透性岩层底部向顶部累积，累积至一定数量后，再在层内发生侧向的顺层运移；断层在油气穿层和垂向运移中具有重要作用，但在一定条件下，断层对油气的二次运移也可起遮挡作用；裂缝可改善孔隙间的连通性和渗透性，尤其对于改善致密岩石的渗透性意义重大；不整合面由于具有区域性分布和把不同时代、不同岩性地层沟通起来的特点，可作为油气穿层运移的通道，促使油气进行长距离的运移。

3) 油气二次运移的方向

研究油气二次运移的方向，不仅具有重要的理论意义，而且具有指导油气田勘探的实际意义。在油气二次运移过程中，油气总是沿着阻力最小、动力最大的方向即由油气高势区向油气低势区运移。运移的主要方向是受多种因素控制的，如区域构造背景、储集层的岩性岩相变化、地层不整合、断层、水动力条件等因素。通常位于凹陷附近或内部的隆起区、斜坡带易成为油气运移的主要方向，特别是其中长期继承性的隆起带最为有利。

4) 油气二次运移的距离

油气二次运移的距离取决于运移通道、区域构造条件、岩性岩相变化条件、上覆盖层与断层的发育，以及油气二次运移动力条件。在岩性岩相变化较大的地区，同时又缺乏其他合适的运移通道，油气不可能进行远距离的运移。例如位于泥岩生油层中的砂岩透镜体油气藏等，油气无需经过远距离的运移。如果具备优越的、区域性分布的运移通道条件和盖层条件，同时又具备良好的运移动力条件，油气有可能进行较远距离的运移（大于几十千米，甚至超过 100km)。

二、圈闭与油气藏的概念

1. 圈闭的概念及量度

圈闭是适合于油气聚集、形成油气藏的场所。圈闭是油气藏形成的基本条件之一，其大小直接影响其中油气的储量。圈闭通常由 3 部分组成：(1) 储集层，是圈闭的主体部分，为油气储存提供了空间；(2) 盖层，位于储集层之上，阻止油气向上逸散；(3) 遮挡物，阻止油气继续侧向运移，构成油气聚集的屏障。盖层和遮挡物都是阻止油气散失的封闭条件。盖层是在垂向上阻止油气散失，而遮挡物是在侧向上阻止油气散失。因此，圈闭实际上是由具有孔隙空间的储集层和能够使储集体封闭起来的封闭条件形成的。

作为圈闭形成要素的遮挡物，可以是盖层本身的弯曲变形，如背斜；也可以由断层、岩性或物性变化、地层不整合等构成。因此，根据圈闭的成因，主要是根据圈闭的遮挡条件，可将圈闭分为构造型、地层型、岩性型、水动力型等。其中背斜、断层等圈闭是最重要的构造圈闭类型。

石油和天然气在运移过程中，如果遇到阻止其继续运移的遮挡物，则停止继续运移并在遮挡物附近聚集，形成油气藏。

圈闭的大小和规模往往决定着油气藏的储量大小，其大小由圈闭的有效容积来度量。圈闭的有效容积是指该圈闭能容纳油气的最大体积，是评价圈闭的重要参数之一。圈闭的有效容积可用下面几个参数描述。

(1) 溢出点。油气充满圈闭后开始向外溢出的点，称为圈闭的溢出点（图 6－17）。它是该圈闭能够储存油气最大量的点，低于该点油气就会向外溢出。

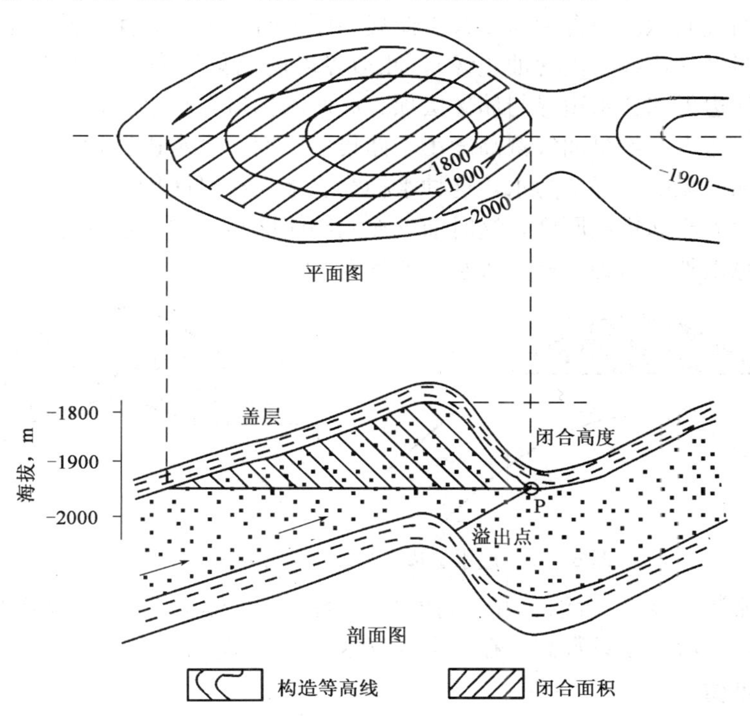

图 6－17　度量背斜圈闭容积的主要参数示意图

(2) 闭合面积。一般将通过溢出点的构造等高线所圈定的面积称为该圈闭的闭合面积。严格来说，闭合面积应该是通过溢出点的水平面与储集层顶底面或/和其他封闭面（如断层面、地层不整合面、岩性封闭面）所交切形成的封闭空间的平面投影面积。显然，在储集层厚度一定时，闭合面积越大，圈闭的有效容积也越大。

（3）闭合高度。从圈闭中储集层的最高点到溢出点之间的海拔高差，为该圈闭的闭合高度，简称闭合度。

2. 油气藏

油气在地下岩层中运移过程中，当遇到了圈闭，阻止油气进一步运移时，油气就会在圈闭中聚集起来，形成油气藏。

油气藏是油气在单一圈闭中的聚集，具有统一的压力系统和油水界面。它是地壳上油气聚集的基本单元。油气藏是含油气盆地中油气聚集的最小单元。如果圈闭中只聚集了油，称为油藏；只聚集了气就称为或气藏；二者同时聚集就称为油气藏。油气藏的大小反映了圈闭中聚集的油气数量的多少，可用含油气面积、含油气高度等参数进行描述。

（1）油水界面、油气界面和含油气高度。在一个典型油气藏中，由于重力分异作用，油、气、水的分布具有一定的规律：气占据最上部，称为气顶；油居中，呈环状分布，称为油环；水在下，从而形成油气界面、油水界面。在一般情况下，这些界面是近于水平的。但在水动力作用下，油水界面也可能是倾斜的。

油气藏中油水界面至含油气最高点的垂直距离称为含油气高度，或叫油气柱高度。若是油藏称为含油高度（油柱高度），若是气藏称为含气高度（气顶高度）。

（2）含油（气）边界和含油（气）面积。油水界面和油气界面通常是水平的，油水界面与储集层顶面的交线称为含油边界，又叫含油边缘。它界定了该油藏最大含油范围，所圈闭的面积称为含油气面积。当含油高度大于储集层厚度时，油水界面与储集层底面的交线称为含水边界，又叫含水边缘（内含油边缘），此边界以内储集层中无自由水，储集层完全为油充满。通常含油边界和含水边界与储集层顶、底面的构造等高线平行。

（3）底水、边水。如果油气藏高度小于储集层厚度，含水边界就不存在了，油气聚集于圈闭的顶部，油气藏的下部全为水，这种水称为底水。如果储集层厚度不大，或构造倾角较陡，油气藏高度大于储集层厚度，这时油气充满圈闭的高部位，水围绕在油气藏的四周，即在内含油气边缘以外，这种水称为边水。如图 6－18 所示。

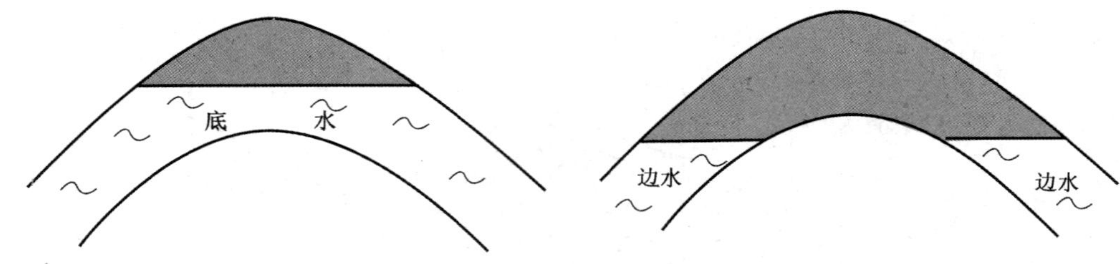

图 6－18　底水、边水与油气藏分布关系示意图

（4）充满系数（度）。含油（气）高度与闭合高度的比值定义为充满系数（度）。一般情况下，在富含油气区，该系数高；在贫含油气区，充满系数低。

三、油气聚集

石油和天然气在生油层中生成以后，经过初次运移到储集层中，然后又在浮力和水动力等作用下进行二次运移，在二次运移的过程中遇到圈闭，油气在圈闭中不断汇聚，形成油气藏的过程称为油气聚集。

1. 油气聚集

1）油气在单一圈闭内的聚集

油气在浮力作用下向上倾方向运移至圈闭中。初期进入圈闭中的油气，由于重力分异，气体占据顶部，油在中部，下部为水。随着油气数量的继续增加，油水界面逐渐降到溢出点后，一部分石油便从溢出点向上倾方向溢出。之后，油气继续进入圈闭，天然气向圈闭上部聚集，把石油推向溢出点，石油不断地被排出，当天然气的数量足够占据整个圈闭时，石油便不可能再进入圈闭，而是沿溢出点向上倾方向溢去（图 6－19）。在这种情况下，这个圈闭就完全被天然气所充满。

2）油气差异聚集原理

如果盆地中存在同一渗透层相连的系列圈闭，其溢出点海拔依次递增高，油气源区来自下倾方向且油气数量较充足，具有区域性倾斜的长距离运移条件，储集层中充满水并处于静水压力条件，油气源源不断地向上倾方向运移，将会出现如图 6－20 所示的油气差异聚集情况：最先充注油气的溢出点最低的 1 圈闭，由于重力分异，气体在上油在下，随着油气继续进入，油水界面不断下降，直到达溢出点高程，此时来自下方天然气可继续进入，使气油界面下移，但石油从 1 溢出，进入 2 圈闭，聚集在圈闭的顶部，1 完全被天然气充满；如果油气继续供给，2 中会重复上述过程，油气在 3 甚至更高的圈闭中聚集：如果油气源十分充足，运移等条件好，离油源最远的圈闭也可充满油，形成了从低到高依次为气藏、油气藏和油藏的分布规律。

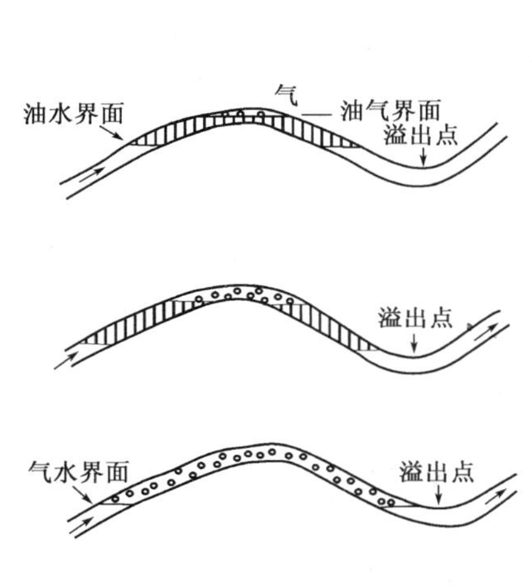

图 6－19　油气在单一背斜圈闭中的聚集图

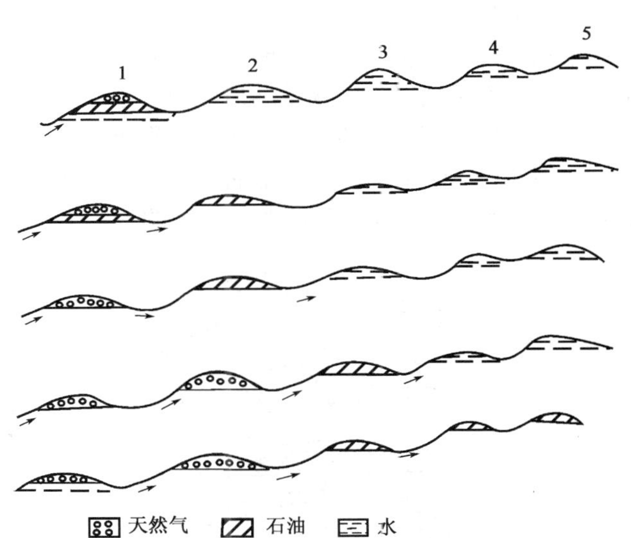

图 6－20　在相连通的一系列圈闭中油气差异聚集的情况示意图

2. 油气藏破坏与再形成

1）油气藏的破坏

地壳运动为油气藏的形成创造了很多有利的地质条件，但也有可能使已经形成的油气藏遭到不同程度的破坏。

油气藏的破坏是指原来已形成的油气藏，由于所处地质环境的变化而使其中的油气部分或全部散失或变成稠油沥青的过程。引起油气藏破坏的主要地质因素包括断层作用、地壳运动、剥蚀作用、氧化和生物降解、水动力冲刷和水洗等等。

断裂活动是油气藏破坏的最重要地质原因。原来已形成的油气藏若遭到活动断层的切割，封盖条件被破坏，油气藏的平衡条件被打破，油气沿断层向上运移进入其他储集层或运移至地表散失，使原油气藏遭到部分或全部破坏。地表见到的油气苗预示着地下油气藏的存在，是早期油气勘探找油的直接标志。

地壳运动产生的褶皱作用及其他变动会使已形成的油气藏的圈闭条件改变，如完整性遭到破坏或圈闭的溢出点抬高，使圈闭的体积变小，油气从其中侧向溢出，这些溢出的油气或重新聚集形成油气藏或直接出露地表形成油气苗。地壳运动使地层的倾斜方向发生改变，造成原有油气藏遭到破坏，或油气藏的再形成。

剥蚀作用使油气藏的上覆地层遭到强烈剥蚀，甚至盖层直接遭到剥蚀，使含油气层直接出露地表，油气藏遭到全部破坏，轻质组分大量散失，而残留下的石油被氧化变质成重油和沥青砂。

水动力环境对油气藏的保存条件有重要影响。活跃的水动力环境可以把油气从圈闭中冲走，导致油气藏被破坏。同时，地下水沿油水界面流动过程中会发生水洗作用，即地下水溶解原油中的某些易溶组分，尤其是轻烃组分，从而使原油变稠变重。

2）油气藏的再形成

油气藏被破坏后的结果，不外乎有两种情况：一是原来的油气藏被破坏后，油气完全散失或被氧化破坏而形成油气苗和沥青类等；二是原来的油气藏被破坏后，油气再次进行运移，遇到新的圈闭聚集起来重新形成油气藏。

人们把油气由分散状态经初次运移和二次运移第一次在圈闭中聚集起来形成的油气藏称为原生油气藏，而把原生油气藏遭破坏后油气再次运移、重新聚集起来形成的油气藏成为次生油气藏。通常情况下，次生油气藏分布于原生油气藏的之上或上倾方向，是由原生油气藏转移出的油气在相对较浅的合适圈闭中聚集形成的。

如图 6－21 所示，A 为原生油藏，遭断裂破坏后部分石油通过断层运移到 C 圈闭中聚集形成次生油藏，B 为原生油藏遭破坏后的残留油藏。

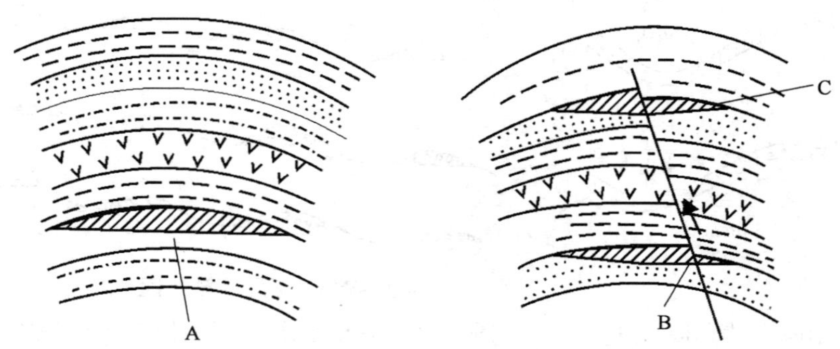

图 6－21　原生油气藏与次生油气藏形成模式（据张厚福，1999）

四、油气藏形成的基本地质条件

油气藏的形成是油气从分散到集中的转化过程。一个地区是否能够形成和保存储量丰富的油气藏，取决于是否具备有效的烃源岩层、储集层、盖层、运移通道、圈闭和保存条件等成藏条件以及它们的时空配置关系。任何油气藏的形成都是这些条件有机配合的结果。这些条件可归结为 4 个基本条件，即充足的油气来源、有利的生储盖组合、有效的圈闭和良好的保存。

1. 充足的油气来源

油气来源是油气藏形成的物质基础。只有具备了充足的油气供给，才能形成储量大、分布广的油气藏。一个盆地或含油气区油气源的丰富程度，取决于烃源岩发育程度、有机质的丰度、有机质的类型和热演化程度。从国内外大型及特大型油气田分布上看，它们分布在继承性稳定下沉的沉积盆地，发育巨大体积的沉积岩系，具有面积大、持续时间长的生油气凹陷，具备充足的油气来源。

2. 有利的生储盖组合

所谓生储盖组合，就是源岩层、储集层、盖层在空间上和时间上的组合关系。有利的生储盖组合是指源岩层中生成的丰富油气能及时地运移到良好储集层中，同时盖层的质量和厚度又能保证运移至储集层中的油气不会逸散。

根据生储盖三者在时间上的相互配置关系，可将生储盖组合划分为 4 种类型（图 6－22）：

（1）正常式生储盖组合：指在地层剖面上源岩层位于组合下部，储集层位于中部，盖层位于上部。油气从源岩层向储集层以垂向运移为主。正常式生储盖组合是我国许多油田最主要的组合方式。

（2）侧变式生储盖组合：是由于岩性、岩相在空间上的变化导致生、储、盖层在横向上组合而成。以源岩层和储集层同属一层为主要特征，二者以岩性的横向变化方式相接触，油气以侧向同层运移为主。

（3）顶生式生储盖组合：源岩层与盖层同属一层，而储集层位于其下的组合类型。

（4）自生、自储、自盖式生储盖组合。源岩层、储集层和盖层都属同一层。如石灰岩中局部裂缝发育段储油、泥岩中的砂岩透镜体储油属于这种组合类型。

根据生储盖组合之间的沉积连续性可将其分为两大类，即连续沉积的生储盖组合、被断层或不整合面所分隔的不连续生储盖组合。前者在空间上是相邻的，在时间上是连续的；后者在空间上相邻或不相邻，在时间上不连续。

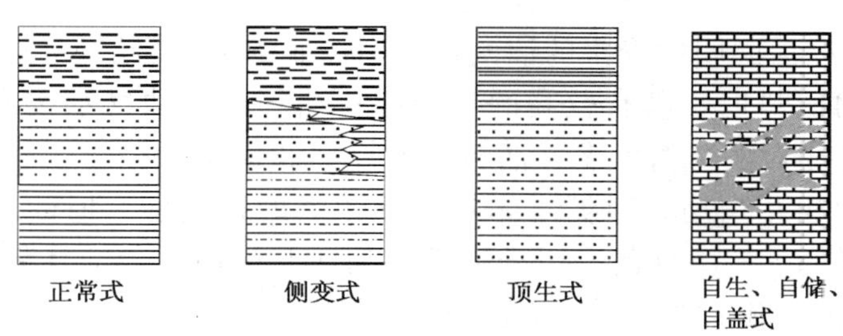

图 6－22　生储盖组合类型示意图（据张厚福等，1999）

根据源岩层与储集层的时代关系，可将生储盖组合划分为新生古储、古生新储和自生自储三种类型。较新地层中生成的油气储集在相对较老的地层中，为新生古储；较老地层中生成的油气运移到较新地层中聚集，属古生新储；而自生自储是指源岩层与储集层都属于同一层系，往往是单层源岩与储集岩交互出现。

不同的生储盖组合具有不同的输送油气的通道和不同的输导能力，油气的富集条件就不同。生储互层式组合，即源岩层与储集层为互层状的组合形式，由于源岩层与储集层直接接触的面积大，储集层上、下源岩层中生成的油气可以及时地向储集层中输送，对油气生成和富集都最为有利。

3. 有效的圈闭

油气勘探的实践业已证明，在有油气来源的前提下，并非所有的圈闭都能聚集油气。有的有油气聚集，有的只含水，属于“空”圈闭，说明它们对油气聚集而言是无效的。圈闭的有效性就是指在具有油气来源的前提下，圈闭聚集油气的实际能力。有效的圈闭应是指聚集并保存工业价值油气藏的圈闭，具有以下特征：

（1）形成时间早。圈闭作为聚集油气的场所，只有圈闭形成后才能有油气的聚集，因此只有那些在油气运移以前或同时形成的圈闭对油气的聚集才是有效的。在含油气盆地中，不同类型的圈闭形成时间差别很大。发育在生油层系内部的原生岩性圈闭形成时间较早，油气经过短距离的初次运移和二次运移在圈闭中聚集起来，只要其他条件也优越，这些圈闭往往成为有效的圈闭。对于大多数由地壳运动和构造变动形成的背斜、断层及地层不整合圈闭，其形成时间与盆地区域性油气运移的时间配置关系对圈闭有效性影响很大。如果一个盆地只发生一次大规模的油气运移，在此之前形成的圈闭对油气聚集是有利的，否则是无效的。

（2）距烃源区近。油气生成后，首先运移至油源区内及其附近的圈闭中，聚集起来形成油气藏，多余的油气则依次向较远的圈闭运移聚集。如果油源有限，则距油源区远的圈闭通常成为无效的圈闭。因此，圈闭所在位置距油源区越近，越有利于油气聚集，圈闭的有效性越高，越远则有效性越差。尤其是陆相沉积盆地，储集层岩性岩相变化大，油气横向运移通道受到诸多限制，油气运移距离短，在生油区内及其附近的圈闭是最有利的，油气藏富集程度高，远离生油洼陷的圈闭往往是无效的。

（3）位于油气运移通道上。油气自生油凹陷向外运移并不是均匀发散式的，而是有些方向相对较集中，油气沿优势运移通道运移；而另一些方向数量较少，甚至没有油气经过。因此无论从平面上还是纵向上油气实际发生运移经过的运移路径是有限的，这种油气沿优势运移路径运移的特性必然使有些方向的油气富集，而另一些方向的油气较贫乏。显然，位于油气主要运移路径上的圈闭才能聚集油气，是有效的圈闭。

（4）良好的保存。圈闭中聚集的油气，四周被非渗透性岩层、高油气势区单独或联合封闭处于稳定的低势区，具有较高的稳定态；油气藏内油气水按密度分异，与承压地层水之间建立了相对的平衡状态；油藏中的烃类和地层水存在于缺氧、低温环境中，它们之间仅有弱的相互作用，烃类流体具有化学上的稳定性。但油藏中的这种稳定性和平衡状态是相对的、有条件的。由于地质运动或其他因素，油气藏的这种稳定和平衡有可能遭到破坏，油气藏中的油气则可能被逸散、遭氧化，也可能在新的条件下油气再次聚集成新油气藏。

任务实施

一、目的要求

（1）掌握油气初次运移、二次运移的相态、运移动力、运移方向。

（2）掌握油气运移与油气藏形成之间的关系。

二、实施方式

（1）查看相关专著、论文等专业资料。

（2）课堂组织讨论，相互交流。

任务考评

一、理论考评

(1) 油气生成后为什么会发生运移?

(2) 衡量圈闭大小的指标有哪些?

(3) 什么样的圈闭有利于油气聚集?

(4) 边水与底水有哪些异同?

二、技能训练

(1) 分析图 6-23 中油气藏的形成与破坏，写出分析报告。

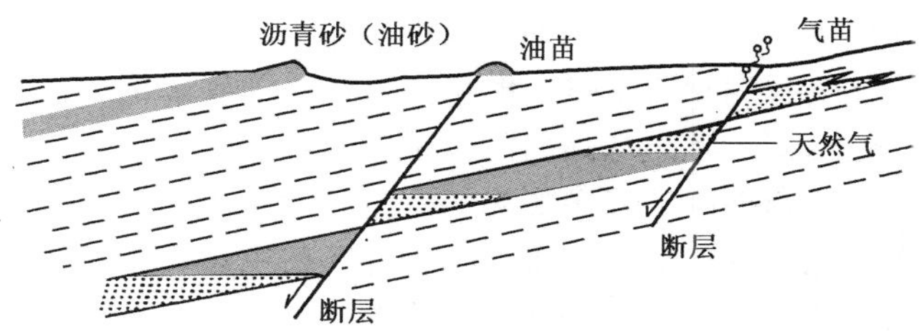

图 6-23　油气藏的形成与破坏

(2) 根据野外地质实习中观察到的油气苗现象，结合所学理论知识并搜集本地区相关资料，写出该区油气藏形成与破坏简要报告。

学习情境二　钻进地质工作

钻进是油气勘探钻井作业的主要内容，是用钻杆带动钻头旋转破碎井底岩石，使井眼不断加深的过程。在钻井过程中，在井筒中如何发现、识别、评价油气层是油气勘探工作重点内容。通过钻前勘探工作，我们获得了探区的地层岩性、厚度、构造、含油气情况等，下一步工作就是要进行直接的钻探。实现从钻前间接手段到钻探直接手段，对勘探目标含油气情况的认识由预测到验证，逐渐探明油气田的目的。油气勘探的钻探工程包括钻井以及在钻井过程的录井、测井、中途测试等专业技术工作。钻井是依据岩石力学、流体力学、管柱力学及油层保护等多门专业，按预定的井深和井身结构钻穿地层，疏通油气通道。录井，即地质录井，主要是录取钻井过程中的各种显示。录井与钻井是同时进行的，通过对钻井过程中对岩屑、岩心、钻井液等资料的直接观察、化验、分析，识别地层岩性、油气显示，同时为钻井等提供工程参数等。测井，即矿场地球物理测井，是钻井完成后或钻井中途测试时，将测井仪器下到井内对地层进行一系列测试，如电、磁、声、放射性、核磁共振等，通过这些物理信息识别地层的岩性、物性（孔隙度、渗透率、含油饱和度等）和油气水分布规律等。

项目七　油气井的钻井地质设计

钻井地质设计，是在钻井施工前，从地质勘探和油气田开发的需要出发对一口井作出的总体设计。在一个新探区，为了迅速发现油气藏，及时扩大勘探成果，在已掌握区域地质、地球物理勘探资料的基础上，需要编制一个钻探的总体设计。在总体设计中规定了勘探或开发的总任务，包括全区勘探或开发的程序与方法、井别、井位部署等。

钻井地质设计是根据钻探总体设计的要求编制的。它是完成总体设计任务的一部分，也是顺利完成钻探任务必不可少的环节。钻井地质设计是油气勘探开发部署意图的具体体现，是单井各项地质工作的依据，是编制钻井工程设计和测算钻井费用的基础。地质设计的科学性、先进性及可操作性不仅直接影响到地质资料的录取、整理、分析化验，而且影响到对油气层的识别和评价，是高效低耗地进行油气勘探和开发的一项十分重要的工作。

在本项目中，主要学习井位设计与测定，钻井地质设计的内容、依据和方法，钻井地质交底与地质预告等相关知识与技能。

学习目标

（1）了解井的类别、井号的编排命名。

（2）了解井位设计与测定的相关知识。

（3）掌握钻井地质设计内容、钻井地质交底和地质预告等相关知识。

（4）基本掌握井位设计和钻井地质设计的原理与方法。

能力目标

（1）基本掌握地层对比和地质剖面图的绘制等基本技能。
（2）在石油地质专业人员的指导下能够进行直井和定向井的地质设计。

任务一　井位的设计与测定

任务描述

钻井是了解地下地质情况和发现油气藏最直接的工程手段，井筒是油气从地下畅流到地面的唯一通道。在一个已完成了地质普查或物探普查的盆地或凹陷内，通过选择合适的井位进行钻井才能最终确定盆地或凹陷的含油气性；对一个油气田进行合理、高效地开发，也是要通过开发井网的合理部署才能实现。在这里，井位的设计是关系到勘探或开发效果好坏甚至成败的关键。井位设计是在对一个沉积盆地或凹陷的生油条件、储集条件、圈闭和成藏条件进行综合地质研究的基础上进行的，一个钻探井位的确定是石油地质综合研究成果的集中体现。

任务分析

井位设计是一项专业性和综合性很强的工作，需要大量的综合地质研究成果资料作为支撑，要由专业的石油地质工作者来完成。对于非石油地质专业的学生，在学习了石油地质基础知识之后，也应该对不同类别井的布井原则和井位测定方法等相关知识有所了解，并初步了解和掌握井位设计的基本方法。

相关知识

一、井别分类和井号编排

油气勘探开发各个阶段的共同特点是都要钻井。根据油气勘探工作和油气勘探程序与地震地质解释评价工作流程、要求，对井别分类和井号编排提出以下规定。

1. 探井分类

探井分类要与我国目前的勘探阶段划分、勘探程序结合起来，要与泊气勘探的钻探目的紧密结合起来。目前我国探井分为以下5类。

1）地质井

在盆地或坳陷的普查阶段，由于地层、构造复杂，用地球物理勘探方法不能发现和查明地层、构造时，为了确定构造位置、形态和查明地层层序及接触关系而钻的井，称为地质井。

2）参数井

在油气区域勘探阶段，在已完成了地质普查或物探普查的盆地或坳陷内，选择不同级别的构造单元，以了解地层层序、厚度、岩性、生油、储油和盖层条件、生储盖组合关系，并为物探资料解释提供参数为目的而钻的探井，称为参数井。

参数井的设计深度要尽可能钻穿沉积岩的全部厚度。如果沉积岩太厚，不可能在一口井内取得完整的剖面资料，则可在不同的构造单元上钻两三口参数井取得盆地或坳陷内一个完整的剖面资料。所取得的岩心、岩屑资料送交化验室作各种分析鉴定，取得系统的数据。特别是有机地球化学的生油指标，对盆地或坳陷的早期资源评价是必要的数据资料。

3）预探井

在油气勘探的圈闭预探阶段，在地震详查的基础上，以局部圈闭、新层系或构造带为对象，以发现油气藏、计算控制储量和预测储量为目的的探井，称为预探井。它属于新油气藏（田）的发现井。按钻井目的又可将预探井分为：

（1）新油气田预探井：在新的圈闭上找新的油气田的探井。

（2）新油气藏预探井：在油气藏已探明边界外钻的探井，或在已探明的浅层油气藏之下寻找较深油气藏的探井。

预探井的目的是发现工业油气流。因此，在预探井内要特别重视取得系统的储集层物性资料、中途测试和测井资料，以及完井、分层试油等资料。在测试获得油气流后，还要取得流体分析化验、油层压力和温度等数据资料，进行相应级别的储量计算。

4）评价井

在地震精查的基础上（复杂区应在三维地震评价的基础上），在已获得工业性油气流的圈闭上，为查明油气藏类型、构造形态、油气层厚度及物性变化，评价油气田的规模、产能及经济价值，以建立探明储量为目的而钻的探井，称为评价井。每口评价井除需要取得预探井规定的各项地质资料外，对储油气层必须取心，对岩性、电性和测试资料进行综合研究，进行相应级别的储量计算。

5）水文井

为了解水文地质问题和寻找水源而钻探的井，称为水文井。

2. 开发类井的分类

1）开发井

当地震精查构造图可靠，评价井所取的地质资料比较齐全，探明储量的计算误差在规定范围以内时，根据编制的该油气田开发方案，为完成产能建设任务按开发井网所钻的井，称为开发井。

2）调整井

油气田全面投入开发若干年后，根据开发动态及油气藏数值模拟资料，为提高储量动用程度，调整油气、油水界面的推进速度，提高采收率，保证完成逐年规定的采油计划，需要分期钻一批调整井。它是根据油气田调整开发方案加以实施的。

3. 探井井号编排

1）参数井

参数井以基本构造单元——盆地统一命名，取井位所在盆地名称的第一个汉字加“参”字组成前缀，后面再加盆地内参数井序号（阿拉伯数字）。如江汉盆地第一口参数井命名为“江参1井”。

2）预探井

预探井以井位所在的十万分之一分幅地形图为基本单元命名，或以二级构造带名称命名。取地形图分幅名称的第一个汉字加分幅地形图单元内预探井布井顺序号命名时若地形图分幅名称的第一个汉字与该盆地其他地形图分幅名称的第一个汉字或区域探井号字头同音或同字，应选用地形图分幅名称中不同音、不同字的字作为井号字头。若设计预探井井位所在的地形图分幅名称与其他幅或区域探井所在的二级构造单元名称均同音或同字，则可选用地形图分幅内次一级地名中的第一个或其他汉字作为井号的字头。以二级构造带名称命名时，采用二级构造带名称中的某一汉字加该构造带上预探井布井顺序号命名。

预探井井号应采用1～2位阿拉伯数字。

3）评价井

评价井以发现工业油气流之后的控制储量所命名的油气田（藏）名称为基础，取井位所在油气田（藏）名称的第一个汉字命名。没有控制储量的，以预测储量所命名的油气田（藏）名称为准进行井号命名。若油气田（藏）名称的第一个汉字与该盆地内其他井别井号命名的字头或其他油气田（藏）名称中的字同音或同字，应由第一个以外的汉字加油气田（藏）内评价井布井顺序号组成。

评价井井号应采用3位阿拉伯数字。

4）地质井

地质井以一级构造单元统一命名，取井位所在一级构造单元名称的第一个汉字加大写汉语拼音字母“D”组成前缀，后面再加一级构造单元内地质井布井顺序号（阿拉伯数字）。

5）水文井

水文井以一级构造单元统一命名，取井位所在一级构造单元名称的第一个汉字加汉语拼音字母“S”组成前缀，后面再加一级构造单元内水文井布井顺序号。

6）定向井

定向井的井号命名应在上述规定基础上，在井号的后面加小写的“x”，再加阿拉伯数字命名。如柳1x2井表示在定向井柳1井井口处钻探的第二口定向井。

4. 开发井井号编排

开发井按油气田（藏）名称的第一个汉字加井排加井号命名。

5. 海上钻井井号编排

1）海上探井

海上探井按区—块—构造—井号命名方案。海上油田采用经度、纬度面积分区，每区用海上或岸上的地名命名。区内按经度10分、纬度10分分块，每区划分为36块。每块内根据物探解释对局部圈闭进行编号。每个圈闭所钻的预探井为1号井，评价井为2，3，…号井。如BZ28-1-1井即渤中（Bozhong）区28块1号构造1号井。

2）海上开发井

海上开发井号编排按油田的汉语拼音字头—平台号—井号命名。如埕北（Chengbei）油田用两座钻井平台A，B进行开发，每个平台设计钻开发井27口，A平台的井号编排为CB-A-1至CB-A-27；B平台的井号编排为CB-B-28井至CB-B-54井。

二、布井原则和依据

1. 基准井布井

一个含油气盆地或凹陷经地质、物探资料已进行一定程度的普查工作，为了确定这个盆地或凹陷的含油气性（主要了解盆地基岩以上全部或部分沉积岩剖面和剖面内哪些层段具有生油条件和储集条件），在对勘探地区已有的地质、地球物理等资料进行系统研究的基础上，在盆地或凹陷内的不同二级构造单元，设计若干口基准井或参数井。下面以松辽盆地基准井布井原则和依据进行说明。

1958—1959 年松辽盆地经过重、磁、电法普查后，将盆地划分为东北隆起区、东南隆起区和中央坳陷区 3 个一级构造单元，每个一级构造单元设计一口基准井位。松基 1 井井位定在东北隆起区青岗背斜西翼的任民镇构造上。松基 2 井井位定在东南隆起区长春岭—登娄库背斜上。从这两口井取得了白垩系地层剖面，了解有两套厚度较大、分布面积较广的黑色泥岩段，即上部的嫩江组一、二段黑色泥岩段和下部的青山口组一段黑色泥岩段，具有生油条件。1959 年 2 月用 5－1 型地震仪获得的第一条地震反射测线上显示，大庆长垣的高台子附近为一局部构造高点，松基 3 井井位定在这个构造高点上。1959 年 9 月 6 日在这口井的下白垩统姚家组内试油获得工业油流，从此发现了大庆油田（图 7－1）。

2. 预探井布井

预探井的目的是为了突破出油关，是在基准井探明具有含油气远景的盆地二级构造带上部署的钻井，其目的就是为了证实工业性油气流的存在与否。所以，预探井应部署在局部构造最有利的含油部位。下面以大庆长垣预探井布井法为例进行说明。

大庆长垣位于松辽盆地中央坳陷，为一轴向北东 15°、南北长 140km、东西宽 20～30km 的背斜型二级构造带。整个构造闭合面积为 2000km^2，共有 7 个局部构造，自南而北为：敖包塔、葡萄花、高台子、太平屯、杏树岗、萨尔图和喇嘛甸。松基 3 井出油后随即在葡萄花构造进行预探，1960 年元月，葡 7 井也在白垩系姚家组试油获得日产油 100t 的高产油流。

根据地质部 1960 年元月提供的 1∶10 万大庆长垣地震反射构造图，石油部迅速扩大预探范围，在萨尔图构造设计第一口预探井萨 66 井，在杏树岗构造设计第一口预探井杏 66 井，在喇嘛甸构造设计第一口预探井喇 72 井，并分别在 1960 年 3 月、4 月、5 月试油获得高产油流，日产量达到 100～300t，揭开了大庆石油会战的序幕。其后在太平屯构造的预探井高 39 井和敖包塔构造的预探井敖 26 井也获得工业油流，肯定了大庆长垣 7 个构造高点均含油（图 7-2）。

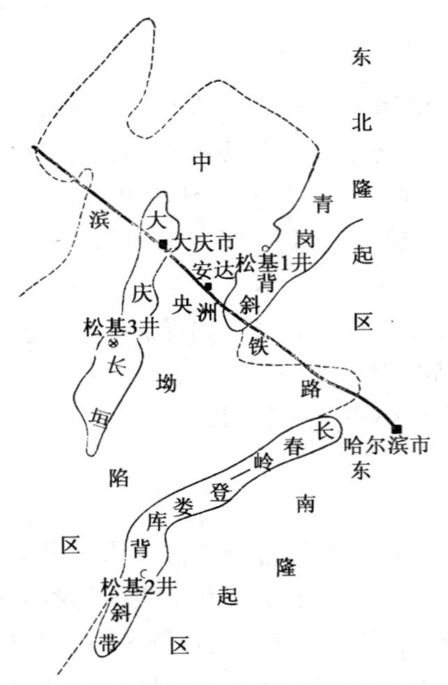

图 7－1　松辽盆地石油普查阶段基准井井位图
（据大庆油田）

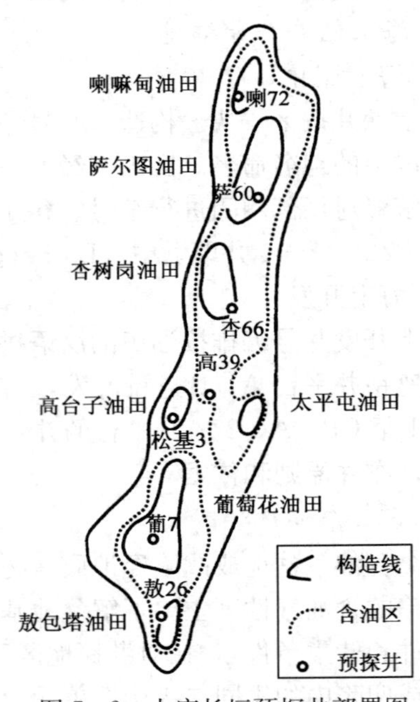

图 7－2　大庆长垣预探井部署图
（据大庆油田）

3. 详探井布井

详探井也叫评价井，其目的是为了查明预探井所确定的含油气构造中的含油气规模，以探测油气藏的边界为主要任务。因此，其井位确定的基本原则是以出油的预探井为中心，向四周部署。下面以大庆油田详探井布井法进行说明。

大庆长垣7个构造高点经试油在下白垩统的中部含油组合（即萨尔图油层组、葡萄花油层组和高台子油层组）都获得工业油流。经过试油和油层对比研究，北部萨尔图、杏树岗和喇嘛甸3个构造油层厚，储集层物性好，产能高。大庆石油会战一开始，就以这3个构造作为进一步详探的对象。以2.5km井距部署评价井网。萨尔图油田共钻36口详探井，杏树岗油田共钻31口详探井，喇嘛甸油田共钻14口详探井，3个油田共钻81口详探井，1960年末全部完成。详探井探明了含油面积和油水界面，证实了3个油田连成一片，计算了全油田的石油地质储量，取得了储油物性和流体性质等各项参数，为油田开发提供了地质和油藏工程的各项资料（图7-3）。

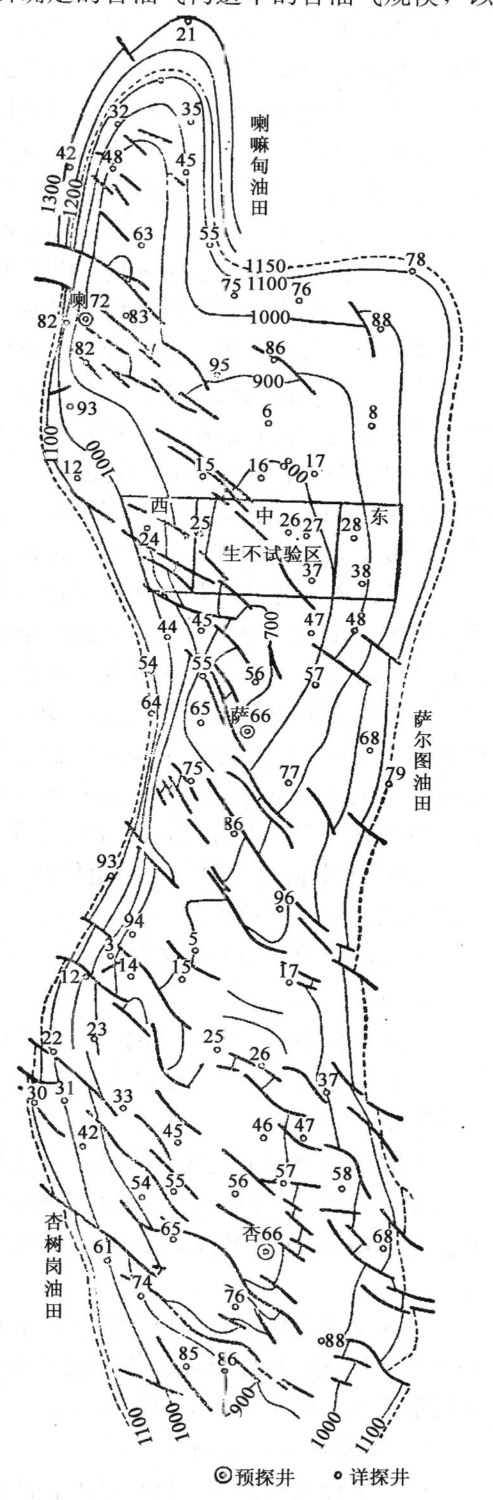

图7-3 大庆油田详探井布井法（据大庆油田）

4. 开发井布井

在详探工作的同时，可开辟生产试验区，在区内合理划分开发层系，选择合适的开发方式进行试采，尽早认识油气藏的驱动类型、储集层特征、油井产油率和油气集输过程中可能出现的问题。在生产试验区获得大量油层静态和动态数据资料的基础上，即可编制全油田的开发布井方案，实现油田的高效开发。

三、井位的提交和测定

根据勘探部署方案，拟定的每口参数井、预探井和详探井必须将井位投在大比例尺的构造图上，附以过井“十字”地震时间剖面或地震解释剖面图、地层分层数据、预测油气层段位置等设计数据表。井位意见书由勘探室或勘探队提出，内容包括井位提出的依据、井号、井别、井位经纬度或坐标位置、构造位置、地理位置、测线位置、与邻测线或邻井的关系、钻探目的、设计钻探目的层和井深、完钻原则、层位、取资料要求等，责任地质师签字生效。根据上级审批的开发方案提出开发井位，由开发室提出井位实施的顺序和取资料要求，由开发地质师或油藏工程师签字负责。

钻井公司在承包钻井合同签字后，根据井位意见书或开发方案组织地质、工程人员进行井位的现场勘测工作。井位勘测（石油天然气井位勘察测量）主要工作包括两部分；一是根据井位的设计坐标把设计井位测设到地面上，这个过程称为初测，初测时还要对新井周围的地物、地貌进行测量和描述；二是测量设计井位，经过钻井前的施工准备工作，摆筑好基础或安装好井架后，对井位进行更新测量，这个过程称为复测。复测井位坐标与设计井位坐标对垂直井要求比较严格，参数井、预探井小于30m，评价井（详探井）小于25m，开发井小于10m；对定向井和丛式井一般按照地面条件（地形、地物、建筑等）选择井场，地下井位的设计误差范围与上述要求相同。井位测定后，现场地质人员、测量组长和钻井工程人员在井位意见书上签字，共同对井位踏勘测定质量负责。钻井完成后，井队应焊好带有井号标记的套管帽，井号要清晰，便于油井完成后试油及油建施工人员识别无误。

井位勘测是油气田投入钻探开发施工的第一步，也是油田重要的基础性工作之一。油气田钻探开发施工的特点决定了钻井井位尤其是探井的井位勘测作业流动性大，同时对井位勘测也提出了两个特殊要求：一是准确，二是及时。尤其是在初测过程中，如果测量不准确，会导致单口井全部施工作业过程报废，造成巨大的经济损失；如果不能及时测量，会引起大量钻探设备和人员的闲置和等待，延误油气田的生产运行进度。

井位勘测工程技术从原理上可以分为两类：光电测量技术和GPS卫星定位技术。光电测量技术是传统的测量技术，是指使用传统的光电测量仪器进行井位测量野外施工，主要设备包括全站仪、经纬仪、测距仪、水准仪等，具有精度高、测量速度慢、受环境因素影响较大、对控制点的依赖性强等待点。GPS卫星定位技术是一种目前发展非常成熟的新兴测量技术，主要设备包括静态卫星定位仪、RTK卫星定位仪、星占卫星定位仪、信标卫星定位仪和手持卫星定位导航仪等，具有测量速度快、全天候测量、作业灵活、对控制点的依赖性低、精度可选性好等特点，此外还可以与电子地图挂接提供完善导航，简化测量程序。目前，井位勘测施工中GPS卫星定位技术正在逐步取代光电测量技术，两种技术联合使用也能解决施工中的大量难题。

钻机就位前，地质人员要会同工程等相关人员到现场去踏勘落实井位。

1. 陆地井位

陆地井位测量一般要连测两次，平面误差不得大于3m，高程误差不得大于1m。探井、详探井井位绝对误差必须小于20m。

2. 海上井位

由陆地三个以上无线电台的台位控制三点或多点进行交会法定位，或利用卫星定位。

在工作船上，以接收无线电三个波道信号的定位仪或卫星信号接收器，通过导航在设计井位点的海面抛出浮标，由拖轮将钻井船或钻井平台导管架安放在标位指示的井位位置上。

目前要求就位位置与设计的误差不超过50m；抛标就位进行复测后，必须把定位所取到的各项资料及时整理填表；若发现资料不齐全，应马上补测；若就位位置与设计位置误差超过规定范围，必须重新就位。

3. 井位落实的原则

（1）地面服从地下。钻探井的目的是找油、找气，这是一条基本原则，因施工等条件限制需移动井位时，如超过规定范围，必须请示上级。

（2）在地面服从地下的基础上，还要考虑尽量不占或尽量少占耕地，不损坏或尽量少损坏庄稼、水渠、房屋等。

任务实施

一、目的

了解选择最有利局部构造进行预探的基本原则和依据。

二、资料

某区经过区域勘探后，作出了地震标准层（K_1^1 顶面）构造图（图 7－4）和综合柱状剖面图，并取得了以下资料：

（1）研究区为一长垣构造，位于盆地的坳陷中心（也是沉积中心）西侧，长垣构造的东西两侧均发育北东向正断层，且盆地的基底自东而西抬升。

（2）该区主要生油层系为下白垩统上部的暗色泥岩（K_1^2），厚约 300m，其上为粉砂岩和页岩互层，其下为分选良好的中—细石英砂岩。地层概况见综合地层表（表 7－1）。

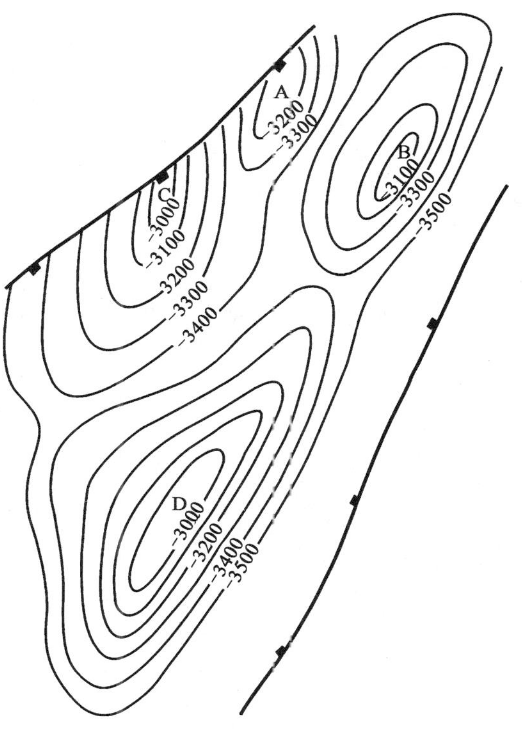

图 7－4　长垣构造 K_1^1 顶面构造图

表 7－1　综合地层表

地　层	厚度，m	岩　性
Q	100	土壤
N_2	500	砂岩、砾岩
N_1	600	砂岩、泥岩
E_3	500	杂色泥岩
E_2	600	红色粉砂岩
E_1	800	粉砂岩
K_2	400	粉砂岩、泥岩
K_1^2	300	暗色泥岩
K_1^1	200	石英砂岩

三、要求

（1）选择最有利的局部构造进行预探，说明选择的依据。

（2）在所选出的局部构造上部署一口预探井，说明部署依据及钻探目的层，标明井位、井号，并预计可能存在的油气藏类型。

（3）写出文字报告，要求重点突出，简明扼要。

任务考评

一、理论考核

（1）简述各类井的布井原则。

（2）简述井位测定方法与要求。

二、技能考核

1. 考核项目

1）资料

通过对某坳陷内已完钻探井所获得的 Es_3 资料数据进行综合研究，取得了以下成果与认识：

（1）通过研究该坳陷构造发育史，Ⅱ号、Ⅲ号背斜形成于 Es_1 沉积末期，Ⅰ号背斜形成于 Ed 沉积末期。

（2）油气初次运移发生在 Es_1 沉积末期，此时 Es_2 下部的暗色泥岩已固结成岩。

（3）通过对 Es_3 上部储集层中原油性质的研究和对 Es_3 下部烃源岩地球化学指标的分析，明确了油气运移的方向，并划分出有利和较有利生油区。通过对 Es_3 上部储集层特征的研究，认识到Ⅰ号、Ⅱ号、Ⅲ号背斜分别处于砂体前缘、砂体核部和砂体主体部位。据此绘制了烃源岩层（Es_3 下部）和储集层（Es_3 上部）综合评价图（图 7－5）。

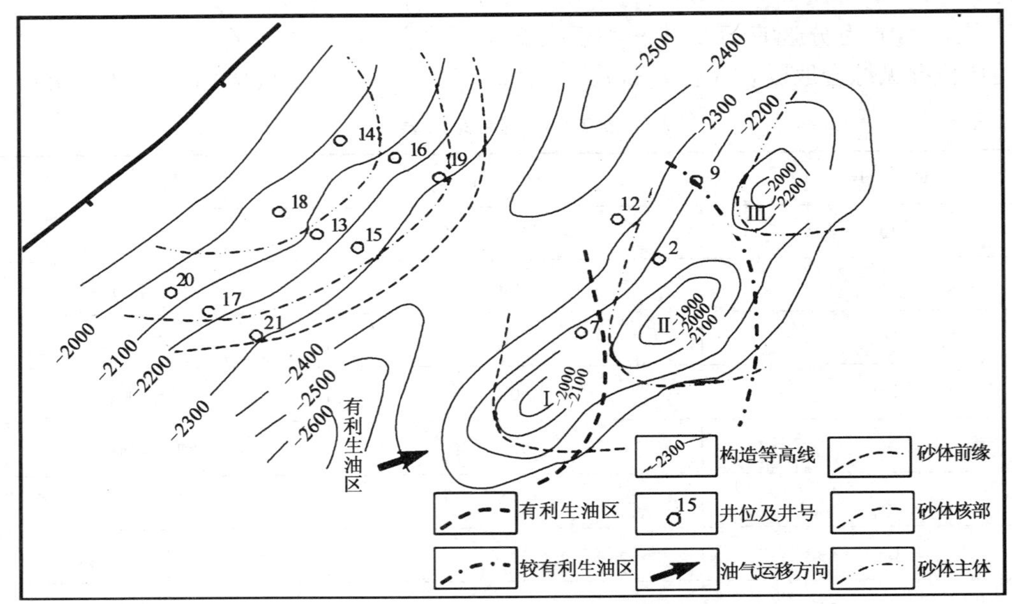

图 7－5　某坳陷 Es_3 顶面构造图

（4）本区经历了两次构造运动，一次发生在 Es_1 沉积末期，一次发生在 Ed 沉积末期。

2）要求

根据 Es_3 下部烃源岩层的生油条件，Es_3 上部砂岩体的储集条件、圈闭条件、运移条件，评价该坳陷内的背斜构造带上三个背斜圈闭中的油气富集程度，据此确定最有利含油气目标区，提出钻探布井意见，写出评价报告。

2. 考核要求

（1）考核时间：45min。

（2）考核形式：闭卷、笔试。

任务二　单井地质设计

任务描述

单井地质设计是钻井施工的指导性文件，是提高钻井质量、实现钻探目的的前提和重要保障。单井地质设计的内容主要包括井深和地质剖面设计、录井工作设计、中途测试要求、地层压力预测和故障提示等。在单井地质设计过程中，设计人员要广泛收集反映区域地质情况的资料、图件和研究报告，熟悉邻近已钻井各项动态资料与静态资料，并充分利用这些资料进行综合分析，绘制过设计井的地质剖面图等基本图件，按地质勘探和油田开发的要求完成设计。

任务分析

对应不同的勘探阶段和不同的钻探目的，井可以分为多种类别。不同类别的井在设计时的资料基础不尽相同，其地质设计的内容和要求也有差异，但设计时所考虑的因素、设计的步骤及方法是大体相似的。在单井地质设计中，井深和地层剖面设计是设计内容的核心和基础，而地层对比和地质剖面图的绘制又是进行地层剖面设计所必备的基本技能。所以，应该把地层剖面设计方法及相关技能的掌握作为学习的重点。

相关知识

一、直井地质设计

1. 设计依据

1）了解区域地质概况

收集地层综合柱状图以及有关的地层研究报告。对于新探区还应到盆地边缘露头区踏勘剖面，了解区域地层层序、接触关系、岩性组合特征、岩性标准层、地层厚度及生储盖组合条件。

收集构造图、构造剖面图，了解本井所处的构造部位和断层情况（断层性质、断距大小、断层延伸情况）。收集通过本井的地震剖面图，了解地震标准层的特征、地层产状等。有时在一个新探区，因上述资料缺乏或不足，还应收集重磁力异常平面图和剖面图，以及通过地面实测的构造图和剖面图。

收集本区油、气、水层资料。了解油、气、水性质，纵向上的组合关系，横向上分布规律，以及油、气、水层压力。

2）熟悉邻井资料

收集邻井地层剖面图、地层对比图以及钻时、钻井液、气测、测井等资料。熟悉地层岩性特征，分析岩电关系，研究地层分段标志与标准层特征，掌握分层界线，以供设计参考。

收集邻井油气显示和试油资料，预测本井油气显示井段。

收集邻井地层岩石的可钻性以及对钻井液性能的影响。收集邻井井斜资料，分析井斜规律，预计本井易斜井段和井斜方位。

在开发区钻井，要收集邻井采油层位、注水层位、压力资料等，了解油层连通情况及注水后的影响。

收集有关的地质、工程数据，进行综合分析研究，预测本井可能出现的各种情况。

2. 设计内容

（1）基本数据：井号、井别、井位、设计井深、目的层、完钻层位及原则。

井位包括井位坐标、经纬度、地面海拔（对于海上钻井要填写水深）、构造位置、地理位置、测线位置；设计井深是指本井预计钻达某组段地层的深度。

（2）区域地质简介，指地层、构造概况及邻井成果。

（3）设计依据，包括《勘探方案审定纪要》或单井钻探任务书、部署设计井时用的构造图及邻井资料。

（4）钻探目的，根据《勘探方案审定纪要》或单井钻探任务书填写。

（5）设计地层剖面及预计油气层位置，包括层位、底界井深、厚度、分段岩性简述。

（6）故障提示，指钻井过程中可能发生故障或事故的层位、井段及可能的事故类型。

（7）取资料要求，包括各种录井、测井方法及具体要求。

①岩屑录井：取样井段、间距、数量。原则上在标准层和目的层（可能的含油层系或油层）井段加密取样（1m 或 0.5m 一包），其他层位取样间距可适当放宽，一般 2m 一包或根据实际情况确定。

②钻时、气测、综合录井仪录井：测量内容、井段、测点间距及特殊要求（仪器型号、测量后效、钻井液取样做真空蒸馏分析等）。

③循环观察（地质观察）：钻遇明显油气显示和其他重要地质现象时，应设计停钻循环观察，以便准确判断油气层及其位置。

④钻井液录井及氯离子滴定：测量井段、测点间距及要求。参数井、重点预探井进行氯离子滴定，其他各井别根据情况而定。

⑤荧光录井：湿照、干照、滴照、定级密度等要求。

⑥岩屑热解色谱分析：录井井段及间距要求等。

⑦钻井取心及井壁取心：设计钻井取心井段、进尺、取心目的、原则等。在设计取心总进尺中，应留有部分机动取心进尺，或设计说明可能随时取心的目的及要求。井壁取心主要根据钻井过程中取资料情况，待完钻测井后确定。

⑧地球物理测井：测量井段、测井系列选择、测井时间等。

⑨实物剖面或岩样汇集（参数井、重点预探井）：制作井段及要求。

⑩选送样品要求：岩心、岩屑选送样原则，分析化验项目要求，以及特殊样品的选送要求。对于参数井、重点预探井、轻质油井、天然气井，要设计酸解烃、罐装气样品的选送。气测异常显示段，要作全脱气分析。

（8）地层压力预测和钻井液使用性能要求，包括邻井试油资料、压力预测曲线、钻井液类型及性能、使用原则要求。

（9）中途测试要求：确定钻遇什么情况进行测试，以及预测测试层位、目的、方法及主要要求（方法分为电缆测试、裸眼封隔器测试、下套管封隔器测试及分层试油）。

（10）特殊测井要求，包括地震测井、全井声速测井、地温梯度测井、地层倾角测井、井下电视测井等。

（11）井身质量、井身结构要求，包括井斜度、水平位移允许范围、套管尺寸及下深、固井水泥返高等，根据地质条件提出要求原则。

（12）技术说明及要求，包括施工过程中可能出现的重大地质问题、与设计出入很大时应采取的相应预备方案及措施，本井的特殊技术要求等。

（13）地理及环境资料，包括气象资料、地形地物等。

①气象资料：井位所在地区季节风方向，预计施工期的气温、风情、雨量、汛期水位等；

②地形地物：地面地形特征，同铁路、公路、通航河流及建筑物的最近距离等。

（14）附图，主要包括设计井位区域构造图、地理位置图，主要目的层局部构造井位图，通过设计井的“十字”地震时间剖面，通过设计井的地质解释横剖面，设计井柱状剖面图。

以上是对参数井、重点预探井的设计要求，其他井别的设计内容可根据地质情况和勘探程度适当精简。

3. 井深及地层剖面设计

设计井深及地层剖面时，首先要根据地形地质图、构造图、正钻井与完钻井资料作出过设计井的地质剖面图。它是沿构造某一方向作出的垂直断面图，能全面反映在剖面方向上油气田地下构造形态、地层厚度变化和断层情况（断点、断距、性质、产状）以及油气水层在构造上的分布等。过设计井的地质剖面图是设计新井地层剖面的基础和依据，可由此图按钻穿的最终目的层定出井深及该井穿过的地层剖面，即由完钻井的实际资料向设计井推测剖面岩性和厚度。推测时应考虑因所处构造位置不同和断层的影响、可能产生的岩性和厚度变化。由于地层厚度和倾角的变化，设计深度与实际情况可能有所不符，因此在设计井深时，常常附加5%～10%的后备深度。如目的层井深是2000m，设计井深可定为2100m。在钻井过程中，应随时根据实际资料对原设计进行检验和修正。井深及地层剖面设计的步骤和方法具体如下所述。

1）在构造井位图上选择通过设计井的剖面方向

选择剖面方向时应遵循以下原则：

（1）剖面线要通过新拟定的探井井位。

（2）剖面线应尽可能通过更多的井，以提高剖面图的精度。

（3）剖面线尽可能垂直或平行构造的轴向，以真实客观地反映地下构造形态。

2）进行井位校正

为了提高地质剖面图的精度，充分利用剖面线附近井的资料，就需要把剖面附近的井移到剖面线上，这就是所谓的井位校正。具体参见项目三任务三。

3）进行井斜校正

当利用斜井或弯井资料作剖面图时，在作图之前必须对斜井或弯井进行井斜校正。井斜校正就是将斜井或弯井的井身沿地层走向投影到制图剖面上。具体参见项目三任务三。

4）编制过设计井的地质剖面图，推测设计井地层剖面

（1）首先确定适当的作图比例尺。一般情况下，油气田地质剖面图的比例尺应与油气田构造图的比例尺一致，特殊情况下也可以适当放大。

（2）把选定的剖面线按规定的比例尺画在绘图纸上适当的位置，并在其左侧标画出纵向比例尺。

（3）把包括设计井在内的各个井位点标画在剖面线上。根据各井的井口海拔标高，参照地形图，描绘出沿剖面线的地形线。

（4）通过各井位点作剖面线的垂线即为直井井身。斜井要根据井斜资料把校正后的井身画在制图剖面上。

（5）在各井的井身上标明地层界线、标准层和断点、含油气井段等。

（6）将各井相同层的顶、底界面连成平滑的曲线，把同属于一条断层的各个断点连成断层线。在地层连线过程中，要充分考虑设计井所处构造位置和断层等因素的影响，观察地层厚度和岩性在剖面方向的变化规律，由完钻井资料推测出设计井的地层剖面和完钻井深。

（7）注明各项图件要素，如图名、比例尺、剖面方向及制图日期、制图单位和制图人等。

［例 7-1］ 某构造上已完钻 1，3，4，5 四口探井（图 7-6），现设计 2 号井以了解构造顶部含油气及地层情况。

经 1，3，4，5 四口井地层对比得知 Nm 组底界深度与构造图基本吻合，各井 Ng 组地层厚度接近一致；5 井位于断层上盘，在 Nm 下段及 Ng 组共有三组油层；4 井于 Ng 组见两组油层，与 5 井 Ng 组油层相当；1 井位于构造边部，含油差，仅有 Ng 组下部一组油层，厚度已减小。

设计时，首先通过设计井及 1，5 两口井作横剖面图（图 7-7）。据 2 井在构造上的位置确定 Nm 组底界为 1235m；据邻井 Ng 组厚度（250m 左右）推断 2 井 Ng 组底界为 1485m；2 井油层井段由横剖面推断为 1235～1310m 及 1380～1420m，Ng 组共两组油层；设计井要求钻穿 Ng 组，考虑到地层厚度变化的可能性，设计井深定为 1550m。

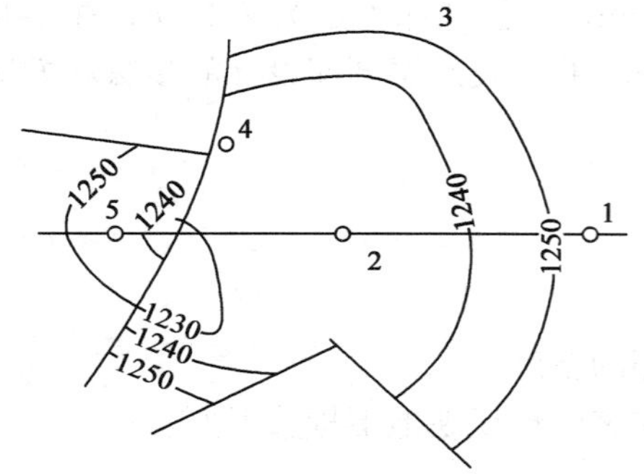

图 7-6　××油田构造图

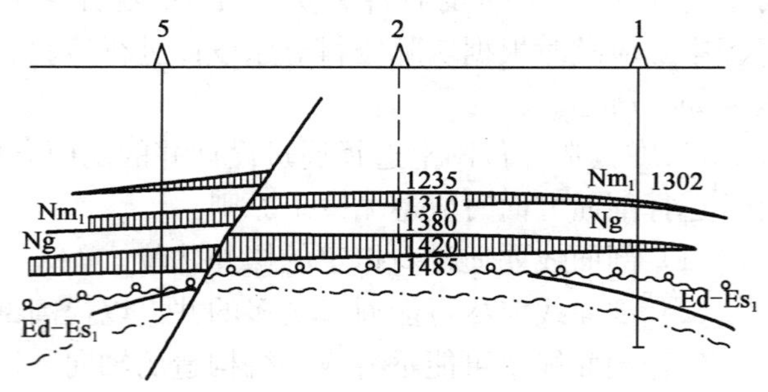

图 7-7　根据钻井地质剖面设计探井

在钻井资料不足的新探区进行井深及剖面设计时，需要充分地利用物探资料（尤其是通过设计井的地震剖面和构造图）及附近的地面露头资料。例如预探井的设计往往是将仅有一二口井资料同地震资料结合起来，即从已知井的地震测线闭合追层到未知井（设计井）的测线，便可以得到设计井深及地层剖面。设计井深是否准确，关键在于准确解释通过设计井位的地震剖面在层位上不能有错，否则会造成很大误差。

［例 7-2］ 图 7-8 是通过设计井的某地震测线剖面，从本构造上已钻井证实 T_2，T_4 标准层分别相当于 Ng 组及 Es_1 段底界，深度误差 50m 左右（地震偏深）。设计时，首先从测线上设计井的位置上读出 T_2，T_4 标准层的深度为 1650m，2300m，其余层位可根据邻井厚度推算，并参考测线上较明显的地震界面确定其分层深度及地层厚度。

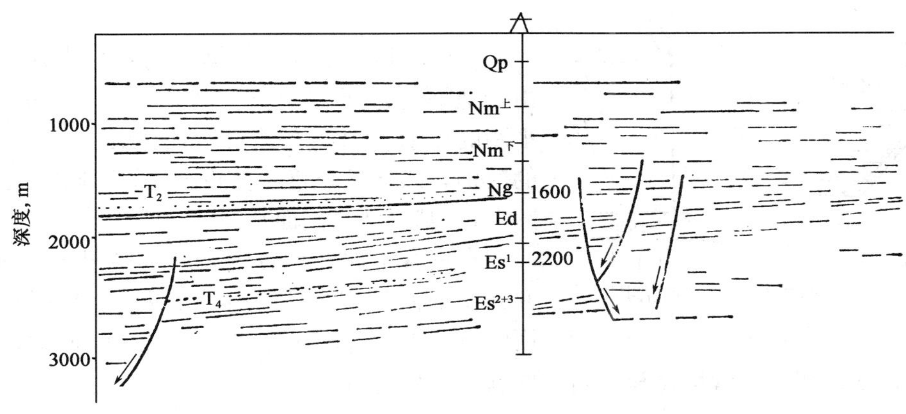

图 7-8　根据地震剖面设计探井

二、定向井设计

1. 定向井的应用

定向井是指按照预先设计的井斜方位和井眼轴线形状钻达目的层的井。在下述情况下需要钻定向井：

（1）地质条件要求。对于直井难以穿过的复杂地层、盐丘等，常采用定向钻井技术（图 7-9 中的 H，I，J）。

（2）地面条件限制。若油田位于高山、城镇、森林、沼泽、海洋、湖泊、河流等地貌复杂的地下，或井场设置和搬家安装碰到障碍，可在它们附近钻定向井（图 7-9 中的 B，D）。

（3）钻井工程需要。若遇井下事故无法处理或不易处理，常采用定向钻井技术。例如，对落鱼（断具折断后留在井下的部分）等井下障碍物进行侧钻，在老井中重钻新的产层，纠正已钻斜的井眼成一个垂直的井身等（图 7-9 中的 G）。

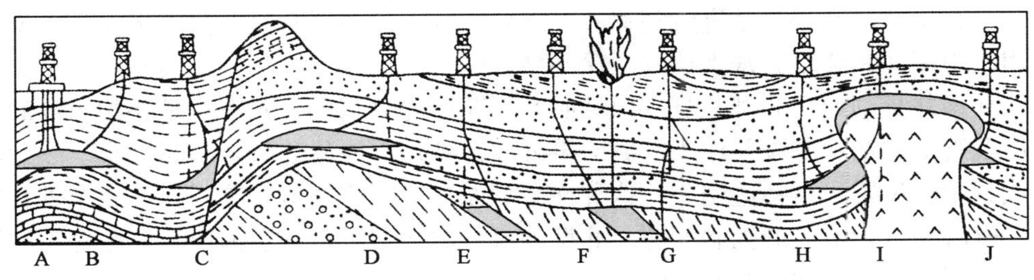

图 7-9　定向井的目的

A—海上平台丛式井；B—海岸钻井；C—断层控制；D—不可能进入的地点；
E—地层油气藏圈闭（构造）；F—控制的救灾井；G—纠直和侧钻；H，I，J—盐丘钻井

（4）经济高效开发油气藏。例如，打丛式井可以减少钻机搬家、安装时间和钻前工程费用，也可以减少地面集输计量站管线和油建工作量，还可以减少油井管理人员，便于实现自动化采油；对断块油田、裂缝性石灰岩油藏，打一口定向井穿越几个储集层、几个裂缝发育带，有利于发现油气藏，增加油气储量和产量［图 7-10（a）］。

（5）救险。若油气井井喷着火，难以接近井口灭火，或井口装置尤其是套管断裂，可在着火井附近打定向井，使之与油气井相通，再用压井液压井，切断油气源灭火［图 7-10（b）］。

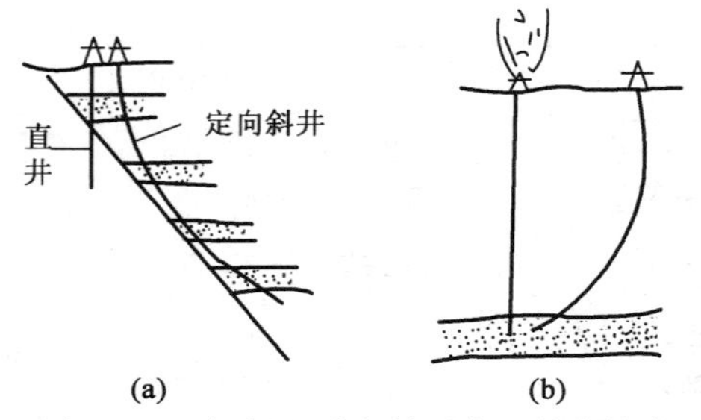

图 7-10　根据地质条件要求和钻井技术需要打定向井

2. 定向井地质设计

定向井地质设计的依据和内容与直井设计类似，由于地面与地下井位不一致，且有一定的方位、水平距的要求，因此在井身剖面设计上与直井有明显的区别，以下只介绍与直井设计的不同之处。

1）基本井身剖面类型

在进行定向井设计时，首先要选择基本的定向井井身剖面类型，计算其井斜角度和方位。经常采用的有三类井身剖面，如图 7-11 所示，要依据地质构造类型、钻井液、套管程序和空间条件选择井身剖面。

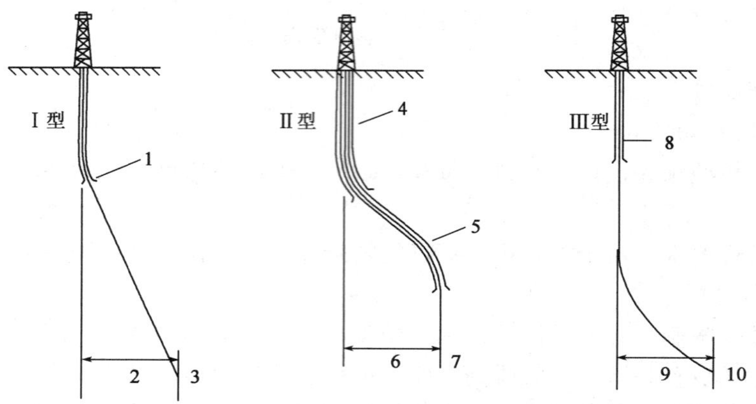

图 7-11　三种基本的井身剖面类型

1—套管鞋；2，6，9—井底位移；3，7，10—井底靶位深度；4，8—表层套管；5—技术（中间）套管

（1）Ⅰ型井身剖面。在该井身剖面中，初始造斜角是在相当浅的深度得到的，从初始造斜开始，一直保持该井斜角钻进直到靶心。表层套管下过造斜井段并注入水泥。Ⅰ型井身剖面通常用在中深井和要求大水平位移的深井钻井中。

（2）Ⅱ型井身剖面。Ⅱ型井身剖面又叫S形曲线井身剖面，井眼也是在相当浅的深度造斜。表层套管下过造斜井段并注入水泥，再继续钻到水平位移达到要求时为止。然后减小井斜角（或到垂直位置）再钻达靶心。这种井身剖面一般要将技术套管下到第二个垂直井段适当位置，以解决复杂地层的控制问题。Ⅱ型井身剖面适用于多产层油田，可使每一油层井网布置比较规则，有利于油田开发。

（3）Ⅲ型井身剖面。Ⅲ型井身剖面中开始造斜的位置在地面以下很深处（即造斜点较深），井斜角大，水平位移小，且井眼的造斜部分很少下套管。这种井身剖面特别适合于诸如钻穿断层或盐丘地区、重钻或再校准井眼的井底段等。

2）定向井地质设计

定向井地质设计是根据地下、地面条件，给出地下井位、靶区范围及靶心的垂直深度等资料，来选择最优的井身剖面类型，确定井眼轨迹，规定各段的井斜要求。

（1）确定井底目标靶区。定向井的设计首先要规定井底靶区，即井眼必须在指定的深度和位置钻达的区域。靶区的大小和形状通常取决于地质构造和产层的位置。

（2）选择最优的地面井位。选择地面井位时，应考虑地层自然造斜趋势的影响。例如，当地层倾角较小时，钻头钻穿软硬交错的地层，往往导致井身轨迹垂直于地层层面。如果地层倾角超过45°～60°，则钻头趋于平行地层层面钻进。井眼方位的变化趋势也受地层产状（地层倾角和走向）的影响。如果要求的井眼方位正是地层上倾方位，则符合钻头的自然造斜趋势，造斜就较容易。所以，应以地下资料为基础，充分利用地层产状的有利条件选择一个最优的地面井位。

（3）进行井身剖面设计。井身剖面设计是定向井设计的核心和关键，在进行定向井剖面设计时，应遵循以下原则：

第一，要充分实现钻定向井的目的。如裂缝性油层往往设计成水平井或多底井；低渗透率的薄油层，尽可能使井身沿地层倾向延伸，以增大油气层裸露面积，增加产量。

第二，要充分利用地层的自然造斜规律。利用地层的造斜规律，可以大大减轻人工造斜的工作量和困难，对提高钻井速度、降低成本具有十分重要的意义。在设计井身剖面时，要考虑造斜点的岩性，避免在硬地层和破碎坍塌及膨胀等复杂地层造斜；要考虑钻遇地层的产状特征，在地面井位不受限制的情况下，井身方位应沿地层上斜方位钻进，以适应地层自然造斜趋势。

第三，要有利于采油和修井。一般在油层部位应尽量设计成铅直井段，或使井斜角尽可能小，以利于封隔器的坐封，利于改善抽油杆的工作条件，利于采取增产措施和将来修井作业的顺利进行。

第四，要利于安全、优质、快速钻井。在满足设计要求和工艺要求的前提下，应力求使设计的斜井深最短，以减小井眼轨迹控制的难度和钻井工作量，缩短钻井时间，降低钻井成本。要认真考虑井身曲率。曲率过小，则造斜井段很长，造斜次数增多，影响钻井速度；曲率过大，造斜困难，且易产生键槽，造成键槽卡钻，还会给其他作业（如固井、油井、射孔等）造成困难。

三、钻井地质预告

钻井地质预告是指导钻井和取全取准地质资料的重要措施。准确的钻井地质预告可以提高钻进速度和录井工作质量，并减少钻井事故的发生。

图7-12是现场普遍应用的钻井地质预告图，主要包括预告剖面、预计油气水层位置和故障提示等内容。

容易引起钻井故障的地质因素很多。例如，松软的泥岩易发生垮塌或泥包钻头；松散的砂砾岩易坍塌、漏失；软硬交替地层易井斜；盐水层会破坏钻井液性能；高压油气水层易井喷；坚硬的砾石层会发生跳钻、蹩钻；碳酸盐岩地层发育溶洞、裂缝时可能发生漏失、放空、井喷等。

所以，在地质设计中应该按照地质构造特征、剖面岩性及油气水层特点及邻井（区）钻探实践，提出在钻井过程中可能出现的故障类型和井段，作好地质预告。

由于一个地区的地层厚度常有变化，因此，一次预告不会很准确，这就要求在钻井施工过程中要随时掌握井下地质情况，作好地层对比，及时修正钻井地质预告。

现场进行钻井地质预告一般采取大段控制、分层对比、选用标志层及时校正深度的办法。这就是在仔细分析研究邻井或邻区资料的基础上，划分出特征比较明显的大套井段；然后，有目的地捞取标志层岩屑，用标志层的深度变化校正地层层位，进行分段（大段）控制。显然，为了大段控制，选择标志层是十分重要的。

若大段地层能够控制掌握，就为井下地层的层层预告打下了良好的基础。以邻井地层为依据，加强本井的小层对比，并从钻时曲线上找钻遇地层的层位、深度和厚度关系，对小层的深度和厚度变化进行比较准确的预告。

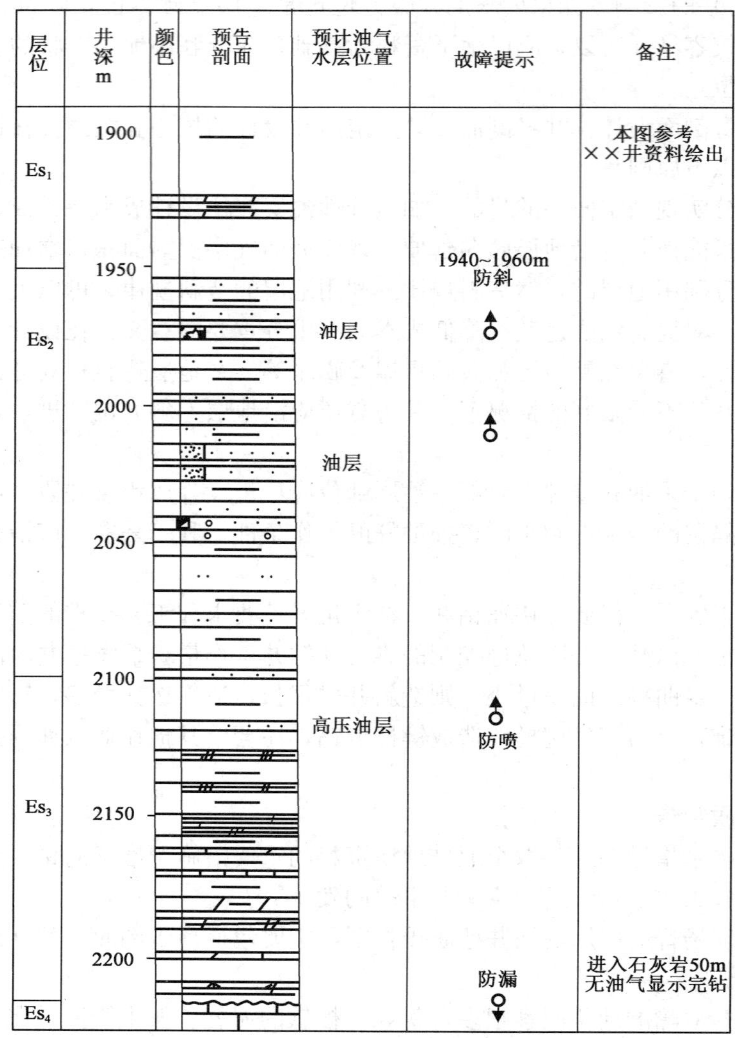

图 7-12　××井钻井地质预告图

任务实施

一、目的

训练地层与油层对比、编制油气田地质剖面图等基本技能，掌握井深和地质剖面设计的基本方法。

二、资料、工具

（1）地形地质图。

（2）构造井位图。

（3）井口海拔数据。

（4）井斜数据。

（5）各井分层厚度和岩性、接触关系资料。

（6）各井含油气井段数据。

(7) 各井断层数据（包括断点位置、断层落差、断失层位等）。

(8) 绘图工具。

三、根据所给资料，进行地层剖面和井深设计

任务考评

一、理论考核

1. 填空题

(1) 探井可以划分为________、________、________、________和水文井等类别。

(2) 当地层倾角较小时，钻头钻穿软硬交错的地层，往往导致井身轨迹________地层层面。如果地层倾角超过45°～60°，则钻头趋于________地层层面钻进。

(3) 对低渗透率的薄油层，应尽可能使斜井井身沿________延伸，以增大油气层裸露面积，增加产量。

(4) 一般在油层部位应尽量设计成________，或使井斜角尽可能________，以利于封隔器的坐封，利于改善抽油杆的工作条件和将来修井作业的顺利进行。

2. 判断题

(1) 在设计井深时，常常附加5%～10%的后备深度。 (　　)

(2) 钻遇明显油气显示和其他重要地质现象时，应设计停钻循环观察，以便准确判断油气层及其位置。 (　　)

(3) Ⅰ型井身剖面中开始造斜的位置在地面以下很深处（即造斜点较深），井斜角大，水平位移小，且井眼的造斜部分很少下套管。 (　　)

(4) 当剖面方向与等高线大致平行时，位于剖面线附近的井应沿地层走向线方向投影到剖面线上。 (　　)

3. 选择题

(1) (　　) 是以局部圈闭、新层系或构造带为对象，以发现油气藏、计算控制储量和预测储量为目的所钻的探井。

(A) 地质井　(B) 参数井　(C) 预探井　(D) 评价井

(2) (　　) 适用于多产层油田，可使每一油层井网布置比较规则，有利于油田开发。

(A) Ⅰ型井身剖面　(B) Ⅱ型井身剖面

(C) Ⅲ型井身剖面　(D) 任意井身剖面

(3) 当剖面线垂直或斜交地层走向时，位于剖面附近的井，应沿 (　　) 方向投影到剖面线上。

(A) 地层走向　(B) 地层倾向

(C) 垂直剖面线方向　(D) 任意方向

(4) (　　) 地层常发育溶洞、裂缝，钻井时可能发生漏失、放空、井喷等。

(A) 泥岩　(B) 砂砾岩

(C) 石膏　(D) 碳酸盐岩

4. 叙述题

(1) 钻井地质设计的依据有哪些？

(2) 如何进行井深和地层剖面设计？

(3) 举例说明容易引起钻井故障的地质因素。

(4) 进行井位校正的方法有哪些?

(5) 图示并说明如何用作图法进行井斜校正。

二、技能考核

1. 考核项目

(1) 资料：已知某井组地层对比曲线（图7-13）。其中，1井为对比骨架井；k_1，k_2 为标准层。

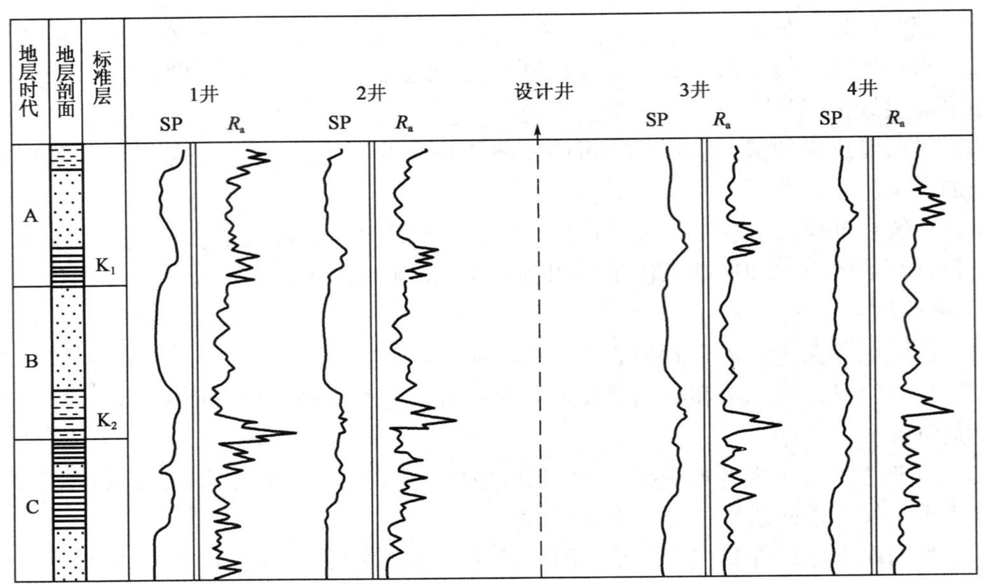

图7-13　某井组地层对比曲线

(2) 要求：进行地层对比并连接对比线，绘制出对比剖面图。

2. 考核要求

(1) 考核时间：30min。

(2) 考核形式：笔试。

项目八　钻井中的录井工作

录井技术是油气勘探开发活动中最基本的技术之一，是识别、发现和评价油气层（藏）最及时、最直接的手段，是钻井工程不可或缺的监测工具。油气井钻井过程中的录井工作，通常是指在钻井过程中，根据油气井的设计要求，应用专用的设备和一定的工作方法，沿钻井剖面采集、测定、观察、描述所钻地层的岩性、储集性、油气水性及其变化，并监测、记录、传输井筒系列技术实施的工程（含油气藏工程）参数、地球物理及地球化学等信息，以利于从建井到完井施工作业顺利进行，最终实现钻井的目的。

油气勘探中主要是通过岩屑录井、岩心录井、钻时录井、钻井液录井以及工程录井等技术来取全、取准直接和间接反映地下地质情况的各项资料，以判断井下地质及含油气情况，同时为钻井提供工程参数，确保钻井作业安全、快速、优质、高效。

知识目标

（1）了解录井工作的含义、意义及其目的。

（2）理解不同录井方法的工作原理。

（3）掌握不同录井作业中资料的搜集与整理。

能力目标

（1）能够理解油气井钻井地质设计任务书中对录井资料搜集的要求。

（2）能够在钻井作业中配合地质人员开展录井资料的收集。

（3）能够根据搜集的录井资料进行解释和分析。

（4）能够在钻井作业中根据录井资料进行相关的工程预测与监测工作。

任务一　岩屑录井作业

任务描述

钻井施工过程中，钻头破碎井底岩石形成岩屑。它是井底岩性的真实反映，随钻井液上返至井口。录井人员根据钻井地质设计的要求捞取岩屑，并要对岩屑进行整理、分析、描述，绘制岩屑录井草图。

任务分析

在钻井作业中，根据岩屑录井资料可以及时作出地质预告，对工程作业具有重要意义，并且岩屑录井资料是建立油气井地层剖面的基础，是进行地层划分与对比的基础资料。通过本次任务的学习，掌握岩屑录井的工作方法及岩屑录井资料的整理、分析与应用。

相关知识

一、岩屑录井的概念

地下岩石被钻头钻碎后，随钻井液被带到地面上的岩石碎块称为岩屑，又常称为“砂样”。在钻井过程中，地质人员按照一定的取样间距和迟到时间，将岩屑连续收集起来，进行观察、分析，并综合运用各种录井资料进行岩屑归位，以恢复地下地质剖面的过程，称为岩屑录井。由于岩屑录井具有成本低、简便易行、了解地下情况及时、资料系统性强的特点，并且根据岩屑录井资料可以及时作出地质预告，对确保高速、优质、安全钻井有着一定的实际意义，因此在油气田勘探开发过程中被广泛采用。

二、取全取准岩屑

岩屑录井工作中最重要的环节是取全取准岩屑。只有岩屑取全取准了，观察、描述、综合解释等工作才具备了可靠的基础；否则，这些工作无法进行，或者所得到的资料是不真实的。要取全取准岩屑就必须要保证井深准确和迟到时间准确。要保证井深准确，就必须要准确丈量钻具，钻具长度计算要正确；要保证迟到时间准确，就必须按一定间距测准岩屑迟到时间。常用的测定迟到时间的方法有以下 3 种。

1. 理论计算法

岩屑从井底返至井口的时间称为迟到时间，用 T 表示，其理论计算公式为：

$$T = \frac{V}{Q} = \frac{\pi(D^2 - d^2)}{4Q} \cdot H \qquad (8-1)$$

式中 T——岩屑迟到时间，min；

V——井眼与钻杆之间的环形空间容积，m^3；

Q——钻井泵排量，m^3/min；

D——井径，即钻头直径，m；

d——钻杆外径，m；

H——井深，m。

计算时把井眼直径理解为钻头直径，把井筒当成一个简单的圆筒。实际井眼不但粗细不匀，而且井径远大于钻头直径。所以，理论计算结果与实际迟到时间不一致，仅供参考。

2. 实物测定法

实物测定法又叫指示物法。它是选用与岩屑大小、密度相近的物质（红砖块、白瓷碎片），在接单根时投入钻杆内，记下投入后开泵时间，然后在井口钻井液出口或振动筛处记下投入物返出的时间，这两个时间之差就是实物循环一周的时间 t，它包括了实物沿钻杆下行到井底的时间 t_0 和从井底通过外环形空间返出井口的时间 T。因此，岩屑迟到时间为：

$$T = t - t_0 \qquad (8-2)$$

$$t_0 = \frac{C_1 + C_2}{Q} = \frac{\pi d_1^2}{4Q} \cdot H_1 + \frac{\pi d_2^2}{4Q} \cdot H_2 \qquad (8-3)$$

式中 C_1，C_2——钻杆和钻铤的内容积（查表而得），m^3；

d_1，d_2——钻杆和钻铤的内径，m；

H_1，H_2——钻杆和钻铤的长度，m；

Q——钻井泵排量，m^3/min

在钻进过程中，往往由于机械或其他原因需要换泵，应对 T 及时校正。实物测定法确定迟到时间所用的实物颜色鲜艳，易辨认，并且与地层密度相似或接近，所以所测迟到时间一般比较准确。

3. 特殊岩性法

与邻井对比，利用大段单一岩性中的特殊岩层（如大段砂岩中的泥岩、大段泥岩中的石灰岩、大段泥岩中的砂岩等）在钻时上表现出特高或特低值，记录钻遇时间和上返至井口的时间，二者之差即为真实的岩层迟到时间。

应注意的是，以上介绍的岩屑迟到时间测定方法仅是指地层某一深度的迟到时间，实际上井是不断加深的，迟到时间也随之增长。为了保证岩屑录井质量，生产中一般每隔一定的间隔测算一次迟到时间，作为该间距内的迟到时间。间距的大小应视各地区实际情况而定。

三、岩屑捞取与处理

1. 岩屑捞取

按录井间距和迟到时间准确无误地捞取岩屑。每口井必须统一捞样位置，通常有两处：一处在架空槽内加挡板取样；另一处在振动筛前加接样器取样。

2. 岩屑处理

（1）清洗岩屑：方法因岩性而定，以不漏掉或破坏岩屑为原则。

（2）荧光直照：岩屑洗净后，立即进行荧光湿照和滴照，晾干后进行荧光直照（干照）。

（3）烘晒岩屑：最好自然晾干，来不及时可烘烤（保证不变质）。

应注意，用于含油气试验及生油条件分析的岩样严禁烘烤，只能自然晾干或风干。

四、岩屑描述方法及步骤

1. 真假岩屑的识别

在钻井过程中，由于裸眼井段长、钻井液性能变化及钻具在井内频繁活动等因素影响，使已钻过的上部岩层经常从井壁剥落下来，混杂于来自井底的岩屑之中。从这些真假并存的岩屑中鉴别出真正代表井下一定岩层的岩屑，是提高岩屑录井质量、准确建立地下地层剖面的又一重要环节。鉴别岩屑真假应从以下 4 方面综合考虑。

1）观察岩屑的色调和形状

色调新鲜、形状呈多棱角状或呈片状者，通常是新钻开地层的岩屑；反之，在井内久经磨损而成圆形、岩屑表面色调模糊或块较大者，一般为上部井段已出现过的滞留岩屑或掉块（图 8-1）。

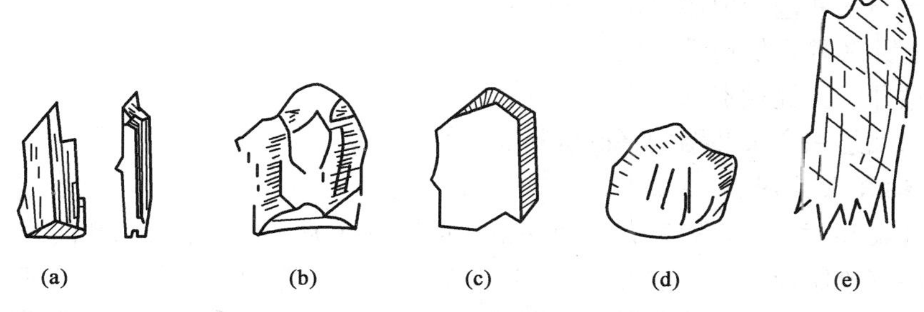

图 8-1　各类岩屑形状示意图

（a）新钻页岩；（b）新钻石灰岩；（c）新钻泥岩；（d）残留岩屑；（e）垮塌岩屑

2）注意新成分的出现

在连续取样中如果发现有新成分岩屑出现，且以后逐渐增加，则标志着井下新地层的出现。

3）从各种岩屑的百分含量变化识别

对有两种或两种以上岩性组成的地层，必须从岩屑中某种岩性岩屑的百分含量增减来判断是进入什么岩性的地层，从而确定岩屑的真伪。

4）利用钻时、气测等资料验证

除了采用上述几种方法判断外，还应参考钻时和气测资料来验证是否进入新地层。在砂泥岩剖面中钻井时，常常出现砂岩与泥岩岩屑交互出现的情况，这时，可根据钻时曲线判断是钻入砂岩或泥岩，并据此鉴别真假岩屑；若钻入油气层，则气测曲线上一般都有明显的显示。

2. 岩屑描述

由于岩屑仅是地下岩层破碎的一小部分，所以对岩屑描述的要求重点是岩石定名和含油气情况的描述。

岩屑描述的方法一般是：大段摊开，宏观观察；远看颜色，近查岩性；干湿结合，挑分岩性；分层定名，按层描述。

岩屑描述内容主要有岩性颜色、定名、矿物成分、结构、构造、物理化学性质、含油气情况、化石、缝洞发育情况等。

岩屑含油气分级别是以岩屑录井分层为单元，在自然光下挑选真岩屑，计算挑出的真岩屑中含油岩屑的百分含量，一般分4级：

（1）富含油：含油岩屑占真岩屑的百分含量不小于5%。

（2）油斑：含油岩屑占真岩屑的1%～5%（含1%）；

（3）油迹：含油岩屑占真岩屑百分含量小于1%；

（4）荧光：肉眼看不到含油岩屑，荧光检测显示。

五、岩屑录井资料的整理和应用

取得岩屑录井资料以后，需要绘制岩屑录井草图，粘贴岩屑实物剖面，并编绘岩屑综合录井图。

1. 岩屑录井草图

岩屑录井草图一般包括录井剖面、钻时曲线及槽面显示等内容（图8-2）。其深度比例尺一般取1∶500，将相应的颜色、岩性、化石、构造、含有物及油气显示等用规定的符号标绘在相应的深度位置上。

岩屑录井草图主要有以下4个方面的用处：

（1）用于与邻井进行地层对比。

（2）为测井解释提供地质依据。

（3）为钻井工程提供资料。

（4）作为编绘综合录井图的基础资料。

2. 岩屑综合录井图

岩屑综合录井图是以岩屑录井草图和钻井地质设计为基础，结合测井曲线和其他录井资料进行综合解释绘制而成的（图8-3）。由于岩屑录井和钻时录井资料不可避免的局限性，必须在测井完成后，依据测井曲线进行岩屑录井资料的校正。在对岩屑录井资料进行了校正以后，据此绘制岩屑综合录井图。

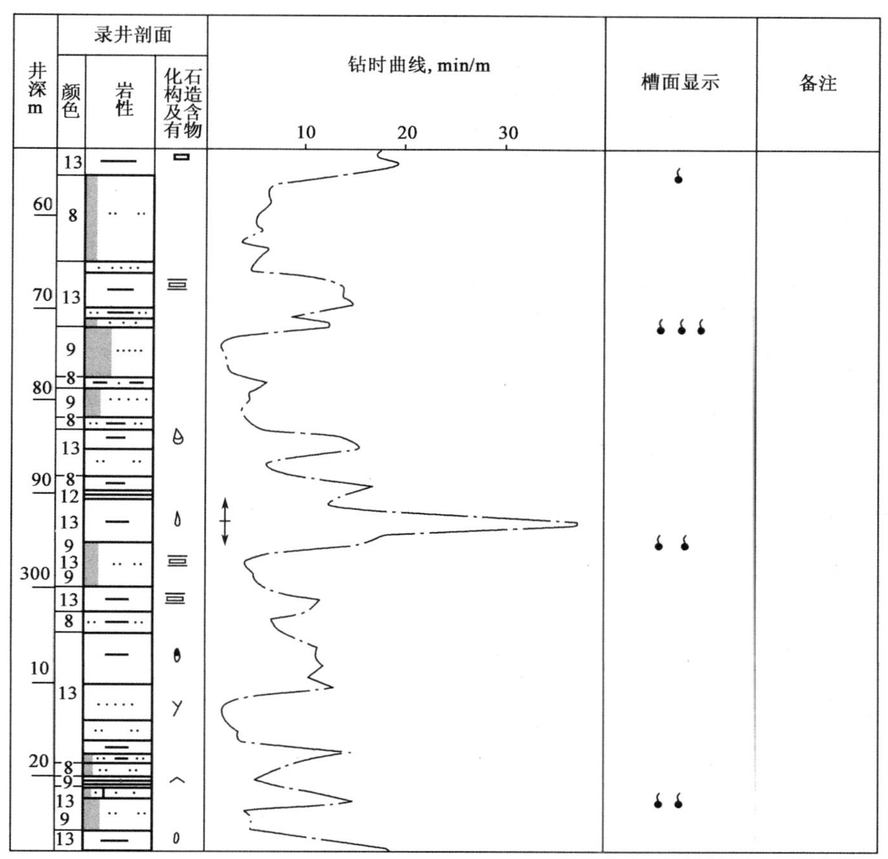

图 8-2　岩屑录井草图

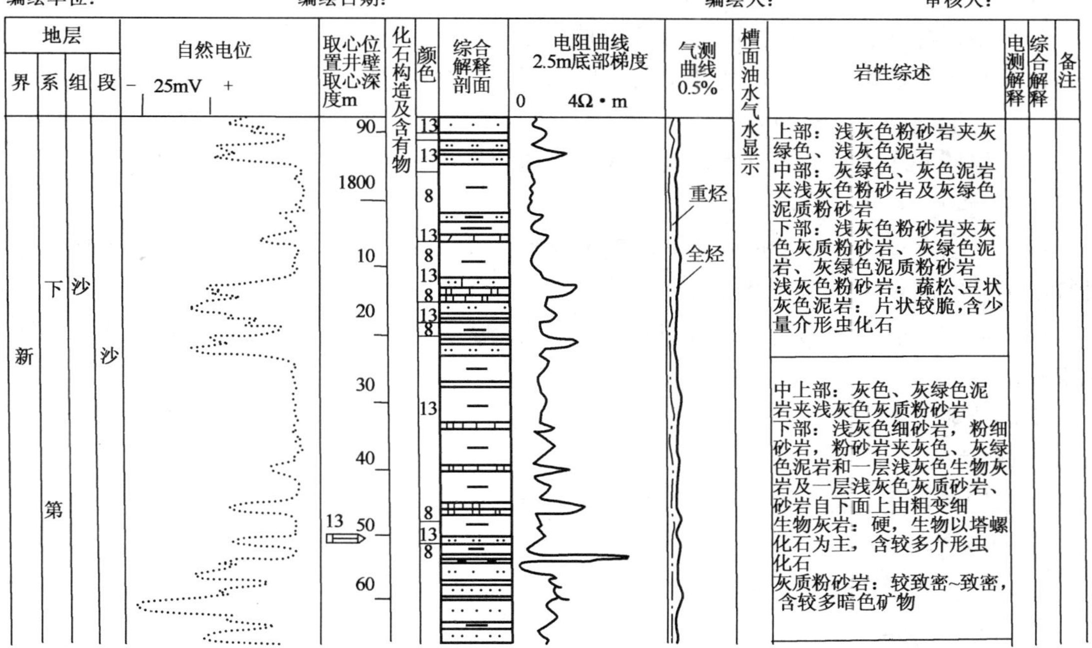

图 8-3　岩屑综合录井图

岩屑综合录井图是展示井下地层剖面分布和变化情况、地层的岩性、地层的物性和含油气性的基本资料。在没有取岩心的井或没有录取岩心的井段，它是了解和研究井下地层分布和变化情况，各层岩性及物性的主要资料。

任务实施

一、目的要求

（1）掌握迟到时间的确定方法。

（2）掌握岩屑录井的基本工作方法。

二、资料、工具

（1）资料：岩屑录井资料。

（2）工具：绘图纸、铅笔、橡皮、测井曲线、三角板、绘图仪。

任务考评

一、理论考核

1. 名词解释

地质录井　岩屑录井

2. 填空题

（1）在钻探井时一般要进行________、________、________、________、________等录井工作。

（2）岩屑处理过程是________、________、________。

（3）岩屑的含油气级别一般分为________、________、________、________ 4 级。

3. 判断题

（1）钻遇缝洞层发育层段时，常有钻时降低、钻具放空、井喷等显示，此时必须加密取样，以便利用岩屑中的次生矿物含量及晶形判断缝洞发育程度。（　　）

（2）含油饱满程度只与岩石渗透性有关。（　　）

（3）岩屑洗净后在荧光灯下观察，含轻质油的岩屑呈现蓝白—浅黄色。（　　）

4. 简答题

（1）写出岩屑录井测定迟到时间的理论计算公式，并解释各项参数的含义。为什么理论计算的迟到时间仅能作为参考？

（2）简述岩屑录井测定迟到时间的“实物测定法”的基本原理，写出计算公式并解释各项参数的含义。

二、技能考核

1. 考核项目

根据岩屑录井资料，绘制该井段的岩性解释剖面。

2. 考核要求

（1）准备要求：整理岩屑录井资料。

（2）考核时间：30min。

（3）考核形式：口头描述＋笔试。

任务二　岩心录井作业

任务描述

在钻井过程中，根据单井地质设计要求，钻达取心层位就要停钻进行取心作业，对取出的岩心要进行丈量并要及时整理、描述，绘制岩心录井蓝图。

任务分析

在油气藏的勘探或开发过程中都进行大量的取心工作。岩心资料是了解地层含油气性、岩性与电性关系、储集特征，并确定油气层岩性、物性、厚度、面积，以及建立地层剖面、岩相研究等等的基础数据。通过本次任务的学习，掌握岩心作业的工作内容、工作要求，并且配合地质人员做好岩心录取工作。

相关知识

在钻井过程中，应用专门的取心工具（图 8－4），将地下的岩层切割成圆柱取出地面，这种取出地面的地下岩石称为岩心（图 8－5）。对取出的岩心进行整理编录、描述、归位、对比研究和采样化验等工作叫岩心录井。

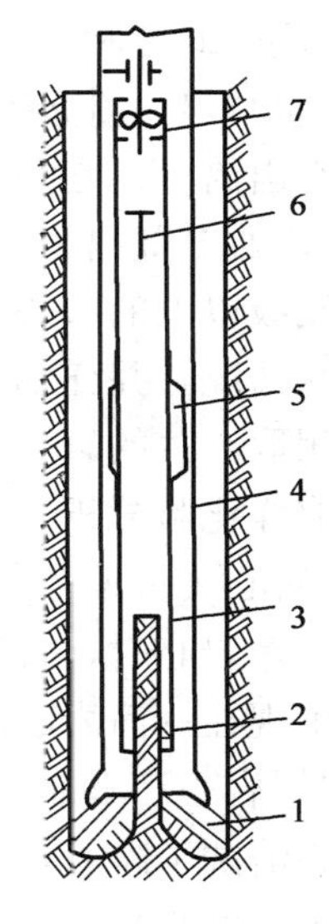

图 8－4　取心工具结构示意图

1—取心钻头；2—岩心抓；3—内岩心筒；4—外岩心筒；5—扶正器；6—回压阀；7—悬挂轴

岩心是最直观、最真实反映地下地质特征的第一性资料。通过对岩心的分析，可以考查古生物特征，确定地下地层时代，进行地层对比；研究储集层岩性、物性、电性及含油气性的关系；掌握生油特征及其地化指标；通过观察岩心的岩性、沉积构造特征，可以判断沉积环境；通过岩心资料，可以了解地区构造和断裂情况，如地层倾角、地层接触关系、断层位置，进行油气储量计算和开发设计，检查开发效果，了解开发过程中所必需的资料数据。

一、取心井段的确定

由于取心需要下入特殊钻具，大段取心更需要频繁起下钻具（受取心钻具的限制，一次取心长度一般不超过 10m），这都要大大增加非钻进时间，增加钻机占用时间；而且取心工艺复杂，钻速慢，所以取心成本极高。因此，油气田的勘探开发过程中，不能布置很多取心井，也不能每口井都进行取心。为了既要取得勘探开发所必需的基础资料和数据，又要加速油气田勘探开发过程及降低成本，在确定取心井段时应遵循以下 4 条原则：

（1）新区第一批探井适当安排取心，以便了解新区的地层、构造、生储盖组合及其特征、烃源岩母质类型、丰度、演化成度及储集层物性等基本石油地质问题。

（2）评价井取心注意点面结合与一定的平面密度，安排相当数量的井进行系统取心，以解决油藏探明储量计算与开发可行性评价问题。

（3）开发井取心根据目的而定。如注水开发井，为了查明注水效果，常在水淹区布置取心。

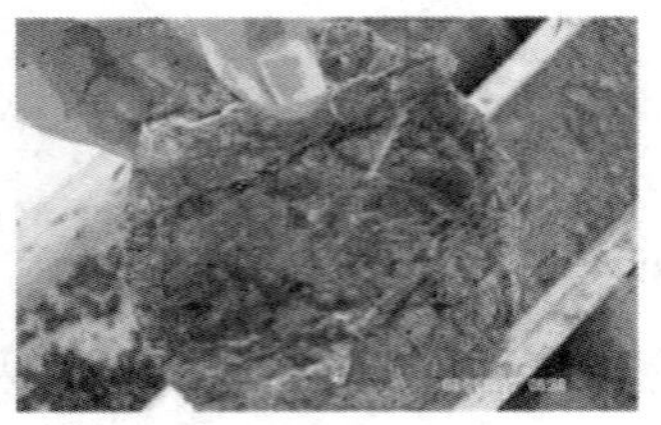

图 8-5　岩心是“窥视”地下的“窗口”

(4) 特殊目的取心井根据具体情况具体确定。例如，为了解断层情况，取心井应穿过断层；为了解地层岩性、地层时代等，临时决定取心等。

二、取心资料收集和岩心整理

1. 取心前的准备

取心前，地质人员应进行必要的准备以保证取心工作的顺利进行。比如，仔细丈量方入，准确计算取心进尺；取心钻进的过程中，应记钻时、捞取砂样，以判断岩心的情况和确定割心位置；此外，还应准备好盛装岩心的木箱，以保证岩心出筒时准确有序、不出差错。

2. 岩心出筒时的工作

1) 岩心出筒时必须严格注意摆放顺序

岩心出筒时，必须保证先出底部、上下顺序不乱，保证岩心完整。

2) 岩心全部出筒后要进行清洗

油浸级以上的岩心不能用水洗，用刀刮去岩心表面钻井液，注意观察含油岩心渗油、冒气和含水情况，并详细记录，必要时应封蜡送化验室分析。

密闭取心井的岩心出筒后应及时整理岩心，清理密闭液后，立即进行丈量，涂漆编号，并及时取样化验分析，一般要在2h内完成。

3) 岩心丈量编号

在丈量岩心时，首先判断出筒的岩心中是否有“假岩心”，然后才能开始丈量。“假岩心”常出现在一筒岩心的顶部，可能为井壁垮塌物或余心碎块与泥饼在一起进入岩心筒而形成的。“假岩心”不能计算长度。

岩心清洗干净后，应对好断面，使其茬口吻合，磨光面和破碎岩心摆放要合理，由顶到底用尺子一次丈量，长度读至厘米。用红铅笔划一条丈量线，自上而下作出累积的半米及整米记号，每个自然断块画出一个指向钻头的箭头（图 8-6）。然后，装入盛装岩心的木箱，最后逐块进行涂油漆编号（图 8-7）。

岩心编号方法是：取心次数$\frac{\text{本块编号}}{\text{本次取心总块数}}$（图 8-7）。

对破碎岩心（如泥页岩、石膏）、易潮解的岩心（盐岩）及疏松的砂岩，要用塑料袋装好，再进行编号。

4) 计算岩心收获率

岩心收获率是表示岩心录井资料可靠程度和钻井工艺水平的一项重要技术指标：

$$\text{岩心收获率}=\frac{\text{岩心长度}}{\text{取心进尺}}\times 100\%$$

由于多种因素影响，岩心收获率常常达不到100%，所以每取一筒岩心就应计算一次岩心收获率。一口井岩心取完了，应计算出总的岩心收获率：

$$岩心总收获率=\frac{累计岩心长度}{累计取心进尺}\times100\%$$

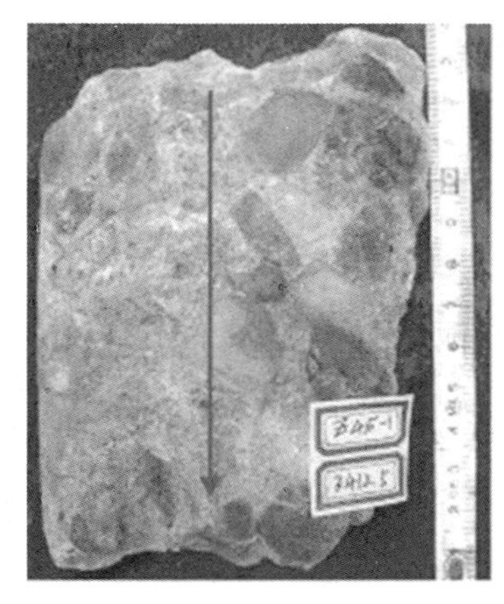

图 8-6　岩心丈量

图 8-7　岩心编号

岩心收获率的高低是取心钻井工作质量的主要标志之一，并直接影响对地下地质情况了解的可靠程度。要提高岩心收获率，应注重改进取心设备、钻井方式及提高人的技术素质。

三、岩心观察描述

岩心观察描述的主要对象是油气层的岩心。描述岩心应取得的主要资料有：岩性、含油气情况、岩石结构、构造、古生物化石、岩石胶结情况、分层厚度、缝洞发育情况以及与上下岩层的接触关系等等。

对含油气岩心要在岩心取出后立即观察、记录。因为在钻井过程中钻井液冲刷岩心、而且在起钻过程中压力逐渐降低，岩心中的原油已析出很多，特别是天然气几乎全部逸出，如不及时观察、记录，油气逸散挥发漏失后很难补救。

观察描述岩心是记录、提取岩心地质信息资料一项细致的地质基础工作，应慎重细致、全力以赴、专心致志地进行，要系统、全面观察、重点突出。

1. 岩心的油、气、水观察

岩心油、气、水的观察，从取心钻进开始，直到岩心描述工作结束。取心钻进时，观察钻井液槽面的油气显示情况；岩心出筒时，观察钻井液油气显示、岩心表面外渗情况；岩心清洗时，做浸水试验；岩心描述时，含油岩心除柱面、断面观察外，要特别注意观察剖开新鲜面的含油情况，如油迹颜色、外渗速度、分布面积、含油产状等。凡储集层岩心，无论见油与否，均要做氯仿或有机溶剂浸泡试验及荧光观察。

1）岩心含水观察

直接观察岩心剖开新鲜面湿润程度，湿润程度可分为以下级别：

（1）湿润：明显含水，可见水外渗。

（2）有潮感：含水不明显，手触有潮感。

（3）干燥：不见含水，手触无潮感。

2）滴水试验

用滴管滴一滴水在含油岩心平整的新鲜面上，滴水不宜过高，观察水滴的形状和渗入速度，以其在1min之内的变化为依据分为4级（图8-8）：

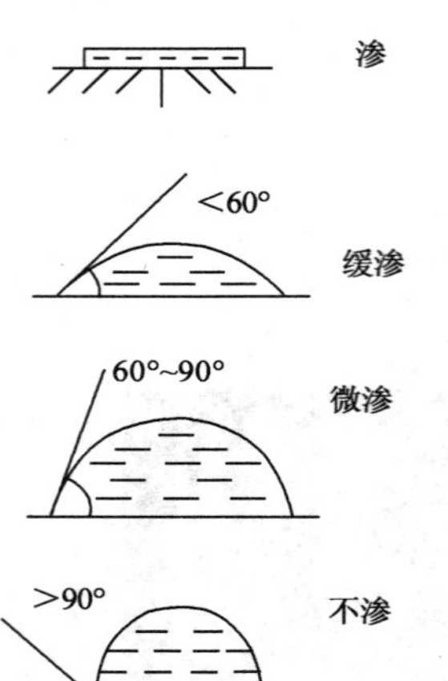

图8-8　岩心滴水试验示意图

（1）渗：水滴保不住，滴水即渗，判断是含油水层。

（2）缓渗：水滴呈凸镜状，浸润角小于60°，扩散渗入慢，判断是油水层。

（3）微渗：水滴呈半球状，浸润角在60°～90°之间，不渗，判断是含水油层。

（4）不渗：水滴不渗，呈圆珠状，浸润角大于90°，判断是油层。

3）塑料袋密封试验

取岩心中心部位无钻井液或人为水浸的岩样1块（20～30cm³），装入透明塑料袋内封口密封，置烈日或45～55℃下30min，观察袋内情况。观察结果可分为3级。

（1）雾浓：袋壁有水珠，岩样表面有明水，判断为水层。

（2）有雾：水珠不明显，袋内明显潮湿，判断为含水层。

（3）雾稀薄或无雾：岩样表面干燥无潮气，判断为不含水层。

含油储集岩含水观察以滴水试验为主，含气储集岩的含水观察以直接观察和塑料袋密封法为主，其他方法仅供综合判断时参考。

4）荧光试验法

由于沉积岩中的沥青和原油及某些矿物在紫外光照射下有不同的发光现象，所以可按发光的不同颜色来确定物质的性质。

从紫、蓝紫、青蓝和蓝色至黄橙、棕到深褐色，是从轻质油逐步过渡到重质油的一系列发光顺序。一般说来，油呈淡青、黄色，焦油呈黄、褐（橙）色，沥青呈淡青、黄、褐、棕色，地沥青呈淡黄、棕色。

但一些矿物的发光颜色不是这样，它们是随不同的滤色而具有与滤色相同或近似的发光颜色。例如，方解石在红色滤光下呈红色，在紫色滤光下呈紫色。

因此，在现场上应用上述不同发光颜色，可以区别出原油的性质，也可以区别出矿物发光的颜色。荧光分析现场常用的有直照法、滴照法、系列对比法、毛细管分析法4种方法。

2. 岩心含油级别的确定

含油级别是岩心中含油多少的直观标志，所以含油级别是判断油水层或油层好坏的主要标志，但不是绝对标志。含油级别主要依靠含油面积大小和含油饱满程度来确定。

岩心含油面积的百分数是指将一块岩心沿其轴面劈开，新劈开面上含油部分所占面积的百分数。通过观察岩心光泽、污手程度、滴水试验等可以判断含油饱满程度。含油饱满程度一般分3级：

（1）含油饱满：岩心颗粒孔隙全部被油饱和，新鲜面上油汪汪的，颜色一般较深，呈棕褐色、黑褐色，油脂感强，油味浓，出筒新劈开面原油外渗，手摸岩心原油污手，滴水不渗。

（2）含油较饱满：颗粒孔隙充满油，岩心呈棕色、深棕色，油脂光泽较差，油味较浓，捻碎后污手，滴水不渗。

（3）含油不饱满：颗粒孔隙仅部分充油，一般颜色较浅且不均匀，油脂感差，不污手，滴水微渗。

根据储集层储油特性不同，分为孔隙性含油、缝洞性含油，并分别划分含油级别。

1）孔隙性含油——碎屑岩含油级别

孔隙性含油是以岩石颗粒骨架间分散孔隙为原油储集场所，岩心以岩性层为单位，以新鲜断面的含油情况为准，分为以下 6 级：

（1）饱含油：观察截面 95%以上见原油，含油均匀、饱满，原油明显外渗。

（2）富含油：观察截面 75%以上见原油，含油均匀，有封闭的不含油的斑块或条带。

（3）油浸：观察截面 40%以上见原油，含油不均匀，有较多不含油的斑块或条带，有水渍感，滴水不能呈珠状或半球状。

（4）油斑：40%～5%截面含油，含油部分呈斑状、条带状。

（5）油迹：观察截面上只能见到零散的含油斑点，面积在 5%以下。

（6）荧光：肉眼看不到原油，荧光检测有显示，系列对比 6 级以上（含 6 级）。

2）缝洞性含油——碳酸盐岩含油级别

缝洞性含油是以岩石的裂缝、溶洞、晶洞作为原油储集场所，岩心以缝洞的含油情况为准，分为以下 4 级：

（1）富含油：50%以上的缝洞壁上见原油。

（2）油斑：50%～10%（含 10%）的缝洞壁上见原油。

（3）油迹：少于 10%的缝洞壁上见原油。

（4）荧光：缝洞壁上看不到原油，荧光检测或有机溶剂滴泡油显示，系列对比 6 级以上（含 6 级）。

含油饱满程度与岩石渗透性及原油性质有关。轻质油易渗出、易挥发，岩心含油显示则弱于含重质原油的岩心。渗透性好则原油易散失，所以高渗透率的岩心含油显示弱于低渗透率的岩心。因此，在利用岩心含油饱满程度来预测油层产油能力高低时要考虑这些情况，对含油饱满程度所反映的产油能力要作具体分析。

利用岩心资料可以帮助我们建立完整的地层剖面，搞清储集层岩性的组合特征，提供油层物性、含油性等情况。岩心经描述后要妥为保存，可根据需要选样送实训室进行分析。

3. 岩心描述内容

岩心描述内容主要包括以下 4 个方面：

（1）岩石学特征：颜色、岩石名称、矿物成分、胶结物、特殊矿物等。

（2）沉积相标志：沉积结构、沉积构造、生物特征等。

（3）储油物性：孔隙度、渗透性、孔洞缝发育情况与分布特征等。

（4）含油气水情况：结合岩心油气水观察，确定含油级别。

4. 岩心录井草图的编绘

为了研究对比，将岩心录井取得的各种资料、数据，用规定的符号绘制成岩心录井草图（图 8-9），以指导下步工作。

5. 岩心综合录井图的编制

岩心综合录井图是在岩心录井草图的基础上，综合其他资料编制而成的。它是反映钻井取心井段的岩性、含油性、电性和物理化学性质的一种综合图件，是岩心录井的重要成果，是地质分析研究的重要资料。它的比例尺与岩心录井草图相同。

由于地质、钻井技术及工艺方面种种原因，并非每次取心收获率都能达到 100%，而往

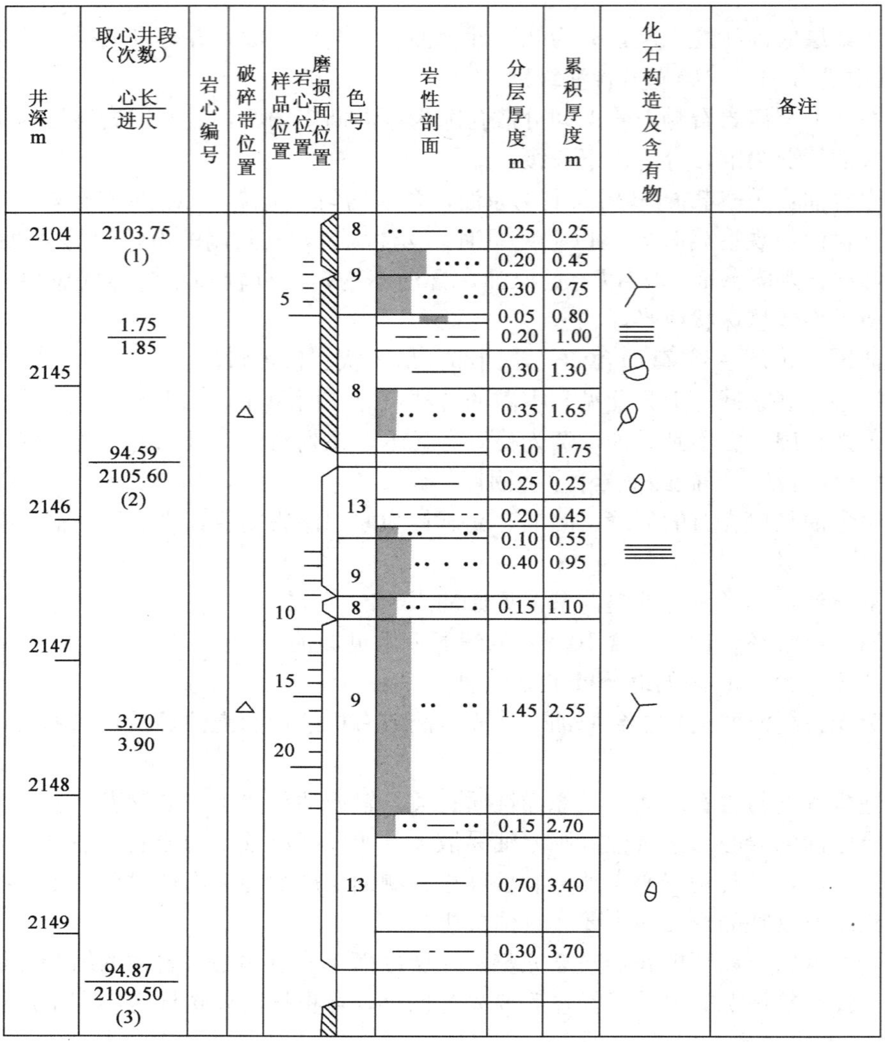

井深 m	取心井段（次数） 心长/进尺	岩心编号	破碎带位置	磨损面位置 岩心位置 样品位置	色号	岩性剖面	分层厚度 m	累积厚度 m	化石构造及含有物	备注
2104	2103.75 (1)				8		0.25	0.25		
					9		0.20	0.45		
				5			0.30	0.75		
	1.75/1.85						0.05	0.80		
							0.20	1.00		
2145							0.30	1.30		
			△		8		0.35	1.65		
	94.59/2105.60 (2)						0.10	1.75		
					13		0.25	0.25		
2146							0.20	0.45		
							0.10	0.55		
					9		0.40	0.95		
				10	8		0.15	1.10		
2147	3.70/3.90		△	15 20	9		1.45	2.55		
2148							0.15	2.70		
					13		0.70	3.40		
2149							0.30	3.70		
	94.87/2109.50 (3)									

图 8-9　一般岩心录井草图

往是一段一段不连续的，因此需要恢复岩心的原来位置；而未取上岩心的井段，则依据测井、岩屑录井、钻时录井等资料来判断钻取岩心井段的地层在地下的实际面貌，如实地反映在岩心综合录井图上。这项工作就叫岩心归位。岩心归位要在测出放大曲线之后，参照测井曲线进行（图 8-10）。

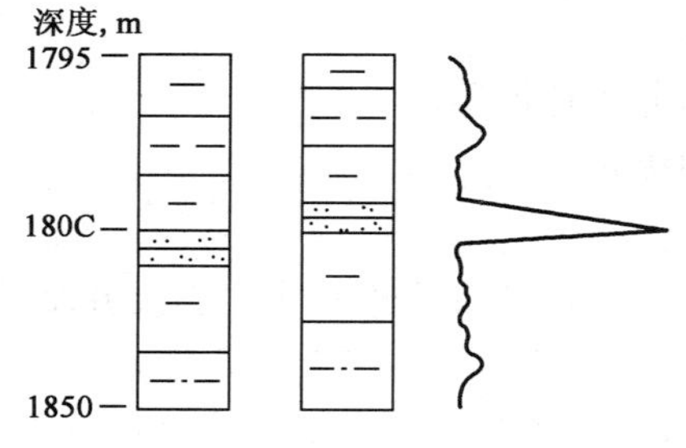

图 8-10　岩心归位示意图

6. 岩心资料的应用

（1）利用岩心资料可以建立完整的地层剖面，以便了解储集层岩性的组合特征。

（2）利用岩心资料可以取得油层岩石的孔隙度、渗透率、含油饱和度等物性分析化验和试验资料。

（3）在新探区，通过取心能够证实是否有油气层的存在；通过对取出岩心的观察，可以分析含油气产状特征、含油饱和程度。

(4) 利用岩心录井资料还可以划分原始油气界面和油水界面。

任务考评

一、理论考核

1. 名词解释

岩心录井

2. 判断题

含油级别是岩心含油多少的直观标志，主要以含油面积大小和含汩饱满程度来确定。 ( )

3. 简答题

(1) 孔隙性含油分级时，岩心以岩性层为单位，以新鲜断面的含汩情况为准，可分为哪6级?

(2) 如何确定岩心的含油级别? 含油饱满程度是如何分级的?

(3) 什么是岩心收获率? 如何计算岩心收获率和岩心总收获率?

(4) 取心井段的确定应遵循的原则是什么?

4. 计算题

某井在井段1518.75～1536.20m进行了3次连续取心，所取岩心长度分别为3.50m，6.75m和5.20m；该井第二次取心井段为1980～2000m，取得岩心总长为18.00m。该井岩心总收获率为多少?

二、技能考核

阅读×××井钻井地质设计，掌握钻井取心工作的目的、原则及要求。

任务三　钻时录井作业

任务描述

钻时是油气井钻探地质录井中获得的首项地质资料。它反映了地下岩层的可钻性，同时又是钻井工程施工状态的参数。钻时录井就是按设计要求系统记录钻时并收集与其相关的各项资料数据的全部工作。

任务分析

钻时资料对现场地质和工程技术人员都是很重要的。工程技术人员利用钻时资料，可以分析井下情况，正确选用钻头，改进钻井措施。通过本次任务的学习，掌握钻时录井的工作内容、工作方法以及钻时资料的应用。

相关知识

钻时是钻头钻进一个单位进尺所需要的时间，其单位是分每米 (min/m)。单位进尺是根据需要规定的。如钻油气层时规定0.5m，油气层取心时规定0.25m或0.1m等。钻速是单位时间内所钻的进尺，其单位是米每小时 (m/h)。钻时录井就是随钻记录钻时随深度变化的数据来判断钻遇岩层情况的录井技术。在新探区，从井口开始每米记录一次钻时；钻达目的层时，可适当加密到 0.5～0.25m 记录一次钻时；在取心井段，每 0.25m 记录一次钻时。钻时录井的特点是简便、及时。

一、影响钻时的因素

钻时不仅取决于岩层可钻性这一客观因素，还与工程施工状态这一主观因素密切相关。所以钻探人员要十分清楚引起钻时变化的主客观因素，才能有效地利用钻时解决工程地质问题。影响钻时的主要因素有以下几个方面。

1. 岩石的可钻性

松软地层比坚硬地层钻时低，如疏松砂岩比致密砂岩钻时低，多孔的碳酸盐岩比致密石灰岩、白云岩钻时低。

2. 钻头类型与新旧程度

为了快速优质钻进，工程人员应当根据录井人员的地层预告，选用与地层特点相适应的钻头型号，就能得到最佳钻进速度。

一般来讲，新钻头比旧钻头钻进快，但新钻头刚下钻到底活动钻头时钻进较慢。旧钻头牙齿已钝，起钻前的钻时一般都慢。

大钻头切削面积大，钻进慢；反之，小钻头切削面积小，钻进快。钻软地层用刮刀钻头，钻硬地层用牙轮钻头。

在钻时录井中，要记录钻头下入的井深及钻头的类型、尺寸、新度，并应仔细观察起出钻头的磨损情况，以判断所钻地层的岩性。

3. 钻井措施与方式

在同一岩层中，钻压大、转速快、排量大时，钻头对岩石破碎效率高，钻时低。涡轮钻转速一般比旋转钻转速高大约 10 倍，故涡轮钻钻时低。若钻井措施不当，进尺就少，钻时高，但钻压不能大于规定的负荷。

4. 钻井液性能与排量

一般是低粘度、低密度、大排量的钻井液钻进快，钻时低。一般清水钻进比钻井液钻进的速度要高 1 倍以上。

5. 人为因素的影响

司钻的操作技术与热练程度对钻时高低均有影响。有经验的司钻送钻均匀，能根据地层的性质采取措施：当钻遇泥岩和软地层时快转轻压，对硬地层则相对用慢转重压的措施加快进尺，提高钻速。

钻进中，还会因停钻频繁或录井人员实践经验少、方入不准等原因影响钻时的准确性。

尽管影响钻时高低的因素较多，但是这些影响因素总是或者至少在一个井段相对稳定，因此钻时大小的相对变化还是可以反映地下岩性的变化的。

在钻井过程中，录井人员应与工程人员密切协作，努力减少引起钻时变化的不稳定因素。只要影响钻时变化的主客观因素保持相对稳定，钻时就能充分、客观地反映地下岩层的可钻性及其地质特征。

二、钻时录井的方法和钻时录井曲线的绘制

1. 钻时录井的方法

目前现场钻时是由仪器连续测量的。记录钻时的仪器有综合录井仪、气测仪、钻时仪等，各有优缺点，自动化程度也不同，只要安装使用得当，都能满足钻时精度的要求。除了

前面所述引起钻时变化的主客观因素外，钻时记录的准确性依赖于井深的准确性，井深的准确性又依赖于钻具的准确性。钻具准确无误，正确计算方入，准确丈量方入，在方钻杆上标记方入的准确性，是准确记录钻时的基础。

钻时录井的方法是在方钻杆上按每间隔 1m 或 0.5m，0.25m 的距离作出醒目的标记，并按设计要求（如每 1m 或 0.5m，0.25m 记录一次）记录钻进时间即可。

2. 钻时的求取

钻时＝单位进尺完成的时间－钻单位进尺初始时间－中途停钻时间

钻时取值一般情况下保留到整数。

3. 钻时曲线的绘制

绘制钻时曲线，就是将一口井取得的钻时，按一定的比例，用平面直角坐标法，依顺序系统地点在方格纸上，逐点连接折线，如图 8－11 所示。纵坐标代表井深，单位为米，一般采用 1∶500比例尺。横坐标代表钻时，单位为 min/m，比例尺视该井钻时大小变化幅度而定，以能表示钻时变化为原则，如果一口井的钻时变化太大，中间可以适当变换比例。将记录的每个钻时点按纵横向比例尺点在图上，连接各点即成为钻时曲线，以便与测井标准曲线对比和岩屑归位。

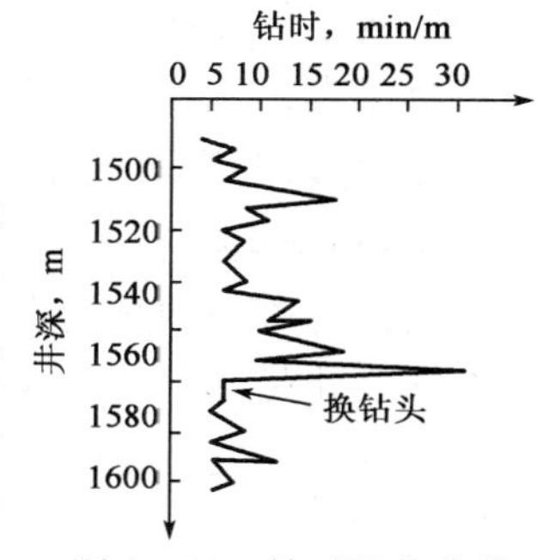

图 8－11　钻时录井曲线

在其他录井资料还未取全之前，钻时曲线要同岩屑录井图绘到一起，以便使用。在钻时曲线绘好后，为了便于解释，常在曲线旁用符号或文字在相应深度上标注接单根、起下钻、跳钻、蹩钻、溜钻、卡钻、放空、更换钻头位置、钻头尺寸、钻头类型、钻井液性能等内容，以提高利用钻时判断地层的准确性。

三、钻时曲线的应用

（1）钻时曲线是岩屑描述中辅助岩性分层的重要参考资料。应用钻时曲线可定性判断岩性，解释地层剖面。在其他条件不变时，钻时的变化可反映岩性的差别：疏松含油砂岩钻时最小，普通砂岩钻时较大，泥岩、石灰岩钻时较小，玄武岩、花岗岩钻时最大。对于碳酸盐岩地层，利用钻时曲线可以判断缝洞发育井段：如突然发生钻速加快、钻时变小，钻具放空现象，说明井下可能钻遇缝洞发育的渗透层；放空越大，反映钻遇的缝洞越大。应该指出的是，同一岩类，随其埋藏深度和岩石胶结程度等不同，反映在钻时曲线上也各不相同。

（2）在无测井资料或尚未测井的井段，根据钻时曲线，与岩心及岩屑录井资料对比，可以进行地层划分和对比，修正地质预告，卡准目的层，确定停钻循环观察油气显示，判断取心层位。

（3）利用钻时曲线与邻井的测井曲线对比，校正原设计的取心深度并确定取心钻头开始取心的井深，确定取心进尺和割心位置。

（4）司钻根据钻时变化及时调整钻进措施以保证安全快速钻进。在目的层钻进中，司钻应根据钻时变化及时停钻循环观察油气显示，以便及时采取相应措施。

（5）工程人员利用钻时分析井下情况，判定钻头使用情况，修正钻井措施，统计纯钻时间，进行时效分析，做破碎压力试验及压力预测参考等。

四、钻时录井的原则与资料采集

1. 钻时录井的原则

钻时录井的原则在石油天然气行业标准及有关规范中有明确的规定，地质设计一定要符合标准规范。具体到每一口井，地质设计中对钻时录井有具体要求，不准任意改变。

(1) 凡进行岩屑、岩心和气测录井的井段，必须进行钻时录井。

(2) 新探区一般都要从零井深开始钻时录井；油气田区，没有特殊要求，只在目的层进行钻时录井。

(3) 钻时录井间距应严格按设计执行。非目的层浅井段一般为2m或5m，特殊情况为10m；中深井目的层一般为1m或2m，油气水层段及取心段应加密为0.5m或0.25m连续记录；超深井目的层及慢钻时段为1m或0.5m，油气水层及取心段应加密为0.25m或0.1m连续记录。

(4) 为了保证钻时的准确性，要求每钻完一根单根和交接班时都要进行井深校对。井深校对的标准是：仪器记录井深与钻具计算井深之间的最大误差不得大于0.2m。

2. 钻时录井资料的采集

1) 资料采集内容

钻时录井资料的采集内容包括：井深、起止时间、停钻时间、捞取岩屑时间、钻压、转速、泵压、排量、钻头尺寸及类型、钻头蹩跳时间、钻头蹩跳井段、放空起止时间、放空井段、钻头起出新度、钻时等。

2) 资料数据收集要求

(1) 每钻完一单根和交接班时，要进行一次井深校对。允许仪器深度同钻具计算井深之间最大误差不得大于0.2m。若超过标准，应查清原因，记录清楚。严禁产生井深累积误差。

(2) 使用全自动钻时仪记录钻时，应注意电压稳定及仪器工作情况；人工记钻时，应准确观察钟表并即时记录时间及中停时间，准确计算钻时。

(3) 钻进中，要及时观察记录钻压、转数、排量、泵压等参数及其变化情况。记录蹩跳钻严重程度及其发生时间、层位，并分析判断是地层结构缝洞还是井下落物、牙齿卡死、钻头泥包、钻井液不合适、司钻操作不当等原因。

(4) 起下钻时，要注意观察记录钻头型号及新度。记录起出钻头磨损情况、泥包物、使用井段、时间等。

(5) 按要求记录钻井液处理情况及井深。及时测量钻井液密度、粘度、失水、切力等性能指标、井壁垮塌情况等。

(6) 钻进中遇到放空等现象时，要准确、详细记录放空层位、起止井深、当时悬重及泵压变化、放空过程中伴随的井漏或井喷、井涌及油气水浸等情况。事先要做好充分准备，以免措手不及。要做到：观察记录资料准，及时取样要沉着。

任务考评

一、理论考核

(1) 什么是钻时？钻时影响因素有哪些？

(2) 钻时录井的原则是什么？

(3) 钻时录井的采集内容有哪些？

(4) 钻时的求取要点是什么？

二、技能考核

1. 考核项目

根据钻时资料，绘制钻时曲线。

2. 考核要求

（1）准备要求：整理钻时资料。

（2）考核时间：30min。

（3）考核形式：口头描述＋笔试。

任务四　钻井液录井作业

任务描述

根据地层条件合理选用钻井液，可以防止钻井事故的发生，保证正常钻进，加快钻井速度，降低钻井成本，是打好井、快打井、科学打井的重要措施与前提。

钻时录井就是按设计要求系统记录钻时，并收集与其相关的各项资料数据的全部工作。

任务分析

钻井液从钻杆中流向井底并携带井底物质返出到井口，它可以承载和显示来自井下地层的多种信息。当钻头钻穿油、气、水层时，油、气、水混入钻井液中，使钻井液性能发生改变。在钻井中定时测定钻井液的各项性能指标值，可以推断井下是否钻遇油、气、水层和特殊岩性。通过本次任务的学习，能测定钻井液的密度和粘度；能观察并及时收集钻井过程中油气水显示资料；能计算油气上窜速度，采集油、气、水样。

相关知识

一、钻井液的作用

钻井液被称为钻井的“血液”，可见其在钻井中的重要作用。根据地层条件，合理选用钻井液，可以防止钻井事故的发生、保证正常钻进、加快钻井速度、降低钻井成本，是打好井、快打井、科学打井的重要措施与前提。钻井液在钻井中主要有以下几方面的作用：

（1）通过不断循环钻井液，将岩屑携带到地面保持井底清洁。

（2）钻头的高速旋转与岩石摩擦生热，通过钻井液循环冷却钻头，延长钻头寿命。

（3）井筒内钻井液液柱支撑了井壁，防止地层垮塌。

（4）平衡地层压力，压住了高压油、气、水层，防止井喷与井漏，保证钻井施工顺利进行。

为了使钻井液具有上述作用，必须对钻井液性能有一定的要求。在长期实践中，人们累积了一套评价钻井液性能的指标。

二、钻井液录井的意义

钻井液录井是钻探地质录井的一个重要手段，其意义表现在：

（1）利用钻进过程中钻井液性能的变化分析研究井下油、气、水层的情况。

（2）利用钻井过程中钻井液性能的变化可以判断特殊岩性。

（3）通过槽池油气显示发现地下油气层。

（4）通过进出口钻井液性能及量的变化，发现水层、漏失层或高压层。

（5）发现盐层、石膏层、疏松砂层、造浆泥岩层等。

三、钻井液的类型与性能

1. 钻井液的类型

钻井液类型主要分为水基和油基两大类。水基钻井液一般用粘土与水搅拌而成，是钻井中使用最广泛的一种钻井液。这种钻井液经特殊处理后，可解决复杂地层的钻进问题。油基钻井液以柴油（约占90%）为分散剂，加入乳化剂、粘土等配制而成。这种钻井液失水量少，成本高，配制条件严格，一般很少使用，主要用于取心以分析原始含油饱和度。钻井液的分类、配制、作用见表8-1。

表8-1 钻井液分类、配制、作用一览表

类型		配制	作用
水基钻井液	淡水	淡水加粘土，钙离子小于50mg/L	多用于钻浅井部位
	钙处理	以普通淡水钻井液为基础，加氯化钙或石灰或水泥等含钙物质及煤碱剂、单柠酸钙、CMC等处理而成	控制失水、降低切力，防止钻井液受石膏污染，解决石膏层的钻进问题
	石膏处理	以普通淡水钻井液为基础，加褐煤、烧碱及石膏等处理而成	控制失水，用于钻进易坍塌层
	盐水	盐水加粘土，含盐量大于1%	稳定性好，克服泥页岩水化膨胀坍塌问题，稳定井壁，适合于膏盐地区及深井
	混油	以淡水钻井液为基础，加入一定量的油质（通常是10%～20%）混合而成	钻生产井，有时为解卡或提粘度、降切力、降失水等，也加入适当的油质
油基钻井液		以90%左右的柴油作为溶液（也有用原油的），用乳化剂、粘土等混合而成	钻生产井、低压油气层，油基钻井液取心
清水		—	适用于井浅、地层较硬、无严重垮塌、无阻卡、无漏失及先期完成井

2. 钻井液的性能

钻井地质人员必须了解钻井液的基本性能及其测量方法，能在不同的地质条件下合理使用钻井液，尤其要熟悉怎样收集钻井液录井资料，正确判断地下油、气、水层。钻井液性能包括以下几方面。

1）相对密度

钻井液的相对密度即在标准条件下钻井液密度与4℃纯水密度之比值，无量纲。在正常钻井情况下，一般采用的钻井液相对密度为1.10～1.20。当钻入高压层时，可根据具体情况适当提高钻井液密度。应做到对油气层“压而不死，活而不喷”，对一般地层“不塌不漏”。

2）粘度

粘度代表了钻井液流动的粘滞程度。通常在保证携带岩屑的前提下，粘度低些好，粘度过高易造成泥包钻头、卡钻、脱气困难、砂子不易下沉等问题，影响钻速。一般正常钻进，钻井液粘度为20～25s左右。现场采用漏斗粘度计测量钻井液粘度。测量时通过滤网向漏斗中倒入700mL的钻井液，用秒表计量流满500mL量杯的时间（单位为s），即代表所测钻井液的粘度。

3）切力

切力是使钻井液自静止至开始流动时作用在单位面积上的力，即钻井液静止后悬浮岩屑的能力称为钻井液的切力，单位为 mg/cm^2。切力用浮筒式切力仪测定。钻井液静止 1min 后测得的切力称初切力，静止 10min 测得的切力称为终切力。

钻井要求钻井液初切力越低越好，终切力适当即可。终切力过大，钻井泵起动困难，砂子不易沉除，钻头易包泥，钻井液易气侵；而终切力过低，钻井液静止时岩屑在井内下沉，易发生卡钻等事故，对岩屑录井工作也会带来许多困难，使岩屑混杂，难以识别真假。

一般要求钻井液初切力为 $0\sim10mg/cm^2$，终切力为 $5\sim20mg/cm^2$。

4）失水和泥饼

当钻井液柱压力大于地层压力时，钻井液在压差的作用下，部分渗入地层中，这种现象称为钻井液的失水性。失水的多少称作钻井液失水量和滤失量，一般以 30min 内在 0.1MPa 压力作用下，用渗过直径为 75mm 圆形孔板的水量表示，单位为毫升（mL）。钻井液失水的同时，粘土颗粒在井壁岩层表面逐渐凝结而形成泥饼，其厚度以毫米（mm）表示。在测定失水量后，取出失水仪内的筛板可直接量取泥饼厚度。钻井液失水量小，泥饼薄而致密，可保护井壁和油层，否则易缩径、起下钻遇阻遇卡、损害油层、降低原油产能。一般要求失水量不超过 10mL，泥饼厚度小于 2mm。

5）含砂量

含砂量即钻井液中砂子的含量。含砂量过大会增加钻井液的密度，容易造成沉砂卡钻，增加钻井泵及循环系统的磨损。含砂量单位用百分数表示，钻井液中含砂量要小于 2%，用特制沉砂筒测量。

6）含盐量

含盐量即钻井液中含氯化物的数量。通常用测定的氯离子的含量表示含盐量，单位用 mg/mL 表示。它是了解岩层及地层水性质的一个重要数据。

四、钻进中影响钻井液性能的地质因素

了解钻井过程中影响钻井液性能的地质因素，对于判断油、气、水层和岩屑的变化十分重要。影响钻井液性能的地质因素是比较复杂的，归纳起来有以下几个方面。

1. 高压油气水层

当钻穿高压油气层时，油气侵入钻井液，钻井液密度降低，粘度升高。当钻遇高压淡水层时，钻井液密度、粘度和切力均降低，滤失量增大。当钻遇到盐水层时，钻井液粘度增加后又降低，密度下降，切力和含盐量增加。水侵会使钻井液量增加。

2. 盐侵

当钻遇可溶性盐类如岩盐（NaCl）、芒硝（Na_2SO_4）或石膏（$CaSO_4$）时，会增加钻井液中的含盐量，使钻井液性能发生变化。由于盐岩和芒硝这些含钠盐类的溶解度大，使钻井液中的 Na^+ 浓度增加，使其粘度和失水量增大。当盐侵严重时，还会影响粘度颗粒的水化和分散程度，使粘土颗粒凝结，钻井液粘度降低，失水量显著上升。

钻遇石膏层或钻水泥塞而带入了 $Ca(OH)_2$ 时，均发生钙侵，使钻井液粘度和切力急剧增加，有时甚至使钻井液呈豆腐块状，失水量随之上升。当有 $Ca(OH)_2$ 侵入时，还将使钻井液的 pH 值增大。

3. 砂侵

砂侵主要是粘土中原来含有的砂子及钻进过程中岩屑的砂子未沉淀所致。含砂量高，则增大钻井液的密度、粘度和切力。

4. 粘土层

钻遇粘土层或页岩层时，因地层造浆使钻井液密度、粘度增高。

5. 漏失层

钻井液漏失在钻井中是经常遇到的。轻微的漏失类似于高度的失水现象。在一般情况下，钻进漏失层时，要求钻井液具有高粘度、高切力，以阻止钻井液流入地层。在漏失严重时，应根据发生漏失的地质条件，立即采取行之有效的堵漏措施。

了解钻井过程中影响钻井液性能的地质因素，对于准确判断井下地质情况和油气显示是十分重要的。钻遇害各种含流体地层时，钻井液性能变化参见表 8-2。

表 8-2 钻遇各种地层时钻井液性能变化表

钻井液性能	油层	气层	盐水层	淡水层	粘土	石膏	盐层	疏松砂岩
密度	减	减	减	减	微增	不变 ↓ 微增	增	微增
粘度	增	增	增—减	减	增	剧增	增	微增
失水	不变	不变	增	增	减	剧增	增	
切力	微增	微增	增	减	增	剧增	增	
含盐量	不变	不变	增	减			增	
含砂量								增
泥饼				增		增	增	

五、钻井液录井资料的收集

钻井液录井应收集的资料主要包括：钻井液性能的观察测定、钻井液池面观察、油气上窜速度、钻井液出口情况观察等方面的资料。

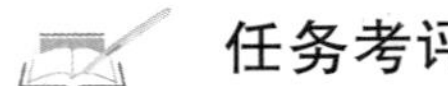

任务考评

一、理论考核

1. 名词解释

钻井液录井

2. 简答题

(1) 钻井液在钻井中有哪几方面的作用?

(2) 引起钻井液性能变化的原因有哪些?

3. 计算题

(1) 某井钻至井深 3136m 的时间是 10：03，迟到时间是 25min，钻井液排量为 30L/s；10：12 变泵，变泵后的排量为 40L/s。求 3136m 的捞取样时间。

二、技能考核

1. 考核项目

根据钻井液录井资料填写××井后效钻井液性能测量记录表。

2. 考核要求

(1) 准备要求：整理钻井液录井资料。

（2）考核时间：10min。

（3）考核形式：口头描述＋笔试。

任务五　工程录井作业

任务描述

钻井是一项系统工程，它的顺利实施需要大量的钻井参数和地下地质信息的支持。工程录井技术以综合录井仪为井场信息服务平台，为钻井的安全优质高效钻进、有效保护油气层提供服务，需要采集钻井工程参数、钻井液性能、泥页岩密度等信息，再加上气测资料、岩心岩屑资料等，能够满足钻井施工和油气层保护的需要。

综合录井的功能之一是指导安全优化钻井，随着这一功能的发挥和钻井技术水平的提高，钻井工程事故越来越少。但我们也应看到，确有一些工程事故是由于钻井、录井双方没有给予足够的重视引起的。任何一种工程事故的发生都有其潜在的特征，它在钻井过程中都以不同参数变化特征表现，因此只要钻井、录双方足够重视，录井人员通过科学合理地分析总结参数变化规律特征，作好提前预报，钻井人员积极采取应对措施，相信钻井工程事故定会得到提前预报与控制，从而为提高钻井时效、减少钻井成本提供可靠保障。

任务分析

工程录井主要是应用综合录井仪器进行随钻录井，能够直接监测钻井、钻井液、气体等多项参数，可以连续监测钻井施工的全过程。随着录井技术的发展，充分发挥综合录井仪的实时监测功能，可以使工程施工的各个技术环节更加完美，特别是对现场工程异常进行监测的研究具有很高的实用价值：一是可以尽早发现事故隐患，节约钻井成本，降低钻井风险；二是在处理工程异常情况中能准确地反映、预报钻井参数异常情况，可以为处理工程异常赢得宝贵的施工时间，使井下复杂情况得到有效的控制，减少经济损失，提高工程时效，保障钻井施工的安全进行。

相关知识

工程录井是综合录井技术当中一项独立的技术门类，它是通过综合录井仪对钻井工程参数进行监测和记录的。

一、综合录井仪的工作原理

综合录井仪是集传感器、电子仪表和计算机于一体的综合性仪器，通过置于井架各处的传感器将各种气测、工程、钻井液信息采集并转换为计算机可以接收的电信号，然后通过信号线传到仪器房内进行信号接收的计算机，计算机对采集到的信号进行实时分析和处理，从而获得各项技术参数（钻井工程参数、气测录井参数、钻井液录井参数），从而实时监控钻井施工、预测地层压力并且根据气测显示资料，结合常规地质录井方法以及地球化学录井资料，对发现的油气显示进行实时评价，并根据评价结果制定下一步施工方案的目的。

综合录井仪应用于随钻录井，使钻井作业的全过程都处于仪器的监控之下，实现了对钻井过程的连续监测和量化的分析判断，并逐步实现从后期的被动发现到先期的主动预报。

仪器房内的联机计算机在进行实时监控的同时，还可将采集到的信息按要求进行打印，并可按要求将所有信息以数字或曲线的形式发送到钻台上和监督房内的显示器上，使现场监督和井队的工程技术人员能够及时掌握井下和地面的状况，从而有效地保障钻井工作的安全。在录井仪对钻井工况进行监控的同时，录井技术人员还可使用各类辅助软件对前台计算机所采集到的信息进行分析处理，为现场的工程技术人员提供各类相关的分析，从而起到了安全钻井的参谋作用。

钻井工程的事故隐患存在于钻井的全过程中，而综合录井仪则是通过监测由传感器传回的各类信号的变化来达到实时监控的目的，从而保证了钻井工作的安全。

提高工程录井的服务质量，将大大降低钻井成本，加快油气田勘探、开发速度。

二、传感器的类型及工作原理

传感器俗称“换能器”，其作用是实现一种物理量到另一种物理量的转换，转换后的物理量信号经过专用设备（A/D）的再次转换后被计算机接收，从而实现对各种参数的监测。

传感器是综合录井在钻井现场实现各项数据准确录取的基础设备，通常被称为“一次仪表”，是一种把钻探现场的物理量（如大钩负荷）通过测量转换成能由录井仪器接收的电信号的检测元件。

1. 传感器的类型

1）按安装位置分类

（1）循环系统传感器，包括泵冲传感器、钻井液温度传感器、钻井液密度传感器、钻井液电导率（或电阻率）传感器、钻井液液位传感器、钻井液流量传感器、立管压力传感器、套管压力传感器、硫化氢传感器等。

（2）升吊系统传感器，包括绞车传感器、大钩负荷传感器、顶部驱动转速传感器。

（3）钻机系统传感器，包括转盘转速传感器、转盘扭矩传感器。

2）按传感器测量原理分类

（1）压力传感器，包括大钩负荷传感器、液压扭矩传感器、立管压力传感器、套管压力传感器、大钩高度液压式传感器、钻井液密度传感器。

（2）临近探测器，包括绞车传感器、泵冲传感器、转盘转速传感器。

（3）电磁感应传感器，包括霍尔效应传感器、电磁流量传感器、钻井液电导率传感器。

（4）超声波探测器，包括超声波液位传感器、超声波流量传感器。

（5）温感式传感器，主要是钻井液温度传感器。

（6）阻变式传感器，包括钻井液浮子式体积传感器、靶式流量传感器；

（7）气敏式传感器，包括硫化氢传感器、可燃气体探测器。

3）按测量参数性能分类

（1）钻井液性能参数：出/入口温度传感器、出/入口密度传感器、出/入口电导率传感器。

（2）钻井工程参数：大钩负荷传感器、绞车传感器、立管压力传感器、套管压力传感器、转盘扭矩/霍尔效应电扭矩传感器、转盘转速传感器、泵冲速传感器、钻井液出口流量传感器、钻井液体积传感器。

（3）气体参数：硫化氢传感器、可燃气体探测器。

2. 传感器的工作原理

1）绞车传感器

绞车传感器（图 8－12）通过检测钻机绞车的转速和转动方向，来确定钻机升吊系统大钩的运动速度和方向。当绞车转动时，传感器的转子随之转动。绞车旋转 1 圈，根据绞车转子组件的齿轮齿数不同，产生的感应脉冲信号个数不同（12 齿的产生 48 个，20 齿的产生 80 个）。当绞车旋转方向不同时，绞车内一对固定的临近探测器因排列的位置不同而产生的感应脉冲信号的顺序不同。绞车传感器就是通过感应脉冲信号的数量和顺序来测量井深、钻时、钻头位置，以及大钩运行的速度和运动方向。

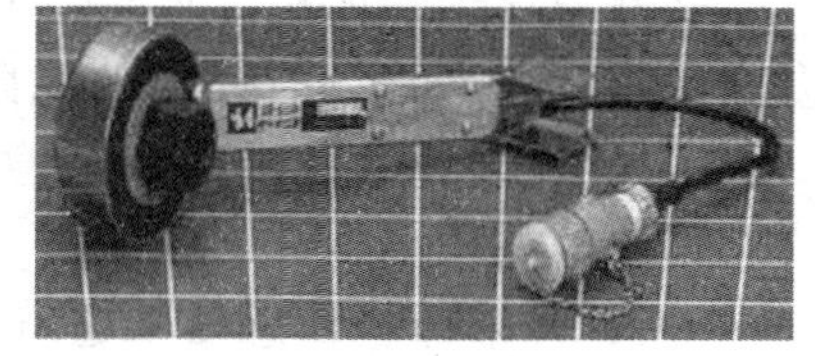

图 8－12　绞车传感器

绞车传感器的测量范围为 0～10m（一个单根长）或 0～30m（一个立柱长）。

2）钻井液温度传感器

钻井液温度传感器（图 8－13）的内部是一个具有热敏特性的铂丝。当钻井液温度变化时，由于热敏元件的电阻值随着温度的变化而变化，从而使输出的电流信号发生变化，这一信号通过前置电路处理成标准电流信号（4～20mA）输入给计算机。

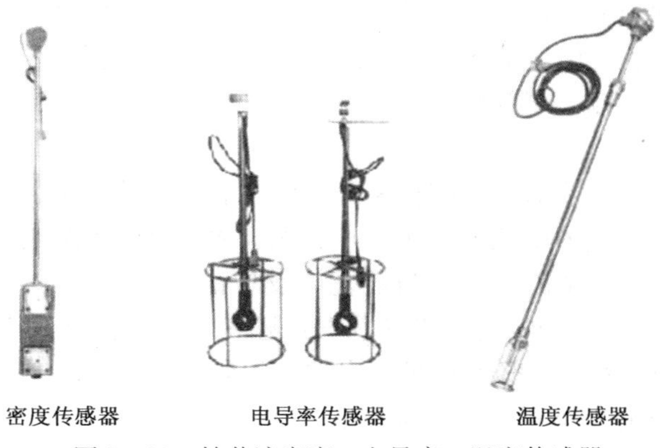

图 8－13　钻井液密度、电导率、温度传感器

温度传感器的测量范围为 0～100℃。

3）钻井液密度传感器

钻井液密度传感器（图 8－13）为一压差式传感器，在其本体总成上有两个相差一定距离的压膜片。当传感器垂直浸入钻井液面之下时，由于两压膜片距液面的高度不同，其所受到的压力不同，从而使两膜片间产生一压力差。该压力差经两根毛细管传递给可变电容元件，使可变电容中间膜片变形。引起电容量变化，将此信号转换成 4～20mA 标准电流信号输入给计算机。

钻井液密度传感器的测量范围为 1～2.3kg/L。

4）钻井液电导率（或电阻率）传感器

钻井液电导率（电阻率）传感器（图 8－13）包括电导率发射器和电导率感应器，感应器是两个平行放置的激励线圈和监视线圈，发射器的震荡电路产生一定频率的激励电压，供给激励线圈。被测钻井液构成两个线圈的共用线圈。

随着钻井液中所含导电电解质浓度不同，钻井液的电导率发生变化，从而使监视线圈上感应的电压不同。该电压经相敏放大解调，再经直流放大及滤波，最后经电压电流变换从而得到 4～20mA 的输出。该信号被计算机接收后，可以转换得到钻井液的电导率（电阻率）。由于溶液电导率随溶液温度变化而变化，所以探头内设计有温度补偿电路。

钻井液电导率传感器的测量范围为 1～300mS/cm 或 0.03～3.00Ω·m。

5）钻井液体积传感器（浮子式）

钻井液浮子式体积传感器是由一浮在钻井液液面的金属浮子沿滑杆或钢索滑道随液面的升高或降低上下移动，使划片电阻器或旋转电位器的阻值改变，达到输出电流信号（4～20mA）的变化。

钻井液体积传感器（浮子式）的测量范围为 0～100m^3。

6）钻井液体积传感器（超声波式）

当超声波发射后遇到物体平面就会被反射回来，被接收器接收。由于反射物体离探头的距离不同。发射与接收的时间间隔就不同。计算电路根据发射与接收的时间间隔计算出钻井液液面的高度，达到输出电流信号（4～20mA）的变化，从而得到钻井液罐内的钻井液量。

钻井液体积传感器（超声波式）的测量范围为 0～100m^3。

7）钻井液流量传感器

当井底钻井液返回地面时，钻井液推动流量计的靶子发生位移变化，由靶子的端点驱动旋转电位器使阻值发生变化，经前置电路处理成 4～20mA 电流信号输出到计算机。

钻井液流量传感器的测量范围为 0～100%。

8）硫化氢传感器

在硫化氢探测头内装有能够吸附硫化氢和与硫化氢反应的物质；吸附硫化氢的物质用来捕捉硫化氢，当外界硫化氢浓度低于探测头内硫化氢浓度时，吸附剂释放硫化氢，使探测头内硫化氢浓度与外界硫化氢浓度一致；与硫化氢反应的物质可以产生暂时化学电动势（电压），硫化氢浓度越高，暂时化学电动势（电压）越高，当硫化氢浓度变低时硫化氢与反应物质分解，暂时化学电动势（电压）变低；电路板检测暂时化学电动势（电压）的高低，依据标样刻度数据计算输出大小不同的电流（4～20mA）信号，从而可以检测硫化氢浓度的高低。

硫化氢传感器的测量范围为 0～100μL/L。

9）临近探测器（泵冲速传感器或转盘转速传感器）

泵冲速传感器与转盘转速传感器都是临近探测器。临近探测器的检测元件实际上是一个单稳态晶体振荡器，在工作状态下，振荡器线圈周围形成一个变电磁场。当感应物体穿过电磁场时，就在振荡器内产生一个脉冲电压信号。该脉冲信号经处理输入给计算机进行计数，从而测量出泵冲速或转盘转速。

临近探测器的测量范围为 1～200spm（每分钟冲数）或 rpm（每分钟转速）。

10）压力传感器

压力传感器的测量部分是 4 个压电电阻扩散在一不锈钢薄片上，组成一个惠斯通电桥。当液压压力作用于电桥上时，桥路的电平衡被破坏，同时产生一个随压力大小成正比变化的电压信号。该信号被转换后由计算机接收，再经计算机转换后得到测量的物理值。

大钩负荷压力传感器（图 8-14）和液压扭矩传感器的测量范围为 0～5MPa。

立管压力传感器（图 8-15）测量范围为 0～40MPa。

套管压力传感器测量范围为 0～40MPa。

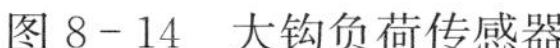

图 8-14　大钩负荷传感器

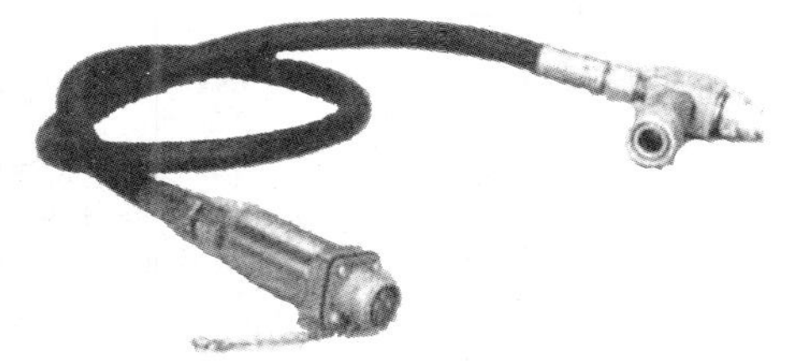

图 8-15　立管压力、套管压力传感器

11）转盘扭矩传感器

转盘（钻柱）扭矩的大小可以反映地层变化、井斜、卡钻等井下二况及钻头的工况，因此是一项重要的安全参数。目前，广泛使用的主要有液压式和电扭矩两大类（图 8-16）。

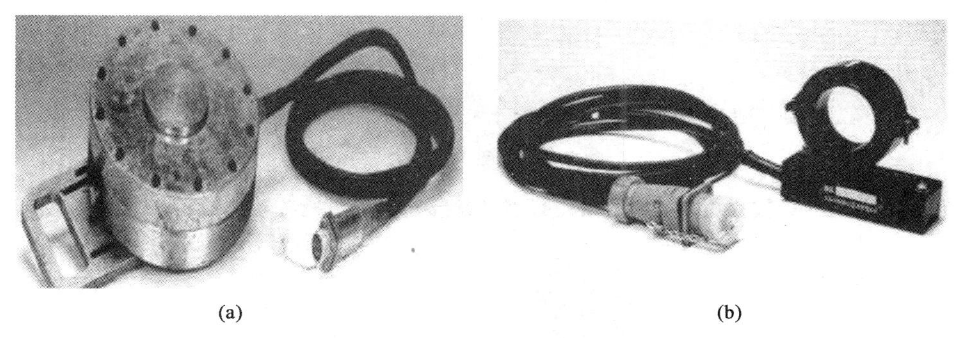

(a)　　(b)

图 8-16　扭矩传感器

(a) 液压扭矩传感器；(b) 电扭矩传感器

(1) 液压扭矩传感器。液压扭矩传感器包括一个压力转换器和一个压力传感器。

压力转换器由承压轮、承压室、液压软管及支架等组成。压力转换器安装在钻机传动链条下面，链条移动时带动承压轮转动。当转盘扭矩增大时，柴油机负荷增大，链条拉紧，承压轮向下移动，承压室内的液压油被挤加压，通过液压软管将压力传递到压力传感器。

压力传感器是利用半导体的压阻效应及惠斯登电桥的原理制成的，其测量部分是 4 个压电电阻扩散在一不锈钢薄片上，组成一个惠斯通电桥。当液压压力作月于电桥上时，桥路的电平衡被破坏，同时产生一个随压力大小成正比变化的电压信号。该信号被转换后由计算机接收，再经计算机转换后得到测量的物理值。其测量范围为 0～5MPa。

(2) 电扭矩传感器。电扭矩传感器是根据霍尔效应原理制成的，月以测量转盘扭矩的传感器。该传感器套在电动钻机转盘动力电缆上。当电缆线中有电流通过封，在钻机供电电缆的周围存在着磁场，且磁场强度与导体电流成正比。当钻机供电电缆的电流发生变化时，其电缆周围的磁场强度也随之变化，致使霍尔元件输出的霍尔电动势发生变化，信号经处理转换成电流信号输入给计算机采集系统。

三、工程录井监测内容及参数

工程事故监测与预报的关键在于录井参数采集是否齐、全、准，以及录井人员的责任心、工作经验及与石油勘探相关的钻井工程方面的综合知识。不同钻井工程参数的异常变化，反映了不同的钻井工程事故预兆。目前现场利用综合录井仪能够直接测量的参数达 30 余项，间接计算数的参数有百余种，可以以图、表形式输出，也可以在屏幕上浏览。按不同钻井工况，录井监测内容有所不同，现场选用的监测画面也不一样（图 8-17、图 8-18、

图 8－19)。在钻井过程中，不同的钻井阶段所监测的内容和关注的重点是不同的，因而其监测的参数和参数的变化特征是不一样的，各种作业阶段的监测内容及所监测的参数见表 8－3。

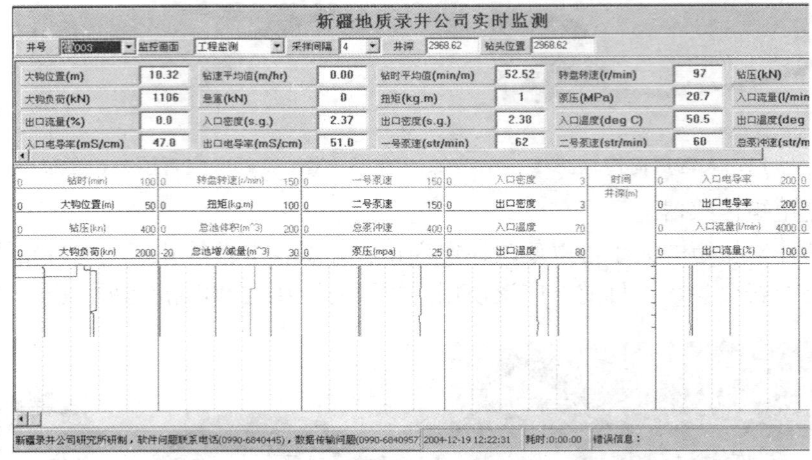

图 8－17　曲线监测画面

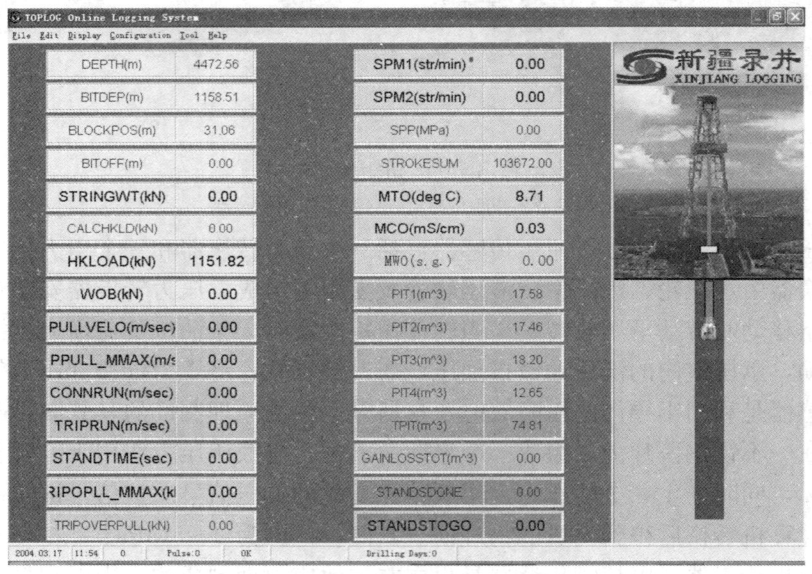

图 8－18　数据监测画面

表 8－3　不同钻井作业阶段工程录井监测内容与参数

工作状态	钻　进	提 下 钻	特 殊 作 业
监测内容	钻头、钻具工况、井涌、井漏、遇阻、卡钻、钻机故障、油气水显示	提下钻速度、钻井液增减量、阻卡等	下套管、固井、地层破裂压力试验、特殊处理
监测参数	钻速、钻压、转盘转速、扭矩、排量、泵压、泵速、大钩负荷、钻井液池体积、钻井液密度、钻井液粘度、钻井液电导率、气测	大钩负荷、大钩位置、钻井液池体积	大钩负荷、大钩位置，转盘转速、扭矩、排量、泵压、泵速、钻井液池体积

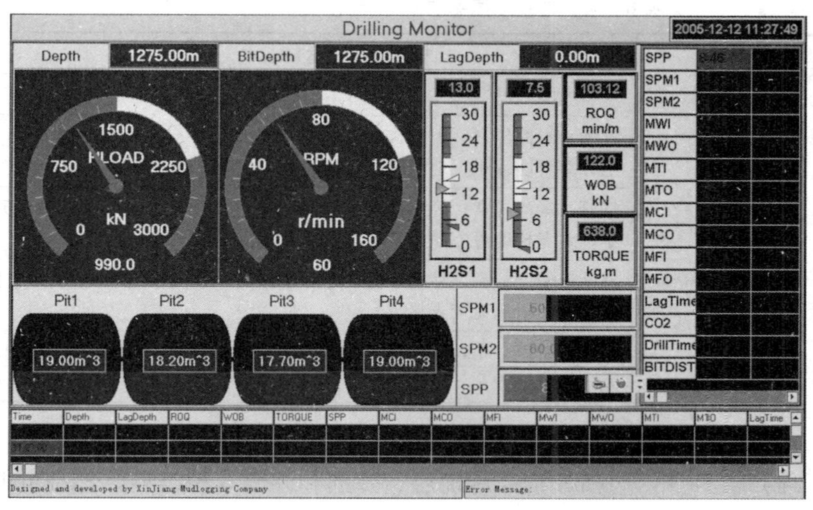

图 8－19　模拟监测画面

四、工程录井参数资料的应用

钻井参数是对钻机提升系统、循环系统、动力（旋转）系统和钻具系统（井下钻具组合）等运行状况的全面监测，某项发生异常变化可能预示相关系统的故障甚至是发生井下事故的前兆。

综合录井仪通过传感器检测钻井工程和钻井液参数，具有录取参数多、资料连续性强、资料处理速度快、服务范围广等特点，可以进行实时油气显示检测、钻井工况监控、压力预测等。

利用随钻过程中实时检测的地层压力系数与钻井液密度之间的关系、录井全烃显示情况和油气上窜速度等，可指导井队合理调配钻井液密度，防止井涌、井喷或井漏事故的发生，保护油气层。

利用录取的钻井工程和钻井液参数，还可预报断、掉钻具和堵水眼等工程事故。宏观上有助于缩短建井周期，提高整体勘探效益。

在钻井施工中，钻井工程异常、井下地质异常随时都可能发生，是威胁钻井工程安全、顺利钻井的最大隐患，也是影响钻井经济效益和勘探开发整体效益的重要因素。因此，在钻井过程中，钻井工程技术人员必须及时与录井、钻井液技术人员一起分析、评价钻井工程参数异常所反映的井下情况，预测、判断异常（无论是工程异常，还是地质异常）所产生的后果，为钻井工程施工决策提供科学依据，降低钻井工程施工风险。

1. 钻井工程异常参数的特征

在钻进、接单根、起下钻及停待期间，都有可能发生不同的工程异常事件。不同的异常事件，都有不同的“录井特征值”。对比分析在不同钻井状态下的异常显示，以“录井特征值”对应钻井工程异常特征作为综合判断解释的基础，及时地进行钻井工程异常报警，有助于确定异常事件的类型，尽早处理钻井异常。

1）地质异常特征

地质异常主要是油气水异常显示，是为发现和评价油气层服务的。各类异常参数和迟到参数显示特征见表 8－4。

表 8-4　地层异常事件中的气测与工程参数特征

异常类型	检测参数显示特点	
	实时参数	迟到参数
气侵	钻时减小；出口流量增大；总池体积增加	气测总烃高异常，甲烷高异常；接单根和起下钻后效气明显，钻井液粘度升高，电导率可能减小；地温梯度可能增大；岩屑无荧光显示
油侵		气测总烃高异常；烃组分重烃异常明显；钻井液密度减小，粘度升高，电导率减小；地温梯度可能增大；岩屑有荧光显示
盐水侵		钻井液密度减小，粘度降低，电导率增大；氯离子含量升高；气测小异常或无异常显示；岩屑无荧光显示
淡水侵		钻井液密度减小，粘度降低，电导率减小；气测小异常或无异常显示；岩屑无荧光显示

2）地质—工程异常特征

地质—工程异常事件，包括异常高压地层、井涌和井漏 3 种类型，都是可能引发井内恶性异常的事件。其检测参数的显示特点和可能引发的井内异常事件见表 8-5。

表 8-5　地质—工程异常事件中的气测与工程参数特征

异常类型	检测参数显示特点		可能引发的井内异常事件
	实时参数	迟到参数	
异常高压地层	钻进大幅度减小；d_c 指数减小，偏离正常趋势线；出口流量增大；总池体积增加；转盘扭矩增大	气测值升高，接单根后效气明显，起下钻后效气反应强烈；钻井液密度减小，粘度增大；地温梯度增大；泥（页）岩密度减小；岩屑呈碎片状、多角状和尖锐状	井涌、井喷、井塌、卡钻、埋钻
井涌	钻时突然减小或者伴随放空；平均钻时大幅度减小；立管压力突然大幅度跳跃，或者出现先升高后降低的微变化过程；出口流量起伏跳跃并迅速增大；总池体积迅速增加；大钩负荷增大	气测值大幅度升高；接单根后效气极为明显；钻井液密度减小，粘度升高；电导率增大或者减小；地温梯度可能增大	井喷、井塌、卡钻、埋钻
井漏	钻时突然减小并伴随放空；平均钻时大幅度减小；立管压力突然大幅度下降；大钩负荷增大，钻压减小；出口流量突然减小，甚至降为零；总池体积迅速减小	岩屑中有大量次生石英晶体或方解石晶体	井塌、卡钻、埋钻

3）钻井工程异常特征

工程异常事件的类型和检测参数显示特点见表 8-6。

表 8-6　工程异常事件中的气测与工程参数特征

异常类型	检测参数显示特点
刺钻具	立管压力下降；泵冲增大；出口流量增大；钻时增大；钻头时间成本增大
断钻具	立管压力缓慢持续下降，后突然降低；大钩负荷突然减小；转盘扭矩减小；泵冲增大；出口流量增大
刺泵	泵冲正常；立管压力缓慢下降，出口流量减小；钻时增大；钻头时间成本增大
掉牙轮	转盘扭矩大幅度跳跃并增大；转盘转速剧烈波动，钻时显著增大；钻头时间成本增大；岩屑中可能有金属微粒

续表

异常类型	检测参数显示特点
掉水眼	立管压力下降并稳定在某一数值上；泵冲增大；钻时增大；钻头时间成本增大
水眼堵	立管压力升高；出口流量减小；泵冲下降；钻时增大；钻头时间成本增大
钻头跳动严重，钻头寿命终结	转盘扭矩瞬间出现增大尖峰，并呈加大加密趋势；转盘转速严重跳动，钻时显著增大；钻头时间成本增大；岩屑中可能有金属微粒
井塌	转盘扭矩增大，振动筛上岩屑量增多，岩屑多呈大块状
溜钻、顿钻	井深突然跳变；大钩负荷突然减小，钻压突然增大；转盘扭矩增大；钻时减小；钻头时间成本减小
卡钻	大钩负荷增大，转盘扭矩增大；立管压力升高，出口流量减小
转盘机械故障	转盘扭矩幅度波动，其他参数正常
大绳寿命终结	大绳累计做功超过经验值
H_2S异常	H_2S升高，钻井液pH值下降

4）接单根、起下钻及停钻期间的异常特征

接单根、起钻、下钻和停钻期间，也可能发生井涌、井喷和井漏异常事件。不同作业期检测参数异常显示及可能发生的异常事件和原因分析见表8-7。

表8-7 接单根、起下钻及停钻期间的工程参数异常特征

作业种类	检测参数异常显示	可以引发异常事件	原因分析
接单根 起钻	溢流；总池体积快速增加	井涌 井喷	（1）在井底压力近平衡状态下，停泵后，环空压耗消失，井底回压减小，超压驱动地层液体进入水眼。 （2）快速起钻的抽汲作用。 （3）起钻时未按规定灌钻井液。 （4）钻井液密度因地层液体不断侵入而降低，井底回压进一步减小
下钻	总池体积减小	井漏	在激动压力的作用下，地层漏失
停钻	溢流；总池体积增加	井涌 井喷	（1）钻井液密度偏小，井底回压降低。 （2）起钻刮掉井壁的泥饼。 （3）地层液体以扩散和渗透的方式进入井眼，钻井液密度减小，井底回压进一步降低

2. 钻井工程异常监测及处理

录井人员、监督人员和钻井人员根据不同地区参数特征，进行合理的参数报警门限设置（表8-8）。一旦达到报警门限，综合录井仪自动进行相关参数报警，钻井队值班人员录井值班人员和监督人员在第一时间内发现工程异常，及时处理工程异常（图8-20）。

表8-8 参数报警设置范围表（参考值）

序号	参数名	单位	门限	设置状态	备注
1	钻时	min/m	±30	钻进	根据具体情况调整
2	悬重	t	±5	钻进	
3	钻压	t	±5	钻进	
4	超拉	t	±10	起下钻	
5	立压	MPa	±0.5	钻进、循环	

续表

序号	参数名	单位	门限	设置状态	备注
6	扭矩	klbf	±100	钻进	顶驱扭矩
		A	±5		电扭矩
		kN·m	±20		液压扭矩
7	泵冲	冲/min	±5	钻进、循环	
8	出口流量	%	±5	钻进、循环	
9	出口温度	℃	±3	钻进、循环	
10	出口电导率	mS/m	±3	钻进、循环	
11	出口处池体积	m^3	±2	钻进、循环	
12	总池体积	m^3	±3	钻进、循环	
13	起下钻池体积	m^3	±1	起下钻	
14	全烃	%	下限为基值的50%，上限为基值的1倍	钻进、循环	参照气测基值
15	C_1	%	下限为基值的50%，上限为基值的1倍	钻进、循环	参照气测基值
16	CO_2	%	下限为基值的50%，上限为基值的1倍	钻进、循环	参照气测基值
17	H_2S	$\times10^{-6}$	±5	钻进、循环	

注：1lbf=4.448N。

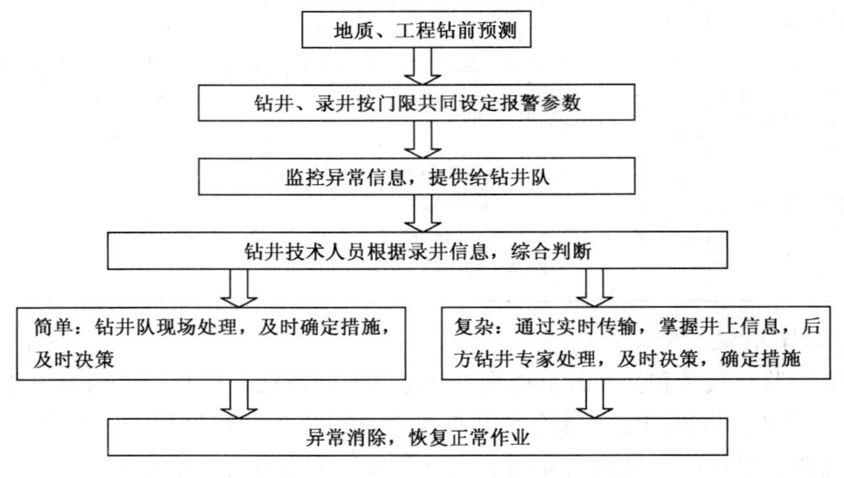

图 8-20　钻井工程实时评价流程图

3. 钻井工程监测实例

在实时录井的过程中，工程录井可准确、及时地监测各类钻井工程参数异常，如钻时、悬重、立压、扭矩、出口温度、出口电导率、出口密度、单池体积、出口池体积、总池体积、起下钻罐他体积及 H_2S 等，也可以通过“录井特征值”综合分析预测、判断井下工程异常的类型，如钻头异常、钻具刺穿、钻具断裂、泵刺穿、卡钻、掉钻具、井涌、井漏、井壁坍塌、掉牙轮、H_2S 异常等。

1）钻头泥包预报

2009 年 4 月 3 日 14：26 钻至井深 326.00m（N_1t），钻时由 10min/m（井深 325.00m）升至 47min/m（井深 326.00m），其他参数无变化。岩性均为褐黄色泥岩，分析认为钻头泥包，及时进行预报，建议钻井队检查钻具，钻井队采纳。后采取提高转盘转速措施未能甩脱泥包，提钻检查，发现钻头严重泥包（图 8－21）。

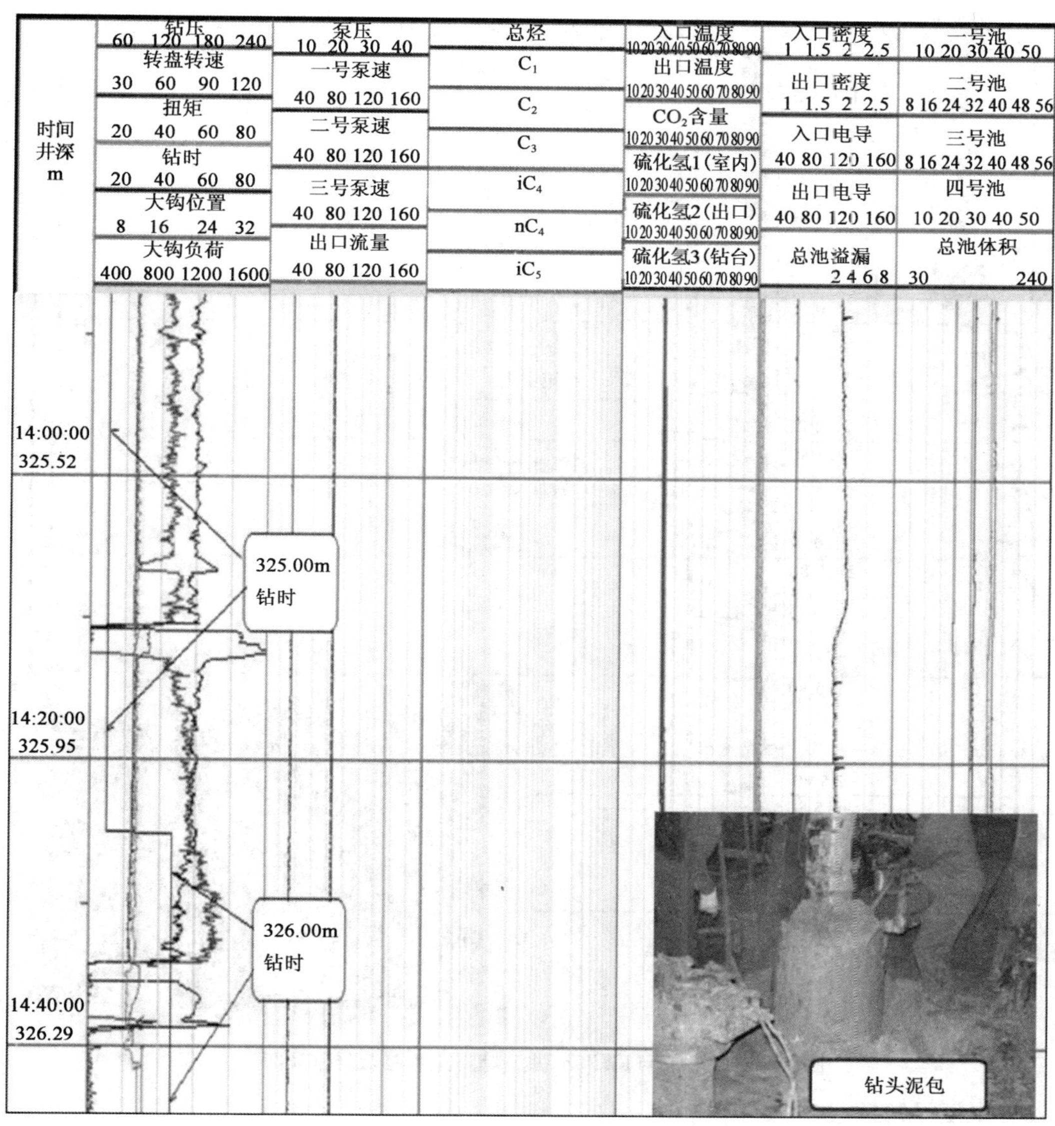

图 8－21　井深 326.00m 钻头泥包工程参数异常预报图

2）井壁垮塌预报

2009 年 5 月 5 日 7：03 钻至井深 1115.70m（C_2），转盘突然憋停，扭矩由正常的 5.10～11.20kN·m 上升至 5.12～23.40kN·m，钻压由 230.00～260.00kN 上升至 180.00～360.00kN，随后发现出口岩屑返出量增多，且多为掉块，综合分析认为井壁垮塌，建议钻井队适当调整钻井液性能，钻井队采纳。逐步调整钻井液性能（将钻井液密度由 1.19g/cm^3 逐渐提至 1.24g/cm^3，粘度由 44s 提至 50s），并反复划眼，2009 年 5 月 5 日 17：00 恢复正常（图 8－22）。

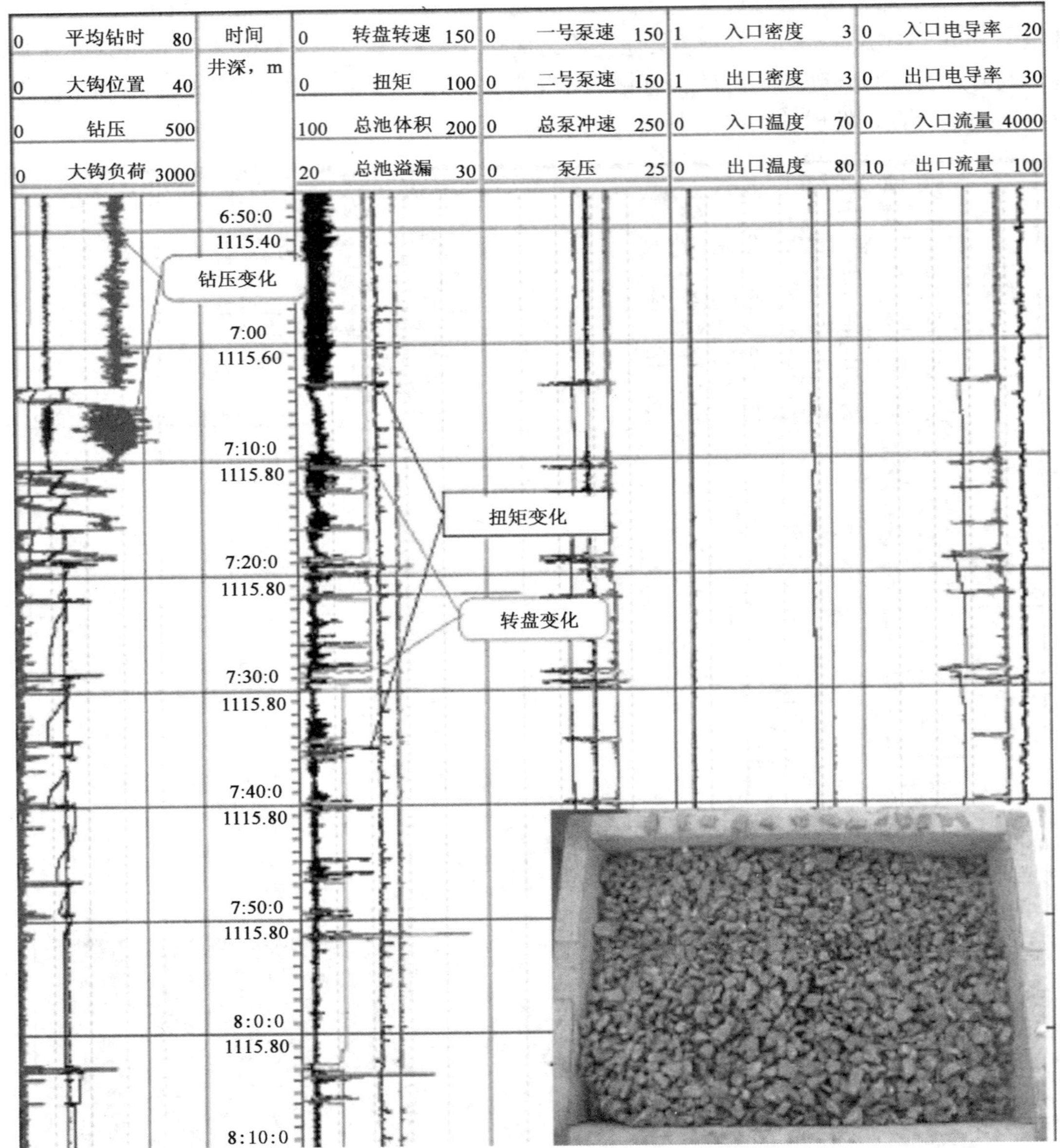

图 8－22 井深 1115.70m 井壁垮塌工程参数异常预报图

3）泵压异常预报

2009 年 6 月 26 日 8：27 钻至井深 1925.52m（C_1n）时井壁垮塌，至 13：04 情况复杂化，调整钻井液性能，处理过程中泵冲 129.00spm，泵压 14.40MPa。13：07 接单根后开泵，泵冲 135.00spm，泵压 16.50MPa。泵压增长量异常于泵冲增长量，及时对泵压异常进行预报，建议钻井队检查循环系统。钻井队边钻进边观察。至 18：30（井深 1929.60m），泵压不降，又洗井观察至 20：08，泵压不降。短提至井深 1754.28m 开泵，泵冲 137spm，泵压 16.60MPa，泵压仍不正常，决定提钻检查钻头，提钻后发现钻头内有 10 多颗直径 10.00～40.00mm 不等的岩屑掉块将钻头水眼堵住（图 8－23）。

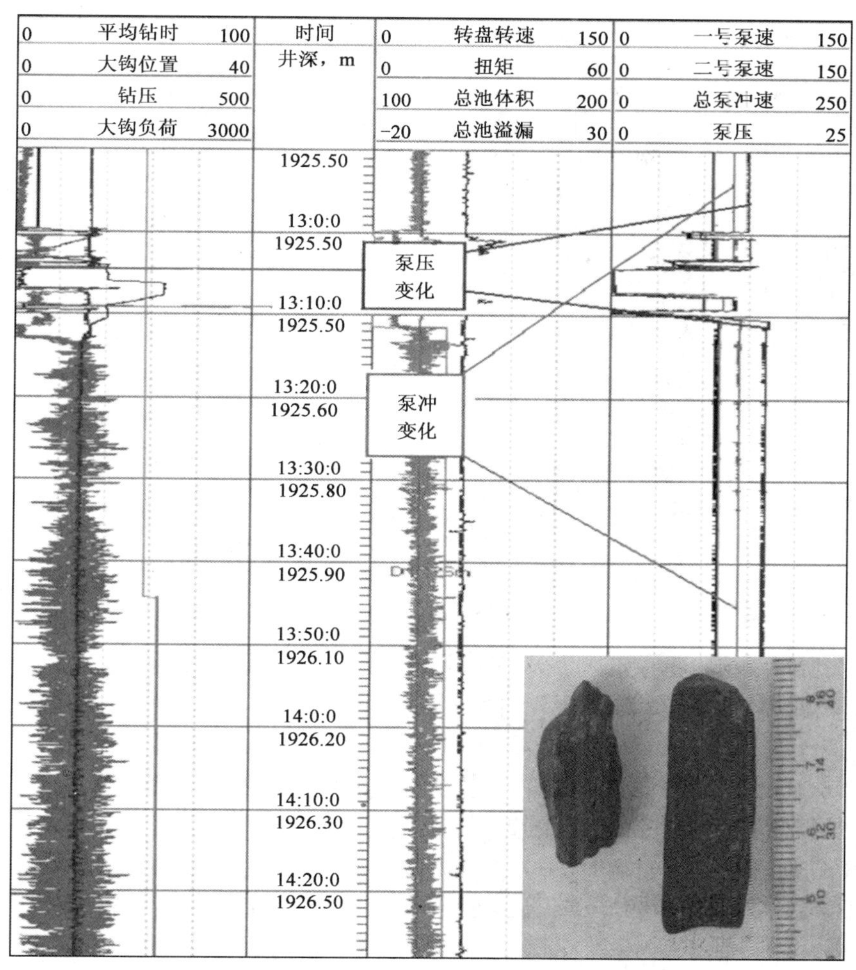

图 8-23　井深 1925.52m 泵压异常工程参数异常预报图

4）井漏异常预报

2009 年 4 月 18 日 11：21 钻至井深 777.16m（P_1），总池体积由 11：17 的 138.70m^3 降至 137.50m^3，漏失钻井液（密度 1.18g/cm^3，粘度 36s）1.20m^3，漏速 18.0m^3/h。发现井漏后立即进行预报，建议钻井队采取堵漏措施，钻井队采纳。采取分段憋压堵漏，2009 年 4 月 19 日 18：00 下钻到底，循环观察恢复正常（图 8-24）。

5）钻头老化的预报

2009 年 8 月 23 日 11：10 钻至井深 2715.07m（C_1n），钻头出现蹩跳现象。钻压由正常的 180.00～220.00kN 变为 0～330.00kN，扭矩由 12.35～16.56kN・m 变为 10.21～25.68kN・m。分析后认为钻头老化，建议钻井队提钻检查钻具。钻井队继续钻进，11：59 钻至井深 2715.33m 蹩跳现象加重，钻压在 0～444.79kN 之间波动，扭矩由 15.87～18.02kN・m 变为 9.47～29.83kN・m，钻时由 86min/m 增大至 100min/m（井深 2716.00m）。再次预报钻头老化，建议钻井队提钻检查钻具。钻井队边钻进边观察，至 2009 年 8 月 24 日 3：30（井深 2721.72m）钻头蹩跳频繁，决定提钻，提钻后发现钻头 3 个锥体磨光，3/4 以上牙齿断、磨光（图 8-25）。

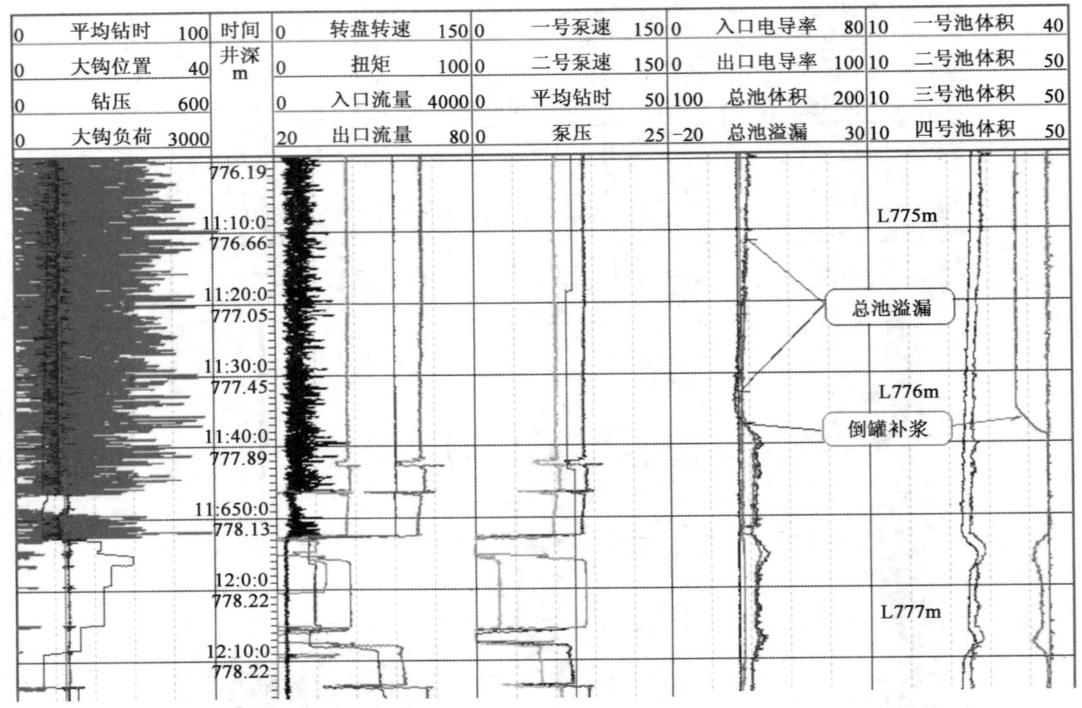

图 8-24　井深 777.16m 井漏工程参数异常预报图

6）H_2S 异常预报

2008 年 5 月 13 日 18：07 钻进至井深 3624.73m，层位风城组二段，室内 H_2S 探头检测到 H_2S 浓度最高达到 10μL/L，缓冲罐处 H_2S 探头检测的 H_2S 浓度为 1μL/L，井口处 H_2S 探头检测 H_2S 浓度为 0（图 8-26），操作员及时通知钻井队。因 H_2S 浓度达到最高值 10μL/L 后没有持续上升，钻井队继续钻进，在井深 3625.00m，3641.00m 各加入碱式碳酸锌 1.00t，同时从井深 3641.00m 开始钻井液密度由 1.32g/cm^3 缓慢提至 1.34g/cm^3，至 2008 年 5 月 14 日 16：32 室内 H_2S 浓度降至 3μL/L 后基本上保持不变。

7）钻具工程参数异常预报

2008 年 5 月 5 日 0：42，钻进至井深 3573.09m，层位风城组二段，泵压由 8.75MPa 降至 8.38MPa，泵速由 132spm 升至 136spm，扭矩由 9.03kN·m 降至 8.52kN·m。操作员判断为断钻具，及时通知钻井队，建议提钻检查钻具，钻井队采纳，实际情况为断钻具。由于本次断钻具断点较深，且钻头水眼大，故泵压仅下降了 0.37MPa（图 8-27）。根据断钻具情况分析认为，此次断钻具是金属疲劳所致。

8）溢流工程参数预报

2008 年 7 月 14 日 1：20，钻进至井深 4240.83m，层位风城组一段，气测全烃由 77.9053%升至 89.8416%；总池体积由 104.33m^3 升至 105.83m^3，上涨了 1.50m^3；立管压力由 17.34MPa 降至 17.05MPa（图 8-28），操作员判断为溢流，及时通知钻井队，建议循环观察，钻井队采纳，循环观察期间总池体积由 105.83m^3 升至 106.33m^3，又上涨了 0.50m^3，实际情况为溢流，总溢流量为 2.00m^3。

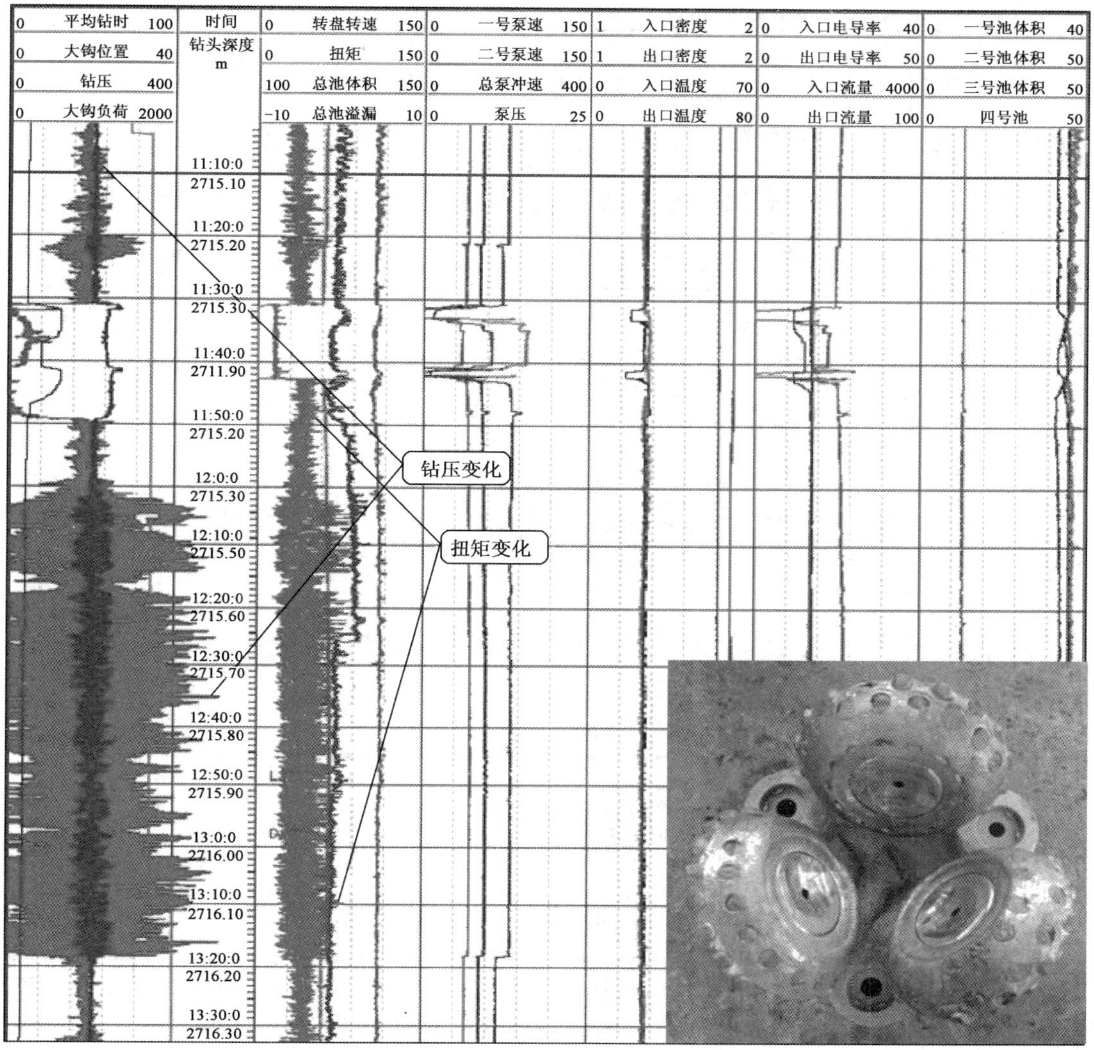

图 8-25　井深 2715.07m 钻头老化工程参数异常预报图

任务考评

一、理论考核

（1）简述绞车传感器的工作原理。

（2）简述霍尔效应扭矩传感器工作原理。

（3）简述压差式钻井液密度传感器测量原理。

（4）实时钻井监控的项目主要有哪些？

二、技能考核

叙述综合录井实时钻井监控的原理。画出钻井工程异常监测流程图。

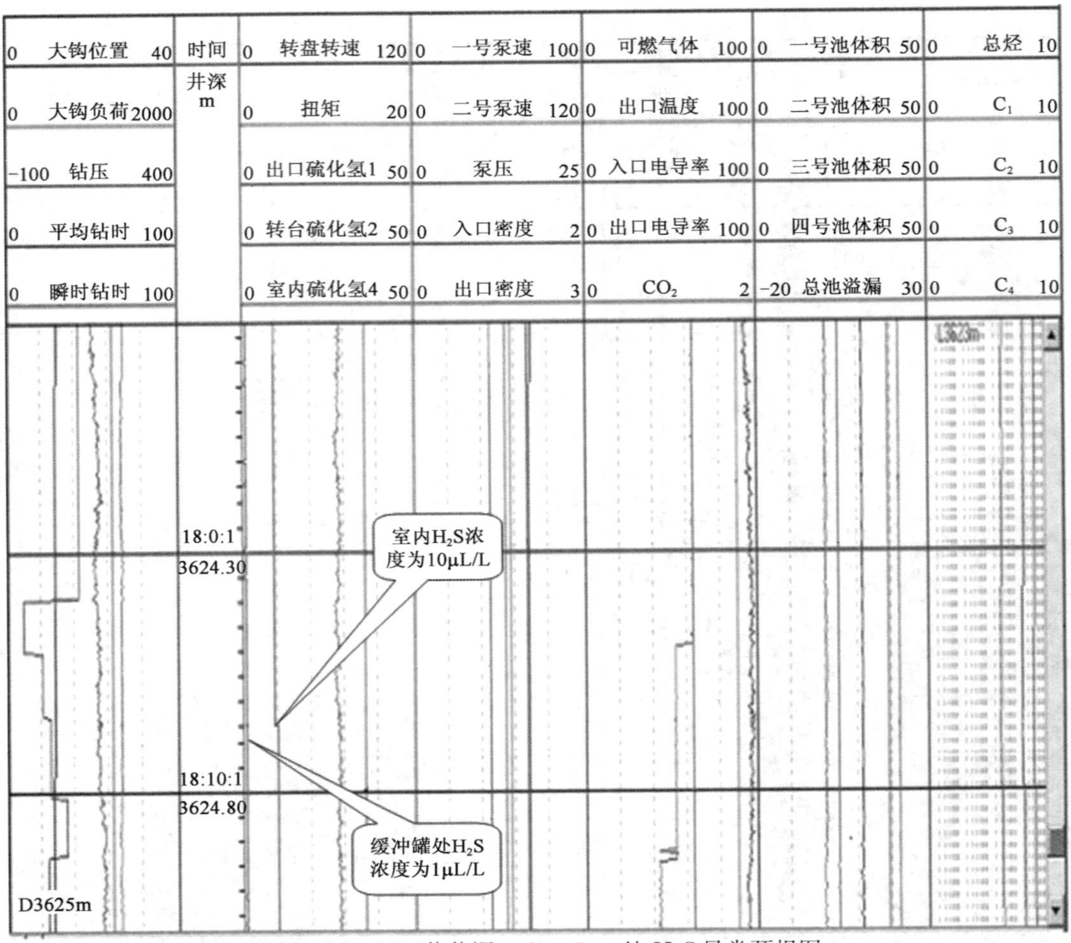

0 大钩位置 40	时间	0 转盘转速 120	0 一号泵速 100	0 可燃气体 100	0 一号池体积 50	0 总烃 10
0 大钩负荷 2000	井深 m	0 扭矩 20	0 二号泵速 120	0 出口温度 100	0 二号池体积 50	0 C_1 10
-100 钻压 400		0 出口硫化氢1 50	0 泵压 25	0 入口电导率 100	0 三号池体积 50	0 C_2 10
0 平均钻时 100		0 转台硫化氢2 50	0 入口密度 2	0 出口电导率 100	0 四号池体积 50	0 C_3 10
0 瞬时钻时 100		0 室内硫化氢4 50	0 出口密度 3	0 CO_2 2	-20 总池溢漏 30	0 C_4 10

L3623m
18:0:1
3624.30
室内H_2S浓度为10μL/L
18:10:1
3624.80
缓冲罐处H_2S浓度为1μL/L
D3625m

图 8-26　××井井深 3624.73m 处 H_2S 异常预报图

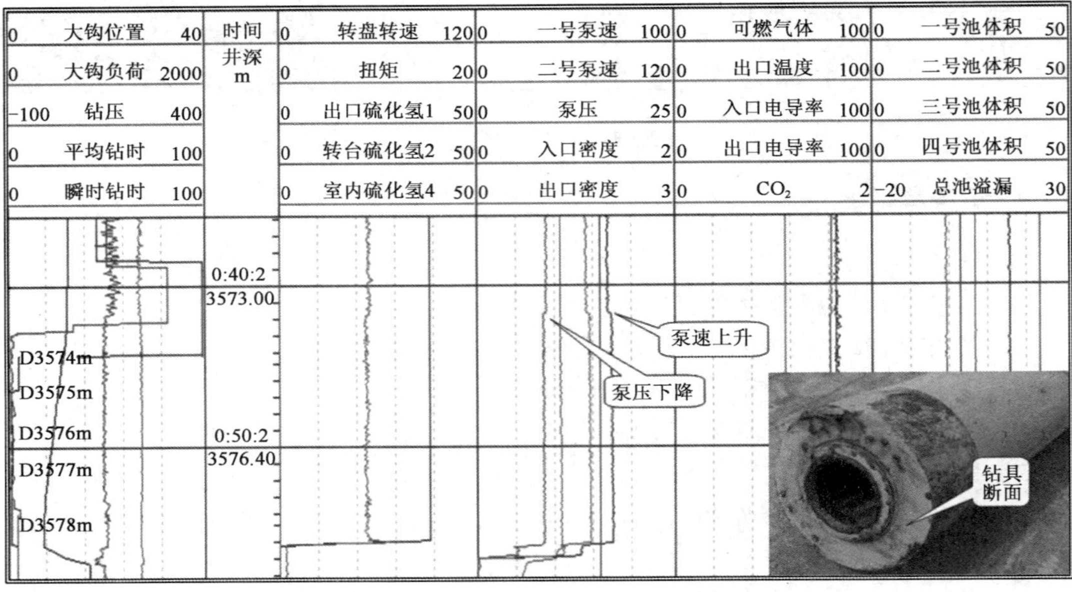

图 8-27　××井井深 3573.09m 断钻具工程参数异常预报图及断钻具照片

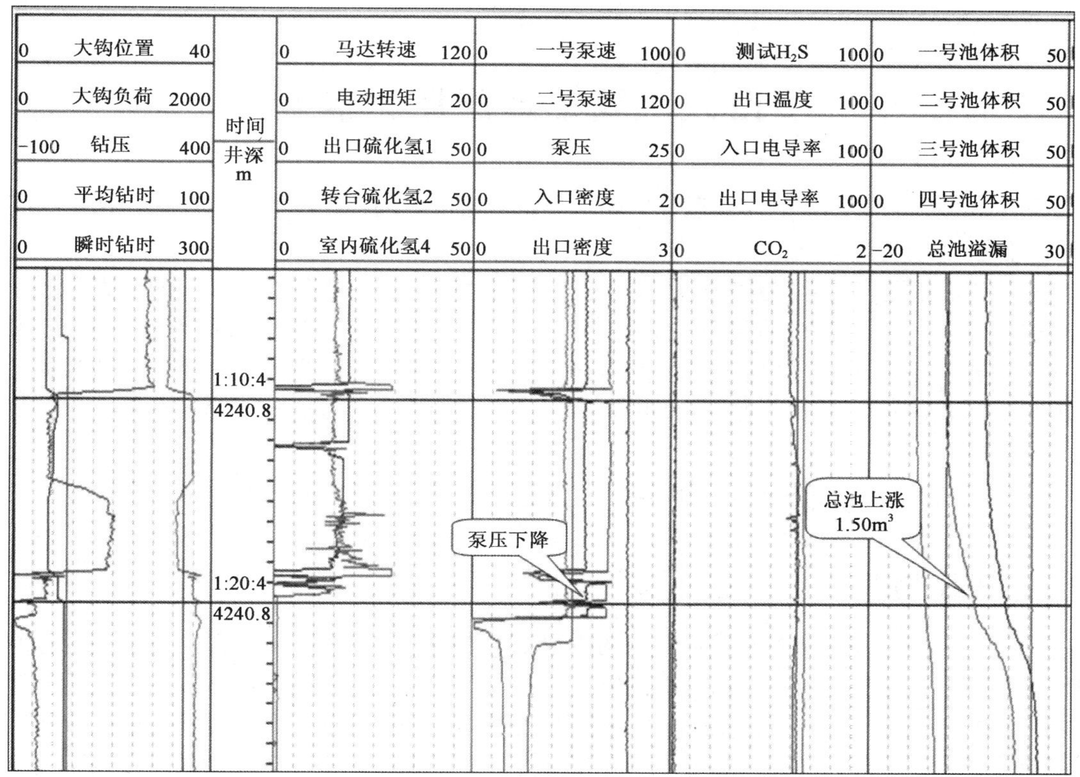

图 8-28　××井井深 4240.83m 溢流工程参数预报图

项目九　随钻地层压力监测

陆上和海上石油勘探的实践已经表明，异常地层压力的存在具有普遍性，而钻遇的高压地层比低压地层更为多见。

地层岩石的孔隙、裂隙中存有石油、天然气和水等流体，它们具有一定的压力，因所处的地层的深度、地区等条件的不同而有很大差异。这就要求在钻井过程采用恰当的措施来适应这种差异，如果处置不当，或将引起对产层的损害，或将发生溢流、井喷，给钻井施工带来困难。因此，必须加强在钻井过程中对高压井的压力控制，发展压力预测技术。

任务一　地层压力及其异常成因分析

任务描述

油层压力是钻穿油层和开发油气田的重要基础参数。油层压力的高低，不仅决定着油气等流体的性质，还决定着油气田开发的方式、油气开采的技术特点与经济成本，以及油气的最终采收率。准确预测地下油层压力，对于合理选择钻井液性能、有效保护油层以及防止井喷失控事故的发生具有重要的指导意义。因此，对一个油气田来说，在勘探阶段以至整个开发过程中，都要十分重视油层压力这个基础参数。

任务分析

油层压力是油藏能量大小的标志，也是钻井过程中合理选择钻井液密度的重要参数。通过本任务的学习，重点掌握有关地层压力的概念，掌握异常地层压力的成因分析和预测方法，为在钻井过程中有效保护油气层、防止井喷失控事故的发生提供技术支持。

相关知识

一、地层压力的概念及其来源

这里的压力是指物体单位面积上所受到的垂直方向上的力，即物理学上的压强。压力的国际标准单位是帕斯卡，符号是 Pa，$1Pa=1N/m^2$。根据现场工作需要，压力的常用单位是千帕（kPa）和兆帕（MPa），$1kPa=1\times10^3 Pa$，$1MPa=1\times10^3 kPa$。

1. *有关地层压力的概念*

油藏地层压力既是油藏原始能量的一个重要部分，又是决定油藏流体状态的基本参数。地层压力是油气储量计算和油藏开发设计不可或缺的重要资料。

1）上覆岩层压力

上覆岩层压力是指地层上覆岩石骨架和孔隙空间流体（油、气、水）的总重量所引起的压力。它随上覆岩层骨架的增厚而加大，也与地层埋藏的深度、地层岩石密度、孔隙度、孔隙空间流体密度的大小有关，其计算公式为：

$$p_r = 10^{-6} g \cdot H \cdot [\phi \cdot \rho_f + (1-\phi) \cdot \rho_{ma}] \quad (9-1)$$

式中　p_r——上覆岩层压力，MPa；

H——上覆岩层的垂直高度，m；

ϕ——岩层平均孔隙度；

ρ_{ma}——上覆沉积物的总平均密度，kg/m^3；

ρ_f——上覆岩层孔隙中流体的平均密度，kg/m^3；

g——重力加速度，m/s^2。

2）静水压力

静水压力是指由静水柱造成的压力。静水压力的大小与液体的密度和液柱的高度有关，而与液柱的形状和大小无关，其计算公式为：

$$p = 10^{-6} H \cdot \rho_w \cdot g \tag{9-2}$$

式中　p——静水压力，MPa；

H——测压点的水柱高度（水压头），m；

ρ_w——水的密度，kg/m^3；

g——重力加速度，m/s^2。

3）动水压力

当同一储集层中具有不同海拔高度的供水区和泄水区时，由于水位面倾斜引起地层水流动而产生的压力，称为动水压力。它是携带油气进行二次运移的主要动力因素之一，其计算公式为：

$$\frac{Q}{F \cdot t} = K \frac{p_1 - p_2}{L \cdot \mu} \tag{9-3}$$

式中　Q——液体流量，cm^3；

K——储集层渗透率，$10^{-3}\mu m^2$；

F——流体通过的横截面面积，cm^2；

t——流动时间，s；

$p_1 - p_2$——两点之间的压力差，$10^5 Pa$；

L——两点之间的距离，cm；

μ——液体粘度，mPa·s；

$\frac{Q}{F \cdot t}$——流动速度，即单位时间内通过单位面积的流量；

$\frac{p_1 - p_2}{L \cdot \mu}$——沿水流方向上单位距离的压力降，称水动力梯度。

如果地层中的水与供水区和泄水区相连，就会产生动水压力。在动水压力作用下，流体会发生流动。

4）地层压力

地层压力是指作用于岩层孔隙内流体上的压力，所以又可称为孔隙流体压力，常用 p_f 表示。在含油气区域内的地层压力又叫油层压力或气层压力。

由地层压力的定义可知，孔隙流体压力全部由流体本身所承担，这也意味着受到高压的地层流体具有潜在能量。在油气层未被钻开之前，油气层内各处的压力保持相对平衡状态，一旦油气层被钻开并投入开采，原来油气层内压力的相对平衡状态就要被打破，在油气层压力与油气井井底压力之间生产压差的作用下，油气层内的流体就会流向井底，甚至会强烈地喷出地面。

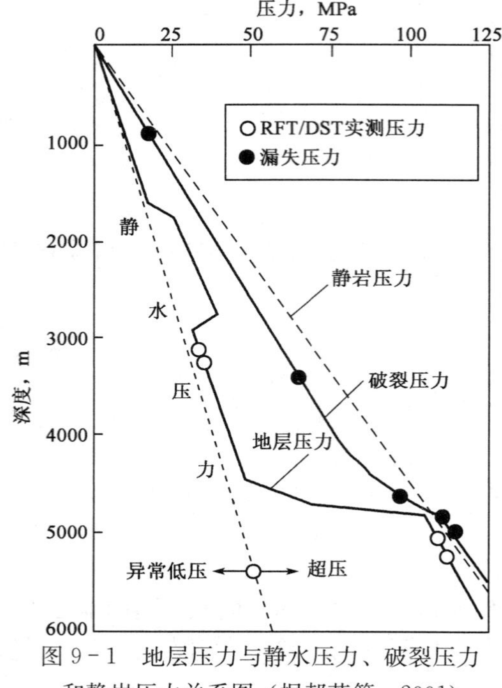

图 9-1 地层压力与静水压力、破裂压力和静岩压力关系图（据郝芳等，2001）

5）地层破裂压力

地层破裂压力是指某一深度的地层发生破碎或裂缝时所能承受的压力（图 9-1）。破裂压力一般随井深增加而增大。

在钻井时，钻井液柱压力的下限要保持与地层压力相平衡，既不污染油气层，又能提高钻速，实现压力控制；而其上限则不能超过地层的破裂压力，以避免造成井漏。

在油气井的钻井作业施工中，通常是通过分析邻井的地层压力变化特征来确定施工井在不同层段使用的钻井液密度，以保证油气井的顺利钻进和保护油气层。

6）压力梯度

地层压力梯度又称流体压力梯度，是指每增加单位深度所增加的压力（即地层压力随深度的变化率），用 G_f 表示，单位为 MPa/m，其计算公式为：

$$G_f = \frac{p_f}{H}$$

式中 p_f——地层压力；

H——深度。

2. 地层压力的来源

深埋地下数百至数千的油气层，其地层压力主要有两个来源：一是上覆岩层重量所产生的岩石压力，称为地静压力；二是地层孔隙空间内地层水的重量所产生的水柱压力，称为静水压力或孔隙流体压力。

大量的实际资料表明，地层压力除了受主要来源——流体压力影响之外，还受气顶膨胀力和地层弹性力等因素的影响。在油气田勘探和开采过程中，把油层中流体所承所的压力统称为油层压力。在一般情况下，油层压力与地静压力关系不大。

3. 原始油层压力

在油层未钻开以前，整个油层处于均衡受压状态，这时油层内流体承受的压力称为原始油层压力，一般用第一口探井或第一批探井试油时所测得的压力数值来代表原始油层压力。由于原始油层压力主要来源于流体压力，故其分布遵循连通器原理，其大小随埋藏深度（或海拔高度）而改变，即随深度增加而增加。就同一流体来说，埋藏深度相等，原始油层压力也相等。

二、异常地层压力研究

1. 异常地层压力的概念

在正常压实条件下，地层压力等于或接近于正常静液柱压力。但是由于许多因素的影响，作用于地层孔隙流体的压力很少是等于静水柱压力的。通常我们把偏离静水柱压力的地层孔隙流体压力称为异常地层压力，或称为压力异常。

在油气田勘探开发的过程中，特别是在勘探阶段，国内外都非常重视油气藏压力异常情况的研究，找出异常地层压力变化的规律。在研究异常地层压力时，常用压力系数或压力梯度来表示异常地层压力的大小。

国内常用的是压力系数法。压力系数可用 α_p 来表示，它是指实测地层压力 p_f 与同一深度静水压力 p_H 的比值：

$$\alpha_p = \frac{p_f}{p_H} \tag{9-4}$$

显然，$\alpha_p=1$ 时，实测地层压力与静水柱压力相等，这时属正常地层压力；当 $\alpha_p\neq1$ 时，则为异常地层压力。当 $\alpha_p>1$ 时，称为高异常地层压力，或称高压异常；当 $\alpha_p<1$ 时，称低异常地层压力，或称低压异常。

国外一些国家常用压力梯度 G_f 来表示异常地层压力的大小。当 $G_f=0.01$MPa/m 时，属正常地层压力；当 $G_f>0.01$MPa/m 时，属异常高压地层；当 $G_f<0.01$MPa/m 时，属异常低压地层。

由国内外从新生界的更新统到古生界的寒武系地层中的油气田地层压力进行的统计可以看出，不仅碎屑岩地区油田有异常压力地层，而且碳酸盐岩地区油田也有异常压力地层。在表 9－1 中列出了这些油气田的压力系数。由该表可以明显看出，不论是在中国还是在国外，也不论是油田还是气田，异常地层压力是普遍存在的。

表 9－1　国内外典型油气田压力系数

油气田名称	油层深度，m	原始油层压力，MPa	压 力 系 数
老君庙油田 L 油层	700～1000	94.6	1.11
克拉玛依油田	417～566	86.1	1.4～1.7
大庆油田葡萄花油层	800～1200	105.1	1.05
川中蓬莱镇油田	2000	320	1.44
布路介迪（罗马尼亚）	1681	89	0.53
基尔库克（伊拉克）	700～1400	175～200	1.5～2.5
帕宾那（加拿大）	1560	188	1.2
东得克萨斯（美国）	915～996	110.1	1.10～1.2
拉克气田（法国）	3500	630	1.8

2. 异常地层压力的成因分析

研究和预测压力异常对认识油层能量特征、评价油气藏形成的基本条件以及指导安全生产、保护油气层等方面是极为重要的。例如钻井过程中，当油气层的地层压力异常低时，易产生井漏；当地层压力异常高时，易产生井喷。

国内外不少学者在进行了大量的研究、实验、分析后认为，异常地层压力形成的原因很多，其中主要的是成岩作用、热力作用和生物化学作用、构造作用、古压力作用、测压水位、流体密度差异等。

1）成岩作用

在成岩作用的过程中，造成高压异常的主要因素又可分为泥页岩压实作用、蒙脱石脱水作用以及硫酸盐岩的成岩作用等。

(1) 泥页岩压实作用。疏松多孔的粘土沉积物在埋藏过程中不断被压实，孔隙中的流体被排挤出来，这时孔隙体积也随之减小。在上覆沉积物连续沉积的情况下，如果粘土沉积物孔隙中的流体被排挤出来的速度与上覆沉积物增加的速度一致，则随粘土埋藏深度增加粘土孔隙度不断减小，直到粘土不再被压实为止。这是一种正常的压实情况。这时的地层孔隙流体的压力，即为静水压力，属正常地层压力。但是如果在横向上广泛分布着不渗透的膏盐沉积物或其他低渗透沉积物，在上覆沉积物的压力下，粘土孔隙中的水不能充分排出，使粘土成为欠压实的，这些水或就近流入与之相邻的砂岩孔隙中积蓄起来，就导致了高压异常。

(2) 蒙脱石的脱水作用。粘土沉积物中的蒙脱石含有大量的晶格层间水和吸附水。随着沉积物的增加，粘土埋藏的深度也不断加大，同时地层温度也不断升高。当温度升至蒙脱石的脱水限值时，蒙脱石将释放出大量的晶格层间水和吸附水。如果上述过程处于封闭的地质条件下，所释放出来的水就在粘土孔隙中积蓄起来，从而增加了孔隙流体的压力，使地层具有高压异常。

(3) 硫酸盐岩的成岩作用。石膏（$CaSO_4 \cdot 2H_2O$）向无水石膏（$CaSO_4$）转化时会析出大量的水。在封闭的地质条件下，这些水积蓄起来，增加孔隙流体压力，从而使地层具高异常地层压力。

2) 热力作用和生物化学作用

(1) 热力作用。钻探经验表明，异常高压地带总是伴随着异常高温地带出现，温度对压力的影响是不容忽视的。在一个封闭系统中，温度增加将引起岩石和岩石孔隙中流体的膨胀，从而使该系统的压力增大。

(2) 生物化学作用。经研究证明，催化反应、放射性衰变、细菌作用等，均可使烃类的微小颗粒裂解为较简单的化合物，从而增大了体积，在封闭的系统中形成高异常地层压力。

3) 构造作用

构造作用对压力有重要影响。

图 9-2 (a) 表示在未发生断裂以前，位于油藏顶部的井的原始油层压力是由水压头 h 所决定的。如果发生了封闭性断裂 [图 9-2 (b)]，油藏顶部相对上升，埋藏深度变浅，即 $h_1<h$，但是，如果断裂是封闭性的，油藏中的流体未遭散失，仍保持其原有的压力值。因此，油藏表现具有高异常地层压力。若油藏顶部相对下降，即油藏埋藏深度加大，如图 9-2 (c) 所示，则 $h_2>h$，按 h_2 静水柱计算所得压力必然大于实际的压力，因而表现出低异常地层压力。

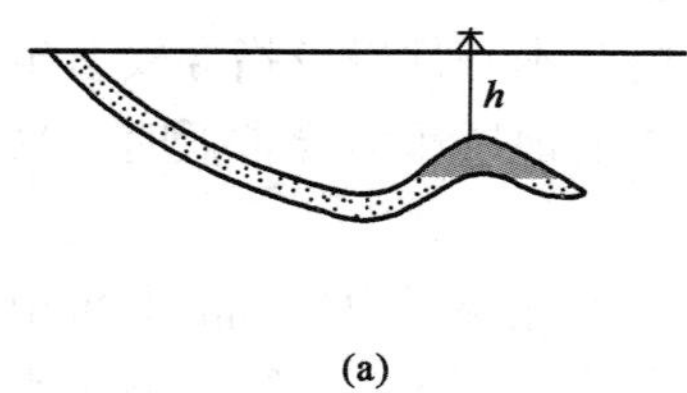

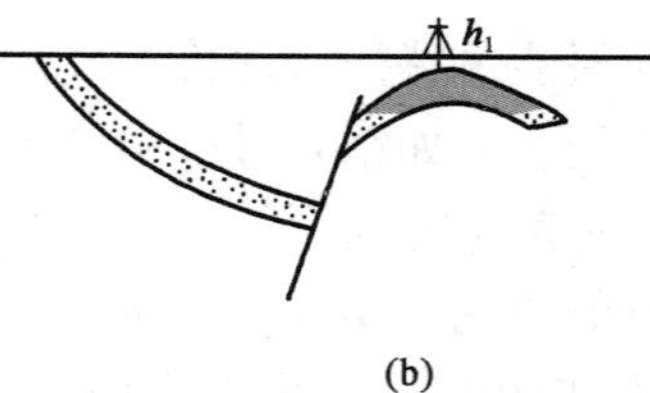

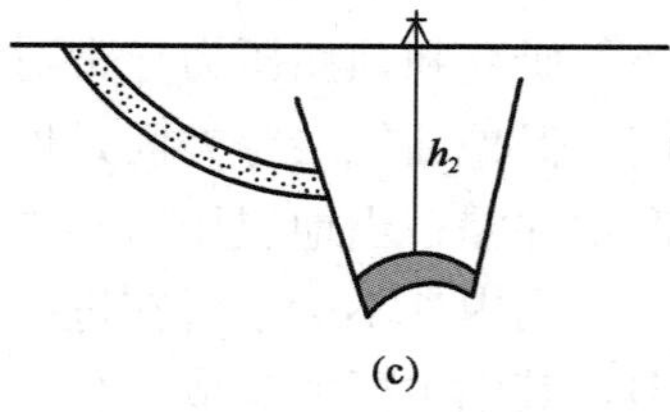

图 9-2 断裂作用形成异常压力

4) 古压力作用

如图 9-3 所示，原来埋藏较深（h_1）且处于封闭地质条件的地层，由于后来地壳上升，使上覆地层受到剥蚀，原地层的埋藏深度（h_2）变浅，因为地层仍然是封闭的，古压力保持不变。所以，对于已经变浅的深度来说，已成为高压异常地层。

除断层以外，塑性岩层形成的底辟构造（如盐丘、泥火山等）均可构成地下流体渗流的物理遮挡面。它们可以把因构造运动而增加的岩层孔隙流体压力“封闭”起来，从而形成高异常地层压力。图 9－4 为一盐丘构造，在它的周围为高异常地层压力带。

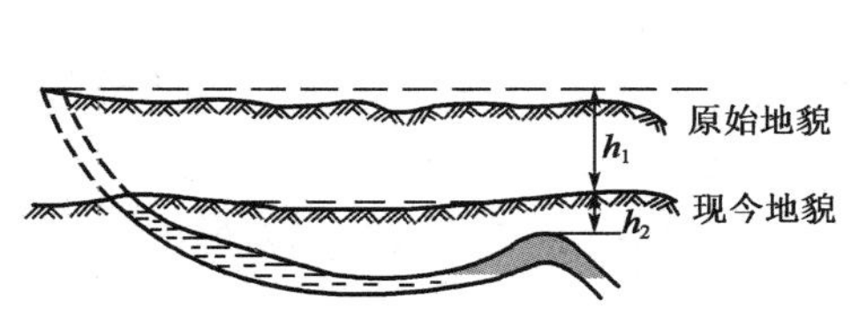

图 9－3　古压力形成高异常压力

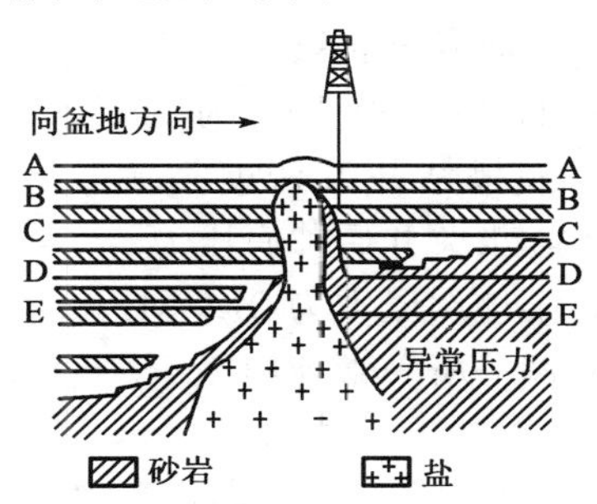

图 9－4　刺穿盐丘周围异常地层压力带

5）测压水位

人们通常利用静水压力来代替地层压力是基于这样一种理想的情况，即测压水位（供水区露头海拔高度）与研究井井口的海拔高度一致，换句话说，供水露头与研究井口处于同一水平面上。但实际上，由于不均匀的剥蚀作用使其往往并非一致。若测压水位高于井口海拔高度，油井就显示出高异常地层压力，如图 9－5 中的 2 井；相反，若测压水位低于井口海拔高度，则油井就显示出低异常地层压力，如图 9－5 中的 1 井。

6）流体密度差异

油气藏流体密度的差异会影响地层压力的分布。如果地层倾角较陡，气藏高度又很大，这种影响就更加明显，位于气藏顶部的气井往往显示出特别高的异常地层压力（图 9－6）。

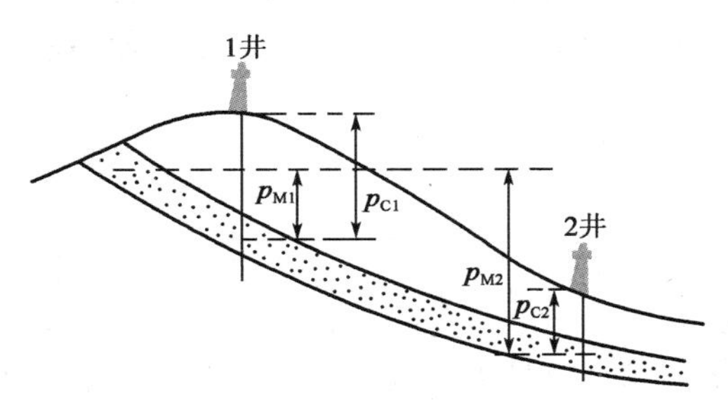

图 9－5　因测压水位不同而显示的异常地层压力

p_M—实测压力；p_c—计算压力

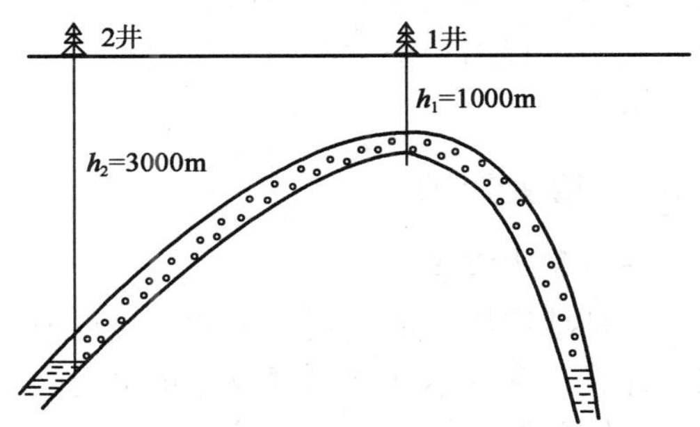

图 9－6　流体密度差形成异常地层压力

任务考评

一、填空题

（1）压力的国际标准单位是________，符号是________；根据现场工作需要，常用________或________。

（2）压力单位之间的换算为：1Pa＝________ N/m^2＝________ kPa＝________ MPa。

（3）上覆岩层压力是指上覆岩石________和________总重量所引起的压力，其大小随上覆岩层骨架________而加大，也与岩层及其孔隙空间流体的________大小有关。

（4）对上覆岩层压力梯度来说，如果上覆沉积物的平均总密度为 $2.3g/cm^3$，则上覆岩层压力梯度约为________ MPa/m。

(5) 当压力系数 $\alpha_p=1$ 时，实测地层压力与静水柱压力________，这时属________地层压力；当 $\alpha_p\neq1$ 时，则为________地层压力。当 $\alpha_p>1$ 时，称为________地层压力；当 $\alpha_p<1$ 时称为________地层压力。

二、计算及简答题

(1) 如果钻井液密度为 1.05g/cm^3，垂直井深为 2200m，求井筒静液柱压力。

(2) 如果钻井液密度为 1.05g/cm^3，垂直井深为 2500m，溢流关井后，油管压力是 1.86MPa，求关井后井底压力。

(3) 某地层压力为 21.8MPa，该地层中部深度是 2100m，求该地层的压力梯度。

(4) 试分析异常地层压力产生的原因。

任务二 异常地层压力的监测

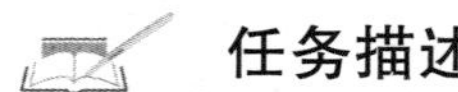

任务描述

在油气勘探及钻井过程中，异常地层压力预测具有重要意义。搞好异常压力预测工作，一是可为钻井参数设计和井身结构设计提供重要的压力技术数据；二是能够提高钻井工效，降低成本，解除重大工程事故隐患；三是能够有效地防止油气层污染，保护油气层，取得最佳的勘探、开发综合效益。

任务分析

异常地层压力带来的潜在危险包括井眼报废、井漏、井喷、井壁失稳、卡钻、地层污染、多余套管和钻井液费用增加等。研究异常压力随钻检测方法，有助于保证钻井安全，保护油气层，提高经济效益与社会效益。通过本部分内容的学习，掌握异常地层压力随钻监测的基本方法。

相关知识

一、基本概念

随钻地层压力监测就是在钻井过程中，利用现场录取的本井实际资料，及时进行系统处理、计算，掌握本井已出现或即将出现的压力变化情况，及时指导调整施工措施。在钻井作业中，钻井施工钻井队的工程技术人员要根据钻井设计负责开展压力监测工作；负责钻井地质录井工作的单位，要根据工程技术人员的要求，提供钻时、地层、岩性等方面的资料，并且要配合井队工程技术人员搞好随钻监测工作。

随钻地层压力监测的方法主要有机械钻速法、d 指数法及 d_c 指数法、Sigma 指数法、标准化（正常化）钻速法、页岩密度法等。

在这些方法中，d_c 指数法较为简便易行，应用也最广泛。但只适用泥岩、页岩地层。由于异常高压形成的地质条件复杂，要准确地评价一个地区的地层压力，只应用一种方法是不够的，应当采用包括地震和测井资料在内的多种方法进行科学的综合分析和解释。

二、d_c 指数法

1. d_c 指数法计算方法

正常地层在其上覆岩层的作用下，随着岩层埋藏深度的增加，压实程度相应地增加，地层的孔隙度减小，钻进时的机械钻速降低。而当钻进异常高压地层时，由于高压地层欠压实，孔隙度增大，因此，机械钻速相应地升高。利用这一规律可及时地发现高压地层，并根据钻速升高的多少来评价地层压力的高低。

1965 年美国宾汉通过室内模拟试验建立了钻速模式。当钻井条件、岩性不变时，钻速 v 与钻速 N、钻压 p、钻头直径 D 有如下关系：

$$v = N(p/D)^d \tag{9-5}$$

用法定计量单位，取对数整理后得：

$$d = \frac{\lg(0.0547v/N)}{\lg(0.684p/D)} \tag{9-6}$$

式中 v——机械钻速，m/h；

N——转盘转速，转/min；

p——钻压，kN；

D——钻头直径，mm；

d——钻井指数，无量纲。

d 指数法的前提之一是保持钻井液密度不变，但这在生产中难以达到，尤其在进入压力过渡带后，为安全起见，须增加钻井液密度，这样，d 指数便随之升高，影响了它的正常显示。为了消除此影响，提出了修正的 d 指数，即 d_c 指数，其公式为：

$$d_c = \frac{G_w}{ECD}d \tag{9-7}$$

式中 G_w——正常地层压力梯度的当量密度，g/cm³；

ECD——钻井液有效密度，g/cm³。

ECD 的计算公式为：

$$ECD = \rho_m + \frac{\gamma_0 \cdot 1.97p_{环}}{H} \tag{9-8}$$

式中 ρ_m——钻井液密度，g/cm³；

γ_0——岩屑密度，g/cm³；

h——井深，m；

$p_{环}$——环空压力损失，MPa。

故 d_c 指数方程为：

$$d_c = \frac{\lg(0.0547v/N)}{\lg(0.684p/D)} \cdot \frac{G_w}{\rho_m + \gamma_0 \cdot 1.97p_{环}/H} \tag{9-9}$$

2. d_c 指数法压力监测的基本原理

在正常压实作用下，岩石强度随着井深的增加而增大。当钻井参数不变时，机械钻速降低，泥岩段 d_c 指数随着井深增加而呈指数关系增大；在异常压力段，由于岩石中孔隙压力的影响，不再遵循正常压实的规律，钻速随孔隙压力的增大而增大，泥岩段 d_c 指数则相应减小，d_c 指数录井图上表现为向左偏离了正常趋势；在正常和异常压力井段之间，通常存在压力过渡带，这时钻时逐渐减小，d_c 指数逐渐地偏离正常的趋势。

3. 数据的采集与整理

计算 d_c 指数时，必须从预计异常压力上部 500m 以上开始（以便确定正常压实趋势线），采集钻时（或钻速）、钻压、转速、钻头直径、钻井液密度、排量、泵压、地层岩性资料填入表（9－1）。

表 9－1　计算 d_c 指数需要采集的数据

序号	层位	井深 m	岩性	钻速 m/h	钻时 min/m	钻头直径 mm	钻压 kN	转速 r/min	钻井液密度 g/cm^3	排量 L/s	泵压 MPa	备注

采集资料时应注意以下事项：

（1）选较纯泥岩井段，点距一般 10m 左右。

（2）选正常钻进、钻压平衡井段。钻压增大可使 d_c 指数减小，出现假异常。

（3）起下钻前后、钻头使用后期磨损严重、新钻头磨合阶段的数据不能用。

（4）当地层条件发生变化，如钻遇裂缝段、断层破碎带、风化面时不能取。

（5）大的不整合面、沉积间断时间长，或上下泥岩性质有明显差异，或改变钻头类型，都应注明，以便于建立正常趋势线，划分异常段时参考。

4. 绘制 $H-d_c$ 关系曲线，求正常压实趋势线

$H-d_c$ 关系曲线，可用直角线性坐标系，也可用半对数坐标系，但因 d_c 值与井深呈指数关系，为便于与其他检测方法对比，一般多采用半对数坐标，并与其他检测方法采用相同的纵比例，正常压实趋势线可采用作图法，选用一条在正常压实段通过纯泥岩段的 d_c 值较多的直线，再结合测试的静压资料进行调整，也可用下列方程回归求取：

$$\lg d_c = \lg d_{c0} + c \cdot H$$

式中　d_c——正常泥岩 d_c 值；

d_{c0}——截距；

c——斜率；

H——井深。

为了便于分析，通常在 $H-d_c$ 曲线图上附上岩性剖面和主要有关参数，如图 9－7 所示。

5. 地层压力的计算

作出 $H-d_c$ 和正常趋势线后，可直接观察到异常高压出现的层位和该层位内 d_c 指数的偏离值。d_c 指数偏离正常趋势线越远，说明地层压力越高。在计算地层压力之前，要对曲线进行仔细分析，有些曲线偏离正常趋势线是由于钻头类型改变或钻井参数变化（钻压、转速增加也影响 d_c 值增大），因此，应分析曲线偏离原因，从而划分出正常压力段、压力变化过渡带和异常压力段（图 9－7），以便提高计算压力的准确性。

地层压力的计算公式为：

$$\rho_p = \rho_n \cdot \frac{d_{cn}}{d_{ca}} \qquad (9-10)$$

式中　ρ_p——所求井深处的地层压力当量钻井液密度，g/cm^3；

ρ_n——所求井深处的正常压力地层水密度，g/cm³；

d_{cn}——所求井深处的正常 d_c 指数值；

d_{ca}——所求井深处的实测 d_c 指数值。

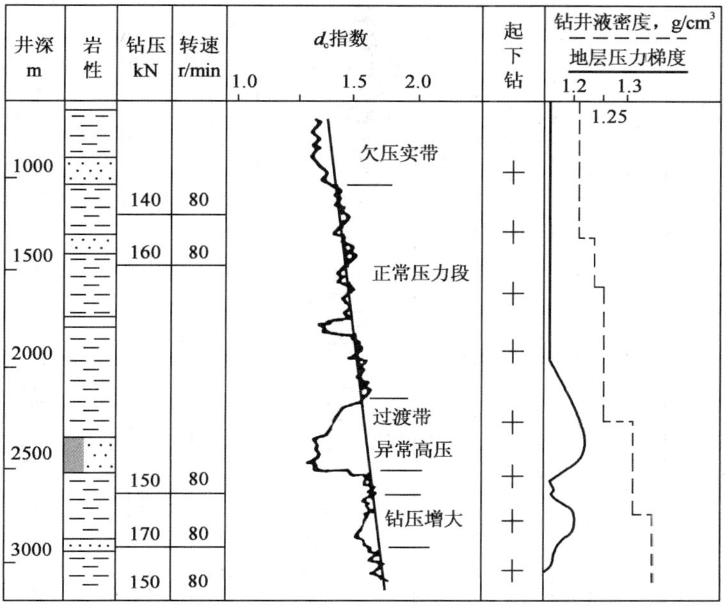

图 9－7 d_c 曲线分析图

式（9－10）中的 ρ_n（即正常地层压力的地层水密度）是随地区而异的，要根据不同地区的统计资料加以确定。

6. d_c 指数在钻井地质工作中的应用

在钻井地质工作中，利用 d_c 指数进行地层压力预测在新探区是非常重要的。利用它不仅能及时发现异常显示井段，提示现场工作人员采取预防措施，更重要的是对本区块其他将要钻探的井提供较为可靠的地层压力数据，从而根据不同的井深选配合理的钻井液密度。图9－8就是准噶尔盆地所钻的××井利用 d_c 指数进行地层压力预测的示意图。从图上可以看出，该井在1960m以上井段 d_c 指数曲线靠近正常趋势线，地层压力接近静水压力，压力梯度为1.00左右；由于施工中采用提高钻井液密度的方法来防塌，所以钻井液密度提到1.35～1.40g/cm³。1960m以下 d_c 指数由1.50下降至1.20左右，最低降至0.90，曲线开始偏离正常趋势线，预示着一个过压层将出现，地层压力将大于静水压力。这时气测全烃从1960m的49μL/L至1966m上升到582μL/L，压力梯度从1960m的1.20至1972m上升到1.48，经分析压力梯度取值1.34，因有气测显示决定选附加值0.1～0.15，综合决定从2000m起仍用1.40g/cm³的钻井液密度来打开高压层。打开该过压层后，槽面无显示，气测总烃值升至1000～6500μL/L，且为单蜂气显示（岩屑破碎气），说明井底总压力稍大于地层压力，钻井液密度使用合理；到2300m压力梯度再次上升到1.40～1.65，d_c 指数继续下降到1.10左右，再次平衡钻井液密度用1.65～1.70g/cm³，顺利打开该井下部油层，这时气测全烃仍显示1103～3134μL/L，说明做到了近平衡钻井。这是一个常见的地层压力监测实例。

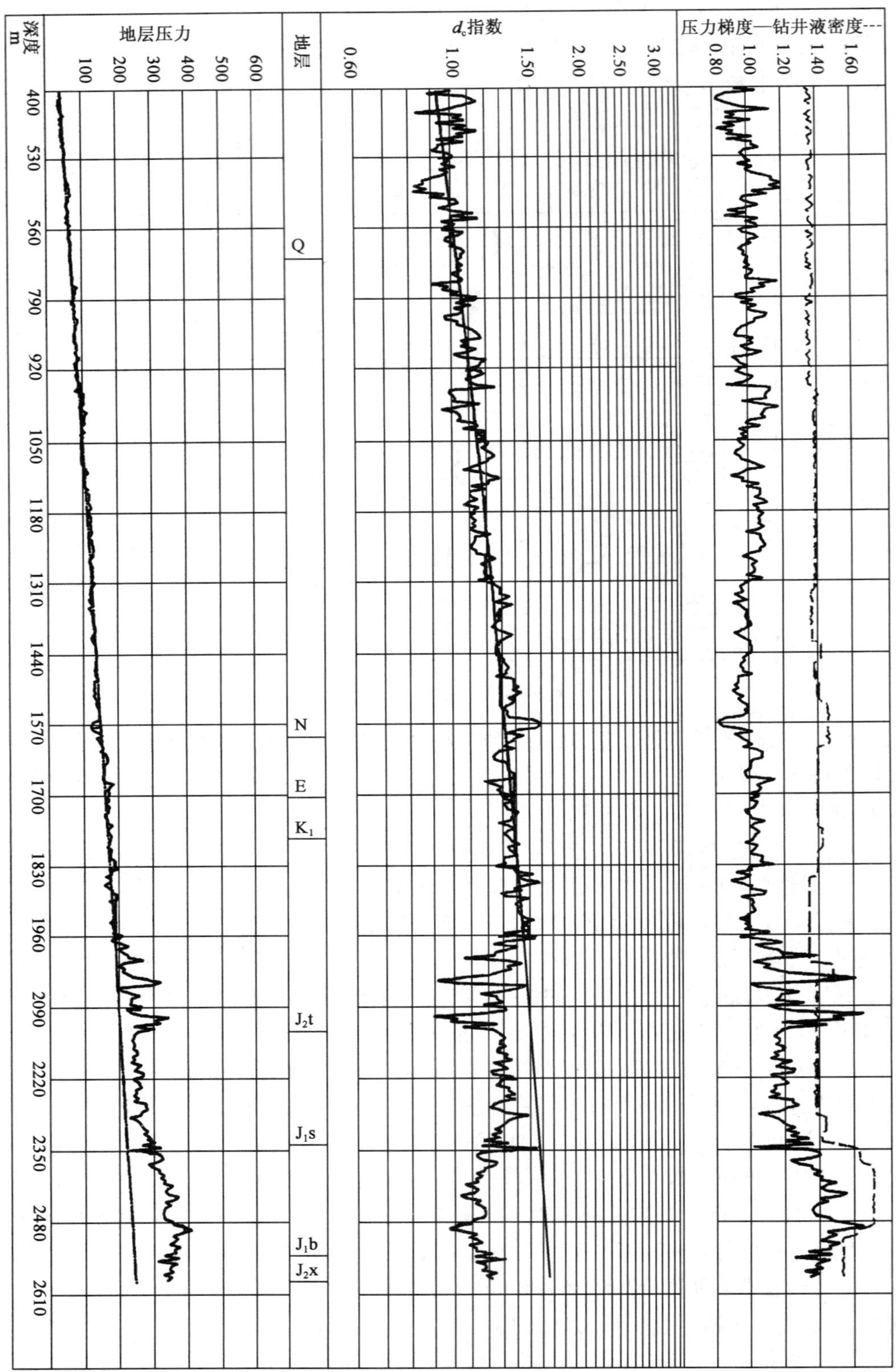

图 9-8　××井地层压力监测图

三、钻井速度法

在正常压实砂页岩剖面中，页岩密度随井深增加而增加，因此，当钻压、转速、钻头类型及水动力条件一定时，页岩的钻速随井深增加而减小。但是钻入高异常地层压力过渡带后，钻速就立即增大，有时钻速可超过正常压实页岩的2倍。根据钻速突然增大的现象，可判定地下可能存在高压异常压力过渡带（图9－9）。

四、页岩密度法

在钻井过程中，页岩岩屑密度分析是预测异常高压地层过渡带行之有效的方法。钻井过程中录取的岩屑可立即送到实验室进行密度分析。利用页岩岩屑密度变化曲线来预测异常地层压力的方法简便、准确，而且比较及时。

页岩密度法是在钻进中，取页岩井段返出的岩屑，测其密度，作出密度与深度的关系曲线，通过正常压力地层的密度值画出正常趋势线。偏离正常趋势线的点，即压力异常点。开始偏离的部分即为过渡带的顶部，如图9－10所示。

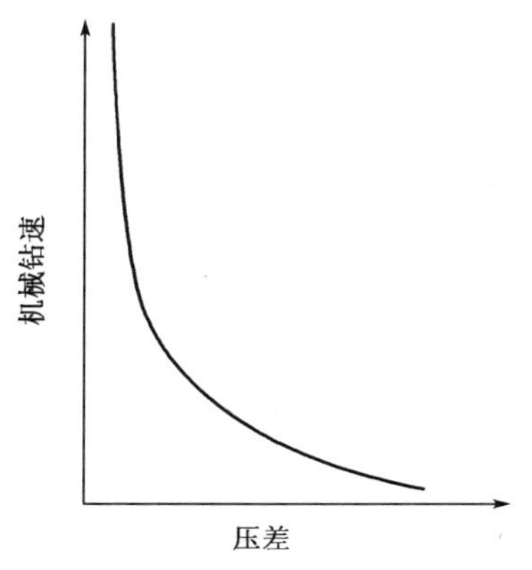

图9－9　压差与机械钻速的关系

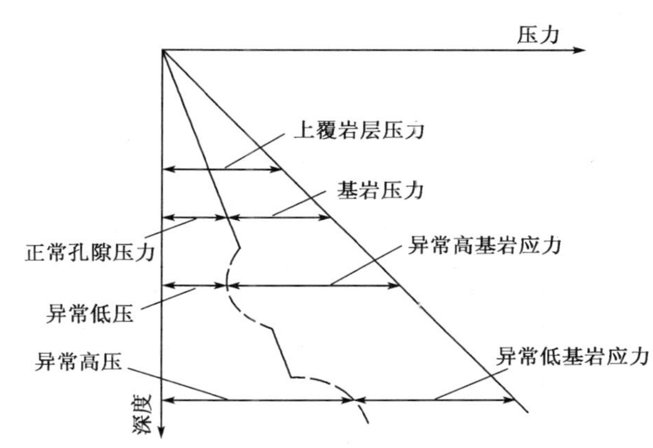

图9－10　异常压力的区分及形成的机理分析曲线

1. 页岩密度法的原理

在正常沉积地层环境中，随着井深不断增加，上覆压力增大，孔隙度减小，压实充分，岩层致密、坚硬。密度增加；在快速沉积地层环境中，随着井深不断增加，上覆压力增大，但由于地层水的存在，孔隙度反而增大，岩层未得到充分压实，密度小。

2. 岩屑的选取

在钻进中，从振动筛捞取页岩井段返出的岩屑。因为岩屑选取的可靠性直接影响岩屑密度的准确度，所以在岩屑的选取时要注意的事项是：

（1）在页岩井段，每3～5m取一次砂样，钻速快时可10m或20m取一次，钻速慢时重要层位也可每米取一次。选取岩屑时注意记准迟到时间，除去掉块和磨圆的岩屑。

（2）用清水洗去岩屑上的钻井液。

（3）用吸水纸将岩屑擦干（或烘干，取一致的干度）。

钻至压力过渡带机械钻速升高，岩屑量增加，岩屑变得稍大、锐利、有棱，正常情况下磨得较圆，异常高压层的岩屑大且多为片状（图9－11）。

3. 岩屑密度的测定

1）钻井液密度计称量

将岩屑放入密度计的量杯中，加盖，使其密度为1g/cm^3；再加淡水充满量杯，加盖后

称得杯内的密度值 ρ_T；利用下式计算页岩岩屑密度 ρ_{sh} 值：

$$\rho_{sh}=\frac{1}{2-\rho_T}$$

式中　ρ_{sh}——页岩岩屑密度，g/cm^3；

ρ_T——页岩与淡水混合物的密度，g/cm^3。

2）密度液法

把岩屑放入标准密度液内，看其在液柱内停留的位置，直接读出密度大小。

4. 作图方法

将 ρ_{sh} 值按相应的深度画到坐标纸上，纵坐标是井深，横坐标是 ρ_{sh} 值。根据上部正常压力井段的页岩密度数据作出正常压实趋势线并延长。当密度点开始偏离正常趋势线时，即表明已进入高压区。偏离量越大，压力异常值越高。开始偏离点即为过渡带的顶部。画正常压实趋势线时，应尽量使密度数据点分布在趋势线的两侧，以利准确求值。

图 9－12 为页岩岩屑密度与井深的关系曲线。曲线表明，高压异常过渡带的顶部大约在 4114.8m 的地方。

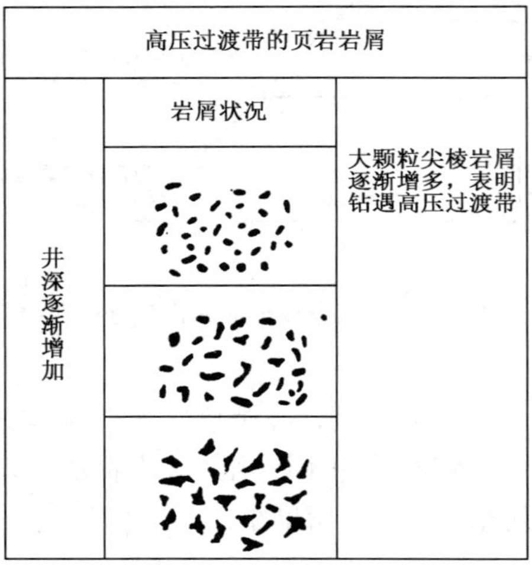

图 9－11　页岩岩屑的变化示意图

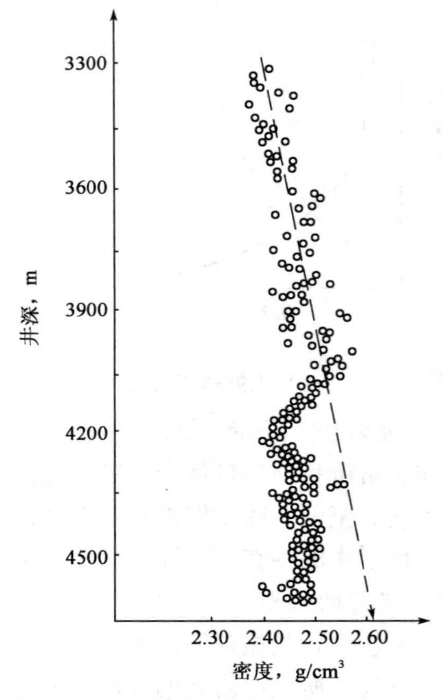

图 9－12　页岩岩屑密度与井深关系曲线

任务实施

一、目的

（1）掌握异常地层压力产生的原因。

（2）掌握异常地层压力的预测方法和技能。

（3）能够绘制 d_c 指数与井深关系图。

二、资料、工具

（1）绘图工具。

（2）半对数坐标纸。

（3）搜集某口井的钻压、钻时、转速、钻头直径以及井深等相关资料。

任务考评

一、理论考核

1. 名词解释

随钻地层压力监测

2. 填空

随钻地层压力监测的方法主要有________、________、________、________、________等。

3. 简述题

（1）简述 d_c 指数法压力监测的基本原理。

（2）简述页岩岩屑密度法监测地层压力的基本原理

二、技能考核

1. 考核项目

根据所搜集的××井的井深、钻压、钻时、转速、钻头直径、d_c 指数，绘制 d_c 指数与井深关系图。

2. 考核要求

（1）准备要求：整理钻井参数资料。

（2）考核时间：30min。

（3）考核形式：口头描述＋笔试。

学习情境三　完井地质工作

完井是钻井工程最后一个重要环节。顾名思义，完井指的是油气井的完成，即根据油气层的地质特性和开发开采的技术要求，在井底建立油气层与油气井井筒之间的合理连通渠道或连通方式。油气井完钻及完井以后，在井筒中如何发现油气层，识别油气层和评价油气层，是完井地质工作内容的主要内容。在完井阶段，地质人员应首先确定完钻深度，做好完井测井的地质工作、井壁取心工作及下套管过程的地质工作等，这些工作是钻井地质基础工作之一。因此，要及时收集有关资料，为完井总结工作打好基础。

项目十　完井测井作业

每一口井完钻后，在其完井作业前都要进行测井作业。测井是采用专门的仪器设备沿井身（钻井剖面面）进行测量，以获取不同岩层的地球物理参数，从而间接地划分油、气、水层，检查钻井工程质量。地球物理测井技术在解决石油勘探与开发中的地质与工程问题中发挥着越来越重要的作用。

知识目标

（1）了解完钻井深的确定及完井测井时应做的地质工作。

（2）了解井壁取心层位确定的方法，掌握井壁取心的描述和资料整理。

（3）掌握井身结构的概念及下套管过程中应做的地质工作。

（4）掌握固井过程中应做的地质工作。

能力目标

（1）学会岩心描述。

（2）学会下套管过程中地质资料的收集方法。

（3）能够判断固井质量的优劣。

任务一　认识油气井的测井作业

任务描述

地球物理测井也叫油矿地球物理或矿场地球物理测井，简称测井。在石油天然气勘探开发的钻井中途所进行的测井作业，依据所获取资料的目的不同而分为工程测井、中途对比测井和中途完井，在钻至设计井深后都必须进行的测井作业称为完井测井。测井可以获取多种石油地质及工程技术资料，作为完井和开发油田的依据。

在油气井未下套管之前所进行的裸眼测井作业，习惯上通常称为勘探测井或裸眼测井。而在油气井下完套管后所进行的一系列测井作业，习惯上称为生产测井或开发测井。

任务分析

在油气田的勘探与开发过程中，测井是确定和评价油气层的重要方法之一，同时也是解决一系列地质和工程问题的重要手段，被誉为油气勘探与开发生产的“眼睛”。它在勘探与开发生产中的作用和地位正在日益提高，成为现代勘探与开发技术的一个重要组成部分。

相关知识

一、测井的基本原理

1. 测井工作原理

测井就是对井地层及井的技术状况进行测量，其工作原理就是利用不同的下井仪器沿井身连续地测量地质剖面上各种岩石的地球物理参数（或工程技术参数），如电阻率、声波传播速度、原子核特性等，以电信号的形式通过电缆传送到地面仪器并按照相应的深度进行记录。图 10－1 为简单的测井现场作业示意图。

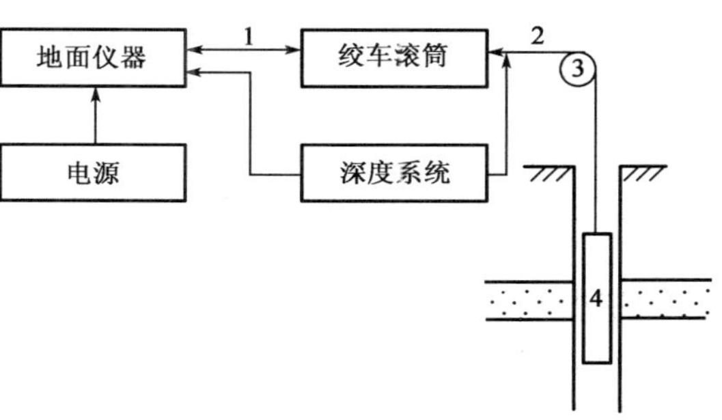

图 10－1　测井现场作业示意图

1—连接线；2—电缆；3—井口滑轮；4—下井仪器

电缆测井施工时，测井仪器由专用的测井电缆送到井下，测井时绞车滚筒牵引电缆将仪器匀速上提，被测地层物理参数由仪器的探测器获取后，经过其电子电路的预处理，然后经缆芯传送到地面的记录仪器进行记录，传上来的相应物理参数按一定比例将同一深度的数据还原在电脑或记录纸上，就得到一条或几条相关的、连续变化的曲线，即测井曲线。如果测得的是自然电位，这条曲线就叫做自然电位曲线；如果测得的是电阻率，就叫做电阻率曲线等等。

2. 测井所用设备

石油勘探开发的迅速发展，促进了石油测井技术的进步。在测井装备方面已由半自动测井仪发展到 JD－581 型全自动多线测井仪和 SID－801 型数字测井仪，以及先进的由车载计算机及其外围设备组成的人机对话的测井系统数控测井仪。

井场测井作业需用如下设备：

（1）地面仪器：以计算机为核心，凭借着所加载的各种程序的控制，完成各种不同的测井作业，如对测量信号的处理、记录、显示、质量控制以及对现场测井资料的井场快速处理和解释。

（2）下井仪器：用来测量地层的各种物理参数。

（3）电缆：测井过程中起传输及信道作用。

（4）动力系统：为输送下井仪器提供动力。目前测井动力系统通常为液态绞车。

（5）深度系统：由深度传送和深度信号处理等部分组成，以提供井下测量信号的准确深度。

（6）供电系统：为地面系统和井下仪器提供电源。目前常用的测井供电系统有车载发电机及井场外引电源。

（7）工程车：安放仪器、工具、备件等。

（8）辅助设备：包括井口设备及仪器托盘、仪器架、源罐或源车、防爆箱、各种刻度器和专用工具等。

二、测井方法分类及任务

地下不同岩层的地质物理特性（如孔隙度、渗透率、含水饱和度等）各不相同，另外还具有不同的电化学性质及导电性、导热性、原子核物理特性、声学物理特性等，通过测量地层的这些物理特性，可以间接地确定地层的地质特性。

1. 测井方法的分类

地层不同的物理特性需依据不同的方法和原理进行测量。按照测量原理的不同，石油测井常见的测井方法可分为以下几类：

（1）电法测井：以岩石导电性质为基础的测井方法，如普通视电阻率测井、感应测井、测向测井、微电阻率扫描测井等。

（2）声波测井：以岩石的声学性质为基础的测井方法，如声速测井、声幅测井、声成像测井等。

（3）核测井：以岩石的原子物理及核物理性质为基础的测井方法，如自然伽马测井、中子测井、密度测井、核磁测井等。

（4）电化学测井：以岩石的电化学性质为基础的测井方法，如自然电位测井、激发极化电位测井等。

（5）其他测井方法，如地层倾角测井、井温测井、井径测井、介电测井、气测井、井壁取心及检查井内技术状况的测井。

2. 测井的基本任务

地球物理测井的研究对象是井下各种地质体及井内的技术状况，它贯穿于油气勘探和开发的全过程。它不仅是油气田勘探开发过程中必不可少的工作环节，而且已成为现代石油地质和钻采工程中最常用的技术手段。目前石油测井所担负的任务可以概括为以下几个方面：

（1）建立钻井地质剖面，详细划分岩性和油气生、储、盖层，准确地确定各种岩层的深度和厚度。

（2）评价油气储集的生产能力，定量或半定量地计算储集层的储集性能，即孔隙度、渗透率、含油饱和度。

（3）对储集层的含油性作出评价，包括确定油气层的有效厚度、可动油气饱和度、地层流体密度和相对渗透率等。

（4）进行地层对比、油层对比、岩心归位，研究构造产状和地层沉积等问题。

（5）在油田开发过程中，提供地下各油层动态资料（如残余油饱和度、出水层位等），研究地层压力变化等。

（6）研究油气井的技术状况，如井斜、井径、固井质量地层压裂效果、套管技术状况等。

三、影响测井质量的因素

地质条件决定了地层的物理参数，但是钻井和测井施工条件都会影响测井资料的可靠性。被记录的测井曲线不但代表了地层物理参数，而且还包括了各种影响因素，其影响因素主要有以下三个方面。

1. 测井仪器的影响

测井仪器是一种计量工具，因此，它必须是准确的，误差一定要在允许范围内，否则，测出来的资料就不会准确。测井所使用的地面记录仪器和下井测量仪器都有具体的要求，总体来说要做到“三性一化”，即稳定性、直线性、一致性和标准化。

稳定性是指其他条件不变，仪器在允许连续工作期间，测量结果不超过允许指标。

直线性是指在规定的条件范围内，输入信号与输出信号呈线性关系，误差不超过规定范围。

一致性是指使用不同的同类仪器测量时，只要测量条件相同，测量的结果都要一样，误差在规定范围内。

标准化是指仪器的标准刻度、标准校验。测井仪器要用标准量予以标定才能应用，不经标准刻度测出的数据是不能应用的。

2. 钻井施工造成的影响

在钻井过程中，钻井液滤液侵入孔渗性地层时，钻井液滤液对地层内可动流体进行驱替，形成一个称为侵入带的环带，同时在井壁上形成一层钻井液过滤后的沉淀物即泥饼。钻井液侵入地层后将使地质的物性参数发生变化，这对电阻率测井结果会产生很大的影响。另外，钻井周期的长短、井眼直径的扩大和不规则、钻井液中化学处理剂的成分及钻井液电阻率的高低均会对测量结果有所影响。

3. 地层厚度的影响

井下地层厚度是各不相同的，有的地层厚度可达几十米，有的则很薄，只有几十厘米；有的地层岩性很均匀，而有的地层则是非均质的。受测井仪器的纵向分辨率的限制，厚而均匀的地层容易求准地层的物理参数，层薄又不均匀的地层求准各种物理参数就比较困难。例如，在进行普通电阻率测井时，常遇到所测的目的层附近上下还有高阻层，称为邻层，这种邻层的存在对电流的分布影响很大，使目的层的电阻率测不准。

影响测量结果的因素很多，但它是有规律的。通过研究分析，采取相应措施，可以减少或消除这些影响。例如，要测准高阻薄层的电阻率，侧向测井的方法比普通电阻率测井要好一些；双发双收声波测井能够消除井径不规则或仪器倾斜对测量结果的影响等。

四、测井内容

1. 完井测井（勘探测井）

通常将在钻井过程中和钻至设计井深后所进行的一系列测井项目叫勘探测井，勘探测井项目繁多，目前各油田应用最普遍的测井项目有三孔隙度、三电阻率及部分辅助测井项目，限于缆芯数目及井下安全考虑，通常组成几个测井仪器串系列分别进行测量。但在允许的条件下，利用 PCM 即脉冲编码调制器，可以将多个测井仪器组合起来，形成“大满贯”或“小满贯”下井，从而减少下井次数，提高测井时效。下面介绍各油田常见的几个测井系列及测井内容。

（1）电极与微电极井径测井系列：由电极系与微电极井径组合仪组合而成，提供地层长短电极视电阻率、自然电位、微电阻率及井眼井径测井资料。

（2）声感测井系列：由自然伽马、补偿声波、双感应八侧向或双感应球形聚焦测井仪组合而成，提供地层自然伽马强度、声波纵波时差、深中浅三电阻率、自然电位测井资料。

（3）侧向测井系列：由自然伽马、脉冲编码调制器、双侧向、微球或微侧向组合而成，提供地层自然伽马强度、深中浅三电阻率及自然电位测井资料。

(4) 核测井系列：由自然伽马、补偿中子、补偿密度测井仪组合而成，提供地层自然伽马强度、补偿中子孔隙度、地层密度测井资料。

(5) 连斜测井：用连续测斜仪测量井身倾角与方位。

(6) 地层倾角测井：用地层倾角测井仪测量井斜角度、井斜方位、地层倾角和地层倾角方向以及井径和井眼容积等资料。

(7) 地层测试测井：由自然伽马和地层测试器组成，用自然伽马提供准确的仪器定位深度，用地层测试器测量地层的实际压力，并可对地层中所含流体进行取样。

(8) 井壁取心：利用井壁取心器按照测井结果准确地从确定层位取出岩心，用于分析地层岩性及含油性，验证解释结果，弥补钻井取心的不足。

另外，还有岩性密度、自然伽马能谱、介电、微差井温测井等，都能向用户提供有用的井下或地层信息资料，为油气田勘探与开发服务。

2. 生产测井

生产测井是指油气井完井后及其整个生产过程中所进行的一系列测井工作，其主要目的是了解和分析油气藏的动态特性，提高油气产量和采收率，了解井下的技术状况。它主要是套管井的测井作业。根据测井目的和测量对象的不同，生产测井可以划分为以下三大系列：

(1) 生产动态测井系列。为了评价生产效率，需要了解生产井的产出剖面以及注入井的注入剖面。测井方法主要包括流量测井、流体密度测井、持水率测井温度测井、压力测井，以及自然伽马测井、接箍磁定位、微井径等辅助测井项目。

(2) 产层剖面（储能参数）测井系列。为了评价投产后的储集层，了解产层的含油性、渗透性以及油水界面的变化情况，需要测量残余饱和度、渗透率等地层参数。主要测井方法包括中子寿命、次生伽马能谱（或碳氧比）测井、井温、流体密度、持水率测井，以及自然伽马、接箍磁定位等辅助测井方法。

(3) 工程测井系列：测量的主要对象是井身结构、套管的技术状况、固井水泥胶结质量等，以确定井下水动力的完整性，评价酸化、压裂、封堵等地层作业效果。主要测井仪器包括：管柱分析仪、井径仪、磁测井仪、井温仪、噪声仪、伽马仪、流量计、水泥胶结测井仪、超声成像测井仪，以及自然伽马、中子伽马仪等辅助测井方法。

任务考评

一、理论考核

1. 填空题

(1) 常用的测井方法有__________、__________、__________、__________、__________等。

(2) 勘探测井常用的有__________、__________、__________、__________、__________、__________及__________等。

2. 判断题

(1) 在钻至设计井深后都必须进行的测井作业，称为工程测井。 (　　)

(2) 在油气田的勘探开发过程中，测井是评价油气层的重要方法之一。 (　　)

(3) 钻井过程就是钻杆钻削地层和钻井液不断循环带出岩屑的过程。 (　　)

(4) 测井就是利用不同的下井仪器沿井身测量地质剖面上各种岩石的物理参数，并由地

面仪器按相应的深度进行记录。（　　）

3. 选择题

（1）地球物理测井也叫油矿地球测井或（　　）地球物理测井，简称测井。

（A）勘探　（B）开发　（C）矿场　（D）铁矿

（2）在石油钻井中途所进行的测井作业，依据所获取资料目的的不同可分为（　　）测井、中途对比测井和中途完井。

（A）勘探　（B）开发　（C）生产　（D）工程

（3）测井就是利用不同的下井仪器沿井身连续测量地质剖面上各种岩石的（　　）。

（A）地球物理参数　（B）化学参数　（C）重量　（D）体积

（4）通常测井井下仪器的测量信号是以（　　）信号的形式传送到地面仪器的。

（A）声　（B）光　（C）电　（D）磁

（5）测井地面仪器是以（　　）为核心来完成各种不同的测井作业施工的。

（A）测井电缆　（B）测井车　（C）计算机　（D）辅助设备

（6）测井电缆在测井过程中起（　　）及信道作用。

（A）传输　（B）动力　（C）控制　（D）深度

4. 叙述题

（1）叙述测井工作的基本原理。

（2）测井有哪些类型？其任务是什么？

（3）影响测井质量的因素有哪些？

二、技能考核

叙述测井施工常用的设备。画出测井作业现场施工作业示意图。

任务二　完井测井的地质工作

任务描述

测井是地质工作者的“眼睛”，完井测井是掌握井斜大小、固井质量、地层物性、油气水分布等各项参数的重要途径。在完井施工中，地质工作者应积极配合测井队伍，做好完井测井时的各项地质工作，收集各项资料，协助测井队处理在测井过程中遇到的各类复杂问题。

任务分析

真实准确地记录完钻井深；熟悉完井测井内容；知悉完井测井施工现场要做的各项地质工作。

相关知识

一、完钻井深的确定

（1）正常完钻。钻井目的基本上达到设计要求时，按设计井深完钻。

（2）非正常完钻。实际钻井情况与设计出入较大时，要及时提出提前完钻或加深钻探理由，经上级同意后，地质人员要向井队领导和职工交底。

(3) 提前完钻。提前钻达设计目的层，或在钻进过程中遇到新的良好油气层，急需了解新油气层试油结果时，均可考虑完钻。

(4) 加深钻探。新探区井已钻达设计井深尚未达到钻探目的，或全井未见良好油气显示需要继续钻探新层时，在钻机能力允许的情况下，可酌情确定加深钻探。

二、完井测井内容

依据岩屑、岩心等录井资料判断所钻井已完成钻探目的，经上级同意即可进行完井测井工作。测井内容应根据不同地区的地质、地球物理特性、测井解释的地质任务来确定。一个地区所选择的测井系列是否合理，主要取决于是否能够清楚地鉴别岩性，划分储集层，减少与克服环境的干扰，比较精确地提供主要的地质参数，以及能够比较可靠地评价油、气、水层，所以不同的油气田或不同区块的测井内容是有一定差异的。测井内容，一般包括标准测井和组合测井。下面以华北、四川地区为例进行说明。

1. 标准测井

华北地区：1∶500 的 2.5m 底部梯度电极、0.5m 电位电极、自然电位、井径四条曲线。

四川地区：1∶500 的 1m 底部梯度电极、自然电位、井径三条曲线。

2. 组合测井

测井内容往往随不同地区、不同岩性剖面（如砂泥岩剖面、碳酸盐岩剖面、膏盐剖面等）而有一定的差异。

(1) 华北地区。砂泥岩剖面有 1∶200 的有 0.45m 底部梯度电极系、自然电位、微电极、自然伽马、感应、声速、井径，1∶500 的 2.5m 底部梯度电极、自然电位。

(2) 四川地区。砂泥岩剖面有 1∶200 的 1m 底部梯度电极系（有的层位用 4m 或 0.45m 底部梯度电极系）、自然电位、自然伽马、声速、井径。

(3) 胜利油田。砂泥岩剖面有 1∶200 的微电极、0.45m 梯度电极、0.45m 电位电极、声波时差、自然电位、感应。

(4) 江汉油田。膏盐剖面有 1∶200 的 4m 底部梯度电极、微侧向、深浅双侧向、自然伽马、感应、声彼时差、密度、井径。

(5) 碳酸盐岩剖面。碳酸盐岩剖面有 1∶200 的自然电位、自然伽马、中子伽马、深浅双侧向、声速、井径，1∶500 的 2.5m 底部梯度电极、自然电位。

各地区在取心井段，组合测井还应测 1∶100（或 1∶50）的放大曲线。除以上测井内容外，还要进行井斜测量。检查固井质量时，还要进行声波幅度测井、放射性测井、磁性定位测井、井温测井。

三、完井测井时的地质工作

(1) 测井前应保证井眼畅通，应通井循环钻井液，调整钻井液性能，彻底清洗井底，使井底无沉砂，无落物，使钻井液性能适于测井要求。起钻前应留一杯（大于 200mL）钻井液样，供测井队测钻井液电阻率。

(2) 测井之前，应向测井人员详细介绍井下地层情况和井身结构，并提供以下数据。

①补心高：指钻井平台方补心至地面的距离，即方补心的地面高度。一般的井深数据都是从钻井平台方补心算起。

②钻头程序：各种不同直径钻头所钻深度。

③表层套管（或技术套管）内径和下入深度。

④井斜情况及井下落物等事故情况。

⑤油、气、水层显示井段，测井通知单（内容有井号、井深、井身结构、地层分层、油气层位置、井斜情况、井眼复杂情况、测井要求项目、井段、性能等）。

(3) 记录测井日期、测井井深、测井项目、比例尺、测井过程中井下情况等。

(4) 会同测井人员对曲线质量进行检查，校核各种曲线测深及井径曲线值。

(5) 地层、油气层与岩电符合关系情况：

①用测出的原图与邻井初步进行对比分层，进一步落实完钻层位。

②初步以电性分辨油气层好坏。

③找出可疑的油、气、水层和岩电矛盾的层位，进行井壁取心。

(6) 描绘部分测井曲线作为初步整理资料及井壁取心用。

四、测井时的现场地质工作

(1) 测井前应按设计规定测井项目，估测测井所需时间，并通知工程人员处理循环好钻井液，做好测井准备工作。

(2) 测井车达到井场，现场地质负责人应向测井队介绍本井井深结构、套管尺寸及下入深度、钻井液性能及井下复杂情况等，备好录井剖面，供测井解释人员参考。

(3) 若测井过程中遇阻、遇卡时，记录遇阻、遇卡井段，并协助测井队查明原因。需通井时，要及时向主管领导汇报，组织下钻，做好工作，以便二次顺利测井。

(4) 若井下有油气水上窜情况，应根据其上窜速度计算和掌握钻井液最长静止时间。测井过程中应该注意井口动静，避免测井时间过长发生井涌或井喷。若有钻井液返出，应及时查明原因，有漏层的井应组织力量采取措施。测井过程中应注意井内液面下降情况，以防出现复杂情况。

(5) 测井过程中，地质记录人员要记录测井起止时间，包括仪器开始下井时间和全部测完后仪器出井口的时间，以及测量项目、井段、比例尺。

(6) 收集测井时井内全套钻井液性能数据。

(7) 收集井斜数据，检查井深质量。若不符合该区质量标准，要立即向上级汇报。

(8) 测井图出来后，立即与邻井对比，落实目的层钻达情况。若岩屑、岩心录井已钻到目的层，而测井发现未到完钻层系，要立即向有关部门汇报，请示下步措施。

(9) 收集平均井径数据，供有关部门计算水泥使用量。

(10) 若有测井项目未按规定测量，应将未测项目、井段、比例尺等记录下来，供再测时参考。

任务实施

一、目的要求

(1) 完井测井时，能向测井队提供相关的地质资料。

(2) 能看懂测井通知单，并收集、记录现场测井资料。

二、工作程序

(1) 向测井队提供相关地质资料，包括：

①向测井队详细介绍本井的地质和工程情况。

②提供基础数据，包括井号、井深、地层层位、补心高度，一开、二开或三开时间，井身结构，表层套管或技术套管的内径、外径、总长、联入、下深，钻井过程中的井下复杂情

况及测斜情况。

③提供本井的钻井液性能、取心情况、井斜情况及工程事故处理情况。

④固井质量测井时需提供套管的阻流环深度及短套管位置。

⑤提供本井的油气水显示井段及录井情况。

（2）收集、记录测井通知单的测井系列、测井项目及相应的要求、措施。

（3）记录测井起止时间，测井时井下遇阻、遇卡的井深、层位等。

（4）记录测量井段、层位、测井项目及比例尺，并观察记录测井时的井控情况。

（5）收集井斜数据，检查井身质量是否符合质量标准。如不符合，应立即向上级汇报。

（6）检查测井曲线质量，记录漏测曲线长度。若不符合有关要求，及时向上级汇报。

（7）配合测井解释人员在现场确定油气层顶、底界深度。

（8）若测井井深与钻具井深的差值超过允许范围，应与测井人员一起寻找原因，进行纠正。

任务考评

（1）完钻井深如何确定？

（2）测井时的现场地质工作有哪些？

项目十一　完井地质资料的收集

任务一　井壁取心作业

任务描述

用井壁取心器，按预定的井下深度，在井壁上取出地层岩心的方法称井壁取心。井壁取心通常是在完井测井后进行。有时为了及时查明油气层，也可结合中途测井进行中途井壁取心。

任务分析

一个取心器上有36个炮孔，每孔内装有一个取心筒，孔底装有炸药。取心器通过电缆接到地面仪器车上，以便在地面控制取心深度和点火发射。点火后，炸药将取心筒强行打入井壁，取心筒被钢丝绳连接在取心器上，上提取心器即可将岩心从地层中取出。取心一般是自下而上进行的，每次可取数颗或数十颗岩心。

井壁取心用来落实岩性、含油气性，解决地质和地球物理测井解释的疑难问题，或者满足地质方面特殊需要所采取的重要方法。在油气田勘探初期，为了提高勘探速度，采用以岩屑为主的综合录井方法来解决有无油气层的问题时，井壁取心有着更为重要的意义。

相关知识

一、井壁取心层位的确定

井壁取心的目的是为了证实地层的岩性、含油性以及岩性和电性的关系，或者满足地质方面的特殊要求。因此，井壁取心并不是在全井或每口井都要进行，而是根据不同的取心目的选定一定的层位进行。一般下列几种情况均应进行井壁取心：

（1）证实油气层段及可疑油气层段。

（2）钻井取心收获率低未能满足地质资料要求，或岩屑录井时漏取砂样需要进一步落实的井段。

（3）录井资料中的岩性、含油性和测井解释中的电性不相符合的层位。

（4）某些具有研究意义的标准层、标志层以及其他特殊的岩性层位。

（5）为了满足地质特殊要求而选定的层位，如为了确定某段地层的地质时代等。

二、井壁取心位置的确定

在实际工作中，当一口井的某些层位已确定需要进行井壁取心后，还应具体确定井壁取心的深度位置。地质、气测、测井绘解等人员一方面根据地质设计的要求，另一方面根据岩心录井、岩屑录井、测井中所发现的、急需解决的问题，在现场经综合分析研究确定井壁取心的深度，并把具体的取心位置、取心深度、取心颗数自下而上标注在1∶200的0.45m底部梯度视电阻率曲线上（个别情况也可标注在自然电位曲线上），同时将取心顺序、深度、颗数、取心目的填写在井壁取心通知单上，以此为准进行施工。

应该指出的是，为了了解地层含油情况，取心时应优先考虑油层部位，确保重点部位都能取上岩心。在油层井段确定取心位置时，应定在测井显示最好的部位；若油层较厚，应分别在上、中、下各部位取心，以便了解油层含油性在纵向上的变化情况。有时为了了解油层的储油物性，地质设计规定每米取心 5 颗，此时只要将 5 颗取心位置均匀布置即可。

三、跟踪井壁取心

通过井壁取心所获得的岩心，是直观认识和验证井下地层岩性、物性、含油性以及岩电关系的第一性资料。如果取心深度不准，不仅所取的岩心毫无价值，甚至会造成对井下情况的错误判断，因而卡准取心层位及深度是搞好井壁取心的关键。为此，现场施工时，通过跟踪一条预先测得的测井曲线（这条测井曲线称为被跟踪曲线），从而找准取心层位，卡准取心深度进行井壁取心，这种方法称为跟踪井壁取心。

目前常用的被跟踪曲线是 1∶200 组合测井曲线中的 0.45m 底部梯度视电阻率曲线，个别情况下也采用自然电位曲线。

跟踪井壁取心的仪器包括井下取心工具和地面控制仪器两大部分。

井下取心工具主要包括 0.45m 的底部梯度电极系、选发器和炮身。电极系用于测量跟踪曲线。选发器装在取心器上部，其作用是控制炮弹的发射顺序，使炮弹由下向上逐一发射。炮身与选发器相连。炮身上有 36 个炮口，可装 36 个岩心筒，一炮最多可取 36 颗岩心。

地面控制仪器中有一测井曲线自动记录仪，可将井下 0.45m 梯度电极系的测量结果直接绘在跟踪图上，以便与被跟踪曲线对比，卡准取心位置。

1. 跟踪曲线的绘制

取心前，将被跟踪的 0.45m 底部梯度视电阻率曲线及预定的取心位置和颗数都事先绘在具有方格网的跟踪图上。在被跟踪的曲线上选一特征突出、易于识别、位于第一颗取心位置以下并且距离较近的明显峰作为跟踪的标记和深度记号。然后将带有 0.45m 电极系的取心器下放到这一明显尖峰所在深度位置以下的井段，自下而上测一段 0.45m 底部梯度视电阻率曲线，并被自动记录笔尖绘在跟踪图上，这条曲线即是跟踪曲线，如图 11-1 所示。

把跟踪曲线与被跟踪曲线进行对比，若两条曲线的幅度、形状特征一致，表明井下仪器所在位置即是被跟踪曲线上相对应的深度位置，此时可利用眼踪曲线进行井壁取心。如果对比时发现不一致，则可上下调节跟踪图，使测得的这段跟踪曲线与被跟踪曲线上的相应层位符合。

2. 放炮取心

开始取心时，一边上提电缆，一边测跟踪曲线。当记录笔尖走到被跟踪曲线上的第一个取心位置时，表明井下电极系的记录点正好位于第一个预定的取心深度上，但各炮口还在第一个取心位置以下。为了使第一个炮口（最下面的一个炮口）与第一个取心位置对齐，还必须使取心器上提一段距离，这段上提值就是首次零长（图 11-2 中 h_1）：

首次零长＝电极零长（记录点 O 到电极鼻钩的距离）＋绳套长度

＋取心器上鼻钩到第一个炮口中心的距离

首次零长数据是在井口实际丈量取得的。对于第二颗取心位置、第三颗取心位置等等，其上提值就应当是相应的第二个炮口、第三个炮口……的零长（h_2，h_3，h_4，…，h_{35}，h_{36}）。

对同一套取心器，各炮口零长是定值，且相邻两个炮口中心距离都是 5cm。因此，除首次零长外，其余各炮口零长等于首次零长减去第一个炮口（最下一个）到该炮口的距离。

现场施工时，除采用上述方法卡准放炮位置外，还常常采取跟踪到作为深度记号的明显尖峰时采取下式计算：

首次（取第一颗岩心）上提值＝（尖峰深度＋首次零长）－第一颗取心深度

其他颗上提值＝前一颗取心深度－后一颗取心深度－5cm

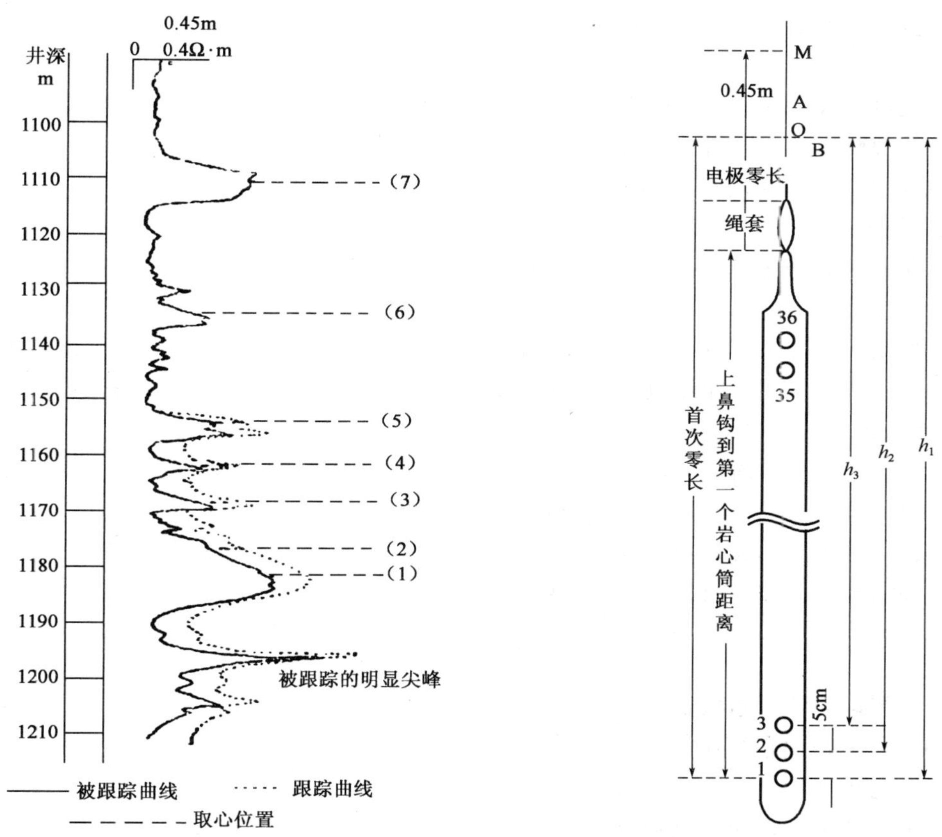

图 11－1 跟踪取心示意图　　图 11－2 首次零长计算示意图

根据上提值，用仪器自动控制取心器上提距离，并使炮口逐一对准取位置自动点火，把岩心筒打入井壁。每放一炮都要立即上提电缆，使岩心筒从井壁中拨出，这样一颗岩心就取出来了。如此反复进行，直到全部点火放炮，将取心器提出井口。

放炮取心过程中还应记录点火炮数、取心筒个数等数据，以便取完心后进行收获率计算。

3. 岩心出筒

当取心器提出井口后，立即由有关人员依次取下岩心筒，严格对号装入事先编号的塑料袋中。如果有的岩心筒是空的，即让相应编号的塑料袋空着，表示无岩心，同时要记录未响颗数和实取颗数等数据。

岩心出筒时，每顶出一颗，立即用标签把深度标上，千万不能把深度搞错，否则所取岩心毫无价值。出筒时不要把岩心弄碎，尽可能保持完整性。对已出筒的岩心，由专人用小刀刮去泥饼，检查岩心是否真实，岩性是否与要求相符，如不符合要求，应及时把深度和颗数通知炮队，以便重取。

四、井壁取心的描述和整理

1. 岩心描述

描述内容基本上与钻井取心描述的内容相同，但是，井壁取心的岩心是从井壁上取出来的，受钻井液浸泡、岩心筒冲撞等因素的影响较大。在描述岩心时，应注意以下事项。

（1）确定含油级别时，应考虑钻井液浸泡的影响，尤其在混油或泡油井中更要注意。

（2）在注水开发区和油水边界进行井壁取心时，岩心描述应注意观察含水情况，做滴水及氯仿沉降试验。

（3）在可疑气层取心时，取出岩心应及时嗅味，并进行含气、四氯化碳和荧光试验。

（4）在观察描述白云岩时，有时也会发现白云岩与稀盐酸作用起泡强烈，这是因为岩心筒的冲撞作用使白云岩破碎，与盐酸作用时接触面积大大增加。在这种情况下，应注意与石灰岩类的区别。

（5）如果一颗岩心有两种岩性，则都要描述，可参考测井曲线所反映的岩电关系来定名。

（6）如果一颗岩心尽有三种岩性或三种以上岩性，就描述一种主要的，另外的则以夹层或条带处理；或参考测井曲线以一种岩性定名，其余两种岩性以夹层或条带处理。

2. 井壁取心的整理

岩心描述完毕后，将岩心用玻璃纸包好，含油砂岩应及时封蜡，然后连同填写好的标签一起装入井壁取心盒内，并在盒上注明井号、井深和编号。

此外，应计算取心收获率，并填写送样清单，连同井壁取心描述记录送交有关业务部门。井队地质组应自留一份，以供完井资料整理时使用。

$$井壁取心收获率=\frac{实取颗数}{总颗数-未响颗数}\times100\%$$

五、井壁取心注意事项

取心过程中，因炮身在井内上下活动，起抽吸诱导作用，要注意观察井口有无油气显示，并注意防止井喷。

遇到下列情况时，应注意补取岩心：取心深度和颗数不符合要求；取出的是泥饼；岩心岩性与预计的不符，应调整取心部位重取。

由于被跟踪曲线上选定的明显尖峰是进行跟踪和深度计算及卡准取心层位的标准，因此，选定的明显尖峰应和实际取心位置较近。如果取心位置较分散，则应在相应层位分别选择作为跟踪标记的明显尖峰。同时，在把跟踪曲线与被跟踪曲线对比时，一定要确认对比层位准确无误后才能使用跟踪曲线进行井壁取心，以保证所取岩心的准确性。

井壁取心前还应做好有关物质准备：收集钻井工程施工情况、地质录井情况、测井情况、油气显示及钻井液性能等资料数据，并向施工人员详细介绍，以保证井壁取心工作的顺利。

六、井壁取心的应用

（1）了解储集层的物性、含油性等各项资料。

（2）对取心进行分析实验，可获取生油层特征及生油指标。

（3）弥补其他录井项目的不足。

（4）解释现有录井资料与测井资料不能很好解释的层位。

（5）利用井壁取心可以满足一些地质的特殊要求。

井壁取心属于实物资料，具有直观性强、方法简便、经济实用等优点，也存在岩心体积小、代表性差、取心收获率较低等缺点。随着井壁取心技术的发展、地质分析化验方法的进步，从井壁取出的岩心在解决地层层位、沉积特征、岩性组合、沉积相及储集层特征、生油岩指标、地层和小层对比、油藏描述等方面提供了可靠的第一性资料，同时也为地震、测井的综合解释提供了地质依据。重视并充分发挥井壁取心的作用，是经济、有效地搞好石油勘探与开发的重要环节。

任务实施

一、目标要求

能进行井壁取心的出筒、整理及描述。

二、资料与工具

小塑料袋、油漆、岩心标签、捅心工具、四氯化碳、试管、稀盐酸、荧光灯、管钳、台钳、小刀、井壁取心盒、井壁取心瓶、井壁取心描述记录本等。

三、步骤和方法

1．井壁取心出筒

(1) 取心器从井口提出后，平放在钻台大门坡道前的支架上，每卸出一个取心筒，立即按取心深度装入相应编号的塑料袋内。如果是空筒，相应编号的袋子应空着，然后拿到地质值班房。

(2) 左手握住取心筒上部，右手握住弹头，逆时针方向旋转，将岩心筒卸开。若拧不动，可用管钳或台钳卸开。

(3) 用捅心杆和榔头捅出岩心，用小刀刮去泥饼并擦净，逐个放在纸上，同时标上岩心编号。在与炮队校对深度无误后，进行岩心粗描，并进行荧光湿照。对有油气显示的岩心做好标记，进行含油、含水试验，并记录分析结果。

(4) 初步判断岩性，检查岩心的真实性，检查岩心是否与预计的岩性相符。

(5) 对于假岩心、空筒、岩性与预计不符的，应写明井深、颗数，通知炮队，准备重取。

2．井壁取心整理

(1) 将岩心装在专用的玻璃瓶中，按由深至浅的顺序重新编号，排列在井壁取心盒内。

(2) 将写有编号、深度、岩性、含油级别的岩心标签装入相应的岩心瓶中。对含油气岩心，需要用玻璃纸包好并封蜡。

(3) 填写岩心描述清单，附在井壁取心内，并在井壁取心盒顶面贴上井号。

3．井壁取心描述

(1) 检查岩心。打开井壁取心盒，检查井壁取心的编号、深度及排列顺序是否正确；岩心排列顺序有无颠倒现象；各颗岩心是否真实，有无泥饼等假岩心。

(2) 按顺序取出岩心，结合岩性初步判断记录，逐颗进行描述。

(3) 进行井壁取心描述，按由深至浅的顺序进行。

岩心定名：颜色＋含油级别＋含有物（胶结物成分、粒级、化石等）＋岩石。

描述内容：深度（取一位小数）、颜色、岩石成分、结构、构造、胶结物及胶结程度、分选情况、化石及含有物、岩石的物理化学性质、含油气情况及荧光检测情况。对于必要的井壁取心样，还要做含油气试验。

(4) 将描述完的岩心放回原瓶，盖好盖，并贴上写有编号、深度、岩性、含油级别的标签，按编号顺序放回井壁取心盒。

任务考评

（1）如何确定井壁取心层位？

（2）岩心描述时应注意哪些问题？

任务二　认识下套管过程中的地质工作

任务描述

将按强度要求设计好的套管和其附件组成的套管柱下入到已钻出的井眼内的工艺叫下套管。套管下到井内后，在固井和以后的生产过程中，要受到各种外力的作用，很容易遭受到破坏，一旦套管被破坏，就会影响生产，甚至使井报废。因此，必须要进行合理设计，正确选择套管的钢级和壁厚，使之既安全又经济。

任务分析

掌握油层套管的结构，熟悉下油层套管前的准备工作，掌握下套管过程中及下完后应收集和整理的资料。

相关知识

一、井身结构

井身结构（图 11－3）主要包括套管层次和每层套管的下入深度、各层套管相应的井眼尺寸（钻头尺寸）、各层套管外的水泥返高。合理的井身结构可以保证一口井能安全钻达预定井深，能防止钻进中的产层污染。它不但关系到钻井工程的整体效益，而且还直接影响油井的质量和寿命，因而在进行钻井工程设计时首先要科学地进行井身结构设计。

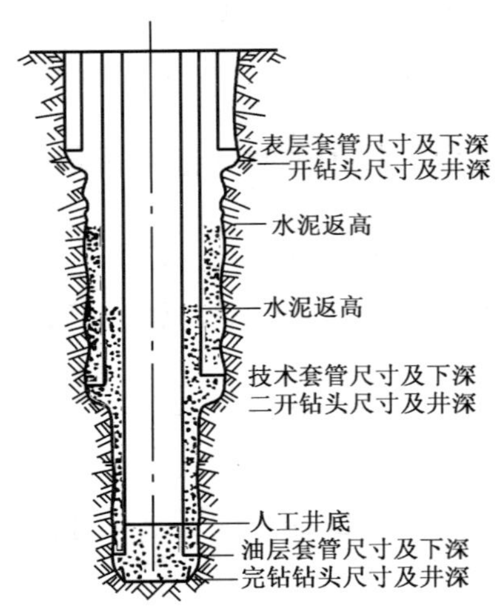

图 11－3　下套管时井身结构示意图

通常情况下，地层越复杂，井越深，则井身结构也越复杂。在断裂和地层情况较复杂的地区钻探井，为了留有余地，以保证按设计要求完成钻探任务，套管程序最好能加大一级。根据钻井和油气开采的要求，在一口井内往往需要下入几层直径依次减小的套管。

（1）表层套管。表层套管主要有两个作用：一是在其顶部安装套管头，并通过套管头悬挂和支承后续各层套管；二是隔离地表浅水层和浅部复杂地层，使淡水层不受钻井液污染。表层套管鞋必须下在有足够强度的地层上，以免发生井涌而关井后将套管鞋处的地层压漏，产生井下井喷。表层套管的水泥浆应返至地面。

（2）技术套管。技术套管的作用是隔离不同地层孔隙压力的层系或易塌易漏等复杂地层。根据需要，技术套管可以是一层、两层甚至多层。技术套管的水泥一般应返至所封隔层顶部 100m 以上。对高压气井，为了更好地防止漏气，应将水泥浆返至地面。

（3）生产套管（通常称作油层套管）。油层套管是钻达目的层后下入的最后一层套管，其作用是保护生产层，并给油气从产层流至地面提供通道。油层套管的水泥一般应返至所封隔油气层顶部 100m 以上。对高压气井，水泥浆应返至地面，以加固套管，增强螺纹密封性，提高套管抗内压能力。

（4）尾管。尾管常在已下入一层中间套管后采用，即只在裸眼井段下套管注水泥，套管柱不延伸至井口。尾管若下在中间，其作用与技术套管相同；尾管若为钻达目的层后下入的最后一层套管，则其作用与油层套管相同。尾管外的水泥一般应返至所封隔的复杂地层顶部或油气层顶部 100m 以上。

井身结构不是一程不变的，应该尽可能利用各种条件以消除和克服复杂情况，争取减少套管层次，尽量少下或不下技术套管，减少表层套管下入深度。

二、油层套管柱结构

完钻以后为开采油气所下的套管为油层套管。油层套管柱的结构自下而上如图 11－4 所示。

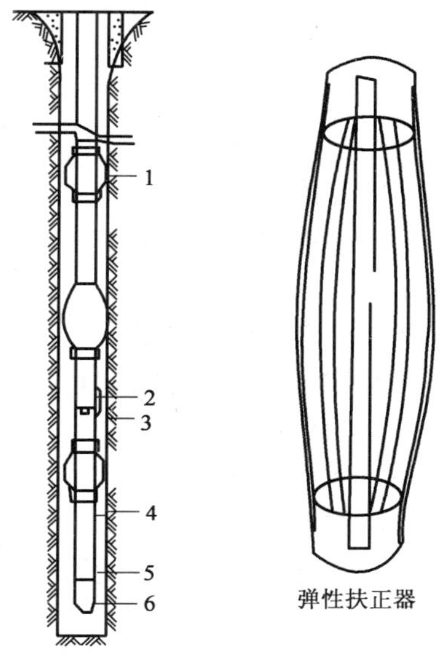

图 11－4　套管柱下部结构示意图

1—扶正器；2—承托环；3—回压阀（阻流环）；4—旋流短节；5—套管鞋；6—引鞋

（1）引鞋：一般用生铁或硬木料制成，在下套管过程中可防止套管底部碰刮或插入井壁，引导套管下入弹性扶正器井内。

（2）套管鞋：位于引鞋上面，在起钻时可引导钻具进入套管，以免钻柱的接头和钻头等碰挂管柱的端。

（3）旋流短节：具有螺旋（左旋）排孔的短节，接于套管鞋其作用是使水泥呈旋流上返，以便把钻井液全部替走，提高固井质量。

（4）回压阀：作用是下套管过程中可防止井液进入套内，以减轻套管柱的重量；注水泥结束后，防止替入井筒中的水泥浆返回套管内。

（5）套管：用无缝钢管制成。当下的深度较大时，往往在上部、井底的两段采用壁厚套管或钢级较好的套管，防止套管上部被拉断、深部被压扁。

（6）磁性定位短节：是专选的短套管，下在主要油层深度附近。因为长度特殊，在“接箍”曲线上易于辨认，所以在射孔时作为深度丈量的标志。

（7）扶正器：用弹簧钢片焊成，套在套管壁外，下到油层顶界以上或油层井段夹层较厚的地方（防止正对油层，造成射孔的困难）或井径小、井斜变化大的位置，使套管在井筒中不偏不靠，以便固好井。

（8）联顶节：是一根比钻台高度稍长的套管，上端连接“水泥头”，便于固井操作。完井后卸掉联顶节，顶部的套管内螺纹接箍正好在地表附近，便于安装采油树和试油工作。

三、下油层套管前的准备工作

（1）根据最下部的油气层底界，提出套管下入深度，确定套管鞋的位置。若为砂岩储集层，套管鞋应在全井最下一个油层底界以下 40～70m，或者要求套管回压阀必须在全井最下一个油层底界以下 20～50m（现场称口袋）；若为碳酸盐岩孔洞裂缝储集层，则套管鞋应下在油气层顶界，以便用小钻头钻经套管回压阀直至钻开油气层而裸眼完成。应视各地区不同性质的储集层的条件而决定套管鞋位置。

（2）根据最上一个油气层顶界，管外水泥上返深度一般要求水泥返至最上一个油气层顶界以上150～200m。如果是注水井，则返至注水层位以上150～200m即可。如果油气层井段很长，且有分段集中的特点，工程上采用多级注水泥的施工方法，封固段的确定比较复杂。高压油气井油层套管外的水泥则要求返至地面。

（3）计算套管实际下入深度。地质人员应协同工程人员根据设计要求，编排套管顺序，丈量套管长度，确定实际下入深度：

套管下入深度＝联顶节方入＋套管总长＋套管鞋长

（4）设计特殊套管的位置。作为控制射孔深度记号，可在最上一个油层顶界之上20～50m，或大段油层中部设计一特长或特短的套管。

（5）设计扶正器位置。扶正器的作用主要是使套管在井眼居中，固井时使水泥均匀地封固住套管与井壁间的环形空间，保证固井质量。扶正器应放在小井眼及井斜变化比较大的要封水泥的井段，且避开油气层。

（6）收集钻井液性能资料。下套管前，应注意收集全套钻井液性能资料，供以后分析固井质量时参考。

四、下套管过程中及下完后应收集和整理的资料

（1）详细记录下套管起止时间、中途循环时间、遇阻井深、遇卡井深及处理情况。

（2）观察钻井液返出情况。

（3）下完套管后开泵循环钻井液时，应记录循环起止时间、排量、泵压、钻井液性能以及钻井液槽面显示情况。

（4）按规定表格整理套管记录。套管记录填写内容如表11－1所示。

表11－1　套管记录表

编号	下井序号	尺寸，in	钢级	壁厚 mm	单根长，m	累计长，m	下入深度，m	备注
					3.21			联顶节方入
1	280				9.54	2890.19	12.75	
2	279	$5\frac{1}{2}$	D	10.0	9.35	2880.64	22.11	短套管位置
⋮	⋮				⋮	⋮	⋮	
279	2				10.20	20.41	2883.38	
280	1				10.01	10.21	2893.39	
					0.20	0.20	2893.50	套管鞋

注：（1）表格中的编号和下井序号是相反的，编号是自井口编起至井底止，而下井序号则是自井底编至井口。联顶节方入不编号。

（2）累计长度是自套管鞋长度算起至联顶节方入下一根套管为止，也就是套管鞋长加套管总长，而下入深度则从联顶节方入算起至井底套管鞋为止。

（3）备注栏内应注明扶正器位置、联顶节方入、特殊套管位置等内容。

任务实施

一、目的要求

能够丈量、检查套管，填写套管记录。

二、资料与工具

（1）准备工具，包括钢卷尺（20m以上）、白漆、记录本、钢笔、计算器、排笔等。

（2）掌握本井设计对下套管的要求。

三、步骤和方法

（1）丈量套管。丈量时从内螺纹一端的顶端丈量到另一端外螺纹根部，外螺纹的螺纹部分不计入长度。

①卸下外螺纹护丝，由两人用15～20m钢卷尺拉直一次性丈量，另一人进行记录。

②丈量时，把内螺纹接头顶端或外螺纹根部对准钢卷尺0m处，在另一端读数，读数精确到厘米，厘米以下按“四舍五入”记录。

③重复丈量和校对长度记录，两次误差不得超过1cm。

④校对无误后，用白漆在套管一端标明长度和编号。

（2）检查复核套管。

①查对套管钢级、尺寸是否与设计要求相符，不符合者不得入井，并做好标记。

②通内径：用直径小于套管内径3mm、长30～50cm的标准内径规逐根通过，通不过者不准入井，并做好记录。

③查对数量：数量没送够时不能组织下套管。

④查对套管是否有弯曲、损坏，有弯曲和损坏的套管不能入井，并做好标记。

（3）编号。按下井顺序，先下井的套管编小号，后下井的套管依次增大，并抄写在套管记录中，计算出累计长度。

（4）协助大班或技术员编排套管串，按入井顺序依次编号，计算出累计长度，标出短套管和粘砂套管的位置，并对照固井通知单核对短套管和粘砂套管位置是否有误。

（5）记录下套管的起止时间。

（6）收集、记录下套管前后及下套管过程中的油气显示和钻井液性能资料。

（7）记录下套管过程中遇阻、遇卡及漏失情况。

（8）套管下完后，记录开泵循环钻井液的起止时间、排量、泵压、钻井液性能及槽面显示情况。

任务考评

（1）什么是井身结构？各层套管有什么作用？

（2）下油层套管时应做哪些准备工作？

任务三　认识固井过程中的地质工作

任务描述

固井是油气井建井过程中的一个重要环节。固井工程包括下套管和注水泥两个生产过程。套管下入井内后，向井内注入一定量的水泥浆并将水泥浆挤入套管和井壁之间，水泥浆凝固后，就可把套管和井壁间的环形空间封闭起来，达到封固地层的目的。这一工艺过程叫固井，俗称“打水泥”。固井的目的一是保护井壁，防止井身垮塌，保证钻井工作的正常进行；二是封隔不同压力系统的油、气、水层，防止它们互相窜通，并使油气流在井内形成一条畅流到地面的通道；三是便于安装井口设备，控制井喷。固井工作的好坏不仅影响一口井的生产，还对整个油气田的合理开发有很大影响。因此，搞好固井工作对提高固井质量有着重要的实际意义。

任务分析

一口井固井质量的优劣不仅影响到井的继续钻进，而且影响到井今后能否顺利生产，影响到井的采收能力与寿命。因此，一口井的固井质量，从开始固井设计到具体施工，都应认真对待。固井时要消耗大量的钢材及水泥。据统计，生产井的固井成本要占全井成本的10%～25%甚至更多，因此还应当在保证质量的前提下尽可能节省材料，降低成本。

相关知识

一、测量水泥浆密度

注水泥时地质人员应协助施工人员不断地测量水泥浆密度，并做好记录。如果水泥浆密度过低或过高，应及时向施工人员提出，加以调整，使整个施工过程中注入的水泥浆密度保持均匀，以提高固井质量。一般要求水泥浆密度不得低于1.850，密度太低，水泥凝固时间长，水泥环强度小，渗透性大，且有较多的自由水，容易形成“水带”，引起窜漏，影响固井质量。

测量完水泥浆密度后，及时算出平均密度，并将最大、最小、平均密度记录下来。

二、收集有关注水泥过程中的数据和资料

（1）注水泥起止时间（注水泥开始到碰压为止的时间）、各工序（打隔离液、注水泥、替钻井液）时间、注入量（包括各水泥车注入量和累计注入量）、注水泥时的泵压、水泥浆密度。

（2）记录替钻井液起止时间、替入钻井液量、泵压、替入钻井液性能。

（3）记录碰压压力和碰压时间。

（4）注水泥和替钻井液时要观察井口钻井液返出情况，有无井漏及憋泵现象。

（5）注水泥过程中，分别取1～2个水泥样品，以备检查固井质量时用。

三、固井质量检查

注完水泥后，关井候凝，一般历时24～48h。在候凝时间内应观察井口压力变化情况，有无油、气、水逸出。如有油、气、水逸出，则应及时采取措施，必要时应收集样品送化验室分析。

固井后应检查固井质量。固井质量合格的标准是：套管不断、不裂、不窜、不漏，试压合格，管内水泥塞深度（即人工井底）和管外水泥返高均能达到预计要求。固井质量检查的方法现场采用以下几种。

1. 试泵检查法

套管试泵（试压）的目的是检查套管的密封程度（有无破、漏现象），通常在候凝24h后试泵。试泵时用水泥车采用原井液而不用清水。不同地区、不同类型、不同尺寸的套管试泵合格的标准不同。例如，华北地区套管试泵要求见表11－2。

表11－2 华北地区套管试泵要求

套管尺寸，in	试压压力，MPa	时间，min	压力下降，MPa
5	15	30	＜0.5
6	12	30	＜0.5
8	10	30	＜0.5
10	8	30	＜0.5

对于深探井一般要求是：表层套管要求试压 8MPa，技术套管要求试压 15MPa，油层套管要求试压 15～20MPa，均要求压力上升到规定数值开始记时间，在 30min 内压力下降不超过 0.5MPa 为合格。

试压过程中，如果 30min 内压力下降越过 0.5MPa 证实套管有破裂或漏失现象，则应及时查明原因。试泵时应收集试泵时间、试泵方法及压力变化等资料，若试泵不合格应说明原因。

2. 测井方法

在候凝 24h 内利用井温测井主要检查管外水泥返高和管内水泥塞面位置。在候凝的 48h 内利用声波、放射性和磁性定位测井检查管外水泥返高、水泥环封固质量。声波幅度曲线、井温曲线对固井质量的反映特征如表 11－3 所示。

表 11－3　固井质量反映特征表

<table>
<tr><th colspan="2">测井项目
检查内容</th><th>声波幅度曲线</th><th>井温曲线</th><th>备注</th></tr>
<tr><td colspan="2">管外水泥面的确定</td><td>水泥面定在曲线幅度从下往上由低值突变为高值的半幅点处</td><td>水泥面定于曲线梯度往下突变为高温台阶的中点处</td><td rowspan="4">下钻到底，“井底”无水泥塞或只有疏松混浆水泥为井底替空的表现</td></tr>
<tr><td rowspan="3">环形空间固井质量</td><td>良好</td><td>曲线值低而较平直，曲线幅度为水泥面以上曲线幅度的 20%以内</td><td>在井温梯度基值呈背斜规律变化的背景上，曲线变化与井径曲线对应吻合</td></tr>
<tr><td>中等</td><td>曲线随井径有小幅度的变化，但变化不大</td><td>井温梯度不随井径变化幅度而变化（表明管外混浆）</td></tr>
<tr><td>较差</td><td>曲线幅度变化大，常随井径而明显变化，曲线幅度值为水泥面以上曲线幅度值 30%以上</td><td>井温曲线平直无斜率或反而降温时，表明为管外混浆窜槽</td></tr>
<tr><td colspan="2">“井底”套管鞋附近固井不合格</td><td>曲线反映为固井质量较差的大幅度变化</td><td>井温曲线呈降温显示为井底砻空无水泥的表现</td><td rowspan="2">在测井温、声幅时，可同时测磁性定位及放射性</td></tr>
<tr><td colspan="2">说明</td><td>在固井后 24～48h 内测井效果较好。声幅曲线只反映套管与水泥的胶结好坏，不能反映水泥与井壁的胶结好坏，在混浆井段曲线幅度受井径大小影响</td><td>在固井后 24h 内进行，曲线常明显受井径变化影响，数值也受地热梯度的控制而呈背斜线上升</td></tr>
</table>

影响水泥胶结测井曲线的因素主要有：

（1）测井时间的影响。灌注水泥固井有个凝固过程，这是水泥强度不断增大的过程。套管波的衰减与水泥强度有关，强度小衰减小。在未凝固好的井段测井会出现高幅度值，因此要待凝固后测井。测井过晚，会因为钻井液沉淀固结，井壁坍塌造成无水泥井段声幅低值的假象，一般固井后 24～48h 之间测量最好。

（2）水泥环厚度的影响。实验证明，水泥环厚度度大于 2cm，水泥环厚度对水泥胶结测井曲线影响是个固定值，小于 2cm 时，水泥环厚度越薄，曲线幅度值越高，因此，应用声波幅度测井检查固井质量时，应参考井径曲线进行。

（3）井筒内钻井液气侵会使声波能量发生较大的衰减，造成水泥胶结测井曲线幅度降低的现象。在这种情况下，容易把没胶结好的井段误认为胶结良好。

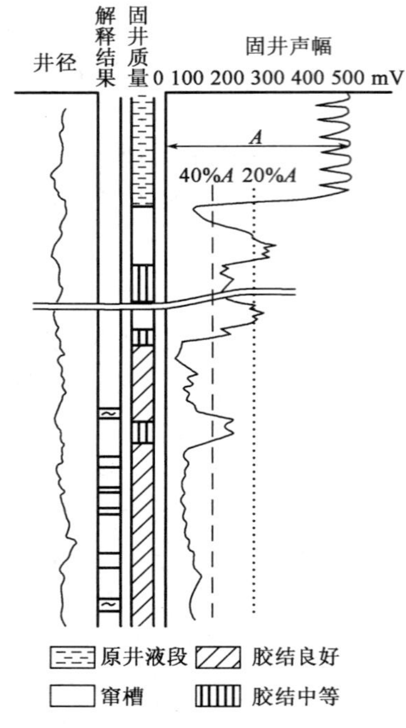

图 11－5　水泥胶结测井曲线实例

图 11－5 给出了水泥胶结测井曲线，从图中可以看到：

(1) 曲线在水泥面以上曲线幅度最大。在套管接箍处出现幅度变小的尖峰，这是因为声波在套管接箍处能量损耗增大的缘故。

(2) 深度由浅到深，曲线首次由高幅度向低幅度变化处为水泥面返高的位置。半幅点处对应水泥面深度。

(3) 在套管外水泥胶结良好处，曲线幅度为低值。

3. 探套管内水泥塞深度

水泥塞深度也称“人工井底”，探水泥塞深度的方法有两种：

(1) 实探（或硬探）。当用原钻机试油时，用油管下到套管内探水泥塞位置，这样探得的人工井底数据较可靠。

(2) 软探。用电缆下到套管内探人工井底，这样探得的人工井底数据准确性较差。如果探得的人工井底在油层底界以上或相距很近，说明固井时替原井液不够，或因其他原因造成套管内水泥塞过高。为了保证采油气工作的正常进行，必须钻掉水泥塞，直至合乎要求为止。

检查固井质量时，地质人员应收集试压时间，试压值及其变化，测井时间、项目、仪器下深、测量井段、比例尺、测量结果（水泥返高、环形空间固井质量、管内实际水泥塞深度），分段质量情况等。

任务实施

一、目的要求

看懂固井卡片，记录固井过程的有关资料。

二、准备工作

(1) 熟悉固井程序。

(2) 向固井队提供油层套管数据、钻井液循环时间、泵压、钻井液性能及井下情况。

三、收集固井资料的步骤与方法

(1) 收集、记录固井起止时间。

(2) 记录水泥牌号、标号、产地。

(3) 收集、记录水泥用量。

(4) 测量、记录水泥浆密度。

(5) 记录钻井液替入时间、替入量及其性能。

(6) 观察、记录注水泥压力、替钻井液泵压和碰压压力及碰压时间。

(7) 观察、记录注水泥和替钻井液时的漏失和油气显示情况。

任务考评

(1) 注水泥过程中要收集哪些数据和资料？

(2) 如何检测固井质量的好坏？

学习情境四　油气井试油测试地质工作

试油测试作业是钻探工作的最后一道工序。它是油气勘探取得成果的关键，是寻找油气田、了解地下情况的最直接手段，也是为开发提供科学依据的重要环节。试油测试作为油气勘探的重要组成部分，是利用专用的设备和方法，对通过地震勘察、钻井录井、测井等间接或直接手段初步确定的可能含油（气）层位进行直接的测试，并取得目的层的产能、压力、温度、油气水的性质等地质资料的工艺过程。

项目十二　油气井常规试油

钻井固井后交井，由专业试油队打开油气层，对油气层进行系统测试的试油方式，称为常规试油。在石油勘探过程中通过钻井地质的录井工作，取得了每口井的录井资料，再通过地球物理测井解释，能够进一步确定可能的油、气、水层。但是为了更进一步地认识和评价油气层，为油气田的开发提供可靠的科学依据，对油气层必须进行试油工作。

知识目标

（1）了解试油作业的施工意义、目的和任务要求，了解试油地质设计的内容。

（2）理解试油前的地质准备工作及试油层位与试油方法的选择。

（3）掌握试油资料的录取方法、内容及要求，掌握试油资料的分析与应用。

（4）掌握常规试油作业中各种工艺技术的基本原理。

能力目标

（1）能够阅读并理解试油地质设计任务书。

（2）能够根据试油地质设计任务书开展相关工作。

（3）能够根据试油资料对储集层进行分析与评估。

任务一　常规试油作业的认识

任务描述

勘探目的层到底有没有油气，产量如何，只有经过试油才能确定。试油是对勘探目的层进行抽吸，测试产液性质和产量，其主要目的在于确定所试层位有无工业油气流，并取得代表目的层原始面貌的各项数据和参数（如油藏边界类型、平均地层压力、渗透率、封闭油藏的储量等）。试油是油气勘探取得成果的关键，是寻找新油气田并初步了解地下油气层的特征的最直接手段。

任务分析

通过学习常规试油的知识，能够阅读并理解试油地质设计任务书，根据试油地质设计任务开展试油工作。

相关知识

一、试油作业的概念及意义

1. 试油作业的概念

试油就是对确定的可能油气层，利用一套专用的设备和方法，降低井内液柱压力，诱导地层中流体流入井内，并取得流体产量、压力、温度、流体性质、地层参数等资料的工艺过程。试油就是认识油气层的基本手段，是评价油气层的关键环节，是对油、气、水层做出决定性的结论。

未经试油证实的油气层只能称为具油气显示的可能油层。在石油钻探工作中，经常会遇到一些在录井与测井过程中具一定油气显示的层段，试油不出、出水或低产。也有些层段在钻井与测井过程中油气显示不明显，但试油则为高产油气层。因此，试油作业是石油勘探工作中必不可少的重要环节。

2. 试油作业的意义

试油工作做得好，可以及时发现油气田，实现找油找气的基本目的；但若工作做得不好，就可能推迟发现油气田，甚至与它失之交臂。试油作业的重要性主要体现在以下 3 个方面。

1）是发现或证实油气藏存在与否的唯一手段

钻井、测井可以发现具一定油气显示的潜在油气层，它是否能出油、是否具备工业产能，必须通过试油作业来证实；也只有经过试油证实，才能算做油气层。这就是说，试油的重要性是不可代替的。

2）取得油层和油藏基本的地质资料

证实地层出油以后，必须录取油层含油气性、油气性质、储集层渗透性和油藏特征方面的尽可能详细、准确的地质资料。这些资料是建立岩、电、物、油“四性”关系的基础，是认识评价油气藏和进行油气藏开发设计的基本依据。

3）分层试油可取得油井各单层的原始资料

分层试油的重要性还体现在，它所取得的试油资料是油藏原始条件下的资料，如原始地层压力、井的初产和原始含水情况、油层原始的有效渗透率、油气的早期性质。

这些资料如果漏取或不合格，在油藏投入开发以后是无法弥补的。还有一点，试油可以根据需要和隔层条件分小层或单层进行测试，取得宝贵的单层产能、压力、地层渗透性资料，这对层间非均质性认识、组合开发层、制定分注分采计划和进行剩余油研究都是极其宝贵的资料。在多油层油藏投入开发以后，一般都是多个油层进行合采，一般很难取得准确、可靠的分层资料。

二、试油作业的目的和任务

从试油作业的目的或所承担的任务看，有三个基本的方面：证实可能油层的含油性，查明油藏分布及内部特征，解决开发中油层某些专门问题。依据试油作业不同的目的和任务，可以将试油划分为勘探试油与开发试油两个大类。勘探试油的目的重在证实可能油层的含油气性；而开发试油则是研究开发中油层诸如含油下限或动用情况等某些专门的开发问题。

1. 勘探试油

证实可能油层究竟能不能出油，这是勘探试油的基本目的。如果能够出油，则可进一步扩大勘探以控制一定的面积与储量；如果即使经过压裂、酸化等强烈的油层改造手段都不出油，则可为该套地层划上一个否定的句号。

证实可能油层能够出油以后，紧接着就应查明该油层的产油能力并取全、取准各项资料，以便对该油层的油藏特征作出评价，主要任务有：

(1) 查明新区、新构造是否具有工业油气。

(2) 查明油田边界及油水过渡期带分布特征和油气藏产能、驱动类型、油层特征。

(3) 验证对储集层产油气能力的认识和利用测井解释的可靠性。

(4) 通过分层试油、试气取得各分层的产能、压力、流体性质等测试资料及流体性质，确定单井（层）的合理工作制度，为计算油气储量和编制开发方案提供依据。

(5) 评价油气藏，对油、气、水层得出正确结论。

2. 开发试油

研究已知油层的某些特殊问题，是开发试油及某些评价探井试油的又一重要任务。这方面主要有以下两类问题。

1) 求取油层有效厚度下限

在油藏进行评价勘探与开发准备时，为进行探明储量计算，需要求取油层物性、电性、含油性下限，这时就要选择一些录井与测井显示含油性差的油层进行试油求产，以求得具工业产油能力的油层下限。这时的试油是对已知油层的测试，已不存在证实是否是油层的问题。

2) 研究油层动用状况剩余油分布

在油藏开发到一定时期，为了研究油藏的储量动用情况和剩余油分布情况，需要钻专门的检查井或利用调整井的测井资料进行水淹层测井解释。这些井除应进行目的层的大量取心外，还要进行细致的分层试油以证实各目的层的层段在开发一定时期后的产量、含水情况，验证检查井岩心分析和水淹层测井解释的结果是否与试油结果相符合。这时的试油是对已开发多年的油层的测试，也不存在证实是否是工业油层的问题。

三、试油前的地质准备

1. 试油地质设计的内容及要求

一口井完钻以后，便可开始试油工作。在试油施工以前，根据本地区的勘探任务，确定这口井的试油目的，然后结合井的实际资料，经过综合分析和周密思考，编制试油地质设计。在试油地质设计中，对试油井及地层的概况、施工的具体要点及获取资料内容都明确的要求和安排。一份完成的试油地质设计，除地质要求外，还应包括为实现地质要求所采取的施工措施（这部分由工程技术人员编制）。这样，经过有关部门审批的试油设计，就是这口井整个试油过程中的指导和依据。

1) 设计资料的搜集

试油目的和任务确定以后，就要着手搜集有关试油设计所需要的各种资料。为了便于分析研究，所搜集的资料应尽可能详尽，主要包括：

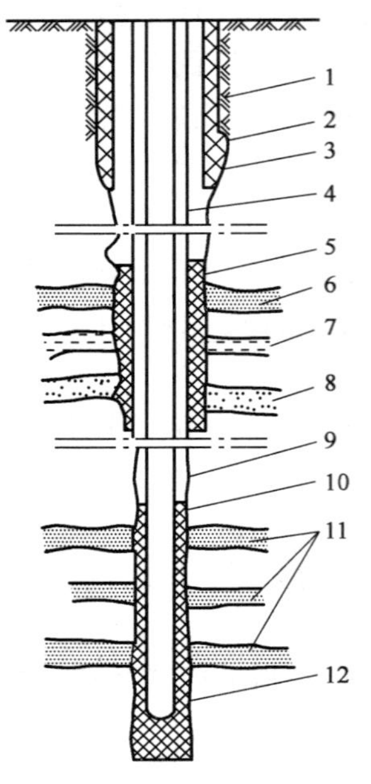

图 12－1　试油时井身结构示意图

1—导管；2—表层套管；3—表层套管水泥环；4—技术套管；5—技术套管水泥环；6—高压气层；7—高压水层；8—易塌地层；9—井眼；10—油层套管；11—主油层（目的油层）；12—油层套管水泥环

（1）钻井基本数据：地理位置、构造位置、开（完）钻日期、完钻井深、井身结构（图 12－1）、人工井底、水泥返深、套补距及其他（如井斜、固井质量、复杂事故等）。

（2）录井资料：主要是岩屑录井、钻时录井、钻井液录井、气测录井资料。

（3）测井资料：完钻测井资料。

（4）岩心资料：钻井取心、井壁取心、及实验室分析试验成果。

（5）油层解释厚度：油层总厚度、最好油层厚度、最大单层厚度。

（6）油气显示资料：各种油、气、水、漏显示情况。

（7）邻井资料：已投产邻井的生产历史状况，在生产期间已采取的有关措施、效果及目前情况，已完钻未投产邻井的良好油气显示层段，与本井的对比关系等。

2）试油地质设计的主要内容

（1）油井基本数据。

（2）试油层位选择依据及目的要求。

①对试油方法的要求。对采用单层试、分层组试、全井全试、采用何种封隔器等工具，以及如何试法和试后的措施，都应提出明确的要求。

②对压井液的要求。根据地层在钻井中的显示，预测地层压力的大小，提出采用的压井液种类（一般采用清水、氯化钠水等）、技术指标以及压井方式。

③对射孔的要求。根据地层岩性、下入套管型号及固井质量等，提出射孔弹型、密度、弹数。

④取资料要求。提出试油过程中应取的资料内容，如压力、产量、分析化验、温度；提出取资料标准的要求，如产量、压力、水性等的稳定标准；提出取资料密度以及降液、求产方式等。

2. 试油前的地质准备工作

（1）熟悉试油设计，了解这口井的井身结构、井口位置、试油层次、各层试油方法、获取资料的要求、各层的岩性、电性特征以及录井、测井显示等。

（2）根据试油井、地层已有的资料及邻井资料，预测其产能大小、可能出现的问题，向有关工程方面提出地面设备（管线、井口装置、仪表等）要求及应注意的事项。

（3）准备好试油、试气所需的各种报表、记录簿、坐标纸及现场分析药品、仪器、取样工具、计算及绘图用具等等。

四、试油层位与试油方法的选择

试油作业的基本目的，一是保证试油工作的顺利进行，二是取得齐、全、准确的地质资料。为保证试油作业优质高效地进行，一般都要特别注重试油层位的确定和试油方法的选择。

1. 试油层位的确定

一口井钻穿的含油气层常不止一层，各层的位置、厚度、压力系统、油层物性和油气性质都可能不同，这就有一个试油层位的选择的问题。

在新探区，主要任务是尽快发现油气。因此，在这样的探井中应选择油气显示良好的大段可能油层进行测试，或是对钻穿的全部可能油层进行测试；有时也在钻进过程中对具有明显显示的层段停钻进行中途测试，以加快发现油气层。

在油气田的初探阶段，主要任务是加速扩大新油田含油面积，试油重点是加速控制油田面积和储量。这时应以地质条件好、产量高、生产稳定、延伸面积大的主力油层为试油主要目标，在保证重点的基础上兼顾其他油层。

在油气田详探阶段，主要任务是确定油藏边界和油水界面、油气界面，提高储量级别，录取油田开发设计所需的试油资料。这时除按开发要求选择某些油层进行合试外，应努力进行分层试油以取得各主要油层的产能压力、油层物性、油水分布及性质、原始驱动类型等宝贵的资料。

当然，逐层进行单层试油一是需要花费较长的时间（一般情况下试油层需要 0.5～1 个月左右的时间）；二是试油层数增加，成本费用将有很大增加。因此，在发现一套油层以后，既要努力取得主要油层的分层试油资料，又要兼顾时间尤其是成本费用因素。

2. 试油方法的选择

试油前应根据试油目的和任务及要求的不同，根据油井和油层的地质特点选择试油方法。

1）按试油任务不同选择试油方法

（1）全井油层一次射开试油，求得全井最大产能，为进一步勘探提供依据。这种方法仅在油田勘探初期最先钻成的一两口井上采用。

（2）先试钻井过程中油气显示最好的油层。这主要用在新区的探井，目的是尽快获得工业油气流。

（3）划分大油层组进行试油。将全井按地层组段和油气水特征组合分为几个大的油层组，一次射开一个油层组，求得大油层组的最大产能和有关资料，而后结合主力油层资料，为计算高级别的储量、开辟生产试验区提供依据。

（4）分层系统试油。一次射开一个层，或多层射开分层测试，取得分层动态资料，加深油层特征和层间差异性的认识，为油田编制合理的开发方案和工作制度提供基本资料数据。

一般来说，分层系统试油有利于对各个单层进行了解，但这必定延长试油时间，影响勘探和开发速度。所以大都以主力油层为主，结合油层组的多层合试，从而提高试油速度，及早对油田作出评估。

2）按油层自喷能力不同选择试油方法

根据油井或油层自喷能力的大小，可以划分为自喷试油和自喷（低压）试油。

（1）自喷试油。如果油井或油层的自喷能力较强，就可以采取自喷试油方法。自喷试油比较简单，不需要外力进行井筒举升。

（2）非自喷试油。如果油井或油层物性差，地层压力低，天然能量不足，经过一定的诱喷措施都不能自喷时，这类井一般都需要采用抽汲、提捞、气举或液面探测等方法进行求产和取得试油资料，这就是非自喷试油。

3）按试油程序不同选择试油方法

按试油程序可分为两种：单层试油与分层试油。

（1）单层试油就是自下而上逐层封堵，逐层进行试油。当一口井需要进行多层段试油时，一般采用由下向上逐层作业的顺序进行单层测试（图 12－2）。因为由下向上逐层测试时，已测试层段的封隔比较简单（底下的已测试层可以采用桥塞、填砂底灰塞或悬空灰塞进行有效封隔），而且严密不窜，因而作业难度较小、费用较省，而且可以获得各油层的系统资料，了解各层的产油能力、油层有效厚度界限、油层有效渗透率与空气渗透率的关系，以及油气水分布情况等问题；缺点是试油作业时间拖得较长，工序也较复杂，而且不能解决定期测试的问题。

（2）分层试油就是将待试的几个油层同时射开，然后在井内下封隔器，将大段油层分成几段（或几层），使所试油层与上下相邻的油层隔开，各段之间互不连通，分层进行测试。待各个层段都测试完后，可以卸掉封隔器。

分层试油有两种方法：一种是逐层进行测试，待测层采用提捞堵塞器堵塞（图 12－3）；另一种是下入井下测试仪表，各层同时进行求产、取样和压力测试。

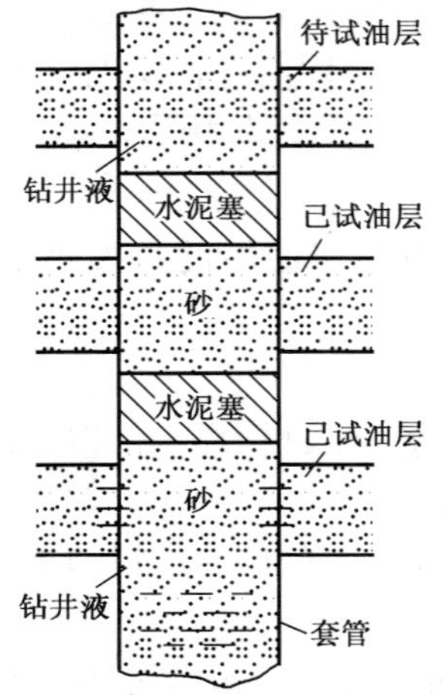

图 12－2　自下而上逐层试油

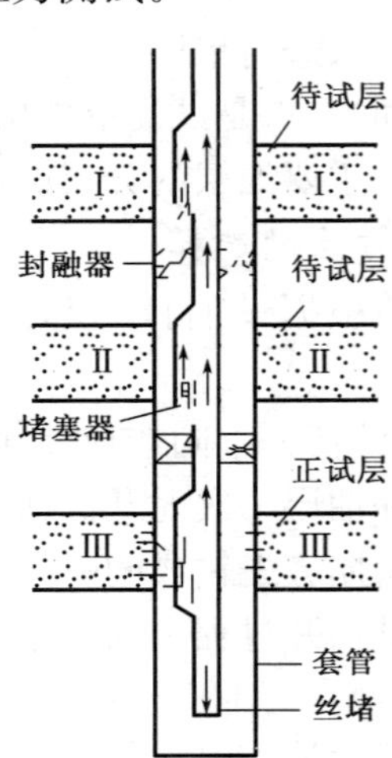

图 12－3　用封隔器分层试油示意图

Ⅰ，Ⅱ—待试层；Ⅲ—正试层

五、常规试油基本工序

常规试油一般要经过施工前准备、通井、洗井、冲砂、试压、射孔、诱导油气流、求产等基本工序。

1. 施工前准备

施工前准备工作包括资料准备、接井、平整及布置井场、准备施工设备、排放和丈量油管、安装井场照明设施、装井口、配制压井液（射孔液）。

2. 通井

通井就是用一定长度和外径的通井规，将套管畅通至人工井底或要求的位置，以保证射孔和其他作业的顺利进行。其目的一是清除套管内壁上粘附的固体物质，如钢渣、毛刺、固井残留的水泥等；二是检查套管通径及变形、破损情况；三是检查固井后形成的人工井底是否符合试油要求；四是调整井内的压井液，使之符合射孔要求。根据套管通径选用 API 标准通井规通至人工井底。对于裸眼、筛管完成的井，通至套管鞋以下 10～15m，然后用油管通至井底。

3. 洗井

洗井的目的是为了井筒干净，清除套管内壁上粘附的固体物质或稠油、蜡质，以便于下步施工；同时调整井内压井液，使之符合射孔的要求，防止在地层打开后污水进入油层造成地层污染。

洗井液用量不少于2倍的井筒容积，洗井排量不小于0.5m^3/min，洗井期间不能停泵。将井内污物及泥砂冲洗干净，达到进出口水质一致，机械杂质含量小于0.2%。

4. 冲砂

对于因井下有沉砂未达到人工井底或未达到要求深度的井，应进行冲砂。

5. 试压

井筒试压的目的一是检验固井质量；二是检查套管密封情况；三是检查升高短节、井口和环形铁板的密封情况。根据井身条件可进行增压或负压试压。若采用清水增压试压，试压合格标准如表12-1所示。

表12-1 清水增压试压标准表

套管外径，mm	增压压力，MPa	观察时间，min	压力降落，MPa
127	15	30	0.2
139.7	15	30	0.2
177.8	12	30	0.2
244.5	10	30	0.2

6. 射孔

射孔就是根据试油施工设计要求，用射孔枪射穿油层套管和管外水泥环及近井地层，在地层和井筒间建立起流体的流通渠道，保证地层流体顺利进入井筒。因此射孔是油气井试油的重要步骤，射孔的质量优劣是关系到油气井试油能否按设计目标付诸实施并得以全部实现的重要条件之一。按射孔时井筒内到射孔段中部的静液柱压力与射孔段地层压力之比，可把射孔分为正压射孔和负压射孔。图12-4是井场射孔作业示意图。

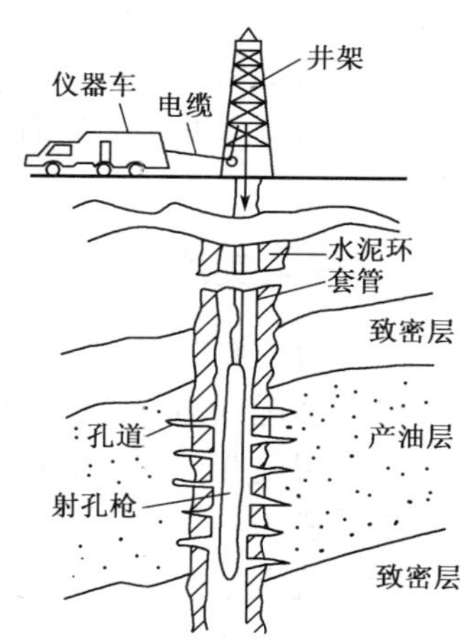

图12-4 井场射孔作业示意图

(1) 正压射孔。射孔时，静液柱压力大于地层压力称为正压射孔，常见于套管常规电缆射孔，便于减少射孔成本。当地层具有良好的储集性质且污染较小时，采用正压射孔。射孔前替入射孔保护液，井内静液柱压力大于地层静压，但正压值应尽可能低，应不超过地层压力的5%。由于正压射孔后井筒液体可能流入地层，容易造成地层污染，因此正压射孔时应注意射孔液对地层的污染问题，射孔后应及时进行下步工序，防止射孔液长时间浸泡地层。

(2) 负压射孔。射孔时，静液柱压力小于地层压力称为负压射孔。为防止负压射孔时井喷，常采用过油管射孔、油管传输射孔和测试—射孔联作工艺。对于油层压力特别低的非气层，也可采用电缆射孔。由于负压射孔后，地层液体流入井筒，不会造成地层污染，并有利于地层解堵，因此负压射孔为首选推荐的射孔方式。

对于深井低渗透油层，应尽量采用负压射孔。对于大斜度井、定向井、稠油井、硫化氢井、高温高压井，更显示出负压射孔的优越性。

确定负压差值的基本原则是：

①低渗透储集层、致密岩层选择较大的负压差。

②高渗透储集层、胶结疏松的储集层选择较小的负压差。

③碳酸盐岩储集层可适当增大负压差。

射孔时应认真观察井口反应。起出的射孔枪要进行检查，每米射孔发射率低于80%时应补射孔。

7. 诱导油气流

油气层射开之后，为了防止井喷，油气井内充满着压井液，只有降低井内压力，造成储集层压力大于井内液柱压力，才能使油气从储集层流入井内，这一过程是试油工作中的一道主要工序。要改变井底压力，可以通过改变液柱高度或压井液密度来实现。常用的方法很多，如替喷法、抽汲法、提捞法、气举法及混气水排储法等。诱导油气流的方法应根据油气层性质、产液能力等具体情况确定，无论采用哪种方法，都应遵循如下基本原则：

(1) 缓慢而均匀地降低井底压力，不至于破坏油层结构，防止出现地层出砂及油气层坍塌。

(2) 能建立起足够大的井底压差。

(3) 能举出井底和井底周围的脏物，有助于油气的排出。

8. 求油气井产能

求油气层产能一般简称为求产。油气层产能是油气层在某一生产压差下的产量。求产过程中的生产压差受求产工作制度的控制，某一工作制度的产量能够反映油气层产液能力。

工作制度是衡量求产工作强度的一个量值。例如，抽汲求产工作制度可描述为：每日抽汲次数、抽汲深度、动液面深度；自喷求产工作制度可描述为：油嘴直径、井口油压、井口套压等。

任务实施

一、目的要求

(1) 掌握试油作业的基础知识。

(2) 阅读并理解试油地质设计任务书，并能开展相关工作。

二、资料

(1) 检索相关专著、论文。

(2) 试油地质设计任务。

任务考评

一、理论考核

1. 名词解释

试油作业　通井作业　射孔作业

2. 简答题

(1) 试油作业的意义、目的及任务是什么?

(2) 如何确定试油层位?

(3) 常规试油的基本工序是什么?

二、技能考核

1. 考核项目

阅读××井的试油地质设计任务书，熟知并掌握相关信息。

2. 考核要求

（1）准备要求：搜集并整理常规试油地质的资料。

（2）考核时间：30min。

（3）考核形式：口头描述＋笔试。

任务二　试油资料的录取、处理与储集层评价

任务描述

在油气井试油过程中，需要录取相关的数据资料，并对录取的资料进行处理，根据录取的资料对试油层位进行评价。

任务分析

明确试油过程中要录取的资料数据，并能进行处理，并对储集层进行科学的评价分析。

相关知识

一、试油作业中应录取的主要资料

1. 压力

试油过程中所取的压力资料主要包括油压、套压、静压及流压。

油压是指油气井内油气在井口部位的压力。套压是油套环形空间内油气在井口的压力。油压和套压可以通过装在井口上的压力表直观地观察出来。油井在自喷或间喷过程中，油套压的变化直接反映出地层能量的变化，以此确定合理的工作制度。

静压是油井关井一段时间井底压力回升到稳定状态后测得的油层中部压力。流压是油井正常生产时测得的油层中部压力。

2. 产能

产能资料在勘探工作中是评价储集层的重要指标，在开发工作中是开发方案确定井网、井距、井数、管道直径等设计的主要依据。

产量是指在单位时间内的产出量。油气井的油、气、水日产量是指在合理的工作制度下，经过规定的时间求产，求得的相对稳定的日产量。

产能是指油气层在某一生产压差下的产量。它能比较准确地反映油气层的生产能力，也是专业人员的常用术语。

只有说明在某种压差下的产量，才能正确表达油气井生产能力。例如，某井深 3000m，产水，地层压力 28MPa，静液面 200m，抽汲求产。抽深在 200m 时，产量为 0；抽深在 120m 时（动液面 1000m，平均液面 1100m），压差 9MPa，产水 $20m^3/d$；抽探在 2100m 时（动液面 1900m，平均液面 2000m），压差 18MPa，产水 $41m^3/d$。可以说这口井产量是 0.$20m^3/d$ 或 $41m^3/d$，没有压差的概念是无法对比的。自喷井同样如此。

无论是自喷井还是非自喷井，在求产时所制定的工作制度和录取资料内容都需要同时求

出相对稳定的产量和生产压差。如抽汲过程中的定深、定次、定时，间喷工作制度中的定压、定时，自喷求产中选定油嘴直径、测量油压、套压以及流压等，都是为了在求得产量的同时获得相对稳定的生产压差。

因此，要求在表达油井产能时，除说明产量外，同时要说明生产压差；表达气井产能时，除表明产量生产压差外，还需要标注标准条件（即测量产量的压力、温度数值）。

3. 油、气、水的性质资料

求取油、气、水资料具有以下重要意义：

（1）确定流体性质，评价流体质量和价值。

（2）帮助分析油气井出水原因及水驱油的洗油能力，为勘探部署和开发设计提供依据。

（3）为修井、试油、采油、储运所用管材及装置设计提供依据。

（4）对生产过程中安全、环保、健康措施提供重要依据。

油、气、水物性是试油取得的一项非常重要的资料，是为试油层定性、下结论的重要依据，通常分为地面取样、井下低压取样和高压物性取样。

地面取得的油、气、水样要求具有代表性，能够代表储集层的产液特征，一般在求产阶段取样。对排出液量较少的低产层或干层，一般采用井下低压取样，即将取样器下到取样深度，取出能够代表地层产液特征的样品。高压物性取样是将取样器下至一定深度取出的样品，取样点压力要高于饱和压力，含水小于2%。

根据地层水和地面水化学成分不同，利用水分析资料来判断产出的水是地层水还是地面水，是本层水还是外来水。地层水一般都具有较高的矿化度以及游离的 CO_2 和 H_2S，不同层位的各种离子含量也不同，地层水和地面水的物性也可作为辨别地层产水的依据。

可用原油粘度来选定试油方法。粘度在50～150mPa・s的稠油试油易于取得资料；粘度在150～10000mPa・s的稠油能从地层流入井筒，并能举升一定高度，但难以举至地面；粘度在10000～50000mPa・s的特稠油和粘度大于50000mPa・s的超稠油在地层中很难流动，常规试油无法取得资料。

目前，现场一般只能进行油水简易分析，大部分项目还是在化验室完成的。现场能进行原油含水、含砂、含气实验，水样的氯离子pH值，酸化后残酸液的残酸浓度分析。

4. 酸化、压裂特种作业资料

酸化、压裂是油气井增产的重要手段，取全、取准这些资料也很重要。根据试油资料确定是否对油气层进行改造，关系到为油气层准确定性，也关系到对油气层认识的彻底性。利用措施前后的产量、流体性质、压力及地层参数，可以对比出酸化、压裂效果，加深对油气层的进一步认识，也为该区下步勘探提供依据。

通常直观而又简便地判断增产措施效果的方法有以下三种；

（1）产量比（PP），即油气井增产措施后和增产措施前平均日产量的比值，前提是措施前后工作制度相同。其计算公式为：

$$PP=\frac{q_a}{q_b} \tag{12-1}$$

式中 q_a——增产措施后平均日产量；

q_b——增产措施前平均日产量。

$PP>1$，增产措施有效，PP 越大越好；$PP<1$，增产措施无效。

（2）产能比（PR），为增产措施后和增产措施前的采油指数的比值。

油井产能比计算公式为：

$$(PR)_o = \frac{J_b}{J_a} = \frac{q_b \cdot \Delta p_b}{q_n \cdot \Delta p_a} \tag{12-2}$$

气井产能比计算公式：

$$(PR)_g = \frac{J_b}{J_a} = \frac{q_b(p_b^2 + p_{bf}^2)}{q_n(p_b^2 + p_{af}^2)} \tag{12-3}$$

式中 J_a——增产措施前采油指数；

J_b——增产措施后采油指数；

p_b——地层压力；

p_{af}——增产措施前井底流压；

p_{bf}——增产措施后并底流压；

Δp_a——增产措施前生产压差；

Δp_b——增产措施后生产压差。

$PR>1$，增产措施有效，PR 越大越好；$PR<1$，增产措施无效。

(3) 完善系数（PC），为井的实际生产压差（Δp）与压力恢复曲线段斜率（m）的比值。

油井完善系数为：

$$(PC)_o = \frac{\Delta p}{m} = 2\lg\frac{r_e}{r_w} \tag{12-4}$$

气井的完善系数为：

$$(PC)_g = \frac{p_b^2 - p_f^2}{m} = 2\lg\frac{r_e}{r_w} \tag{12-5}$$

式中 r_e——供油半径；

r_w——油井半径。

$PC=2\lg\frac{r_e}{r_w}$，井完善；$PC<2\lg\frac{r_e}{r_w}$，井超完善，增产措施有效；$PC>2\lg\frac{r_e}{r_w}$，井不完善。

5. 系统试井资料

试井是勘探开发油气田的主要技术手段和基础工作之一，是认识油气藏、进行油气藏评价、动态监测以及评估完井效率的重要手段。

试井所录取的资料是各种资料录取方法中唯一在油藏处于流动状态下所获得的信息，资料分析结果最能代表油气藏的动态特性。目前，应用试井可以确定油气藏压力系统、储集层物性、生产能力，判断油气藏边界和估算储量。

试井通常分为稳定试井和不稳定试井。稳定试井是常规试油中常用的一种试井方法。

系统试井就是地下流体处于稳定状态时的试井，因此也叫稳定试井。根据达西定律，出现平面径向流的井，其产量大小主要取决于油藏岩石和流体的性质以及生产压差。因此，测出油井的产量和相应的压力，就可以推算出井和油藏流动特性，这就是稳定试井依据的理论。

稳定试井的具体方法是：关井取得稳定的地层压力及地层温度后，通过人为地改变油井工作制度，测得各种工作制度下相应的稳定产量和压力值，并根据这些数据绘制出指示曲线，研究地层，分析油水井状态。稳定试井曲线主要用来确定油井合理的生产油嘴，建立产出能力公式，提供最大潜在流量。在分层配产中，利用稳定试井曲线选择分层油嘴，使各层尽可能发挥出产油潜能，提高各层采收率。

6. 试油设计中要求的特殊资料

对一些特殊井，如稠油井、煤层气井、含硫化氢气井，由于试油工艺有所不同，在设计中对取得的资料也提出了一些特殊要求。

对煤层气井，在煤层气井排采过程中，要求油管排水、套管采气。生产压差的变化对煤层气的解吸影响很大，这就要求随时监测环空液面的变化，随时调整工作制度。因此，对测液面、降压提出了特殊要求。

二、试油作业油、气、水样的取得及分析方法

1. 油、气、水样分析的目的

(1) 确定流体性质，评价油气质量。

(2) 了解地下分区、分层油、气、水的特性，为油田勘探开发提供资料。

(3) 用于研究油气在地下储存的状况及流动能力。

(4) 用于研究油藏驱动类型，确定油田开采方式，计算油田储量；

(5) 解决原油储存运输及油气井管理问题。

2. 试油现场地面油气水样取样方法及要求

1) 原油取样方法

试油井需将井内压井液及混合油排完后，在井口管线出口处或取样口处用取样筒取样。在取样口取样时，先放掉死油。取样筒必须清洁、无水、无油污和泥砂。

简易分析取样 500mL，半分析取样 1000mL，全分析取样 1500mL 以上。

取样完毕，盖紧取样瓶，贴好标签，标签上写明样品名称、样品编号、取样井号、井段、层位、取样日期、取样单位、取样人。

2) 地层水取样方法

为了确定地层水水性、总矿化度及各种离子含量，一般要在水性质稳定后在井口管线出口处取样，取样瓶需保持干燥和清洁，宜用棕色玻璃瓶，不能用金属容器取样。

每次取样不少于 300mL。

取样完毕，盖紧取样瓶，贴好标签，标签上写明样品名称、样品编号、取样井号、井段、层位、取样日期、取样单位、取样人。

3) 天然气取样方法

待产量基本稳定后，用排水取气法取样。将取样瓶装满清水，倒置于取样水桶中（瓶中不得有气泡），连接好取样胶管，使天然气放空 1～2min 后，将胶管插入水桶中，稍排空气后，再插入取样瓶中，待瓶中余四分之一的水时，塞好瓶塞，从水中取出倒置存放。取样后应及时送样分析。

每次取样不少于 300mL。

取样完毕，倒置取样瓶，瓶内下部存水起隔离外部空气作用。贴好标签，标签上写明样品名称、样品编号、取样井号、井段、层位、取样日期、取样单位、取样人。

3. 油、气、水样分析

为了及时掌握油、水产量变化及产液基本性质，指导下步工作，在试油过程中要求在现

场对油、水进行简易分析。一般情况下，在现场按要求取原油样进行含水及含砂分析；取水样进行氯根滴定，判别地层是否产水及确定水性的稳定性。

为了全面了解油、气、水的性质，需要对油、气、水进行全分析。为了确保分析数据准确，全分析一般在化验室进行。

1）原油全分析项目

（1）物理性质：密度、粘度、凝点、初馏点。

（2）重组分含量：含蜡、胶质、沥青质。

（3）轻组分含量：各温度点馏出原油体积。

（4）其他组分含量：含硫。

2）地层水全分析项目

（1）物理性质：密度、粘度、颜色等。

（2）阳离子含量：K^+，Na^+，Ca^{2+}，Mg^{2+}。

（3）阴离子含量：Cl^-，SO_4^{2-}，HCO_3^-，CO_3^{2-}。

（4）微量元素含量：碘、溴、硼等。

分析完毕，根据总矿化度，划分出水型。

3）天然气分析项目

（1）物理性质：相对密度、粘度、临界温度、临界压力。

（2）常规组分含量：CH_4，C_2H_6，C_3H_8，正丁烷，异丁烷，戊烷。

（3）其他组分含量：N_2，CO_2，H_2S等。

4．井下高压物性取样

新区新层应按设计要求进行井下高压物性取样。取样前井内无脏物，油井生产正常，原油含水小于2%以下进行取样。为了取得可靠的样品，取样前测流压梯度，在油层以上每200m停一点，至少测3～5点，根据压力梯度的大小确定取样深度及合适的生产油嘴。必须控制取样点压力高于预计的饱和压力，如果饱和压力不能预测，尽量采用能正常生产的最小油嘴，并将因大油嘴生产时在井底形成的脱气原油排出后方可取样。取样深度尽量接近油层中部，如果受油管下入深度的影响，可在油管鞋以上15～20m处取样，也可以依靠地层测试器工具中的取样器在试油结束时获得一定数量的地下样品。

用容积为1000～1200mL取样器，取得样品每次不得少于4支，及时将样品送化验室进行分析，要有2支以上的样品分析结果相符，饱和压力值相差不大于1.5%为合格，否则应重取。

井下高压物性取样前，一般应先确定取样深度点，根据压力梯度由线确定泡点和井底积水位置，取样点必须在泡点压力点以下，井底积水点以上。

现场应取资料有取样时间、取样方法、取样深度、压力、温度、取样数量（支）。

高压物性样品分析项目为饱和压力、原始油气比、地层原油密度、粘度、平均溶解系数、体积系数、压缩系数、收缩率、气体密度。

三、试油结论

1．工业油气流评定标准

工业油气流标准是指现阶段具有实际开发价值的单井每日最低油气产量标准。它是依据国家的政治及经济政策、工业技术水平、油气田所处地理位置等条件综合考虑制定的。目前，在结出试油层是否具有工业油气流的结论时，仍使用如表12-2所示标准。

表 12-2　工业油气流现行评定标准

井深，m			<500	500～1000	1000～2000	2000～3000	>3000
产量	油，t/d	陆地	0．3	0．5	1．0	3．0	5．0
		海洋	—	10	20	30	50
	气，m^3/d	陆地	500	1000	3000	5000	10000
		海洋	—	10000	30000	50000	100000

2. 评定油、气、水层标准

评定油、气、水层标准见表 12-3。

表 12-3　油、气、水层评定标准

油层	具有工业价值纯油层（含水小于 5%）
气层	具有工业价值纯气层或具有工业价值带凝析油的气层
水层	出水量高于干层标准而油气产量低于干层标准上限的产层
含水油层	以油为主，产水量在 5%～10%
油水同层	油水同出，产水量在 10%～90%
含油水层	含油油花达 10%，且有油分析成果数据
低产油气层	产油气量在工业标准以下，干层以上
可能油气层	根据地质、录井资料综合分析认为有油气储存，但测试或试油未见油气流或钻井液严重污染的储集层

3. 评定干层的标准

干层是指经过措施后，在套管允许掏空深度条件下，用抽、捞方法加强排液，采取技术措施消除钻井、射孔、试油过程中对油层的损害，恢复油层的真实面貌之后，无油、气、水产出或日产液量极少的储集层（干层）。评定标准见表 12-4。

表 12-4　干层评定标准

油层深度 m	液面深度 m	产　　量			观察天数 d
		油，kg/d	气，m^3/d	水，L/d	
<2000	1500	≤100	≤200	≤250	3
2000～3000	1800	≤200	≤400	≤400	3
3000～4000	2000	≤300	≤600	≤500	3
>4000	套管允许 掏空深度	≤400	≤800	≤600	3

四、资料处理与储集层评价

（1）对所取资料进行由表及里、去伪存真地系统归纳，按工序整理，然后按要求填写表格画出附图，确认资料的真实性。

（2）应用整理的资料对储集层作出评价。

①按设计和相关质量标准对照所取资料检查是否齐全准确。

②列出产量、压力、油气水性质、地层参数等主要成果，并依据成果对储集层目前是否具工业价值作出评价。

③参考钻井录井、测井、取心、中途测试及邻井试油资料，结合本井试油成果判断所求

产能是否反映了地层真实情况，有否堵塞，是否需要进一步解堵或改造。

④如进行了系统试井，就要提供合理的生产制度。

⑤如进行了增产措施，则要进行酸化、压裂效果分析。

⑥对试油过程中出现的异常现象进行分析。

⑦为勘探开发提出下步工作建议。

（3）判断储集层堵塞的主要依据如下：

①根据岩性、钻井液性能及浸泡时间、漏失量测井曲线、测试状况（中途测试）等资料进行综合分析。

②利用压力恢复曲线求得的表皮系数（S）值进行判断：

S 在−1～1 之间为完善；

S 在 2～5 之间较完善；

S 在 6～20 之间为堵塞；

S>20 为严重堵塞。

③利用裘布依公式推测（已知渗透率 K 值）。

在无污染情况下的计算公式为：

$$q=\frac{Kh\gamma\Delta p}{4.2974\mu B\lg\frac{R}{r_w}} \tag{12-6}$$

式中 q——产量，t/d；

K——地层渗透率，mD；

h——地层厚度，m；

Δp——压差，MPa；

μ——粘度，mPa·s；

γ——液体相对密度；

B——体积系数；

R——供给半径；

r_w——井径，m。

（4）按相关标准编制总结报告编写程序，使资料处理和总结报告编写规范化。

任务实施

一、目的要求

阅读××井××层的试油地质总结报告，掌握试油地质资料录取内容、方法及储集层评价方法。

二、资料

（1）检索相关专著、论文。

（2）××井××层的试油地质总结报告。

任务考评

一、理论考核

（1）试油作业需要录取哪些资料数据？

（2）根据试油资料如何评价油气层？

（3）常规试油的基本工序是什么？

（4）油气井试油作业中如何获取油、气、水资料？油、气、水样要分析哪些项目？

二、技能考核

1. 考核项目

阅读××井××层试油地质总结，熟知并掌握相关信息。

2. 考核要求

（1）准备要求：搜集并整理常规试油地质的资料。

（2）考核时间：30min。

（3）考核形式：口头描述+笔试。

项目十三　油气井地层测试

地层测试服务于油气勘探和开发的全过程，是及时发现油气藏和正确评价油气藏的有效手段。从发现油气产层，对储集层特征进行评价，到开发方案的制订，都依赖于所掌握的静态信息和动态信息。地层测试是利用钻杆（或油管）把井下开关井工具、封隔器等专用工具输送到井下，构成一个临时完井系统并进行开井生产、关井恢复的工艺。通过地层测试，可为勘探部门提供地层产液性质、产量、地层物性、油藏边界情况等参数，又可为开发部门制订单井配产、开发部署等决策提供资料依据。

知识目标

（1）了解地层层测试原理、地层测试所解决的问题。

（2）了解测试工具结构原理、测试工具的使用方法。

（3）掌握地层测试的分类、油气层测试资料分析方法。

能力目标

（1）能够识读测试压力卡片。

（2）能够进行油气井产量的量测和计算。

（3）能够根据油气井的测试资料，进行测试资料的分析，评价油气藏。

任务一　地层测试作业的认识

为了认识和鉴别油气层、掌握油气层客观规律，为油气田开发和开采提供可靠的科学依据，在应用钻井方法钻穿油气层后，还需要通过地层测试，获取油气层产量、压力、产液性质、地层渗透率、流体样品等资料，以及探测地层边界。所以，对一口井的最终评价，如是否具有工业价值、油气藏类型、油气层特性、油气水性质等问题，都有待于地层测试来完成。

任务描述

根据地层测试的时间不同可分为中途测试和完井测试。中途测试是指探井钻进过程中钻遇油气层或发现重要油气显示时，中途停钻对可能的油气层在裸眼中进行测试，取得一系列地层重要参数，对油气层进行初步评价。完井测试是指完井之后进行的地层测试，又称为试油（气）。通常是在套管中进行，所取得的地层参数齐全，可靠程度高。由于地层测试是评价油层最重要的方法之一，世界各产油国都把地层测试作为一项重要技术加以研究，不仅在测试工具方面，而且在资料处理方面发展很快。

任务分析

了解地层测试及原钻机试油（气）的基本原理和工艺流程，能够熟练地收集各项资料，并作初步分析。

相关知识

一、地层测试原理及分类

地层测试技术也称钻杆测试（DST），是指在钻进中对油气显示层段不进行完井而用钻杆和测试工具，通过地层测试工作检测目的层是否含油气，采集地下油、气、水样，测取压力、温度等特性资料，以便及时准确地对产层进行经济和技术评价。

与常规试油相比，地层测试具有作业速度快、资料全、费用少等优点。地层测试有着其他手段不可替代的作用，主要表现在以下几方面：（1）及时准确地获得地层的液性、产量、温度、压力，这对于评价被测试地层是否有工业油气流有重要作用；（2）节约套管，降低勘探成本，加快勘探速度；（3）进行地层评价、单井评价，为勘探开发决策提供依据；（4）探测地层边界；（5）预测增产措施效果，指导增产措施施工，评价酸化压裂效果；（6）验窜、找漏；（7）验证地层连通性。

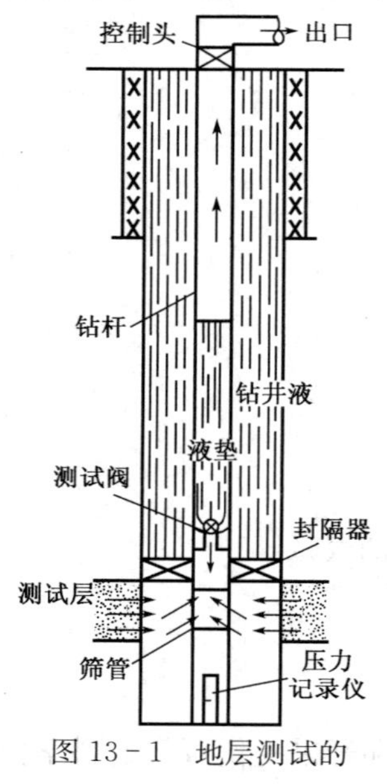

图 13－1　地层测试的基本原理

地层测试的基本原理如图 13－1 所示。用钻杆或油管将测试工具（包括压力温度记录仪、封隔器、测试阀等）下入测试层段，让封隔器膨胀坐封于测试层上部，将其他层段和钻井液与测试层隔开，然后由地面控制打开井底测试阀，使测试层的流体经筛管的孔道测试阀流入管柱内，直至地面。压力记录仪记录流动压力与时间关系曲线，然后地面控制关闭测试阀，记录恢复压力与时间关系曲线。如此按要求开井、关井，记录相应的压力动态资料。在终关井时，取得流体样品，可用于高压特性分析。测试全过程记录在机械压力计的一张金属卡片上或电子压力计的存储块上。根据实际记录的压力温度数据，评价解释测试层的特性和产能。

地层测试可按不同的类型、不同的时机和不同的方式进行分类：按井眼的类型可分为裸眼测试和套管测试；按测试时机可分为中途测试和完井测试；按测试方式可分为常规测试、跨隔测试；按综合性能可分为射孔测试联作和综合测试联作。

二、地层测试目的和任务

在油气勘探中，钻井地质综合录井、岩心、测井，以及钻井中油、气、水显示等各项资料，能直接或间接地确定可能的油、气、水层。为了将这种可能的油（气）层变为现实，并为油气田的开发提供可靠的科学依据，必须通过测试工作来证实。地层测试是在井筒条件下，利用一套专用的设备和工艺技术，依照合理的程序和流程，科学而准确地对油、气、水层进行直接测试，并取得测试层段的油、气、水层产量、压力、温度、压力恢复曲线和流体样品等资料的全过程。

在勘探的不同阶段，地层测试的目的和任务不同，概括起来有以下几点：

（1）查明新区、新层、新圈闭是否有商业性油气流。

（2）评价油（气）田的含油（气）面积、油（气）水边界、油（气）藏的产油（气）能力和驱动类型。

（3）验证有效储集层下限与产油（气）能力，检验地球物理资料解释的可靠程度。

（4）通过分层测试，取得有关分层的测试资料，为计算油（气）储量和编制油（气）田开发方案提供依据。

总之，地层测试成果是油气勘探发现的关键、探明油气藏（田）的保证，也是开发油气藏（田）的可靠依据。

三、地层测试工艺

1. MFE 地层测试工艺

1）MFE 地层测试器的特点及适用条件

MFE 地层测试器是一种常规测试器。整套测试工具均借助于上提、下放测试管柱来操作和控制井下工具的各种阀，可用于不同尺寸的套管井和裸眼井的地层测试，具有成本低、操作保养方便、动作灵活可靠、环境适应性强、地面显示清晰的特点。测试时，在地面可比较容易地观察和判断井下工具所处的工作状态，并能获得任意次开井流动和关井测压期。MFE 地层测试器是目前国内普及率最高的一种测试工具，具有 95mm 和 127mm 两种规格。

2）MFE 地层测试器的工作原理及施工过程

MFE 地层测试器是一套完整的测试工具系统，包括多流测试器、旁通阀和安全密封封隔器等。MFE 地层测试器工具的工作原理如图 13－2 表示。

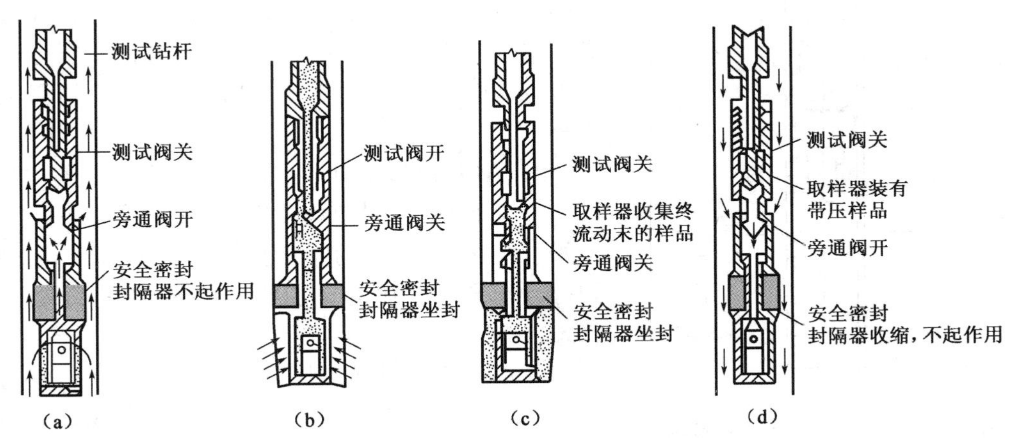

图 13－2　MFE 测试工具的工作原理图

（a）下井；（b）流支；（c）关井；（d）起出

测试分四个步骤：

（1）下井。下井时多流测试器的测试阀关闭，旁通阀打开，安全密封不起作用，封隔器的橡胶筒处于收缩状态。

（2）流动。测试工具下至井底后，下放管柱加压缩负荷，封隔器胶筒受压膨胀，紧贴井壁起密封作用，旁通阀关闭，多流测试器的液压延时机构受压缩负荷后延时。经过一段时间后，管柱出现自由下落现象，测试阀打开，地层流体经筛管和测试阀流入钻杆，进入流动期。

（3）关井。关井恢复时，上提管柱至指重表读数有某一瞬间不增加时（此点称为自由点），多流测试阀的心轴上行。继续上提管柱至超过自由点 8.9～13.35kN 的拉力，立即下放管柱至原加压坐封负荷，测试阀关闭，进入关井恢复期，并把流动结束时的地层流体收集在取样器内。流动和关井的次数视测试情况而定，操作方法与上面相同。

（4）起出。关井结束后，上提管柱给旁通阀施加拉伸负荷，经过一段时间的延时，旁通阀打开，平衡封隔器上下的压力，安全密封恢复至井下状态，封隔器的橡胶筒收缩，可以将测试工具安全地起出井眼。

2. APR 地层测试工艺

1）APR 地层测试器的特点及适用条件

APR 测试工具是一种压控式套管测试工具。该工具在封隔器坐封后开井、关井、循环、取样等各项操作由环形空间压力控制。它具有如下特点：

（1）可操作件强，成功率高。

（2）对高压油气井和超浅井测试特别有利。

（3）可对地层进行酸洗或挤注作业。

（4）适合于含有害气体层测试。

（5）对大斜度井测试特别有利。

（6）综合作业能力强。

典型的 APR 测试管柱自上而下依次是钻杆（油管）、伸缩接头、APR－A 循环阀、APR－M_2 安全循环阀、泄流阀、LPR－N 阀、震击器、全通径液压旁通、安全接头、RTTS 封隔器、压力计、压力计托筒等组成（图 13－3）。其中 LPR－N 阀是整套工具的主阀。

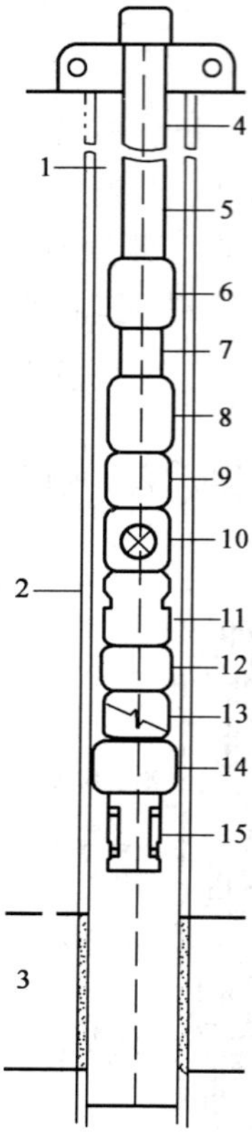

图 13－3　APR 测试管柱示意图

1—油套环空；2—油层套管；3—目的层；4，5，7—油管或钻杆；6—APR－A 循环阀；8—APR－M_2 阀；9—泄流阀；10—LPR－N 阀；11—震击器；12—RTTS 循环阀；13—RTTS 安全接头；14—RTTS 封隔器；15—RPC3 压力计或电子压力计；16—水泥塞

2）APR 测试工具的工作原理及施工过程

（1）下井。下井时 LPR－N 测试阀关闭，APR－A 阀、APR－M_2 阀的循环孔关闭，APR－M_2 阀的球阀打开，RTTS 循环阀打开，封隔器胶筒处于收缩状态。

（2）流动。测试工具下到预定位置后，坐封封隔器，RTTS 循环阀关闭，连接好地面管线，关闭防喷器向环空打压至设计值，打开 LPR－N 测试阀，地层液体通过测试阀流入钻杆内，进入流动期。

（3）关井。关井测压力恢复时，将环空压力泄至零，LPR－N 阀关闭。流动和关井的次数根据测试情况而定，重复上述打开、泄压过程即可实现。

（4）反循环。APR 测试工具在解封前必须先进行反循环。终流动结束时向环空施加打开 APR－M_2 循环阀的操作压力，循环孔打开后可实现反循环。在循环孔打开的同时，APR－M_2 阀的球阀和 LPR－N 阀的球阀关闭，两球阀间圈闭终流动结束时收集的地层液体样品。

（5）起出。终关井结束后，上提管柱并施加拉力，将 RTTS 循环阀打开，平衡封隔器上下方的压力，封隔器的胶筒收缩。此时，LPR－N 阀仍然关闭，APR－M_2 或 APR－A 阀的循环孔打开，继续起管柱把工具起出。

3. 膨胀式地层测试工艺

膨胀式测试工具主要用于砂泥岩裸眼井测试。它既可以采用单封隔器管串以测试下部层段，也可以采用双封隔器测试管串以测试两个测试层段的上部层段，或进行多层段的跨隔测试。

1）膨胀式测试工具工作原理及施工过程

此套工具有三个通道，旁通通道是为了使直径比较大的上封隔器和下封隔器能顺利起下，平衡上、下封隔器压力；测试通道是让地层流体经其流入钻柱内；膨胀通道是将过滤并加压后的钻井液泵入胶筒内（膨胀胶筒座封封隔器）的通道。膨胀式测试工具的工作原理如图 13－4 所示。

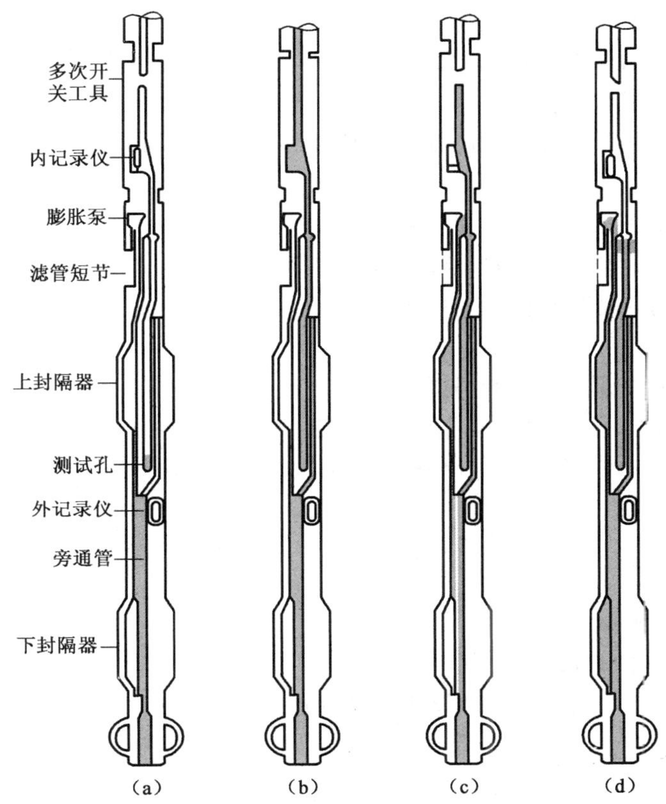

图 13－4　膨胀式测试工具测试原理

(a) 坐封；(b) 流动；(c) 关井；(d) 解封

（1）工具下井。工具下井过程中，水力开关阀关闭，泵不工作。封隔器胶筒处于收缩位置，旁通通道将上封隔器以上环空与下封隔器以下环空连通，使两处压力平衡。

（2）封隔器膨胀。地面用卡瓦卡住钻杆（油管），用钻机以每分钟 60～90 转的速度右旋钻杆（油管）10～15min，同时，带动井下膨胀泵工作。膨胀泵从环空吸入钻井液，经滤网过滤后，泵入膨胀通道及封隔器胶囊内，使之膨胀坐封。当膨胀压力大于 10.4MPa 时，泵的泄压阀打开，使柱塞不再向膨胀通道增压，主单流阀保持这一膨胀压力（此压力事先在地面调整好）。

（3）开井流动。向水力开关阀加钻压 44.5～89kN，水力开关阀经延时 2.5～5min，产生自由下落 38.1mm（地面可明显观察到），打开测试阀。地层流体经测试阀等进入钻杆。

（4）关井测压。上提钻柱，在自由点基础上多提 44.5～89kN，关闭测试阀，进入关井测压期。

（5）平衡压差。测试完成后，下放管柱，给膨胀泵加 10～20kN 的压缩负荷，正旋管柱 1/4 圈，泵里的上、下离合器啮合，心轴下移 6in，测试通道与旁通通道连通，封隔器上、下压力平衡，测试阀关闭，膨胀压力不变。

(6) 解封。上提管柱，泵的主心轴上移，将膨胀通道与环空连通，胶筒里的膨胀液流入环空，等待与坐封相同时间使胶筒收缩。

2) 膨胀式测试器的特点

(1) 钻柱转动使胶筒膨胀坐封，而不需钻柱加压。

(2) 下放管柱加压开井、上提管柱关井，操作容易。

(3) 既可用单封隔器进行常规测试，也可用双封隔器进行跨隔测试。

(4) 跨隔测试时不用尾管支承井底，安全、可靠。

(5) 封隔器的膨胀系数大，常规胶筒一般为1.20左右，而膨胀胶筒可达1.57（测试压差为25MPa）。

(6) 膨胀泵连接在工具串里，膨胀效率高。

(7) 滤网为狭长缝型，过滤效果好而且不容易被堵。

(8) 水力开关阀的延时机构性能可靠、稳定，延时时间受井深及井温的影响较小，对液压油要求也不高。

(9) 取样器可单独连接，也能串接。

(10) 跨隔测试时，上封隔器上部与下封隔器下部环空连通，压力平衡。

(11) 解封以后，不用将工具起出井眼，可根据需要移到另一位置重新坐封测试。

任务实施

一、目的要求

(1) 掌握油气层测试类别。

(2) 掌握油气层测试原理、作用。

(3) 了解测试工具结构原理、测试工具的使用方法。

二、资料、工具

(1) 资料、数据、图件、表格等。

(2) 绘图工具、计算工具。

任务考评

一、理论考核

1. 填空题

(1) 据施工方式不同，地层测试类别可分为________________。

(2) 地层测试技术（管柱地层测试）的测试工具有________、________、________。

(3) 测试工艺流程有________、________、________、________、________、________、________、________、________、________。

(4) RFT地层测试器由________、________、________部分组成。

(5) 新井常规试油一般要经过________、________、________、________、________、________及________。

2. 叙述题

(1) 叙述测试目的和任务。

（2）一般在什么情况下需进行中途测试？

（3）完井测试时，测试层位的选择依据是什么？

二、技能考核

1. 考核项目

阅读《××井××层的地层测试设计任务书》，熟知并掌握相关信息。

2. 考核要求

（1）准备要求：搜集并整理常规试油地质的资料。

（2）考核时间：30min。

（3）考核形式：口头描述+笔试。

任务二　测试资料的处理及油气藏评价

任务描述

在了解了地层测试的目的和任务之后，就明确了地层测试主要是将可能的油（气）层变为现实，并为油气田的开发提供可靠的科学依据，但测试得到的数据并不能直接反映出我们需要的内容，这就需要我们具备能够对收集的资料进行整理和分析的技能。

任务分析

在了解地层测试及试油（气）的基本原理和工艺流程的基础上，能够将收集的各项资料进行整理和分析，并且进行油气藏评价，实现地层测试的目的。

相关知识

一、地层测试评价参数指标

1. 测试方式选择

地层测试方法是唯一了解地层动态（流动）特性的一种手段，具体了解地层的不同特性可采用不同的测试方式。

1）了解单井地层特性

（1）压力恢复：油井开井生产一段时间后，突然关井，测量关井后井底关井压力随时间的变化。

（2）压力降落：油井以一定流量生产，随着井底压力的不断降低，记录井底流动压力随时间的变化。

2）确定两井或区域间连通的地层特性

（1）干扰测试：主要目的是确定井间的连通性。A井（激动井）给出一个信号，观察B井的压力反应，并记录B井的压力变化信息，分析、判断两井是否处在同一水动力系统中。

（2）脉冲测试：A井（激动井）产量以多个脉冲的形式改变，记录B井（观察井）的压力变化信息。

一般说来，围绕着地质目的的实现，可优化选择不同的测试方式及测试工艺，以适应勘探开发中不同类型井测试的需要。

2. 测试分析计算参数来源

对地层测试资料进行分析时需要收集井和油藏的参数，常用参数的来源见表13-1。

表 13-1 测试（试井）分析计算中常用参数来源

参数	符号	来源	
		主要	参考
渗透率	K	测试	测井、岩心
孔隙度	ϕ	测井	岩心
有效厚度	H	测井	地质
饱和度	S	测井	岩心
产量	q	测试	非自喷井参考抽汲
地层压力	p_i	测试	—
地层温度	T	测试	—
粘度	μ	PVT	查表、计算
体积系数	B	PVT	查表、计算
压缩系数	C_t	PVT	查表、计算
气油比	R	测试、PVT	生产资料
压缩因子	Z	PVT	查表、计算
饱和压力	p_b	PVT	查表、计算

3. 油气藏评价参数指标

油气藏评价是一项综合性很强的工作，需要运用大量的各种动、静态资料数据作为依据。就利用测试动态资料评价储集层的好坏而言，不能单一地看储集层的产能大小、渗透率的高低，应考虑储集层的渗流效果（流度 K/μ）和采出程度。

测试中能获得的反映油藏经济效益的主要指标有流度（K/μ）、千米产能（千米井深稳定日产油量）及每米采油指数（在一定的生产压差下、每米油层每天的产量）。当储集层条件较好（高产、自喷）时，还可求得较为准确的油藏储量评价参数。采用全国矿产储量委员会颁布的油藏评价参数指标，如表 13-2 所示。

表 13-2 储集层动态评价参数标准

项目	分类			
	高	中	中等偏低	低
流度，$10^3\mu m^2$/（mPa·s）	>80	30～80	10～30	<10
千米产能，t/（d·km）	>15	5～15	1～5	<1
每米采油指数，m^3/（d·mPa·m）	>1.5	1～15	0.5～1	<0.5

二、地层测试的主要成果

地层测试可以确定井底压力与产量之间的基本关系，然后将压力、产量资料进行处理，最后对油层进行评价。

1. 压力卡片

一般地层测试大多采用两次开关井测试工艺，即初开井、初关井、二次开井、二次关井四个阶段。初开和初关为一周期，二开二关为另一周期。

图 13-5 是两次开井、两次关井的实测压力卡片，图 13-6 是两次开井、两次关井的标准压力卡片展开图。图中横坐标表示时间，纵坐标表示压力，其中图 13-5 实测压力卡片的

横坐标时间是从右向左表示测试过程的，而图 13－5 展开后的压力卡片横坐标时间是从左向右的。下面从图 13－6 中分析压力卡片的组成。

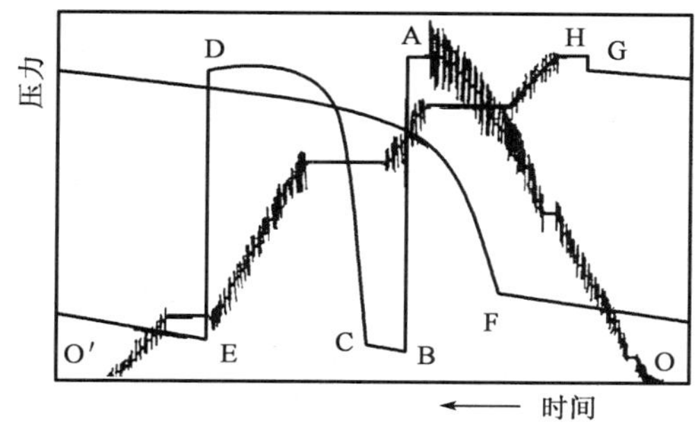

图 13－5　地层测试压力卡片

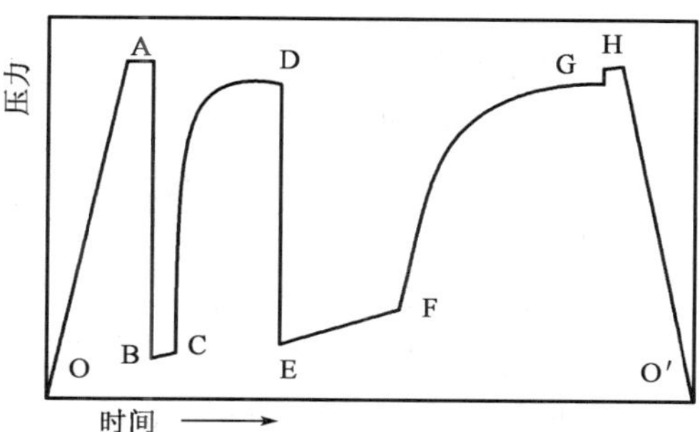

图 13－6　地层测试压力卡片曲线展开图

A—始静液柱压力；AB—打开测试阀；BC—初流动压力曲线；CD—初关井压力曲线；DE—第二次打开测试阀；EF—第二次流动压力曲线；FG—第二次关井压力恢复曲线；H—终静液柱压力

O－O′为基线，也叫零压线，是下井前在地面上人工划出的一条水平线，即大气压力下的基准线。

O－A 为下井线，是井筒液柱压力线。此线以地面大气压力为基准，随着工具、仪表下入深度的增加，压力越来越大。A 点为下到测试层位后测得的初静液柱压力。

B－C 为初流动压力线，指坐封封隔器工具首次打开后，地层流体在压差作用下注入井筒，随着流体进入测试管柱内量的增加，压力也逐渐上升。B 点为初流动开始时的压力值，即初开井时管柱内液柱的压力。C 点为初流动结束时的压力值，即初开井结束时管柱内液柱的压力，也是初关井的始点压力。初开井的作用主要是消除钻井液侵入和静液柱压力对地层的影响，保证初关井测得原始地层压力。

C－D 为初关井压力线，即初关井压力恢复曲线。D 点为初关井结束时的压力值。初关井的目的是测得原始地层压力。

E－F 为终流动压力线。E 点为终流动开始时的压力值，即终开井时管柱内液柱的压力。E 点的压力值若与 C 点的压力值相等，则表示初关井期间管柱不漏失。F 点为终流动结束时的压力值，也是终关井的始点压力。终流动可获得流体样品、产量、流动压力等数据。

F－G 为终关井压力线，即终关井压力恢复曲线。G 点为终关井结束时的压力值。终关井压力恢复曲线可用来计算地层参数。

H 为终静液柱压力，指开、关井结束封隔器解封后，记录的终静液柱压力。在测试管柱不漏失的情况下，终静液柱压力（H 点）与初静液柱压力（A 点）相等。

H－O′为起出线，指测试工具从井底起到地面的压力线。随着工具的起出，压力逐渐降低，起至地面时，压力回到基线，整个测试过程结束。

进行三次开井、两次关井的工作制度，主要是延长了三次开井流动时间，便于抽汲，进一步落实液体性质、产能和准确的油水比例。

1）各测压阶段的作用

（1）初流动阶段是为了释放由于钻井液侵入引起井底附近过高的压力状态，疏通地层通道，使地层恢复到接近天然流动状态。

（2）初关井压力恢复阶段主要是在较短时间的初流动后，地层没有损失能量的条件下，获得原始地层压力。

(3) 二次流动阶段是为了让地层充分流动，录取地层的液体性质、产能资料。

(4) 二次关井压力恢复阶段录取满足定性定量分析的压力恢复曲线，求取地层特性参数，评价油气藏。

2) 各阶段压力曲线的含义

(1) 基线（压力零线）：基线是不受任何压力影响的一条直线，是衡量压力卡片曲线各压力点的基准线。

(2) 工具起下线：是反映起下钻过程中工具所处深度的液柱压力线，正常状况下是一条随下入深度变化的阶梯状曲线。

(3) 开井流动曲线：反映了不同开井时间的液柱高度、测试层产出状况、产量大小，曲线幅度随产量大小曲线曲率发生变化。

(4) 关井压力恢复曲线：是反映地层压力恢复能力、井眼和储集层特性的一条光滑曲线。

2. 油、水、气的计量

1) 油、水产量的确定

油、水产量是钻柱测试应取的主要资料之一。若测试井的液体能自喷到地面，通过油嘴和分离器的控制，确定油水产量；若测试井液体不能自喷，可根据钻杆内液面的高度计算测试井的产量，公式为：

$$Q=\frac{H}{t}V_{u}\times 1440$$

式中 Q——液体产量，m^3/d（地面）；

H——液面高度，m；

V_u——单位长度钻杆（钻铤）的容积，m^3/m；

t——流动时间，min。

2) 产气量的确定

为了准确地得到井的产量，不仅对气井，而且对油井均要测量气量。因为油中含气量的多少影响到油的体积。测定气量的方法较多，一般使用孔板流量计。气体经过孔板时，流速增加，当气流速度小于临界速度时，孔板前后的压差越大，流经孔板的气量越大，所以测定孔板前后的压降就能算出气量。

测试层产气量较小时，可使用垫圈流量计，测试范围从几十到几千立方米。

3. 地层条件下的流体样品

各类钻柱测试器均可取得地层条件下的流体样品，通过分析，得到地层条件下的压力、体积、温度等参数。

综上所述，成功的钻柱测试应取全取准压力、产量（油、气、水）和井下取样全部资料，通过这些资料的化验、分析和计算处理取得如下成果：压力（原始、流动）和完整的压力恢复曲线；产量（油、气、水）和潜在产能、气油比；采油指数；有效渗透率或传导系数；堵塞系数和表皮系数；井的边界形状或产层边界的近似距离；裂缝、衰减及驱动类型的分析；利用分析化验资料对形成油藏的可能性进行评价，对地下烃类相态做出判断；单井控制储量计算；单井生产动态的预测；在此基础上对测试层作出评价。

三、测试压力卡片的解释和应用

1. 测试压力卡片的定性分析

测试压力卡片是地层测试录取的主要资料之一。压力卡片曲线直观地反映了测试过程中任一瞬间的压力变化，完整地记录了从工具入井、测试到工具起出的测试施工轨迹。进行压力卡片分析，找出影响测试卡片的非正常因素，判别记录的压力值是否准确地反映测试层的地层特性，是正确分析、解释测试资料，给测试层准确定性定量的基础依据。

2. 典型测试压力卡的特征分析

1）不同产能曲线特征

储集层产能（渗透率）不同，开井流动曲线和关井恢复曲线形态有明显的差异，如图 13－7 所示。产量越高，开井流动曲线上升越快，常常初流动始点压力较高，掏不到底，这是开井时压力计笔尖在向下基线方向滑动的瞬间受到向上流速很快的流体的冲击而快速抬起造成的。关井压力恢复很快，短时间内就能达到地层压力。而低产、干层的流动曲线上升很慢，关井压力恢复曲线上升速度也很缓慢。

2）不同压力系统曲线特征

储集层压力不同，测试关井恢复曲线有明显的差别，如图 13－8 所示。异常高压地层的压力值常常比静水柱压力（测试时环空是满的）高得多，正常压力地层的压力与静水柱压力接近，而低压地层的压力明显比静水柱压力低。

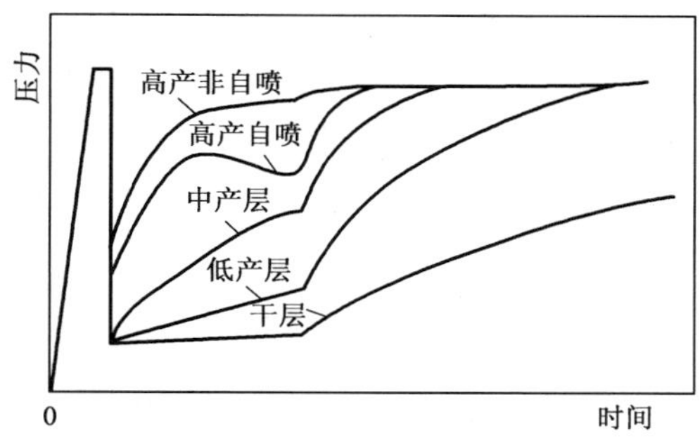

图 13－7　不同产能压力曲线特征

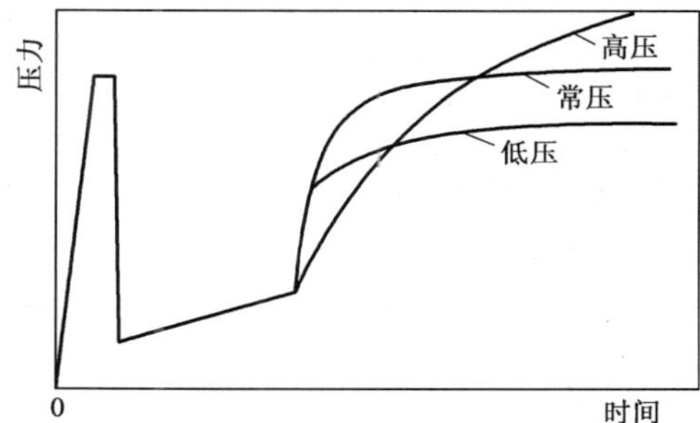

图 13－8　不同压力系统曲线特征

3）不同完善程度井曲线特征

测试压力曲线的形态特征，是油层物性特征和遭受污染或改善的综合反映。储集层遭受严重污染和不存在污染的曲线特征如图 13－9 所示。对于存在严重污染的储集层，在开井流动时，因遭受污染阻碍了流体流入井筒，流动曲线上升很慢或几乎不上升，表明地层只有少量流体产出，因此地层压降很小，而在井下关井后，能量恢复很快，压力很快就上升到地层压力，使压力恢复曲线呈方角。不存在污染的储集层，关井压力恢复线常常呈弧形上升而不呈方角特征。

4）压力衰竭曲线特征

第二次关井恢复压力明显比第一次关井压力低，如图 13－10 所示。在测试生产时间较短的情况下就出现压力衰竭，表明油藏连通范围很小，压力损失得不到补充，无工业价值。但判定压力衰竭时应慎重，若二次关井压力还未平稳，且外推压力与初关井压力接近，这种情况不能定为压力衰竭。此外，对初关井压力高的原因要进行分析，是否是因为初流动时间太短，高密度在压井液对地层的影响未能完全消除造成的。

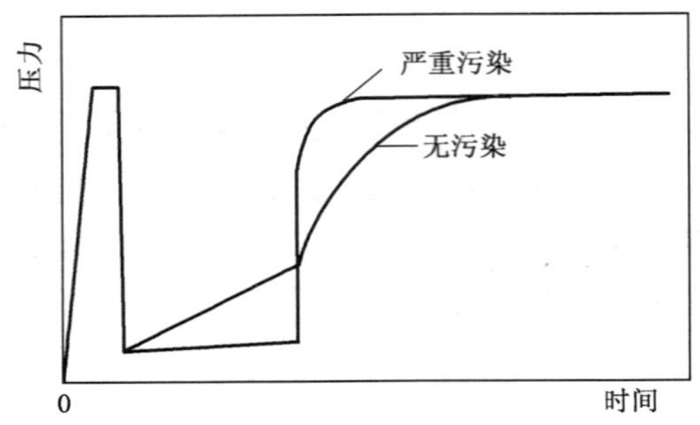

图 13－9　不同完善程度井曲线特征

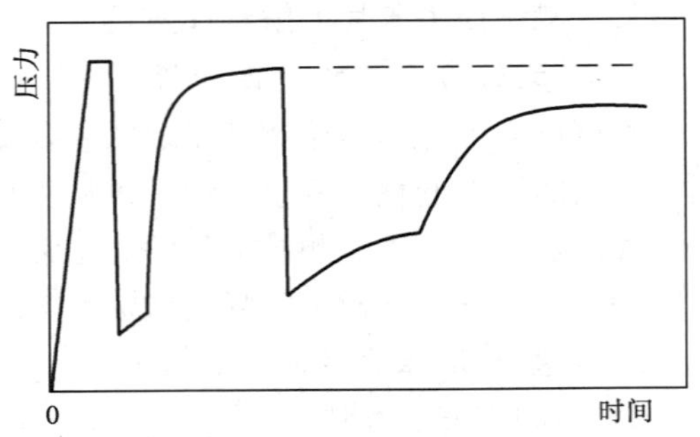

图 13－10　压力衰竭曲线特征

5）多层反映曲线特征

多层合试油是较普遍的，当层之间压力有差别的时候，就会显示如图 13－11 所示的情况，即关井恢复时呈小台阶上升。

6）测试故障曲线特征

（1）管柱漏失。测试管柱漏失，影响测试产量和测试参数计算的准确性，同时也影响测试液性的落实和油水比例的准确性。管柱漏失的曲线特征如图 13－12 所示。

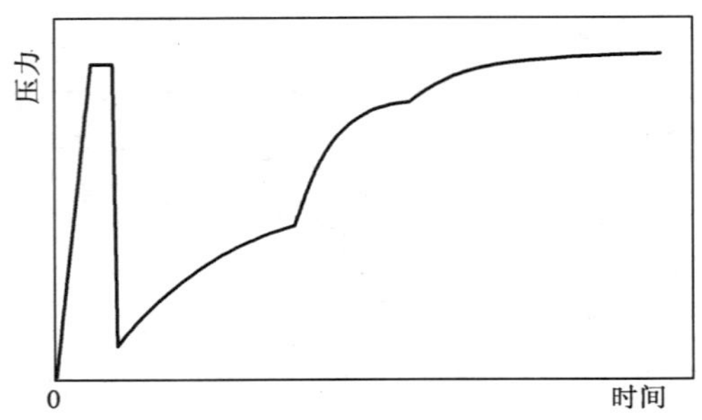

图 13－11　多层反映曲线特征

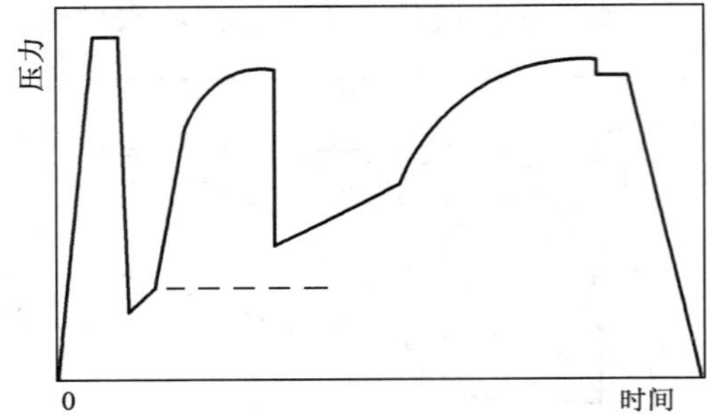

图 13－12　测试管柱漏失曲线特征

①在未加液垫也不是高产层的情况下，初开井曲线掏不到底，这是工具下井时管柱漏失造成的。

②二次开井始点压力比初开井终点压力高，表明关井期间有漏失。

③终静液柱压力值（H 点）比初静液柱压力值（A 点）低，表明测试过程中漏失。

④监漏卡片下管柱和关井期间压力曲线上升，这是判断管柱漏失最直观的方法。

（2）筛管堵塞。图 13－13 表明筛管在两次关井期间都有堵塞现象。由于筛管有较多的孔眼，常表现为时堵时通的状况，从内、外压力卡片对比可以看出，筛管没有完全堵死。

（3）跨隔测试下封隔器窜漏。导致双封隔器跨隔测试失败的主要原因是下封隔器密封不严，使测试资料无价值。图 13－14 表示的是下封隔器窜漏的卡片曲线特征。上图是测试层内或外压力卡片。下图是下封隔器的下面验封卡片，其作用是验证下封隔器的密封性。由于下封隔器不密封，在进行开、关井时验封卡片都有明显显示，表明测试层与下部被封堵的层是窜通的。若下封隔器密封良好，则验封卡片上没有开、关井显示，所记录的只是下部被封堵层的地层压力，即一条缓慢下降的直线（封堵层压力低于初静液柱压力），或是一条缓慢上升的直线（封堵层压力高于初静液柱压力），或是一条平行的直线（封堵层压力与初静液柱压力基本相等）。

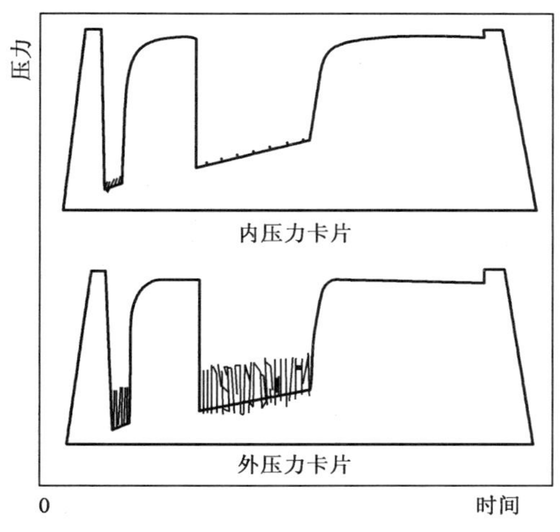

图 13－13　筛管堵塞曲线特征

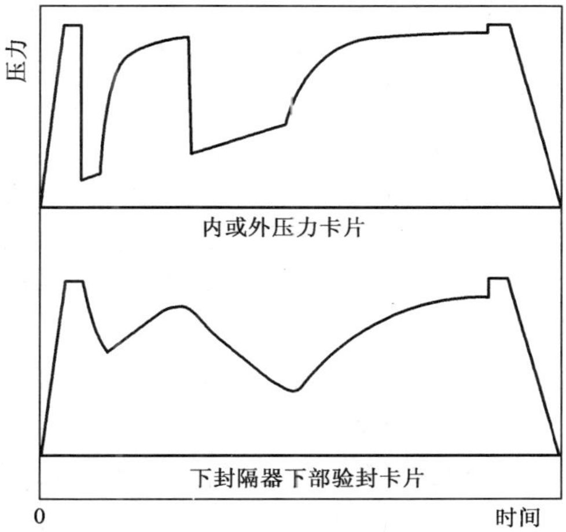

图 13－14　跨隔测试下封隔器窜漏曲线特征

（4）关井提松封隔器或关井失败。图 13－15 表示在初关井时因提松封隔器，使关井恢复曲线失真，同时，二次关井时未关住，无终关井压力恢复曲线。

（5）关井泄压。对于异常高压地层，有时在测试关井后期出现泄压的现象，如图 13－16 所示。此外，本井因判断失误在卡片上还显示出连续进行了两次关井操作。

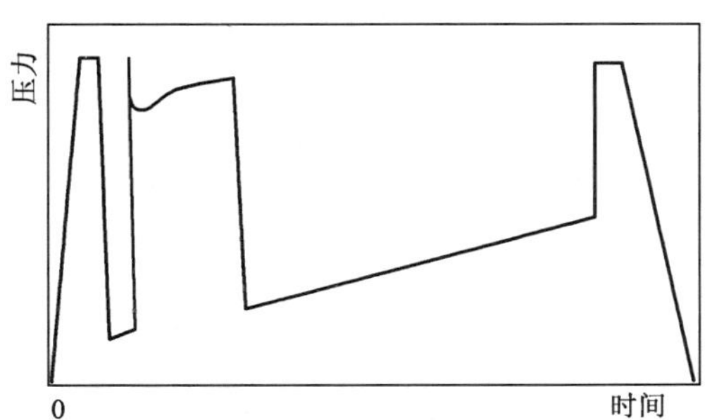

图 13－15　关井提松封封隔器或未关住井曲线特征

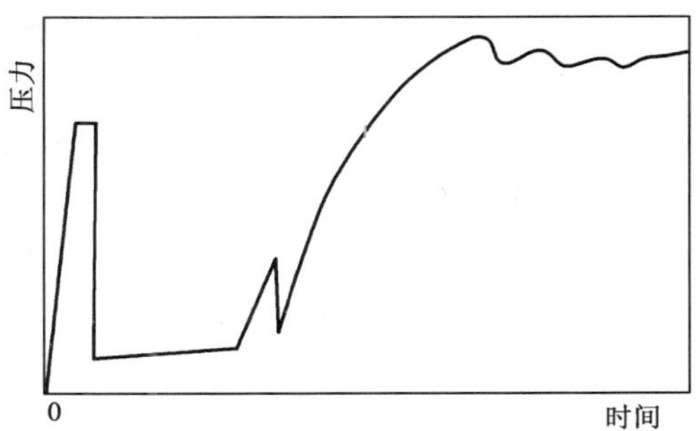

图 13－16　关井后期泄压曲线特征

（6）压力计灵敏度差，曲线呈台阶状。图 13－17表示压力计故障，在开井流动的关井恢复期间，曲线不光滑，呈小台阶上升。

3. 解释程序

1）资料验收和录取

（1）对地层测试资料进行验收，包括施工前地质及工程设计、现场测试报告、实测压力卡片（电子压力计数据）、现场施工总结报告、地面流程计量报告。

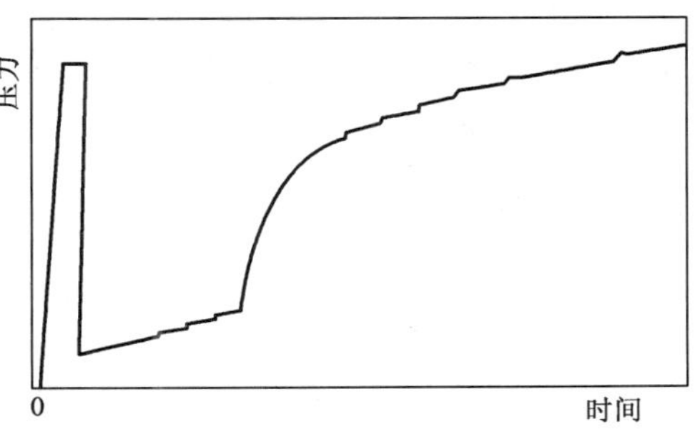

图 13－17　压力曲线呈台阶上升

（2）地层测试资料按录取项目分为：

①测试井的基本数据，包括井号、井深、井身结构、测试井段、测试层位、测试层厚度、测试层岩性、测井解释结果、录井油气显示、坐封位置。

②下井测试管柱数据，包括测试类型、坐封类型、下井工具的规范（名称、规格、内外径、长度、预计下入深度）、井底油嘴尺寸。

③压井液数据，包括压井液类型、密度、粘度、失水、含砂、电阻率、氯根含量。

④测试时地面记录数据，包括坐封时间、各次开关井时间、解封时间、地面油嘴尺寸、井口压力、地面产出流体类型、产出流体数量、测试期间地面显示描述。

⑤放样数据，包括放样地点、取样器压力、油样量、天然气样量、水样量、压井液量、油气比。

⑥管柱内回收液数据，包括液面总高度、纯液面高度、流体类型、液体数量。

⑦下井仪器数据，包括压力计型号、压力计编号、量程、下入深度、标明内压力计或外压力计、时钟量程及走速、温度计量程、实测最高温度、初静液柱压力、初流动始点压力、初流动末点压力、初关井压力、终流动始点压力、终流动末点压力、终关井压力、终静液柱压力。

⑧取样常规分析数据，包括油分析、天然气分析、地层水分析和取样器录取的 PVT 样品分析数据。

2）压力卡片分割及数据采集

测试结束后，现场测试人员根据现场录取和收集的各项资料，详细、齐全、准确地填写施工总结和现场测试报告，并在所有下井测试卡片中选择记录曲线完整、清晰并真实反映测试层压力动态的压力卡片，分别量出各基本点（特殊点）的压力矩，按所用压力计校验值计算出相应的压力值。

目前采用的 J－200 压力计将井下测试的压力动态信息记录在一张 6in×7in（152.4mm×177.8mm）大小的铜金属铂片上。为了进行压力动态分析，必须将卡片上的记录曲线（动态轨迹）点转换成相应的时间和压力数据（采用机械、半自动读卡仪）。

4. *测试压力卡片的定量解释*

钻柱测试压力卡片除定性解释外，为了进一步对地层作出准确评价，通过对压力卡片的分析、处理和计算，可以对地层压力、产能、堵塞比、研究半径等重要参数进行定量分析。

1）霍纳法

本方法常用于新井试油结束后的压力恢复测试。通过将测试得到的油井恢复压力 p_{wf} 与霍纳时间 $\Delta t/(t_p+\Delta t)$ 或 $(t_p+\Delta t)/\Delta t$，在半对数坐标中作图，如图 13－18、图 13－19 所示。根据霍纳图上的直线段，可以求得油井的流动系数、有效渗透率、表皮系数以及外推地层压力等参数。

计算公式为：

$$p_{wf}=p_i-m\lg\frac{t_p+\Delta t}{\Delta t}=p_i+m\lg\frac{\Delta t}{t_p+\Delta t} \tag{13-1}$$

式中 p_{wf}——关井后井底恢复压力，MPa；

p_i——原始地层压力，MPa；

m——井底压力恢复（压降）曲线在半对数坐标轴中的直线段斜率，MPa/cycle；

t_p——打开阀后的生产流动时间，h；

Δt——关井算起的压力恢复时间，h。

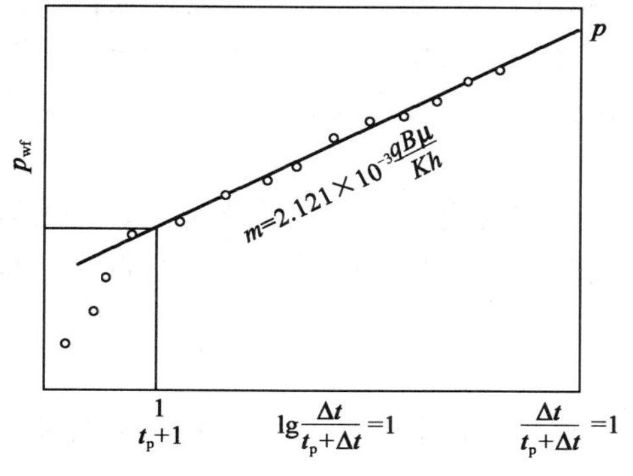

图 13-18　霍纳曲线示意图

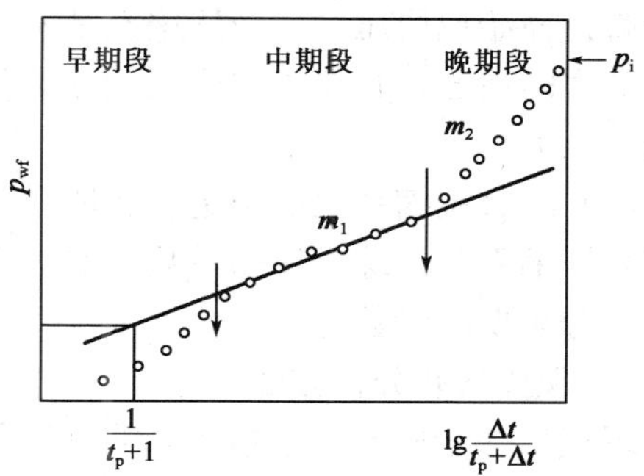

图 13-19　压力恢复各流动阶段示意图

当井的附近存在断层时，压力传到断层后，应用渗流力学中的镜像反映和势能叠加原理，可以得到如下公式：

$$p_{wf}=p_i+2m\lg\frac{\Delta t}{t+\Delta t} \tag{13-2}$$

前面引出了一系列压力或其他参数的计算表达式，应用这些表达式或将其形式加以变化，可得出一系列计算或分析井况或地层参数的公式。

（1）表皮系数（S）或井附加阻力系数的计算。

由式（13-1）可得出表皮系数（S）公式为：

$$S=1.151\times\left[\frac{p_i-p_{wf}}{m}-\left(\lg\frac{Kt}{\phi\mu C_t r_w^2}+0.9077\right)\right] \tag{13-3}$$

式（13-3）描述了井周围地层受钻井液等污染的情况。如果 $S>1$，说明井间附近的地层受到了污染，该系数越大，说明污染越严重；如果 $S=1$，说明地层未受污染；如果 $S<1$，说明井底地层的流动状况得到改善。

（2）地层流动系数的计算为：

$$\frac{Kh}{\mu_o}=2.121\times10^{-3}\frac{Q_oB_o}{m\rho_o} \tag{13-4}$$

地层流动系数的大小是评价油层好坏最为重要的参数。在测得地层原油的粘度值后，就可把地层系数（Kh）值计算出来。在得知地层的有效厚度后，就可把有效渗透率（K）值计算出来。它是评价地层允许流体通过能力最重要的参数或指标。

（3）断层断距的计算。如果在测试井附近有直线不渗透边界或断层存在，则在霍纳图上会出现第二直线段，且其斜率为 $m_2\approx2m_1$，如图 13-20 所示，则可求出断层或不渗透直线边界到测试井的距离 d 为：

$$d=1.422\sqrt{\frac{K\Delta t_x}{\phi\mu C_t}} \tag{13-5}$$

式中　d——测试井距断层的距离，m；

μ_o——地层原油粘度，mPa·s；

Δt_x——直线段 m_1 与 m_2 的交点，即压力遇到断层反映出现的时间，h；

C_t——地层总压缩系数。

（4）原始地层压力的推算。在以压力 p_{wf} 为纵轴、以（$t_p+\Delta t$）/Δt 的对数为横轴的半对数坐标系下的压力恢复曲线，对后期所出现的直线段进行外推，外推直线与横坐标为 1 时垂直线交点的值，即为原始地层压力，如图 13－19 所示。它意味着关井测压至无限长时间的压力就是原始地层压力。当然这不是说实际关井测压要测无限长的时间。实际测试时要根据地层的实际情况，只要后期的测试点能尽量多些，并真的是一条直线，就可以外推来确定原始地层压力。

（5）综合压缩系数的确定。在地层和流体的压缩系数与流体饱和度被测定后，就可以求得综合压缩系数。综合压缩系数值的大小反映了油气藏开发过程中弹性能量的高低，它也是一个十分重要的参数。

2）现代试井分析方法

现代试井分析方法包括双对数典型曲线拟合及半对数常规分析两部分，相互交替使用提高了试井分析的精度。完整的分析过程分下述 5 步。

（1）诊断分析。在 $\Delta p-\Delta t$ 的曲线图上，各种不同类型油藏、边界及它们在各个不同的流动阶段均有不同的形状特征。因此，我们可以通过这些曲线分析判断某些油藏类型、边界特征，并且区分各个不同的流动阶段，如图 13－21、图 13－22、图 13－23 所示。

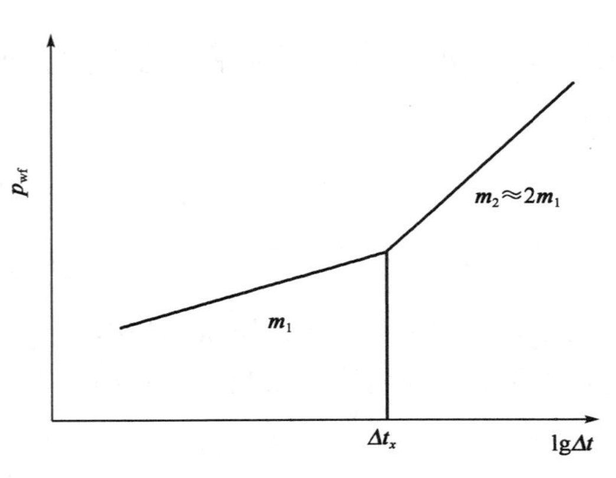

图 13－20　断层在 MDH 曲线上的反映

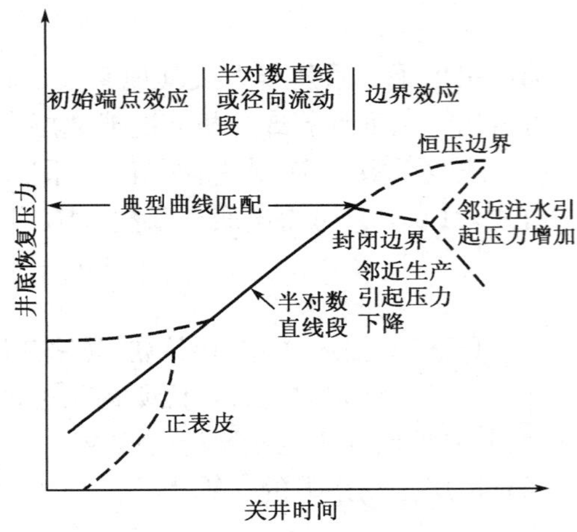

图 13－21　典型压力恢复曲线

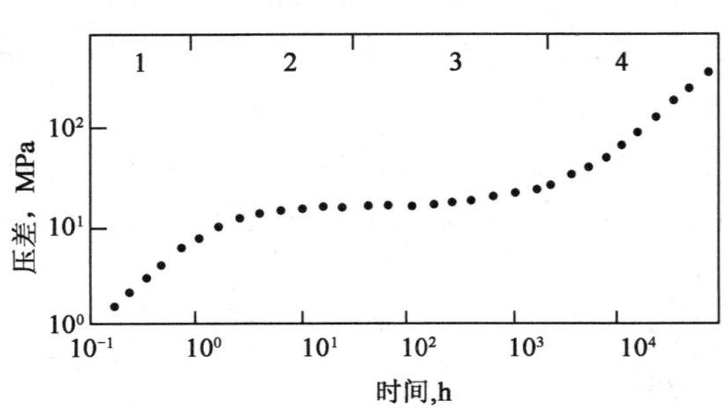

图 13－22　压力恢复双对数曲线图

1—早期段；2—过渡段；3—径向流动段；4—晚期段

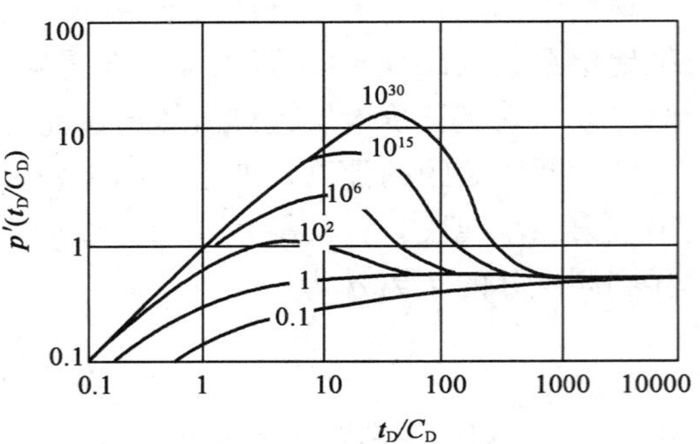

图 13－23　均质油藏压力导数曲线示意图

①早期流动阶段。

对于均质、非均质性地层，诊断曲线为早期单位斜率直线，特征曲线为直角坐标的分析曲线。早期资料是斜率为1的双对数曲线，即45°线就是井筒储存的诊断曲线，这个阶段Δp与Δt成正比，是一条过原点的直线，如图13-24、图13-25所示。可用早期斜率计算井筒储集系数C：

$$C=\frac{qB}{24}\times\left(\frac{\Delta t}{\Delta p}\right)_{\text{PWBS}} \tag{13-6}$$

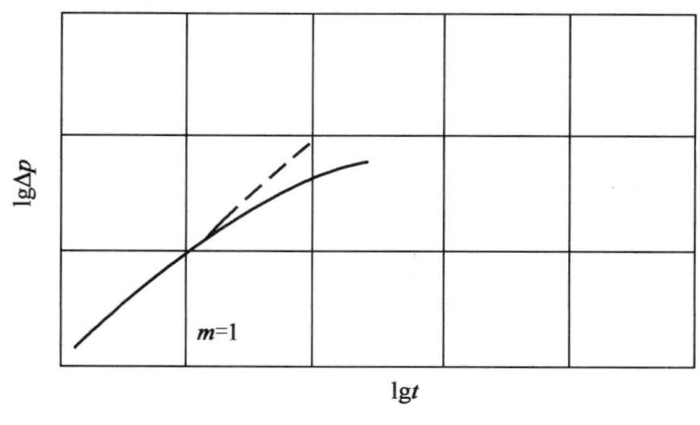

图13-24　纯井筒储存的诊断曲线

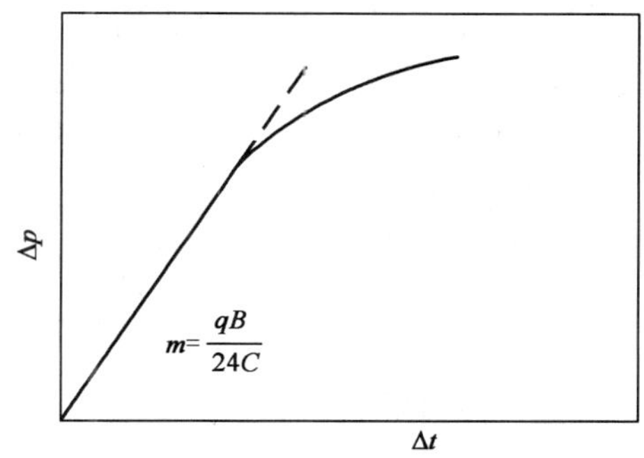

图13-25　纯井筒储存的特征曲线

对于垂直裂缝地层，无限导流垂直裂缝早期段斜率$m=1/2$，如图13-26、图13-27所示；有限导流垂直裂缝早期段斜率$m=1/4$，如图13-28、图13-29所示。

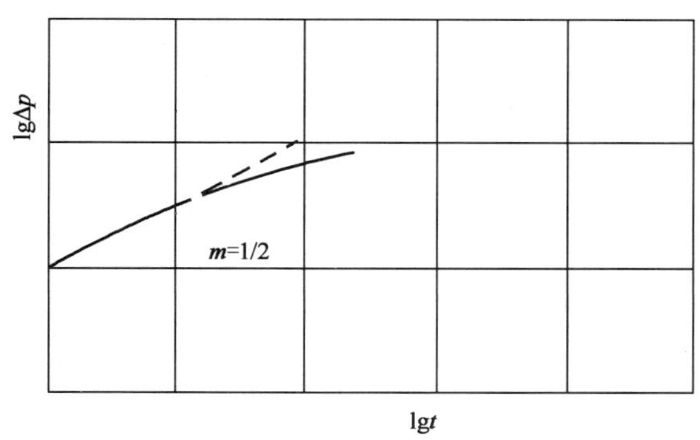

图13-26　无限导流垂直裂缝井诊断曲线

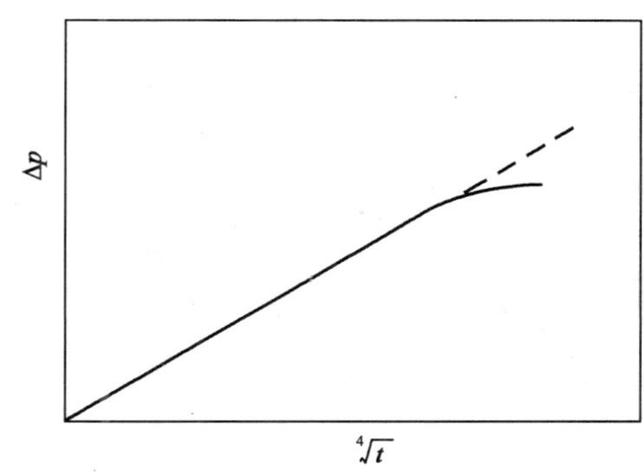

图13-27　无限导流垂直裂缝井特征曲线

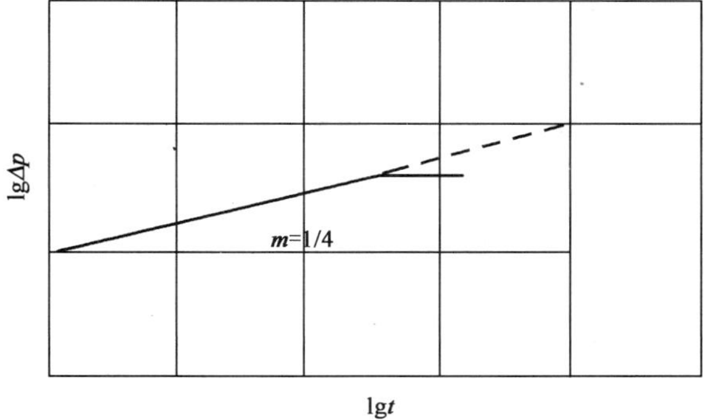

图13-28　有限导流垂直裂缝井诊断曲线

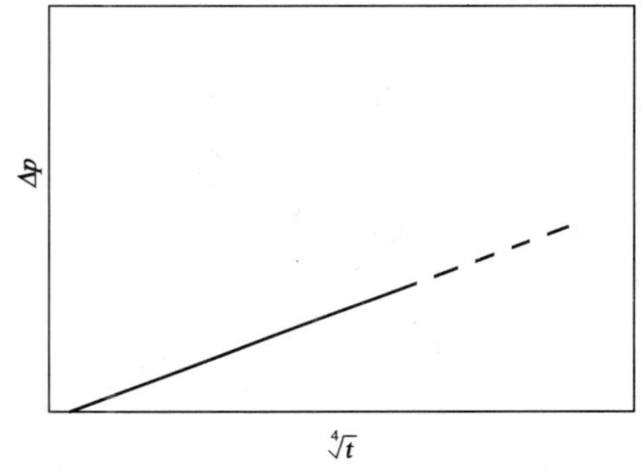

图13-29　有限导流垂直裂缝井特征曲线

②径向流动段。诊断采用双对数曲线，特征直线为霍纳或 MDH 曲线的直线段。

这一阶段“压降漏斗”沿径向向外扩大，但尚未到达油藏的任何边界，流动状态与无限大地层径向流动相同，因而径向流动段的特征直线就是常规试井分析的半对数直线段，用它的斜率可计算 Kh/μ，K，S 等参数，如前所述。

③晚期阶段（外边界反映阶段）。在定压边界时，流动后期将达到稳定状态，双对数或半对数曲线上都会出现一条水平直线。

在测试井附近有一直线型不渗透边界（如密封断层）时，如测试时间足够长，则在半对数曲线上会出现斜率比为 1∶2 的两个直线段；在测试井附近存在封闭边界时，晚期会出现拟稳定流动，此时双对数曲线会出现一条斜率为 1 的直线；在压降测试时，晚期在井底压力对开井时间的直角坐标中会出现斜率为负的一直线，其斜率可计算封闭系统的储量。

④诊断分析简要步骤。作实测 $\Delta p=p_{ws}(\Delta t)-p_{ws}(\Delta t=0)$ 与关井时间 Δt 的双对数曲线，与所选的典型曲线作初拟合。再由半对数直线斜率和拟合点值计算地层参数。

（2）绘制半对数分析图。在经过诊断分析确定模型之后，作 $\Delta p \sim \lg \frac{t_p+\Delta t}{\Delta t}$ 图。由图上的斜率 m 计算地层参数。

（3）细拟合分析（模拟检验）。在单、双对数分析之后，再通过双对数拟合图、无因次霍纳图（或叠加图）和压力史模拟图相互验证，直到曲线达到最佳拟合状态，最后再比较计算结果，如图 13－30、图 13－31、图 13－32、图 13－33 所示。

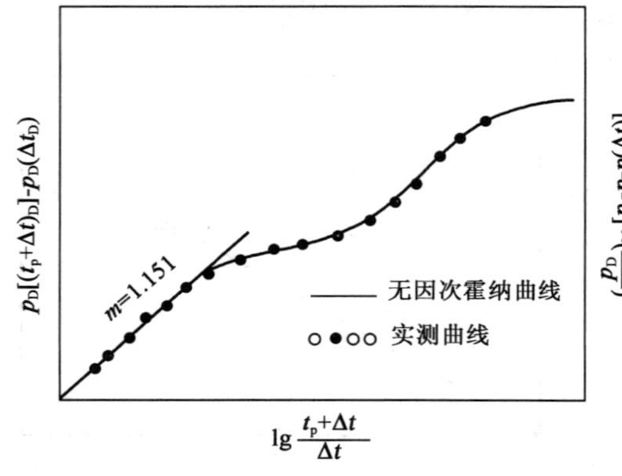

图 13－30　无因次霍纳曲线拟合示意图

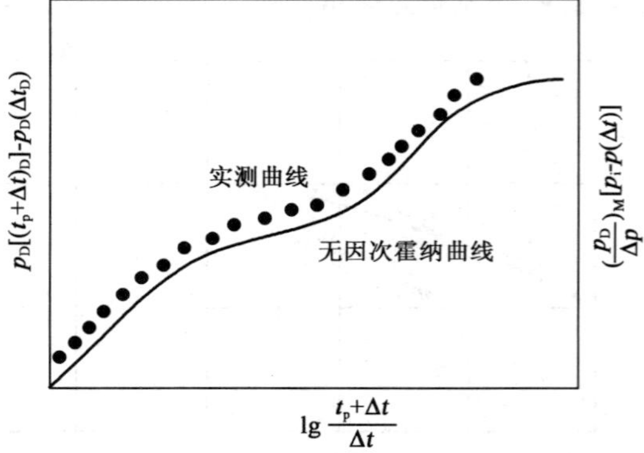

图 13－31　推算 p_i 值不对时，曲线不重合

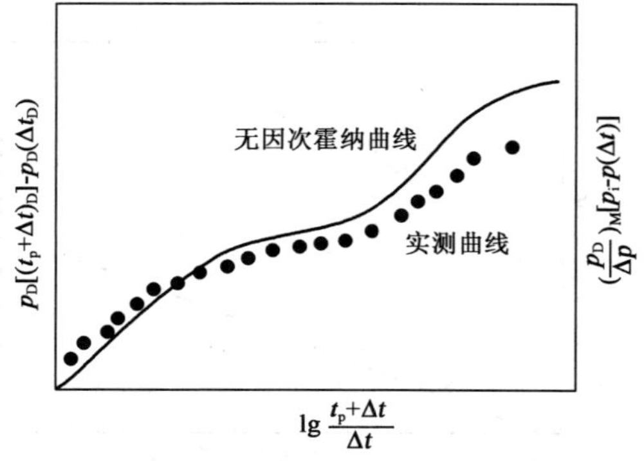

图 13－32　选用错误模型，两曲线相交

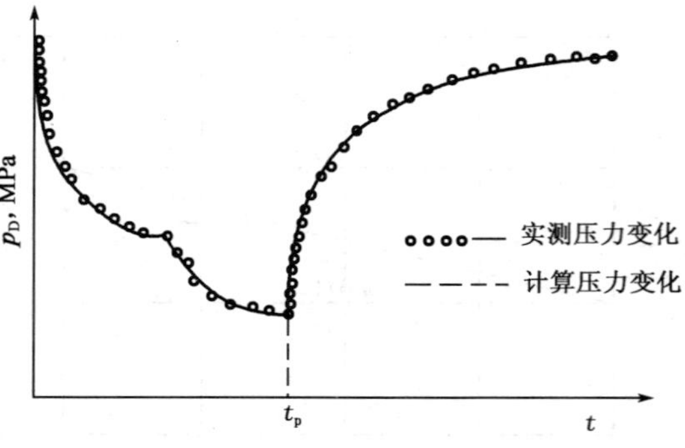

图 13－33　压力历史拟合示意图

（4）计算结果对比分析。半对数计算结果与双对数计算结果进行对比，各项参数相差应在10%以内。

（5）综合评价成果报告。将以上计算结果结合地质资料、测井资料、油气水分析资料等，对油层类型、产液性质、污染程度、导压导流能力等作出评估，并对测试工艺、下步改造措施提出建议。

任务实施

一、目的要求

（1）掌握压力卡片定性解释的方法。

（2）掌握压力卡片定量解释的方法。

（3）掌握根据测试资料评价油气藏的方法。

二、资料、工具

（1）资料、数据、图件、表格等。

（2）绘图工具、计算工具。

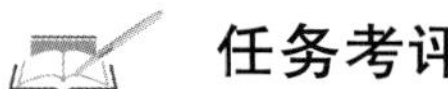

任务考评

一、理论考核

1. 填空题

（1）地层测试的主要成果____________、____________、____________。

（2）二次流动阶段是为了让地层充分流动，录取地层的____________、____________资料。

2. 叙述题

（1）地层测试与常规试油的区别有哪些？

（2）测试压力卡片定量解释的方法哪些？如何评价测试层位的含油气性？

二、技能考核

1. 考核项目

（1）阅读《××井××层试油测试地质总结》，熟知并掌握相关信息。

（2）识别测试压力卡片，计算测试压力卡片各基本点的压力值并说明其物理意义。

2. 考核要求

（1）准备要求：搜集并整理地层测试资料。

（2）考核时间：30min。

（3）考核形式：口头描述+笔试。

参考文献

[1] 徐本刚，韩拯忠．油矿地质学［M］．北京：石油工业出版社，1982.
[2] 李德栋，程振华．石油地质基础［M］．北京：石油工业出版社，1986.
[3] 黎文清．油气田开发地质基础［M］.3 版．北京：石油工业出版社，1999.
[4] 刘宗林，翟慎德，等．录井工程与管理［M］．石油工业出版社，2008.
[5] 崔树清，常兵民．石油地质基础［M］．北京：石油工业出版社，2006.
[6] 马永峰，庄建山，张绍礼．油气井测试工艺技术［M］．北京：石油工业出版社，2007.
[7] 方少仙，侯方浩．石油天然气储层地质学［M］．东营：石油大学出版社，2003.
[8] 戴启德，黄玉杰．油田开发地质学［M］．东营：石油大学出版社，2004.
[9] 吴元燕，陈碧珏．油矿地质学［M］.2 版. 北京：石油工业出版社，1996.
[10] 崔树清，王福生，董双波．钻井地质［M］．天津：天津大学出版社，2008.
[11] 秦善，王长秋．矿物学基础［M］．北京：北京大学出版社，2006.
[12] 林维澄．石油地质概论［M］．东营：石油大学出版社，1996.
[13] 姜在兴．沉积学［M］．北京：石油工业出版社，2003.
[14] 赵澄林，朱筱敏．沉积岩石学［M］.3 版．北京：石油工业出版社，2001.
[15] 陈建强，周洪瑞，王训练．沉积学及古地理学教程［M］．北京：地质出版社，2004.